Engels · Hüdepohl · Oehler · Schmidt · Wilhelm

Anwendungsneutrale Kommunikationskabelanlagen nach EN 50173 und EN 50174

Yvan Engels · Konstantin Hüdepohl
Albrecht Oehler · Rainer Schmidt · Dirk Wilhelm

Anwendungsneutrale Kommunikationskabelanlagen nach EN 50173 und EN 50174

Büro, Industrie, Rechenzentren, Gebäudeautomation und Wohnungen

VDE VERLAG GMBH

ICS 35.020; 29.020; 33.040.40

Bibliografische Information der Deutschen Nationalbibliothek
Die Deutsche Nationalbibliothek verzeichnet diese Publikation in der Deutschen Nationalbibliografie; detaillierte bibliografische Daten sind im Internet über http://dnb.dnb.de abrufbar.

ISBN 978-3-8007-4517-3 (Buch)
ISBN 978-3-8007-4518-0 (E-Book)

Titelmotiv: © Chin Leong Teoh / EyeEm – ghettyimages,
bearbeitet von HARTING Electronics GmbH, Espelkamp

Satz: Da-Tex Gerd Blumenstein, Leipzig
Druck: Medienhaus Plump GmbH, Rheinbreitbach
Printed in Germany

2019-07

Inhaltsverzeichnis

Vorwort

Mit der Erfindung des Ethernet und der Kommerzialisierung des Internets begann vor etwa 30 Jahren auch die rasante Entwicklung der globalen Vernetzung von Mensch, Rechner und Maschine. Heute sorgen zig Milliarden Datenkabelverbindungen für eine zeit- und ortsunabhängige Kommunikation und für einen barrierefreien Datentransfer. Dabei bilden sie das Rückgrat einer modernen und digitalen Gesellschaft und Wirtschaft.

Wurden bis Ende der 1980er-Jahre noch bedarfsorientierte Netzwerkverbindungen praktiziert – d. h., der Verkabelungsbedarf richtete sich nach dem Bedarf an Computerverbindungen –, so markieren die 1990er-Jahre den Durchbruch der vorsorglichen Verkabelung.

Die strukturierte, anwendungsneutrale Gebäudeverkabelung war geboren und sorgte für die Verbreitung flächendeckender, leistungsstarker und zukunftssicherer Netzwerkinfrastrukturen.

So war es denn auch kein Zufall, dass im Jahr 2002 die damit einhergehenden Erfolge der europäischen und internationalen Normung mit dem DIN-Preis „Nutzen der Normung“ ausgezeichnet wurden. Die visionären Gedanken und Vorschläge, die der damaligen Konzeption zugrunde lagen, verdienen es deshalb, im Anhang in voller Länge in Erinnerung gerufen zu werden.

An dieser Stelle sei den Fachleuten der ersten Stunden für ihren Ideenreichtum und ihre Weitsicht gedankt.

Insbesondere aber sei Herr *Dr. Walter von Pattay* erwähnt und gewürdigt, der – oft gegen manchmal widrige Umstände – unermüdlich und mit hohem Engagement die Erarbeitung einer weltweit anerkannten Norm für die anwendungsneutrale Verkabelung in Bürogebäuden vorangetrieben hat. Leider viel zu früh verstorben, ist er zweifelsohne der geistige Vater von ISO/IEC 11801 und den daraus abgeleiteten regionalen und nationalen Normen der Reihe (DIN) EN 50173. Es ist seinem strategisch vorausschauenden und im Detail hartnäckigen Verhandlungsgeschick zu verdanken, dass hochwertige, geschirmte symmetrische Kupferverkabelungen gleichberechtigt neben den in Nordamerika favorisierten, ungeschirmten Lösungsansätzen in die Normen eingeflossen sind.

Die internationale Normen ISO/IEC 11801 und das europäische Pendant (DIN) EN 50173 – in ihren ersten und zweiten Ausgaben – gelten schlechthin als die Bibel für Design und Auslegung von informationstechnischer Gebäudeverkabelung in der Büroumgebung, in der Industrie, im Heimbereich und im Rechenzentrum.

Nun sind diese Normen nach langer und intensiver Überarbeitung durch die aktuelle Ausgabe 2018 ersetzt worden. Sie enthalten zahlreiche Neuerungen, die den vollzogenen und sich vollziehenden Wandel im Zeitalter der Digitalisierung berücksichtigen und begleiten. Aus einer einzelnen Norm ist mittlerweile ein äußerst komplexes Normengeflecht entstanden. Anlass genug, darüber ein Buch zu schreiben...

Das Honorar für dieses Buchs wird zu 100 % an die „Deutsche Kinderkrebsstiftung“ (https://www.kinderkrebsstiftung.de) gespendet.

Dankwort

An dieser Stelle sei noch den zahlreichen Mitarbeitern gedankt, die an der Entstehung und Gestaltung der Normen mitgewirkt haben, die Grundlage und Referenz für das vorliegende Buch sind. Das Autorenteam bedankt sich bei *Max Hauber* und *Manfred Patzke* für ihre Beiträge und angeregten Diskussionen im Zusammenhang mit den Themenbereichen „Standortvoraussetzungen" und „Installation von Verkabelung".

Besonderer Dank gebührt *Thomas H. Wegmann*, Sekretär CENELEC/TC 215[1], der durch seine Beiträge und akribische Korrekturarbeit fachlich-inhaltlich und editoriell wesentlich zum Gelingen dieses Buchs beigetragen hat.

[1] CENELEC/TC 215 ist das europäische Normungsgremium, in dem u. a. die in diesem Buch vorgestellten Normenreihen EN 50173, EN 50174 und EN 50310 erarbeitet werden.

Einleitung

Dieses Buch richtet sich an Architekten, Planer, Errichter und Anwender von Kommunikationskabelanlagen in Gebäuden. Aber auch der nachrichtentechnisch interessierte Leser aus Forschung, Bildung oder Entwicklung findet hier wertvolle Hintergründe, Informationen und Hinweise rund um das Thema der informationstechnischen Verkabelung.

Was darf die Leserschaft dieses Buchs erwarten?

Nun, zunächst führt ein historischer Rückblick zu den Anfängen der strukturierten Verkabelung, ein Einblick in die Entwicklung von Ethernet und ein Schnellkurs zu den Grundlagen der Nachrichtentechnik den Leser an das Thema heran.

Danach folgt ein Überblick zur Gremienlandschaft und zum normativen Umfeld, der den Blick für das Ganze und die Zusammenhänge schärfen soll.

Kernstück des vorliegenden Werks ist die Vorstellung und Beleuchtung der aktuellen Normenreihen ISO/IEC 11801 und EN 50173 zur strukturierten und anwendungsneutralen Gebäudeverkabelung.

Wieso eigentlich Normenreihe? Nun Normenreihe deshalb, weil sie aus mehreren Teilen besteht, genauer gesagt aus 6 Teilen. Aber dazu später mehr.

Jedenfalls soll hier zusammenfassend und zusammenhängend Wissen vermittelt werden, verbunden mit dem Ziel, einen schnellen Überblick und Einblick in die letztlich recht komplexe Thematik zu erlangen.

Nach der Durchsicht von Teil 1 der Verkabelungsnorm darf das Grundverständnis zu den Anforderungsprofilen von Übertragungsstrecken und den daraus abgeleiteten Installationsstrecken sowie der zu verwendenden Kabel und Steckverbinder in elektrischer und optischer Technik erwartet werden.

Dabei werden auch unterschiedliche Umgebungsbedingungen mit einbezogen und deren Einfluss auf die Auslegung der Verkabelungskomponenten beschrieben. Den dokumentierten technischen und wirtschaftlichen Mehrwert bildet eine Übersicht zu den unterstützten IT-Anwendungen, aus denen sich u. a. der Grad an Zukunftssicherheit ableiten lässt. In den Teilen 2 bis 6 der Verkabelungsnorm werden spezifische Anwendungsbereiche, wie man sie in Bürogebäuden, Industriestandorten, Wohnungen, Rechenzentren oder für Gebäudeautomation antrifft, beschrieben. Hier wird der Fokus insbesondere auf das jeweils erforderliche Leistungsvermögen und auf die Anforderungen an die Struktur der Verkabelung gelegt.

Neben den Verkabelungsnormen werden zudem auch die wichtigsten begleitenden Normen zu Planung, Installation und zur messtechnischen Bewertung installierter Verkabelung vorgestellt.

Die Autoren, die allesamt aktiv an der Erarbeitung der in diesem Buch behandelten Normen beteiligt sind, waren sich darüber einig, dass Beispiele aus der Praxis nicht fehlen dürfen, denn diese hauchen der oftmals trockenen Normenmaterie erst Leben ein.

Nichts ist so beständig wie der Wandel. Dieser Spruch trifft ganz besonders auf die Informationstechnik zu. Hier mutiert der Spruch sogar zum Leitmotiv und zwingt zu vorausschauendem Denken und Planen. Denn kaum ist die Tinte trocken, zeigen sich schon wieder neue Trends am digitalen Horizont. Diese sind dann auch Gegenstand des abschließenden Ausblicks, den jeder Leser auf der Grundlage eigener Erfahrungen und Erkenntnisse anreichern mag.

Abschließend noch einige wichtige Hinweise für die richtige Anwendung dieses Werks.

Dieses Buch soll und kann kein Ersatz für die darin vorgestellten Normen sein. Auch wenn Bilder und Tabellen daraus z. T. unverändert wiedergegeben werden, sei der Leser ausdrücklich vor der Annahme gewarnt, dass er sich mit diesem Buch das Studium der Normen ersparen kann. Auf viele Einzelheiten und Varianten der Normen kann diese Einführung naturgemäß nicht eingehen. Aus der Anwendung der hier genannten Aussagen alleine lässt sich eine funktionierende Kommunikationskabelanlage weder planen noch installieren. Sämtliche Aussagen beziehen sich auf die zum Zeitpunkt der Drucklegung geltenden Dokumente (s. auch Literaturverzeichnis).

Die im Buch verwendete Terminologie deckt sich mit den in den betreffenden Normen verwendeten Begrifflichkeiten. Da in der Praxis gerne auch die betreffenden englischen Begriffe und Abkürzungen verwendet werden (z. B. in Feldmessgeräten), sind in Anhang 2 und 3 die wichtigsten Fachbegriffe und Abkürzungen alphabetisch sortiert und tabellarisch in deutsch/englisch und englisch/deutsch aufgeführt. Dies dient neben einer begrifflichen Eindeutigkeit auch dem Lesefluss und soll unnötige Wiederholungen im Text vermeiden.

Wenn in diesem Buch eine Norm aus der Reihe EN 50173 erläutert wird, so gelten die Aussagen im Regelfall auch für die entsprechende internationale Norm aus der Reihe ISO/IEC 11801. Es sei allerdings betont, dass die beiden Werke sich bezüglich ihrer Gliederung und in einigen Details unterscheiden. Wo letzteres der Fall ist, wird ggf. explizit darauf hingewiesen. Die Autoren verwenden den Begriff „Norm" für DIN, EN, IEC sowie ISO/IEC und „Standard" in Verbindung mit IEEE. Bei allgemeiner Verwendung, ohne spezifischen Verweis, werden die beiden Begriffe gleichbedeutend eingesetzt.

Um Fehlinterpretationen und falsche Schlussfolgerungen des Lesers zu vermeiden, führt das Literaturverzeichnis die im Buch genannten Normen – im Regelfall DIN-Normen – ggf. mit ihrem Ausgabedatum (s. auch die Erläuterungen in Kapitel 2.3) auf. Im Text selbst wird vereinfachend die Nummer der Europäischen bzw. internationalen Norm genannt, um die Lesbarkeit zu erhöhen; es ist jedoch stets die betreffende DIN-Norm gemeint. Wo zum Verständnis oder zur Unterscheidung nötig, wird jedoch ggf. auch die DIN-Norm direkt angegeben.

Das Buchkonzept ist so angelegt, dass die einzelnen Kapitel in einem Gesamtzusammenhang stehen, aber dennoch auch für sich gesehen autonom gestaltet sind. Dies erlaubt dem Leser eine gezielte Information zu einzelnen Themenblöcken. Aus diesem Grund enthält das Buch an geeigneten Stellen Wiederholungen, um „mühseligen" Querverweisen zu entgehen.

Historie

Es war schon immer einer der sehnlichsten Wünsche der Menschheit, Informationen über größere Entfernungen übertragen zu können. Das Übermitteln von Rauchsignalen zählt sicherlich zu den ersten und bescheidenen Gehversuchen. Die Entwicklung der moderneren Kommunikationsmittel begann mit dem Telegraphen, der 1837 von *Samuel Finley Morse* erfunden wurde. *Philipp Reis* schaffte es 1861 in Friedrichsdorf schließlich, eine Apparatur zu bauen, die das Telefonieren ermöglichte. Mit dem weltweiten Telefonnetz entstand die größte von Menschenhand geschaffene Maschine.

Doch erst mit der Entwicklung des Internets zum Ende des letzten Jahrhunderts wurde der Weg in das Informationszeitalter geebnet. Die dafür erforderlichen Datennetze haben dem ursprünglichen Telefonnetz den Rang abgelaufen, wobei die Systeme physikalisch so verzahnt sind, dass keine Abgrenzung mehr möglich ist. Die daraus resultierende Informations- und Kommunikationstechnik versteht sich seitdem als multimediale Plattform für das Übermitteln und Verarbeiten von Bildern, Sprache und Daten.

Ursprünglich war die Landschaft der Datennetze allerdings von auseinanderdriftenden Netzwerkphilosophien geprägt. Jeder Anbieter auf dem Markt folgte einem eigenen Ansatz, was dazu führte, dass Produkte verschiedener Anbieter nicht im selben Netzwerk eingesetzt werden konnten. Kompatibilität war also nicht gegeben. Drastisch sichtbar wird dies am Vergleich von zwei namhaften und konkurrierenden Netzwerktechnologien: Token Ring und Ethernet.

Bei der von IBM propagierten Token-Ring-Technologie erfolgt die Berechtigung für das Senden und Empfangen von Daten über ein im Ring kreisendes Datenpaket (das sogenannte Token). Der Datenaustausch geschieht also kollisionsfrei bzw. ist deterministischer Natur. Das Verkabelungssystem basiert auf einem 2-paarigen, geschirmten Datenkabel mit einem Wellenwiderstand von 150 Ω (IBM Typ 1) sowie einem 4-poligen hermaphroditischen Steckverbinder.

Ganz anders bei der von DEC/Digital/Xerox getriebenen Ethernet-Technologie. Das hier verwendete Zugriffsverfahren CSMA/CD (Carrier Sense Multiple Access with Collision Detection) enthält Techniken zur Erkennung von erlaubten Datenkollisionen und deren Behandlung. Hier dominierten anfänglich koaxiale Übertragungsmedien mit einem Wellenwiderstand von 50 Ω, z. B. das sogenannte „Yellow Cable“ oder auch „Thick Ethernet Cable“.

Den entscheidenden Anstoß zum Aufbau einer einheitlichen Netzwerkinfrastruktur zur Übertragung des Ethernet-Protokolls lieferten universelle, 4-paarige, symmetrische 100-Ω-Kupferdatenkabel. In Verbindung mit einem 8-poligen Steckverbinder (sogenannter RJ45) wurde es möglich, Daten und Telefonie über dasselbe Medium zu übertragen.

Die Idee für eine universelle, strukturierte Gebäudeverkabelung war geboren. Sie machte eine Abkehr von bedarfsorientierten, applikationsspezifischen Verkabelungen hin zu einer anwendungsneutralen, vorsorglichen und flächendeckenden Verkabelung in Gebäuden (s. Abb. 1) möglich.

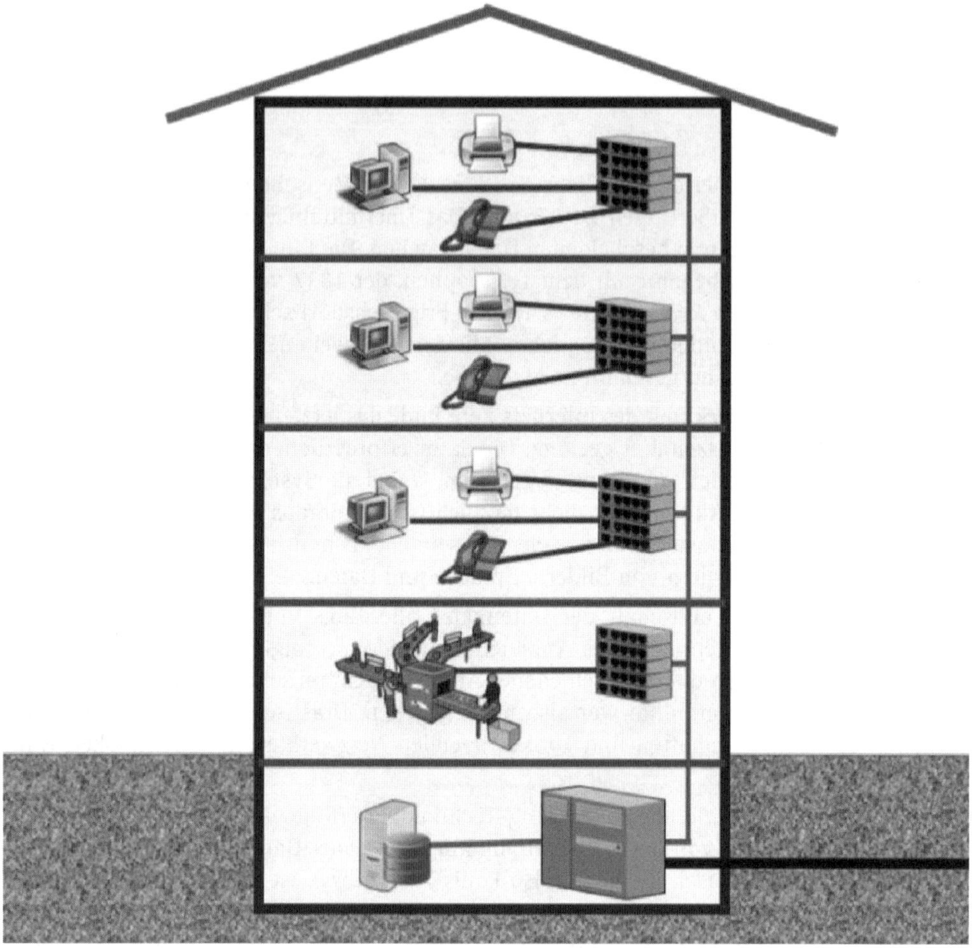

Abbildung 1: Universelle, strukturierte Gebäudeverkabelung (*Quelle:* Softing, 2018)

Die Vorteile der universellen, strukturierten Gebäudeverkabelung, welche die flächendeckende Vernetzung im Büro ermöglicht hat, liegen auf der Hand, denn sie ist:

- dienst- und applikationsneutral,
- strukturiert (in Primär-, Sekundär- und Tertiärbereich),
- flexibel, skalierbar und erweiterbar,
- transparent und eindeutig spezifiziert,
- zukunftssicher.

Es war also erforderlich, die unterschiedlichen Herstellerlösungen für Verkabelungsstrategien und Komponentenvorschläge in einer internationalen bzw. regionalen Norm zu vereinen und damit weltweite Kompatibilität und Akzeptanz zu erlangen.

So bildete sich bereits 1985 in den USA ein Ausschuss bei der EIA/TIA (Electronic Industries Alliance/Telecommunications Industry Association), der 1991 einen ersten Standard unter der Bezeichnung EIA/TIA 568 „Commercial Building Telecommunications Wiring Standard“ verabschiedete. Dieser beschränkte sich allerdings ausschließlich auf die Spezifikation von Datenkabeln. Ebenfalls in den 1980er-Jahren setzen entsprechende Aktivitäten in Deutschland ein, die jedoch von Anbeginn eine internationale Norm anstrebten und deren Entwicklung maßgeblich vorangetrieben haben.

Die internationalen Normungsarbeiten mündeten 1995 in der internationalen Norm ISO/IEC 11801 „Information technology – Generic Cabling for Customer Premises“. Diese wurde parallel dazu an die europäischen Verhältnisse angepasst (welche international unzureichend berücksichtigt waren) und als Europäische Norm EN 50173 veröffentlicht. Beide Normen verfolgten erstmalig den Gedanken eines einheitlichen Verkabelungssystems im Büro. In 2002 wurden die 2. Ausgabe von ISO/IEC 11801 sowie EN 50173-1 publiziert.

Neben der bisherigen Norm für den Bürobereich folgten im Laufe der Jahre zusätzliche Normenteile, in denen das Konzept der anwendungsneutralen Verkabelung auf die Erfordernisse für weitere Anwendungsbereiche, wie Industrie, Rechenzentren und Wohnungen, übertragen wurde.

Während CENELEC diese Normen bereits 2002 als weitere Teile der Normenreihe „EN 50173“ konzipiert und schrittweise veröffentlicht hat, wurden die entsprechenden ISO/IEC-Normen zunächst unter eigenständigen Nummern herausgegeben. Daher enthielten diese Normen bis zu 50 % identische Aussagen, was die inhaltliche Pflege und Konsistenz sehr erschwerte. Erst 2013 wurde begonnen, die von CENELEC bewährte Dokumentenstruktur auch international zu übernehmen, sodass Ende 2017 die Normenreihe ISO/IEC 11801 – technisch runderneuert – veröffentlicht und für künftige Bedürfnisse ertüchtigt wurde. Die wesentlichen technischen Anpassungen wurden in die 2018 neu herausgegebene Normenreihe EN 50173 übernommen.

So weit so gut. Nun zurück zu Ethernet.

Erst mit der Entwicklung des weltumspannenden Ethernet (Äther-Netz) wurde der Weg zum Informationszeitalter geebnet. *Dr. Robert Metcalfe* war es, der 1973 auf der Basis eines Koaxialkabels, dem sogenannten „Yellow Cable“, ein Netzwerk (s. Abb. 2) konzipierte, in welchem mehrere PCs miteinander kommunizieren konnten.

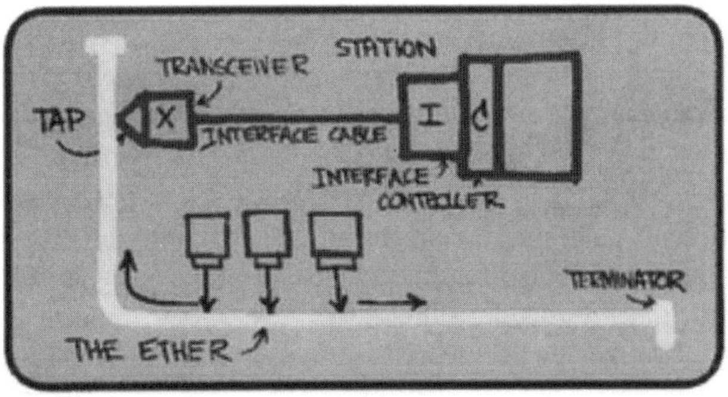

Abbildung 2: Prinzipskizze Ethernet (*Quelle:* Metcalfe, 1972)

Von Beginn an nimmt Ethernet eine rasante Entwicklung. Ethernet wird zum informationstechnischen Transportmedium schlechthin. Ein Blick in den Rückspiegel vermittelt den Siegeszug von Ethernet:

- 1969: Der Student *Robert Metcalfe* entwickelt für DEC einen PDP-10 Host Interface Controller für DARPA. 1972 wurde die Idee vom XEROX Palo Alto Research Center aufgegriffen. Das Projektziel lautete: „experimentelles Ethernet".
- 1970: An der Universität Hawaii wird das sogenannte ALOHA-Netz entwickelt und erprobt.
- 1973: *Dr. Robert Metcalfe* konzipiert auf der Basis eines Koaxialkabels, dem sogenannten „Yellow Cable", ein Netzwerk, in welchem mehrere PCs miteinander kommunizieren konnten.
- 1976: Die Ergebnisse des Projekts „experimentelles Ethernet" werden veröffentlicht. Die Firmen Digital, Intel und Xerox schließen sich zur Firmengruppe DIX zusammen und führen Ethernet zur Produktreife.
- 1980: Verabschiedung der Ethernet-Version 1.0.
- 1982: Veröffentlichung der Ethernet-Version 2.0.
- 1985: Weltweite Anerkennung des Ethernet-Standards als ISO 8802-3.
- 1986: Veröffentlichung der 10BASE2- und 10BROAD-T-Spezifikation.
- 1987: Standardisierung der 10BASE-T-Spezifikation.
- 1991: Veröffentlichung der 10BASE-F-Spezifikation.
- 1994: Über 10.000 Hersteller unterstützen das Ethernet-Verfahren.
- 1995: Standardisierung des 100-Mbit/s-Ethernet (100BASE-T).
- 1998: Standardisierung von Gigabit-Ethernet mit LWL-Interface (1000BASE-LX/SX).
- 1999: Standardisierung von Gigabit-Ethernet mit Kupfer-Interface (1000BASE-T).
- 2002: Standardisierung von 10-Gigabit-Ethernet mit LWL-Interface (10GBASE-xyz)
- 2006: Standardisierung von 10-Gigabit-Ethernet mit Kupfer-Interface (10GBASE-T).

Heute umfasst der aus 6 Hauptabschnitten bestehende und im Standardisierungsgremium IEEE (Institute of Electrical and Electronics Engineers) 802.3 erarbeitete Ethernet-Standard rund 5.000 Seiten und stellt damit ein gewaltiges informationstechnisches Kompendium dar (s. Abb. 3).

In den letzten Jahren dringt Ethernet mehr und mehr in alle wirtschaftlichen und gesellschaftlichen Anwendungsbereiche vor. Längst hat Ethernet die Grenzen der Bürokommunikation überwunden und auch Anwendungsbereiche wie Rechenzentren und die industrielle Kommunikation erobert (s. Abb. 4).

Mit der Veröffentlichung von IEEE 802.3bq für 40/25GBASE-T (2016-09) wird ein Meilenstein in der 4-paarigen Kupferübertragungstechnik erzielt. Mit IEEE 802.3bp und der darin definierten 1-paarigen Kupferübertragungstechnik öffnen sich neue Anwendungsfenster für Industrie 4.0 und das Internet der Dinge (IoT).

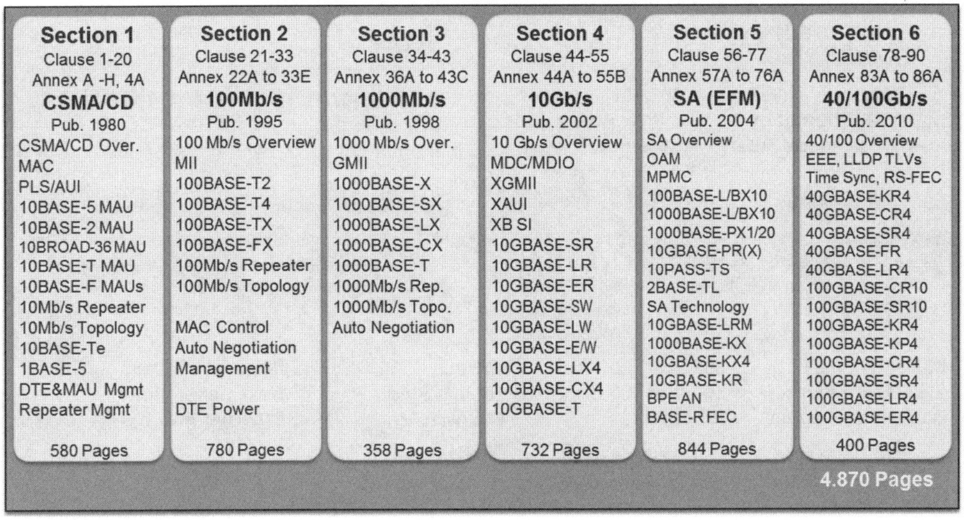

Abbildung 3: Ethernet Standard IEEE 802.3, Stand 2015

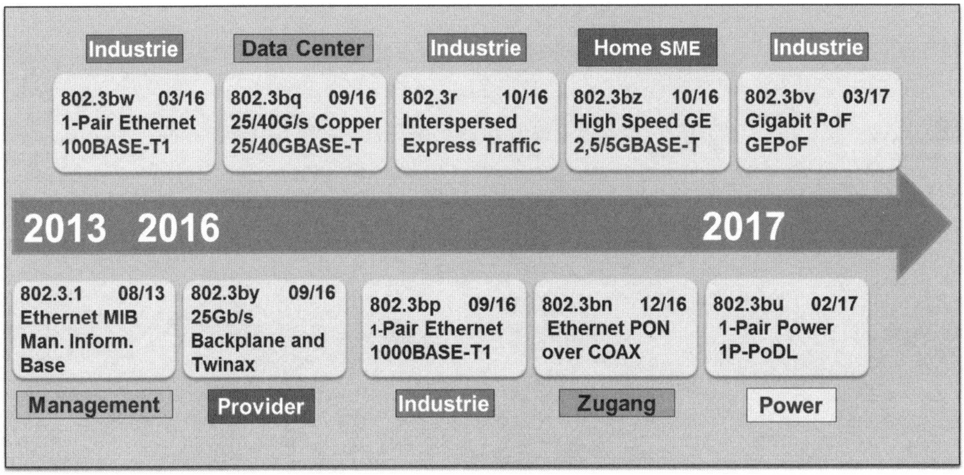

Abbildung 4: In 2016 und 2017 publizierte IEEE-802.3-Standards (IEEE 802.3, 2015)

Ende 2018 wurde mit IEEE 802.3bt die aktuelle Spezifikation zu Power over Ethernet veröffentlicht. Dieser Standard regelt die gleichzeitige Übertragung von Daten und Energie (bis zu 90 W) über eine 4-paarige symmetrische Übertragungsstrecke. Mit IEEE 802.3bs wird der Stand der Technik bei der optischen Übertragung auf eine Übertragungsrate von 200 GBit/s bzw. 400 GBit/s angehoben werden (s. Abb. 5).

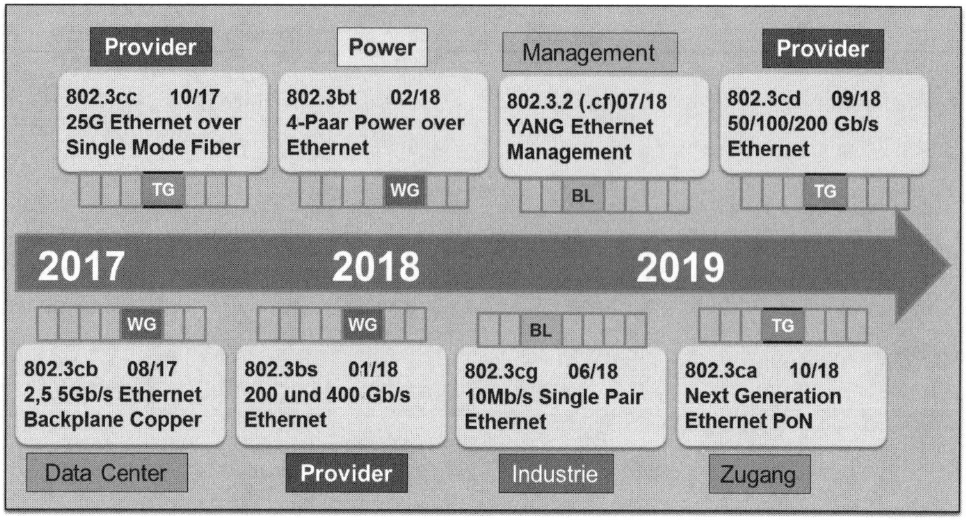

Abbildung 5: IEEE-802.3-Standards in Bearbeitung – Stand 2017 (IEEE 802.3, 2017)

1 Übertragungstechnische Grundlagen

Das Übertragen und Austauschen von Informationen ist so alt wie die Menschheit selbst (s. Abb. 6).

Im Laufe der Zeit haben sich die Übertragungsmöglichkeiten ständig weiterentwickelt. Der Durchbruch gelang aber erst im vergangenen Jahrhundert mit der Telefonleitung. Sie revolutionierte die Übertragungstechnik und legte den Grundstein für weitere Innovationen. Die Übertragungsmöglichkeiten der Telefonleitung und auch neuerer Transportmedien werden wesentlich durch das Shannon-Theorem (1948) bestimmt, welches die maximal mögliche Datenrate in Abhängigkeit von der Übertragungsbandbreite und Übertragungsqualität vorhersagt.

Abbildung 6: Dosentelefon

Bandbreite und Kanalkapazität

In der Nachrichten-, Audio- und Hochfrequenztechnik gibt die Bandbreite B denjenigen Frequenzbereich an, in welchem elektrische Signale mit einem maximalen Leistungsabfall von 50 % (3 dB) übertragen werden. Diese Bandbreite heißt deshalb auch 3-dB-Bandbreite. Es handelt sich um die Frequenzdifferenz zwischen der oberen und der unteren Frequenz, bei welcher jeweils die Signalleistung auf die Hälfte der Maximalleistung abgefallen ist. Je größer die Bandbreite, desto mehr Informationen können theoretisch in einer Zeiteinheit übertragen werden (s. Abb. 7).

Zwischen der maximal möglichen Datenrate, die auch Kanalkapazität heißt, und den Übertragungseigenschaften besteht nach der Formel von Shannon folgender Zusammenhang:

$C_{max} = B \cdot \mathrm{ld}(1 + S/R)$ (Bit/s) (Quelle: C.E. Shannon)

B: Bandbreite (Hz)

ld: Logarithmus dualis, d. h. zur Basis 2

S: Signalleistung (W)

R: Rauschleistung (W)

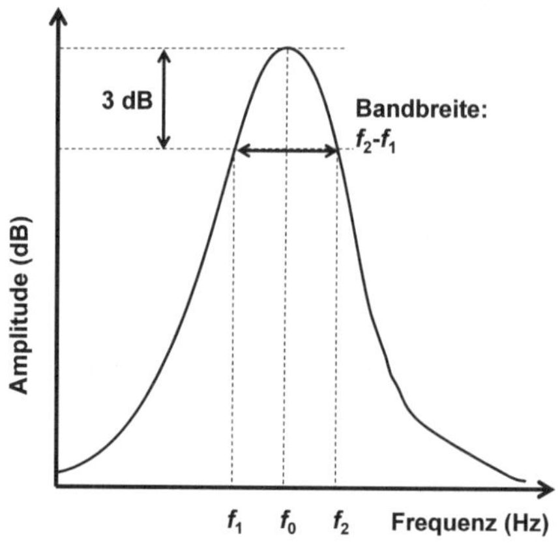

Abbildung 7: Bandbreite von Übertragungssystemen

Datenrate und Symbolrate

Die Datenrate (Bitrate) gibt an, wie viele 0/1-Informationen, also wie viele Bit je Sekunde, übertragen werden (s. Abb. 8). Eine weitere gebräuchliche Maßzahl für die Übertragung von Bitfolgen durch einen Übertragungskanal ist die Symbolrate (Baud-Rate, nach *E. Baudot*, frz. Ingenieur, 1845 – 1903), Einheit Bd. Sie gibt an, wie viele Zustandsänderungen je Sekunde durch einen Kanal übertragen werden können. Bei Codierungstechniken, bei denen nur zwei verschiedene Zustände verwendet werden, sind Datenrate und Symbolrate identisch. Bei Übertragungstechniken mit mehreren Zuständen ist die Datenrate (*D*) ein Mehrfaches der Symbolrate:

$D = L \cdot$ Symbolrate (Bit/s)

L: Wertigkeit, d. h. Anzahl Bits je Symbol

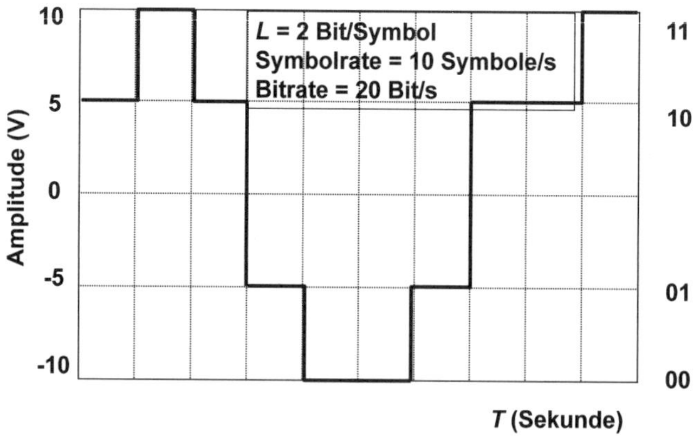

Abbildung 8: Zusammenhang Datenrate zu Symbolrate

Nach der „Küpfmüller-Nyquist-Beziehung (1928)“ ist die (fehlerfreie) Symbolrate maximal doppelt so hoch wie die Bandbreite des verwendeten Übertragungsmediums.

Dies bedeutet, dass in jeder Halbwelle der Übertragungsfrequenz maximal ein Symbol übertragen werden darf.

Somit ist die maximale Datenrate (D_{max}) in einem (störungsfreien/idealen) Übertragungskanal:

$D_{max} = 2 \cdot B \cdot L = 2 \cdot B \cdot \mathrm{ld}(V)$ (Bit/s) (Quelle: Rupprecht 2014)

B: Bandbreite in Hertz

ld: Logarithmus dualis, d. h. zur Basis 2

V: Anzahl der verwendeten Zustände eines Übertragungskanals

L: $ld\ (V)$

Signalausbreitungsgeschwindigkeit

Die Signalausbreitungsgeschwindigkeit berechnet sich nach folgender Formel:

$v = a \cdot c_0$

a: Faktor (Reduktionsfaktor) der Vakuum-Lichtgeschwindigkeit

c_0: Lichtgeschwindigkeit (näherungsweise $3 \cdot 10^8$ m/s = 300.000 km/s)

Die Signalausbreitungsgeschwindigkeit hat in Abhängigkeit der Übertragungsanwendung Auswirkung auf die Auslegung der maximalen Übertragungsstreckenlänge.

OSI-Schichtenmodell

In den Jahren 1983 bzw. 1984 haben die ITU und ISO erstmals das modular aufgebaute „Basis-Referenzmodell für die Kommunikation Offener Systeme“ genormt (s. ITU-T X.200 bzw. ISO 7498-1), welches die physische und logische Interaktion zwischen den Netzwerkgeräten beschreibt (s. Abb. 9). Dabei behandelt die Schicht 1 die physischen Eigenschaften der Übertragungsstrecken. Ein in der 3. Schicht oft verwendetes Protokoll ist das Internet Protocol (IP).

7 Anwendungsschicht Anwendungsschicht 7
6 Darstellungsschicht Darstellungsschicht 6
5 Sitzungsschicht Sitzungsschicht 5
4 Transportschicht Transportschicht 4
3 Vermittlungsschicht Vermittlungsschicht 3
2 Sicherungsschicht Sicherungsschicht 2
1 Bitübertragungsschicht Bitübertragungsschicht 1
Rechner A
Rechner B

Abbildung 9: ISO/OSI-7-Schichten-Referenzmodell

2 Technische Normung

2.1 Nutzen und strategische Bedeutung

Technische Normung[2] beinhaltet die Formulierung und Anwendung von technisch und/oder wirtschaftlich relevanten Regeln. Damit Normen auf allgemeine Akzeptanz stoßen, sollten sie auf gesicherten Erkenntnissen beruhen, den aktuellen Stand von Wissenschaft und Technik einbeziehen und mit breitem Konsens verabschiedet werden.

Normung ist ein unverzichtbares Mittel, um Prozesse, Dienstleistungen und Produkte vergleichbar zu machen und somit ihren Handel – den Austausch zwischen Personen, Firmen und Organisationen (natürlich auch über Landesgrenzen hinaus) – überhaupt erst zu ermöglichen.

Normung gibt es in allen Bereichen der Gesellschaft, für alle Wissenschaften und Anwendungsfelder. Die technische Normung und hier speziell Normung im Bereich der Informations- und Kommunikationstechnik (IKT) weist darüber hinaus noch ein weiteres Merkmal auf. Es ist die notwendige Kompatibilität zwischen Komponenten (Hard- und Softwareprodukten) der IKT, ohne die diese Technik selbst gar nicht funktionieren könnte.

Im einfachsten Fall werden technische Normen in Form von Arbeitsabläufen und Firmen-internen Ausführungsvorgaben bzw. Konstruktionsfestlegungen formuliert oder als Pflichten- und Lastenhefte zwischen zwei Geschäftspartnern vereinbart. Der Nachteil dieser sogenannten Werksnormen besteht darin, dass diese i. d. R. nicht öffentlich zugänglich sind und damit nur einen sehr eingeschränkten Wirkungsbereich entfalten.

Ende des 19. Jahrhunderts setzte sich die Erkenntnis durch, dass neue Technologien – wie die Einführung des elektrischen Stroms – technische Regelungen für den Schutz von Leib und Leben erfordern, die von den einschlägigen Experten dieses Fachgebiets anerkannt und somit allgemein angewandt werden. Dies war die Geburtsstunde von Organisationen wie dem VDE Verband der Elektrotechnik Elektronik Informationstechnik e. V. im Jahr 1893 und markiert den Beginn der überbetrieblichen Normung, wie wir sie heute kennen. Die Normungsaktivitäten von VDE und DIN Deutsches Institut für Normung e. V. werden von allen am wirtschaftlichen Prozess Beteiligten getragen und zeichnen sich durch eine Reihe von Alleinstellungsmerkmalen – u. a. transparente Erstellungsprozesse, Einbindung aller betroffenen und interessierten Kreise und die Beteiligung der breiten Fachöffentlichkeit im Entwurfsstadium – aus. Gleiches gilt für die von der Europäischen Kommission anerkannten Europäischen Normungsorganisationen CEN, CENELEC und ETSI sowie die internationalen Normungsorganisation IEC, ISO und ITU. Die Normen und Publikationen dieser Organisationen sind durch geltende Gesetze vor unbefugter Verbreitung und Vervielfältigung geschützt.

---

[2] Der Begriff „Norm" umfasst in seiner allgemeinen Bedeutung sowohl (geschriebene wie ungeschriebene) Regeln des gesellschaftlichen Zusammenlebens, juristische Regeln (d. h. Gesetze und Verordnungen) sowie technisch-wirtschaftliche Regeln und Vereinbarungen. In diesem Buch verwenden wir den Begriff Norm nur für die letztgenannten technisch-wirtschaftlichen Regeln, es sei denn, es ist explizit etwas anderes angegeben.

Aufgrund dieser transparenten Normungsprozesse bedient sich auch der nationale und europäische Gesetzgeber im Rahmen seiner Rechtsvorschriften der Ergebnisse der Normungsorganisationen[3]. Er formuliert in den EU-Richtlinien oder EU-Verordnungen den abstrakten Rechtsrahmen – z. B. bezüglich der elektromagnetischen Verträglichkeit von Geräten – und verweist für die konkrete technische Realisierung zur Einhaltung der rechtlichen Vorgaben auf die Inhalte der zutreffenden Europäischen Norm(en).

Neben den anerkannten Normungsorganisationen haben sich seit Anfang der 1990er-Jahre insbesondere im Bereich der Informationstechnik eine Fülle von Foren und Konsortien gebildet, deren Mitglieder ohne Einbindung einer breiten Fachöffentlichkeit branchenspezifische Spezifikationen erarbeiten (z. B. das USB Implementers Forum) und die sich nach Abschluss der Arbeit auch wieder auflösen (z. B. die Personal Computer Memory Card International Association (PCMCIA)), was dann die Frage nach der Pflege der Spezifikationen aufwirft.

Vorteile von Normen sind die Verbesserung von Produkten, Prozessen und Dienstleistungen und somit auch die Sicherstellung von angestrebten Qualitätsstufen. Der vereinfachte Austausch von Produkten und Dienstleistungen gehört dazu; und natürlich – das trifft gerade auch auf die IKT zu – der unkomplizierte und gesicherte Austausch von Informationen.

In unserer modernen, extrem arbeitsteiligen und globalisierten Welt sind diese Eigenschaften nicht nur wünschenswert – sie sind ein MUSS oder anders gesagt: Ohne Normung würde kein Mobiltelefon funktionieren. Wir könnten uns an keinem Firmenrechner einloggen und ein komplexes Gebilde, wie ein Auto, könnte nicht vom Band rollen.

Somit ist Normung, technische Normung, internationale technische Normung Basis unseres Wohlstands und unabdingbar.

Die Deutsche Normungsstrategie beginnt mit einer Vision: Mit Normung Zukunft gestalten!
Mission: Normung und Standardisierung in Deutschland dienen Wirtschaft und Gesellschaft zur Stärkung, Gestaltung und Erschließung regionaler und globaler Märkte.

Die 6 Ziele der Deutschen Normungsstrategie

Ziel 1: Der internationale und europäische Handel ist durch Normung und Standardisierung erleichtert.
Ziel 2: Normung und Standardisierung entlasten und unterstützen die staatliche Regelsetzung.
Ziel 3: Deutschland treibt weltweit Normung und Standardisierung in Zukunftsthemen durch Vernetzung von Interessengruppen, den Aufbau neuer Prozesse und offener Plattformen zur Koordination voran.
Ziel 4: Wirtschaft und Gesellschaft sind die treibenden Kräfte in Normung und Standardisierung.
Ziel 5: Normung und Standardisierung werden insbesondere von Unternehmen als strategisches und attraktives Instrument genutzt.
Ziel 6: In der öffentlichen Wahrnehmung besitzt Normung einen hohen Stellenwert.
(BMWi, 2016)

Alle modernen Industrienationen verbinden auch strategische Aspekte mit der Normung. So wird Normung als ein wesentliches Element zur Entwicklung und Verbreitung neuer Technologien oder zur Durchsetzung strategischer politischer und wirtschaftlicher Ziele genutzt. Die Digitalisierung der Gesellschaft ist ein solch strategisches Ziel. Digitalisierung bedeutet nicht nur Ausbau und Angebot von schnellen Internetzugängen, sondern auch die Umsetzung von Zukunftsthemen wie Internet of Things (IoT) oder Industrie 4.0 (I4.0) –

[3] Dazu bestehen sowohl in Deutschland als auch in Europa entsprechende Verträge zwischen dem Gesetzgeber und den betreffenden Normungsorganisationen.

Themen, die wesentliche wirtschaftliche Wachstumsimpulse auslösen und tragen, welche wiederum zur Entwicklung von Wirtschaft und Gesellschaft beitragen.

Dazu wird nicht nur in moderne Infrastruktur investiert (z. B. in den Ausbau des Breitbandnetzes oder die flächendeckende Einführung IP-basierter Dienste auch im Weitverkehrsnetz), sondern auch gezielt in Forschung und Entwicklung. Hier wiederum wird der geförderte Entwicklungsauftrag in Form von Verbundprojekten zwischen Forschungseinrichtungen, Hochschulen und der Industrie mit der Maßgabe ausgeschrieben, die Ergebnisse dieser Projekte gezielt in die deutsche und internationale Normung einzubringen. Dieser Verbund aus Forschung und Anwendung garantiert eine schnelle Übernahme der Ergebnisse in die Praxis, z. B. durch Entwicklung und Bereitstellung innovativer Technologien, die letztlich auch in konkrete neue Produkte und Angebote münden.

Abbildung 10: Titelseite der Publikation „Digitale Strategie 2025", erstellt und veröffentlicht vom Bundesministerium für Wirtschaft und Energie (BMWi, 2016)

Aus der Vision einer „Digitalen Agenda 2025" ist letztlich auch der Auftrag für die technische Normung abzuleiten, die technologische Basis beispielsweise für IoT und Industrie 4.0 zur Verfügung zu stellen (s. Abb. 10).

Handlungspunkte der Digitalen Strategie des BMWi sind:

1. Ein Gigabit-Glasfasernetz für Deutschland bis 2025 aufbauen
2. Eine Neue Gründerzeit einleiten: Start-ups unterstützen und die Kooperation von jungen und etablierten Unternehmen fördern
3. Einen Ordnungsrahmen für mehr Investitionen und Innovationen schaffen
4. Die „Intelligente Vernetzung“ in zentralen Infrastrukturbereichen unserer Wirtschaft vorantreiben
5. Die Datensicherheit stärken und Datensouveränität entwickeln
6. Neue Geschäftsmodelle für KMU, Handwerk und Dienstleistungen ermöglichen
7. Mit Industrie 4.0 den Produktionsstandort Deutschland modernisieren
8. Forschung, Entwicklung und Innovation bei digitalen Technologien auf Spitzenniveau bringen
9. Digitale Bildung in allen Lebensphasen realisieren
10. Eine Digitalagentur als modernes Kompetenzzentrum ins Leben rufen
(BMWI, 2016)

Normungsarbeit fördert darüber hinaus auch menschliche Aspekte der Zusammenarbeit und des Zusammenlebens. Experten mit unterschiedlichem Werdegang, aus ganz unterschiedlichen Ländern und Kulturkreisen und z. T. auch mit sehr eigenen Vorstellungen und Interessen setzen sich zusammen, um komplexe technische Zusammenhänge umfassend und gleichzeitig detailliert, d. h. möglichst unmissverständlich, in Normen niederzulegen. Ein äußerst spannender Prozess, bei dem alle Beteiligten auch voneinander lernen und letztlich immer wieder gezwungen werden, Kompromisse einzugehen, um Konsens zu finden.

Im Kontext der zunehmenden Digitalisierung sind die im Folgenden beschriebenen Megatrends von Bedeutung sowie deren Auswirkung auf jetzige und künftige informationstechnische Netzwerkinfrastrukturen.

1.1 Internet of Things (IoT)

Der Begriff IoT beschreibt die zunehmende „technische Intelligenz" von Dingen, wie Computern, technischen Einrichtungen bis hin zu „Dingen"/Objekten. Voraussetzung dafür ist die eindeutige Identifizierbarkeit physikalischer Objekte durch technische Kennzeichnung (MAC-Adresse, RFID, Labeling u. Ä.), die eine Verknüpfung dieser physikalischen Objekte mit einem virtuellen Abbild (Beschreibung/Repräsentanz/Verwaltungsschale o. Ä.) ermöglichen.
Weitere notwendige Voraussetzungen sind u. a. die Fähigkeit dieser Objekte miteinander zu kommunizieren (Daten auszutauschen), die Entwicklung dazu geeigneter Technologien und die stetige Miniaturisierung technischer Objekte und ihrer Kommunikationseinrichtungen.

Visionäres Ziel von IoT ist die künstliche Intelligenz, also der Ablauf von Prozessen, bei denen Entscheidungen notwendig sind. Diese sollen aber mehr oder weniger unabhängig vom Menschen auf Basis von Algorithmen oder spezieller Software getroffen werden.

1.2 Industrie 4.0 (I4.0)

I4.0 verfolgt den gleichen Ansatz wie IoT, ist aber sehr stark auf Prozesse bei der industriellen Fertigung von Produkten konzentriert. Damit treibt I4.0 alle heute bekannten Automatisierungslösungen technologisch voran und bildet gleichzeitig neue Formen des sicheren Informationsaustauschs und der Vernetzung aus. Hochentwickelte Sensor-/Aktortechnik ist für I4.0 unabdingbar. Somit stellt I4.0 eine gewisse Teilmenge von IoT dar, ist jedoch nicht mit IoT gleichzusetzen. I4.0 hebt die Industrieproduktion von der Faltschachtel bis zu hochkomplexen Produkten, wie dem Auto, auf eine neue Stufe, erschließt Effizienzsteigerungen und ermöglicht die Verknüpfung von individuell geprägten Erzeugnissen (Einzelfertigung, Nischenprodukte) mit den Vorteilen der Massenproduktion.

I4.0 wird unsere Arbeitswelt nachhaltig verändern und das Anforderungsprofil vieler Berufe im produzierenden Gewerbe anspruchsvoll erweitern.

1.3 Cloud Computing

Cloud-Computing beschreibt die Bereitstellung von IT-Leistungen (Speicherplatz, Anwendersoftware, Datenbankzugriffe oder Rechenleistung) über das Internet. Physikalisch werden diese Services i. A. von Rechenzentren bereitgestellt, die oftmals miteinander verknüpft sind (Rechnerwolke, Cloud).

Cloud-Computing ist nicht nur für Firmen existenziell wichtig. Auch der private Nutzer nimmt über Anwendungen, wie Google oder den sozialen Netzwerken, Cloud-Computing in Anspruch. IoT und I4.0 greifen auf Cloud-Computing zurück.

1.4 xSmart Technologies

Smart bedeutet wörtlich übersetzt so viel wie klug oder gewitzt. Der Begriff Smart Technologies beschreibt also Techniken, Geräte oder Prozeduren, die „gewitzte, clevere" Lösungswege nutzen. Klassische Beispiele sind intuitiv benutzbare Oberflächen auf Tablets oder Smart Phones, aber auch die Sammlung von Wetterinformationen über weltweit verteilt aufgestellte Sensoren unterschiedlichster Typen und Eigentümer/Betreiber. Somit können Smart Technologies auch durchaus mit Trends, wie zunehmende integrierte „Intelligenz", Miniaturisierung, Vereinfachung und Vernetzung gleichgesetzt werden.

IoT, I4.0 und Cloud-Computing greifen auf Smart Technologies zurück.

2.2 Gremienlandschaft IKT-Verkabelung

Normen werden von unterschiedlichen Interessengruppen vorangetrieben. Das können z. B. einzelne Firmen oder Branchen sein, die mit der Normung das Ziel verfolgen, ihre Abläufe z. B. in Produktion oder Einkauf zu „normieren", also detailliert zu beschreiben und diese Beschreibung dann als Vorlage benutzen, um Effektivität und Qualität zu erhöhen.

Im Grunde genommen sind diese Bestrebungen auch die Basis für alle weiteren Normungsaktivitäten auf nationaler, europäischer oder internationaler Ebene. Da, wo es sinnvoll erscheint, soll Normung Abläufe vereinfachen, Zeit und Geld sparen und gewünschte Qualitätsstufen sicherstellen.

Während das innerhalb eines Unternehmens noch recht einfach ist, da die Firma selbst Art und Umfang sowie die Anwendung (Geltungsbereich: z. B. in der Abteilung xy und in Zusammenhang mit Lieferant z) der zu normenden Prozesse oder Produkte bestimmt, wird es auf nationaler Ebene oder darüber hinaus weitaus komplexer. Die Ziele der Normung bleiben im Wesentlichen gleich, aber die Interessenlage verändert sich. Nicht nur ein Interesse zählt, sondern unterschiedliche Interessen, die von den Experten, ihren Verbänden und Firmen und natürlich den Ländern getrieben sind. Diese können, wie der internationale Wettbewerb, sehr unterschiedlich motiviert und ausgeprägt sein.

Um dieses Interessengemenge in ein Gleichgewicht zu bringen und den erwünschten Konsens in den Fragen, was und wie normiert wird, zu erzielen, haben sich auf nationaler, europäischer und internationaler Ebene Normungsgremien gebildet. Diese Gremien sind in Komitees, Unterkomitees und Arbeitsgruppen fachlich strukturiert und werden mit Experten aus den jeweiligen Fachthemen besetzt. Mitarbeiten kann grundsätzlich jeder, der die entsprechende Expertise mitbringt und den Arbeitsaufwand nicht scheut. Experten werden für ihre Normungstätigkeit von den Gremien nicht bezahlt.

Die relevanten internationalen Normungsgremien für IKT-Verkabelung und ihre Verflechtung zeigt Abbildung 11.

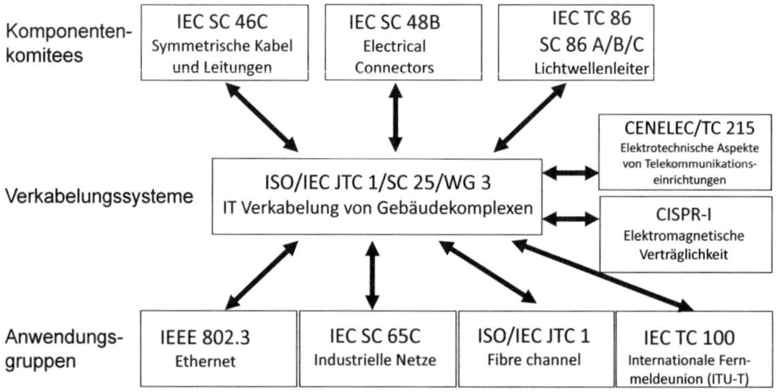

Abbildung 11: Zusammenarbeit internationaler Verkabelungsgremien um ISO/IEC JTC 1/SC 25/WG 3 (*Quelle:* A. Oehler: Informationstechnische Standortverkabelung als grundlegende informationstechnische Infrastruktur: Einblick in die internationale Normungsarbeit. Journal of Engineering, Management and Operations 1. Wien: LIT Verlag, 2018)

Die Normen für Kommunikationskabelanlagen (Verkabelungssysteme) werden international bei ISO/IEC JTC 1/SC 25/WG 3 und europäisch bei CENELEC TC 215/WG 1 erstellt und national in DKE/GUK 715.3 „Informationstechnische Verkabelung von Gebäudekomplexen“ behandelt.

Die in diesem Buch behandelten Normen und Normenreihen zur IKT-Verkabelung hängen wie in Abbildung 12 gezeigt zusammen.

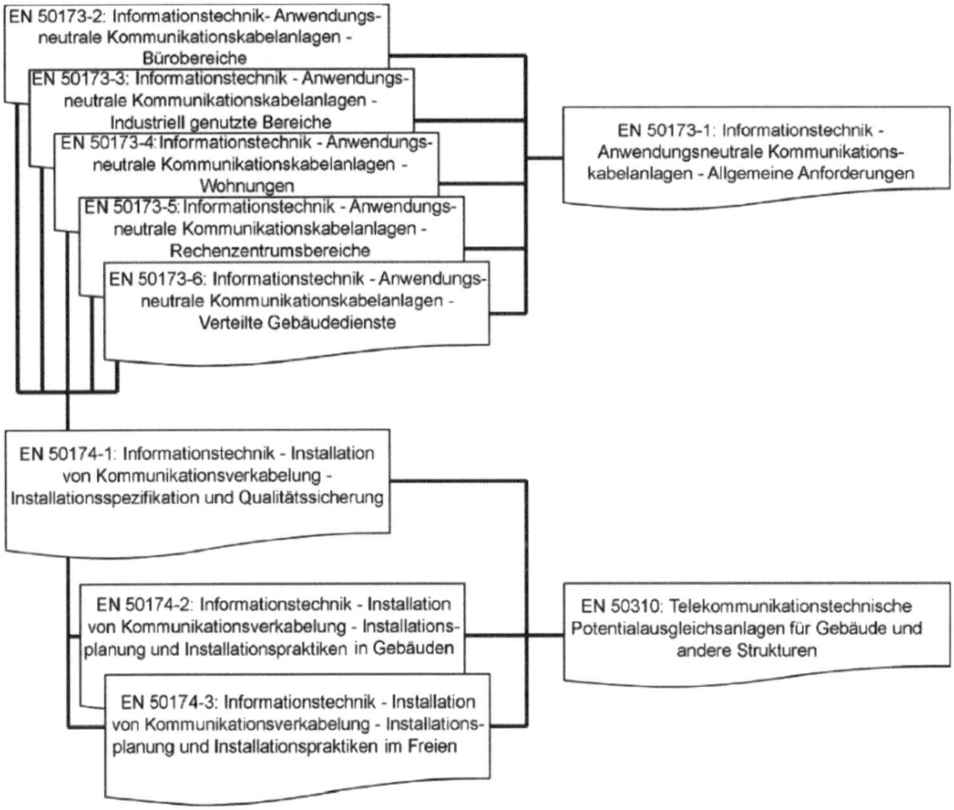

Abbildung 12: Zusammenhang der Normenreihen EN 50173 und EN 50174 (*Quelle:* EN 50173-1:2018, Bild 1)

2.3 Eine kleine Normenkunde[4]

2.3.1 Allgemeines

Technische Normen werden – wie auch rechtliche Normen – nach formalen Regeln und in einer Fachsprache erstellt, die dem Anwender gelegentlich unverständlich und praxisfremd erscheinen. Derartige Formalien sind jedoch nötig, um einerseits den Status der Normen als anerkannte Regeln der Technik und andererseits die Widerspruchsfreiheit des Normenwerks sicherzustellen. Im Folgenden werden daher einige wichtige Prinzipien kurz erläutert, die für das korrekte Verständnis und die korrekte Anwendung von Normen unerlässlich sind. Dies dient auch dem besseren Verständnis der in diesem Buch getroffenen Aussagen.

2.3.2 Konsensprinzip

Normen sind das Ergebnis einer gemeinschaftlichen Arbeit technischer Experten, deren durchaus unterschiedliche Interessen „unter einen Hut“ gebracht werden müssen. Im Rahmen dieser gelegentlich langwierigen Konsensfindung kommt es – trotz des Bemühens um Einvernehmen – immer wieder zu inhaltlichen Kompromissen, die im Annahmeprozess mit qualifizierter Mehrheit als für alle Interessengruppen akzeptabler „kleinster gemeinsamer Nenner“ verabschiedet werden. Dies führt in der Praxis gelegentlich zu Festlegungen, deren Sinn sich dem Außenstehenden nicht sofort erschließt, sowie zu Formulierungen, die dem Leser seltsam vorkommen können. Diese Hürden für die informationstechnische Verkabelung praxisgerecht zu meistern, ist eines der Anliegen dieses Buchs.

2.3.3 Sprachfassungen

Internationale Normen (IEC, ISO, ISO/IEC) werden in der Regel in englischer und französischer Sprache veröffentlicht. Europäische Normen (Präfix EN) werden in den drei offiziellen Sprachfassungen Englisch, Französisch und Deutsch veröffentlicht. Dabei ist die Arbeitssprache Englisch und es liegt in der Verantwortung des deutschen bzw. französischen nationalen Komitees, eine inhaltlich identische Übersetzung zu erstellen. Die Autorisierung der Übersetzung zur Bestätigung der Gleichwertigkeit von Übersetzung und englischem Text ist eine der Aufgaben der Mitarbeiter in den deutschen Normungsgremien. Sollte es im Einzelfall zu Zweifeln an der korrekten Übersetzung kommen, gilt die englische Sprachfassung als Referenz, und der Leser wird gebeten, die nationale Normungsorganisation (in der Elektrotechnik die DKE (www.dke.de)) zu kontaktieren.

Viele Normen benutzen sowohl im Fließtext als auch in Bildern Abkürzungen und Symbole. In manchen Fällen verwendet die deutsche Norm eingeführte deutsche Bezeichnungen dafür, in anderen das englische Original.

Beispiel 1: NEXT	Nahnebensprechdämpfung, *engl.:* NEXT Near End Crosstalk Loss
Beispiel 2: EV	Etagenverteiler, *engl.:* FD Floor Distributor

[4] *Autor: Thomas H. Wegmann*

Praxistipp: Die Normenreihe DIN EN 50173 (VDE 0800-173) enthält im nationalen Vorwort zwei Tabellen, in denen die in den sechs Normen der Reihe verwendeten Abkürzungen und Symbole in Deutsch/Englisch bzw. Englisch/Deutsch alphabetisch sortiert gegenübergestellt sind.

In diesem Buch werden die Abkürzungen so benutzt, wie in den jeweiligen Normen eingeführt (s. auch „Anhang 3 Abkürzungen").

2.3.4 Status Europäischer Normen

Ein wesentlicher Vorteil des 1992 in Europa eingeführten Binnenmarkts ist der freie Verkehr von Waren und Dienstleistungen zwischen den EU-Mitgliedsstaaten. Dazu hat der EU-Gesetzgeber eine Harmonisierung der ehemals unterschiedlichen nationalen Rechtsvorschriften durchgeführt (s. z. B. EMV-Richtlinie), um den freien Marktzugang sicherzustellen.

Die Europäischen Normenorganisationen haben sich – als privatrechtliche Vereine – schon lange vor 1992 freiwillig dazu verpflichtet, die bestehenden nationalen technischen Normen durch europäisch vereinheitlichte Fassungen zu ersetzen und so das politische Ziel des Binnenmarkts zu unterstützen.

Die Annahme und Veröffentlichung einer Europäischen Norm zieht daher (anders als eine internationale Norm) folgende wichtige Konsequenzen nach sich, die im Vorwort einer jeden EN dargestellt sind:

a) Die Mitgliedsländer sind verpflichtet, die EN innerhalb einer festgelegten Frist sowohl inhaltlich als auch im formalen Aufbau unverändert als nationale Norm zu veröffentlichen (bzw. anzuerkennen) und

b) eventuell bestehende nationale Normen ersatzlos zurückzuziehen.

Erst mit der nationalen Übernahme entfaltet die EN ihre volle Wirkung. Dies wird durch den Präfix der nationalen Normungsorganisationen ausgedrückt: EN 50174-3 heißt in z. B. Deutschland „DIN EN 50174-3 (VDE 0800-174-3)", in Frankreich „NF EN 50174-3" und in der Schweiz „SN EN 50174-3".

2.3.5 Verweisprinzip

2.3.5.1 Grundsätze

Es kommt häufig vor, dass beim Erstellen einer Norm auf Festlegungen zurückgegriffen wird, die bereits in einer anderen Norm veröffentlicht sind. Üblicherweise werden die betreffenden Passagen nicht abgeschrieben, sondern per Verweisung auf die Festlegung in der betreffenden anderen Norm „eingebunden". Dies hat den Vorteil, dass der Sachverhalt nur an einer Stelle im Normenwerk festgelegt ist und es somit im Laufe der Zeit nicht zu widersprüchlichen Ausprägungen des Sachverhalts kommt (wenn der Text der „Quelle" z. B. überarbeitet wird). Weiterhin wird damit erreicht, dass die einzelnen Normen nicht unnötig „aufgebläht" werden. Aus diesem Grund gibt es in jeder Norm einen Abschnitt 2, in dem alle Normen aufgeführt werden, die in der vorliegenden Norm ganz oder teilweise mitgelten.

Bestes Beispiel für diesen Ansatz sind die in diesem Buch behandelten Design-Normen. EN 50173-1 enthält alle Festlegungen, die in den weiteren Teilen der Normenreihe gleichermaßen gelten. Wird bei einer künftigen Revision z. B. eine neue Übertragungsstreckenklasse eingeführt, müssen die nötigen Festlegungen nur im Teil 1 aufgenommen werden – es ist nicht erforderlich, diese in den anderen Normen zu wiederholen.

Im Gegensatz dazu waren die internationalen Verkabelungsnormen in der Vergangenheit als unabhängige Dokumente aufgebaut, die bis zu 50 % Wiederholungen aus bereits veröffentlichten Normen enthielten. Dies verteuerte nicht nur den Bezugspreis der Normen unnötig, es erschwerte auch die Aufnahme neuer technischer Entwicklungen in diese Normen und gefährdete die Widerspruchsfreiheit der einzelnen Dokumente. Daher beschloss das internationale Gremium ISO/IEC JTC 1/SC 25 im Jahr 2014, bei der anstehenden Revision seiner Design-Normen die Struktur von EN 50173 zu übernehmen und die bislang verstreuten Festlegungen in der Normenreihe ISO/IEC 11801 Ende 2017 neu zu veröffentlichen.

Das informative Literaturverzeichnis einer Norm nennt dagegen solche Dokumente, die zwar weiterführende Informationen zum Thema enthalten oder die bei der Erstellung der Norm herangezogen wurden, die jedoch zur Erfüllung der Anforderungen der vorliegenden Norm nicht notwendig sind.

2.3.5.2 Bedeutung datierter und undatierter Verweise

Je nach Sachlage finden sich in einer Norm häufig sowohl sogenannte undatierte als auch datierte Verweisungen. Da diese in den Augen des Normungslaien formal unscheinbare Unterscheidung nicht willkürlich ist, sondern für die korrekte Anwendung der Norm eine entscheidende Bedeutung hat, sei kurz darauf eingegangen.

Wird eine Verweisung undatiert (gleitend) ausgeführt, bedeutet dies, dass *stets* die zuletzt veröffentlichte Ausgabe der referenzierten Norm (einschließlich eventueller Änderungen dazu) anzuwenden ist, selbst wenn diese erst nach Erscheinen der referenzierenden Norm veröffentlicht werden. Um unliebsame Überraschungen zu vermeiden, muss das Gremium also eventuelle Konsequenzen einer gleitenden Verweisung vorab sorgfältig bedenken.

Beispiel 1: In EN 50173-1:2018, Abschnitt 4.6.1, findet sich folgende Aussage über Verteiler: „Die Anforderungen für die Unterbringung von Verteilern sind in EN 50174-2 festgelegt". Dieser Verweis ist allgemein gültig und unabhängig von den detaillierten Festlegungen, die sich im Laufe der Zeit, z. B. durch die Weiterentwicklung der Technik, ändern können. Die undatierte Verweisung ist hier sinnvoll, da EN 50173-1 keine Norm über Verteiler ist.

Eine datierte Verweisung ist immer dann erforderlich, wenn ein bestimmtes Element der referenzierten Norm herangezogen wird (ein Bild, eine Tabelle, ein Messaufbau usw.). Dies dient der eineindeutigen Bezeichnung des zitierten Sachverhalts: Es ist nämlich denkbar, dass durch die technische Fortschreibung der referenzierten Norm entweder der verwendete Inhalt sachlich modifiziert oder sogar gestrichen wird (und dann im Kontext der zitierenden Norm nicht mehr zu einer korrekten Angabe führt) oder durch Umstrukturierung an eine andere Stelle im Dokument rückt. Die datierte Verweisung sorgt also dafür, dass der Normenanwender in einem solchen Fall stets die korrekte Festlegung (wieder-) findet.

Beispiel 2: EN 50173-2:2018 legt in Abschnitt 5.3.2 zur Tertiärverkabelung fest: „Die Tertiärverkabelung muss das Leistungsvermögen der Übertragungsstrecke entsprechend den

Anforderungen an die Klassen E bis F_A nach EN 50173-1:2018 bereitstellen." Sollten in einer künftigen Ausgabe von EN 50173-1 die Anforderungen an diese beiden Klassen geändert werden, wären diese Klassen im Kontext der EN 50173-2:2018 nicht per se anwendbar. In diesem Fall müsste das Normungsgremium dann ggf. auch die EN 50173-2:2018 entsprechend anpassen.

2.3.6 Sprachliche Konventionen

Bei der Anwendung von Normen kommt es in der Praxis immer wieder zu unterschiedlichen Interpretationen darüber, was die Norm fordert und was nicht – präziser: was eine normative Anforderung ist und was nicht. Daher soll kurz auf die in Normen üblichen Konventionen zum Gebrauch der sogenannten modalen Hilfsverben eingegangen werden, deren Bedeutung vom normalen Sprachgebrauch durchaus abweicht.

Eine normative **Anforderung** wird im Englischen mit „shall" ausgedrückt, im Deutschen mit „muss", alternativ mit gleichbedeutenden Wendungen wie „ist zu", „hat zu" oder „ist erforderlich". Entsprechend das Verbot mit „shall not", also „darf nicht" bzw. die gleichbedeutenden Wendungen. Das im Deutschen umgangssprachlich benutzte „soll" als Ausdruck einer Anweisung hat in einer Norm nichts zu suchen.

Demgegenüber wird eine **Empfehlung** mit „should" bzw. „it is recommended" formuliert, also „sollte" bzw. „es wird empfohlen". Die Verneinung lautet „sollte nicht", alternativ „wird nicht empfohlen". Anders als bei einer Anforderung steht es dem Normenanwender also frei, ob er einer Empfehlung in der Norm folgt oder nicht.

Eine **Zulässigkeit** wird mit „may" ausgedrückt, also mit der Verbform „darf" oder „ist erlaubt". Die Verneinung lautet „braucht nicht" oder „ist nicht erforderlich". Die Verbformen „kann" und „könnte" dürfen in diesem Zusammenhang *nicht* verwendet werden.

Eine **Möglichkeit** und ein **Vermögen** werden durch „kann" bzw. „kann nicht" ausgedrückt.

Weitere Details hierzu sind z. B. in der CEN/CENELEC-Geschäftsordnung Teil 2 zu finden.

2.3.7 Praktische Bedeutung von Normentwürfen

Bevor eine (internationale, europäische oder nationale) Norm verabschiedet und veröffentlicht werden kann, muss dazu ein Normentwurf veröffentlicht werden. Damit wird die interessierte Fachöffentlichkeit schon frühzeitig auf die geplante Norm hingewiesen und erhält die Möglichkeit, im Rahmen des nationalen Einspruchsverfahrens Kommentare und Änderungswünsche zu artikulieren.

In der Praxis geschieht es häufig, dass ein solcher Normentwurf bei der Planung und/oder Installation einer Kommunikationskabelanlage herangezogen wird, ggf. zusätzlich zu der veröffentlichten Norm, die durch diesen Norm-Entwurf einmal ersetzt werden soll. Dies ist grundsätzlich möglich, birgt jedoch die Gefahr, dass sich im weiteren Normungsprozess noch wesentliche Inhalte ändern können. Dies führt dann unter Umständen zu Missverständnissen und späterem Streit zwischen den Vertragsparteien, der je nach Schwere ggf. sogar vor Gericht ausgetragen wird.

Praxistipp: Bei der Planung und Ausschreibung einer Kommunikationskabelanlage ist es zur Vermeidung von Missverständnissen über die zugrunde gelegten bzw. anzuwendenden Normen und ggf. Normentwürfe ratsam, *stets* präzise die Ausgabedaten der betreffenden Dokumente anzugeben. Wenn vorgesehen ist, in einem Projekt einen Normenwurf heranzuziehen, sollte dies ausdrücklich als Vertragsgrundlage schriftlich vereinbart werden. Ein pauschaler Hinweis in der Ausschreibung bzw. dem Leistungsverzeichnis auf „die geltenden Normen“, „den Stand der Technik“ oder sogar die Nennung unterschiedlicher Normen zum selben Thema („Verkabelung nach DIN EN 50173, ISO/IEC 11801 und TIA 568“) reicht keinesfalls aus und führt erfahrungsgemäß zu langwierigen Auseinandersetzungen zwischen den Beteiligten, die häufig vor Gericht geklärt werden müssen.

2.3.8 Benummerung von Normen

Bei der Nennung von Normnummern ist es wichtig, stets die komplette Bezeichnung – also inklusive des/der Präfixe(s) – anzugeben, um Missverständnisse und Verwechslungen zu vermeiden.

Beispiel 1: Mit der Nummer „18015“ könnte sowohl die nationale Normenreihe „DIN 18015“ über Elektrische Anlagen in Wohngebäuden gemeint sein wie auch „ISO/IEC TR 18015“, ein Technischer Bericht über die Programmiersprache C. Auch wenn der Irrtum in diesem Fall vermutlich schnell aufgeklärt sein dürfte, führt die unvollständige Nennung der Nummer in der Praxis zumindest zu unnötigen Nachfragen.

Wie ist also die Normnummer im konkreten Fall aufgebaut?

Eine rein nationale – deutsche Norm – ist durch den Präfix „DIN“ und eine numerische Ziffernfolge gekennzeichnet, in der Elektrotechnik häufig auch durch „DIN VDE“ und mit der VDE-Klassifikation in Klammern.

Beispiel 2: DIN 18015-1, DIN VDE 0100-420 (VDE 0100-420)

Bei der nationalen Übernahme einer Europäischen Norm wird, wie in Kapitel 2.3.4 erwähnt, das „DIN“ vor die EN-Nummer gesetzt (und ggf. die VDE-Bezeichnung in Klammern). Dabei gibt eine Nummer im Bereich 50000 bis 59999 an, dass es sich um eine Norm handelt, die von einem CENELEC-Gremium erarbeitet wurde.

Gerade im Bereich der Elektrotechnik werden aber ca. 80 % aller Europäischen Normen zunächst bei IEC international erarbeitet und anschließend formal als EN angenommen. Dies erkennt man an Normnummern, die mit 60 000 beginnen.

Beispiel 3: Die Steckverbindernorm IEC 60603-7 ist europäisch unverändert als EN 60603-7 übernommen und als DIN EN 60603-7 (VDE 0687-603-7) national veröffentlicht.

Gelegentlich kommt es vor, dass eine IEC-Norm technisch modifiziert werden muss, bevor sie für Europa akzeptabel ist. Gründe dafür können u. a. höhere gesetzliche Anforderungen aufgrund von EU-Richtlinien in Europa, unterschiedliche Infrastrukturen oder abweichende klimatische Bedingungen sein. In einem solchen Fall wird die IEC-Norm also mit einer europäisch abgestimmten, sogenannten „Gemeinsamen Abänderung“ übernommen, die im EN-Teil genannt wird. Dies wird im Titel der Norm mit dem Zusatz „modifiziert“ gekennzeichnet. In diesem Fall darf in Europa also nicht die IEC-Norm benutzt werden, sondern nur die europäische Fassung.

Beispiel 4: Die in EN 50310 normativ zitierte Blitzschutznorm IEC 62305-3 wurde von CENELEC mit Gemeinsamen Abänderungen als EN 62305-3 übernommen (s. Literaturverzeichnis).

Damit diese Gemeinsamen Abänderungen künftig bereits an der Normnummer leichter identifiziert werden können, gilt seit 01.01.2018 für neue EN: Die unveränderte Übernahme einer IEC-Norm erfolgt als „EN IEC"; eventuell nötige Gemeinsame Abänderungen werden von CENELEC als sogenannte Änderung A11 separat (möglichst zeitgleich mit der EN IEC) veröffentlicht und national verfügbar gemacht.

In Deutschland werden Änderungen zu ENs üblicherweise in die Norm eingearbeitet und gekennzeichnet (sogenannte konsolidierte Fassung), um dem Leser das umständliche Blättern in unterschiedlichen Dokumenten zu ersparen.

2.4 Exkurs: Zitierte Normen in EN 50173-1[5]

EN 50173-1 nennt in ihrem Abschnitt 2 derzeit über 120 Normen, deren Inhalte ganz oder in Auszügen mitgelten und die daher zur Anwendung der Norm benötigt werden. In den anderen Normen der Reihe gibt es lediglich zwischen 5 und 9 derartige Verweise.

Woran liegt das und was heißt das für den Planer oder Installateur? Muss er etwa alle diese Normen ebenfalls kennen und/oder erwerben?

Da EN 50173-1 sämtliche grundlegenden Festlegungen enthält, die in den übrigen Normen der Reihe benötigt werden, finden sich hier naturgemäß die meisten normativen Verweise – aus dem gleichen Grund ist EN 50173-1 auch die mit Abstand umfangreichste Norm der Reihe.

Für die Fülle der in EN 50173-1 mitgeltenden Normen gibt es einige Gründe, die zur Beantwortung der eingangs gestellten Fragen kurz erläutert werden sollen.

Die in EN 50173-1 spezifizierten Übertragungsstreckenklassen für Kupferverkabelung basieren auf einer Reihe von technischen Annahmen, die Konsequenzen für die Mindestgüte der einzusetzenden Komponenten haben. Dies wird in Kapitel 4 und Kapitel 5 im Detail beschrieben.

Ein wesentliches Merkmal einer anwendungsneutralen Kommunikationskabelanlage ist das einheitliche Steckgesicht am informationstechnischen Anschluss (bzw. seinen Entsprechungen), an dem das Endgerät angeschlossen wird. Für Kupferverkabelung ist dies i. d. R. ein Stecker der Familie EN 60603-7. Für jede Komponentenkategorie gibt es daher eine eigene Produktnorm, die einen Stecker dieser Kategorie vollständig beschreibt (derzeit 10 Normen für die entsprechenden Varianten). EN 50173-1:2018, Tabelle 54 und Tabelle 57, enthalten die der Definition der Übertragungsstreckenklassen zugrunde gelegten elektrischen und mechanischen Anforderungen einschließlich der zugehörigen 29 Detailnormen.

Wünscht der Kunde also eine Verkabelung der Übertragungsstreckenklasse F bis 600 MHz, muss der Planer in der Ausschreibung ein Produkt fordern, das mindestens der Kategorie 7 entspricht, d. h. EN 60603-7-7 erfüllt. Mit dieser Angabe wissen alle am Beschaffungs- und späteren Installationsprozess beteiligten Personen, welche Produkte für den gewünschten Einsatzzweck überhaupt in Frage kommen, ohne sich um die Details der Steckverbinder-

[5] *Autor: Thomas H. Wegmann*

norm(en) kümmern zu müssen. Lediglich der Steckerhersteller muss diese Normen im Detail kennen, um ein normkonformes Produkt liefern zu können.

Da das Steckgesicht nach EN 60603-7 aber nur am informationstechnischen Anschluss festgelegt ist, können alle übrigen Steckverbinder in der Verkabelung (zumindest theoretisch) davon abweichen – es muss nur sichergestellt sein, dass die elektrischen und mechanischen Anforderungen der gewählten Übertragungsstreckenklasse eingehalten werden. Daher enthält EN 50173-1:2018, Anhang D, ausführliche Angaben (inklusive der betreffenden Normen) für den Steckerhersteller, der einen geeigneten Steckverbinder entwickeln möchte.

Ähnliches gilt auch für die Eigenschaften der einzusetzenden Kupfer- und Lichtwellenleiterkabel.

Damit lässt sich die eingangs gestellte Frage nach der Kenntnis der zitierten Normen wie folgt beantworten:

Der Auftraggeber, der Planer und der Installateur einer anwendungsneutralen Verkabelung braucht sich normalerweise um diese für Komponenteneigenschaften relevanten Produkt- und Prüfnormen im Detail nicht zu kümmern (was nicht ausschließt, dass dies im Einzelfall doch nötig werden kann). Wichtig ist allerdings, dass das Leistungsverzeichnis in der Ausschreibung das gewünschte Mindestleistungsvermögen der Verkabelung sowie ggf. davon abweichende Anforderungen beschreibt und mit den in der Normenreihe EN 50173 genannten (Produkt-)Normen **eindeutig** konkretisiert. Ähnliches gilt für die in EN 50174-1 geforderte Installationsspezifikation. Dazu ist nach Ansicht der Autoren die detaillierte Kenntnis der aktuell gültigen Ausgaben der Normenreihen EN 50173-*x* und EN 50174-*x* sowie von EN 50310, und für die messtechnische Überprüfung der installierten Verkabelung zusätzlich evtl. EN 61935-1 und ISO/IEC 14763-3, eine Grundvoraussetzung. Wer sein Fachwissen nur aus Konferenzbeiträgen, Zeitschriften oder ähnlichen Quellen bezieht, dürfte in der Praxis schnell und schmerzhaft an seine Grenzen stoßen.

3 Standortvoraussetzungen von der Standortplanung bis zum Betrieb der informationstechnischen Verkabelung

3.1 Zusammenwirken der Normen zur Errichtung einer Verkabelungsinfrastruktur

3.1.1 Einleitung

Wie im Kapitel „Historie“ bereits erwähnt, war die erste Ausgabe von EN 50173 mit dem Titel „Informationstechnik – Anwendungsneutrale Verkabelungssysteme“ aus dem Jahr 1995 vornehmlich für die Verkabelung von Bürokomplexen ausgelegt. Sie umfasste gerade einmal 74 Seiten. Die Flexibilität der dort beschriebenen Verkabelungsstruktur ließ bald erkennen, dass der gewählte Ansatz auch in anderen Anwendungsfeldern vorteilhaft ist. Im Zuge dieser Überlegungen wurden in der Normenreihe EN 50173 im Jahr 2007 weitere Teile für die Anwendungsfelder Industrie, Wohnungen sowie Rechenzentren veröffentlicht. Im Jahr 2014 wurde diese Normenreihe schließlich mit EN 50173-6 über sogenannte Verteilte Gebäudedienste abgerundet.

Nach Erscheinen der ersten Ausgabe der EN 50173 wurde aber auch klar, dass zur Umsetzung einer Verkabelung neben den reinen Anforderungen an Struktur und Übertragungseigenschaften, auch die Beschreibung der Aspekte zur Gebäudeplanung, Spezifikation der Verkabelung, Planung und Installation sowie Qualitätssicherung, einschließlich der Vorgaben für eine Abnahme der Installation, erforderlich sind. Dies führte in den Jahren 2000 bzw. 2003 zur Veröffentlichung der Normenreihe EN 50174 für Spezifikation und Qualitätssicherung, Installationsplanung und Installationspraktiken.

Aus diesem Sachverhalt erschließt sich das Zusammenwirken der beiden Normenreihen EN 50173 und EN 50174. Sie beschreiben den gesamten Entstehungsprozess einer Verkabelung bis zum Betrieb und unterstützen ihn über alle Phasen hinweg. Dieser Zusammenhang mündet in der Anforderung von EN 50173-*x*, dass eine Konformität mit dieser Normenreihe nur dann gegeben ist, wenn bei der praktischen Realisierung der Kommunikationskabelanlage auch die Anforderungen der Normenreihe EN 50174 eingehalten werden.

In Ergänzung dazu wurden im Jahr 2000 die Norm EN 50310 zur Sicherstellung der elektromagnetischen Verträglichkeit (EMV) sowie die Norm EN 61935-1 für die Anforderungen an die messtechnische Bewertung einer installierten Kupfer-Verkabelung erstellt. Im Jahr 2006 folgten schließlich mit ISO/IEC 14763-3 Festlegungen zur messtechnischen Bewertung von installierter Lichtwellenleiter-(LWL)-Verkabelung.

3.1.2 Phasen im Leben einer Kommunikationsverkabelung

Der Lebenszyklus einer Kommunikationskabelanlage lässt sich grundsätzlich in drei Phasen unterteilen (die Außerbetriebnahme und Entsorgung wird hier nicht betrachtet):

- Planung, Design (Entwurf) und Spezifikation
- Realisierung
- Betrieb

Die Phasen der **Planung**, des **Designs** und der Spezifikation lassen sich wiederum auf die Bereiche der Planung des Gebäudes, in dem die Verkabelung installiert werden soll, das Design der Verkabelung selbst sowie die Spezifikation als Vorgabe für die Installation untergliedern.

Die Phase der **Realisierung** beinhaltet die Ausführungsplanung der Verkabelung und deren Installation sowie deren Überprüfung auf Übereinstimmung mit den definierten Anforderungen z. B. im Zuge einer Abnahme.

Die letzte Phase stellt dann die **Nutzung** der Anlage und deren **Instandhaltung** dar.

Für alle diese Phasen stehen Normen zur Verfügung, die den Anwender bei der Umsetzung unterstützen. Eine Zuordnung der Normen zu den einzelnen Phasen ist in Abbildung 13 schematisch dargestellt und wird im Folgenden erläutert.

3.1.3 Von der Idee bis zum Betrieb - welche Norm in welcher Phase

Ist die Entscheidung gefallen, eine neue Kommunikationsverkabelung anzuschaffen, oder eine bestehende Anlage zu erweitern, führt dies nicht selten über einen langen und manchmal auch steinigen Weg, bis die Anlage dann in der gewünschten Qualität für eine möglichst lange Nutzungsdauer ihren Betrieb aufnehmen kann.

Zur Beschreitung dieses Wegs steht eine Reihe von Normen zur Verfügung. Sie beschreiben Mindestanforderungen und geben darüber hinaus Empfehlungen, die ein höheres Maß an Qualität und Sicherheit zum Ziel haben.

Die Planung und Installation einer neuen Kommunikationskabelanlage erweist sich insbesondere bei großen und komplexen Anlagen oftmals als eine nicht zu unterschätzende Herausforderung. Eine durchdachte Planung sowie eine sorgfältige Auswahl der einzusetzenden Komponenten, wie Kabel und Anschlusstechnik, sollte deshalb vorausgehen. In der Praxis ist jedoch allzu häufig festzustellen, dass gerade diesem Aspekt zu wenig Aufmerksamkeit zukommt.

Abbildung 13 zeigt Zusammenhänge auf, die für alle an einem Verkabelungsprojekt Beteiligten (Architekten, Planer, Eigentümer, Errichter etc.) relevant sind. Neben dem Zusammenspiel der relevanten Normen wird auch die zeitliche Abfolge der erforderlichen Arbeitsschritte innerhalb der Lebensphasen einer Verkabelung dargestellt[6].

---

[6] Ergänzend zu EN 50173-3 gibt es mit EN 61918 „Industrielle Kommunikationsnetze – Installation von Kommunikationsnetzen in Industrieanlagen" eine anwendungsspezifische Verkabelungsnorm für industrielle Feldbusse. Im Rahmen der Normenreihe EN 50600 über Einrichtungen und Infrastrukturen von Rechenzentren adressiert die Norm EN 50600-2-4 die IT-Verkabelung sämtlicher Infrastrukturen und verweist dabei bezüglich Serververkabelung auf die Anforderungen von EN 50173-5. Beide Normen werden in diesem Buch nicht weiter betrachtet.

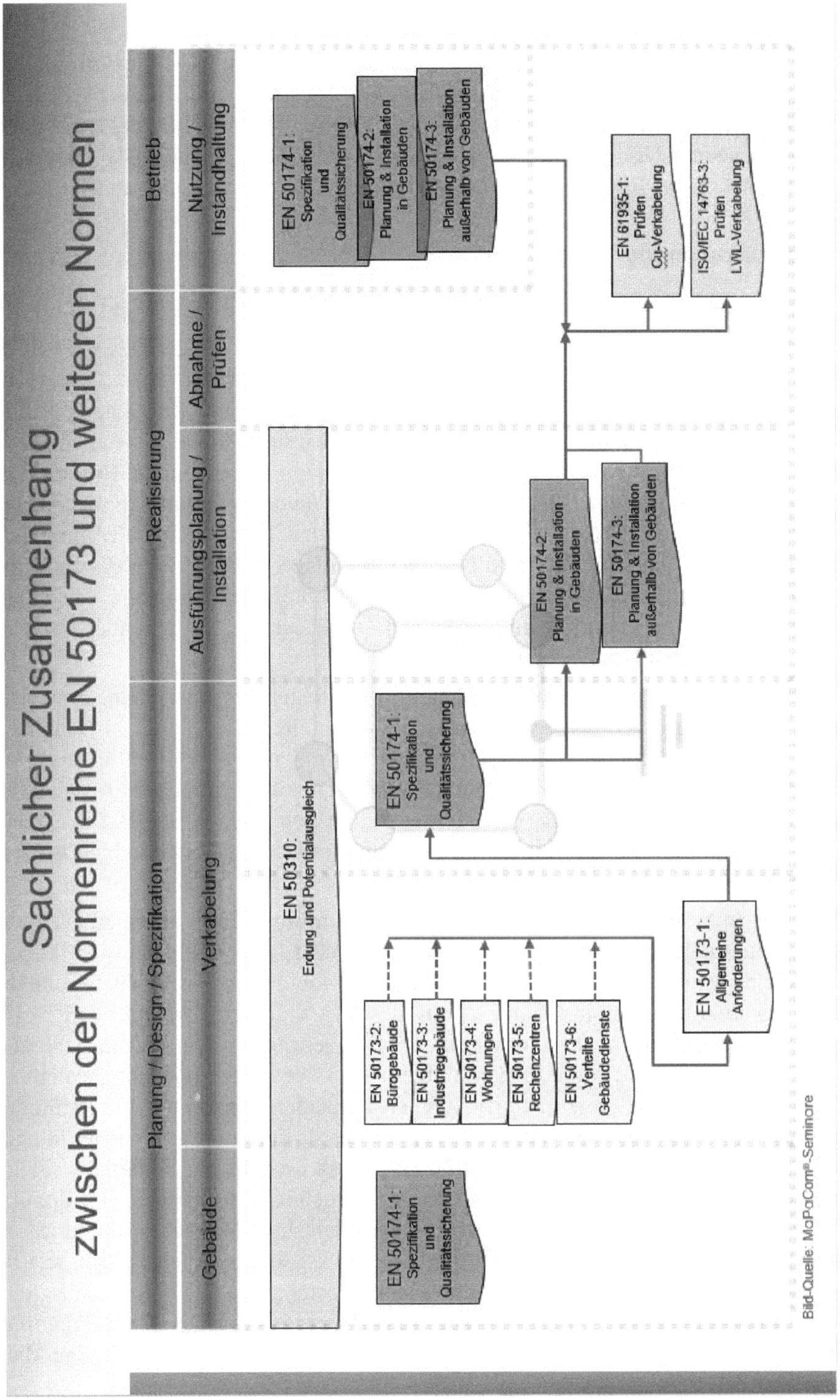

Abbildung 13: Zusammenhang zwischen EN 50173 und weiteren Normen (*Quelle:* MaPaCom® Seminare)

3.1.4 Planungs-, Design- und Spezifikationsphase

In dieser Phase werden zu Beginn bauliche Voraussetzungen, beispielsweise Anforderungen bezüglich der Erdungs- und Potentialausgleichsanlage sowie dem Platzbedarf für die technischen Einrichtungen, betrachtet. Anschließend erfolgt die Festlegung des Designs der Verkabelungsanlage und daraus resultierend die Spezifikation der Verkabelungskomponenten sowie die Ausführung der Installation und Festlegungen zur Qualitätssicherung.

3.1.4.1 Gebäudeplanung

Bevor man sich Gedanken über eine neue Kommunikationskabelanlage macht, sollte zunächst das Gebäude, in das diese Verkabelung eingebracht werden soll, betrachtet und dabei geprüft werden, ob die notwendigen Voraussetzungen gegeben sind.

Als notwendige Voraussetzungen gelten z. B. das Vorhandensein von ausreichend großen Technikräumen zur Unterbringung der technischen Einrichtungen sowie ausreichend Platz für Kabelwege zur Aufnahme der leider zu oft unterschätzten Kabelmengen. Hilfestellung für die Planung gibt hier die Norm EN 50174-1 „Installation von Kommunikationsverkabelung – Teil 1: Installationsspezifikation und Qualitätssicherung“. Ferner ist auf die Umsetzung von Maßnahmen für einen störungsfreien Betrieb der Anlage, z. B. ein EMV-freundliches Elektroenergieversorgungssystem und ein ausreichender Potentialausgleich, zu achten. Grundsätzlich ist dabei zu unterscheiden, ob es sich um ein neu zu errichtendes Gebäude oder um ein bereits bestehendes Gebäude handelt.

Bei einem neu zu errichtenden Gebäude bestehen in der Regel sehr gute Chancen, die für die spätere Verkabelung notwendigen Voraussetzungen bereits in der Planungs-/Bauphase zu schaffen. Deshalb sind die nachfolgenden Normen sowohl an Planer, Installateure, Hersteller und Lieferanten, Betreiber und Instandhaltungspersonal, aber auch an Architekten, Gebäudeplaner und -errichter (Bauträger) gerichtet. Bei Bestandsbauten ist dieser Personenkreis ebenso angesprochen, da die Umsetzung der geplanten Verkabelung durchaus größere Umbaumaßnahmen erforderlich machen kann.

In dieser Planungsphase ist zunächst die Erfüllung der Anforderungen an einen eventuell notwendigen Potentialausgleich zu prüfen. Ob und in welcher Ausführung bzw. Qualität ein Potentialausgleich benötigt wird, hängt im Wesentlichen von der Art des Gebäudes und der Komplexität der Kommunikationstechnik, die in dieses Gebäude eingebracht werden soll, ab. In größeren Bürogebäuden, aber vornehmlich in Rechenzentren und Industrieanlagen, muss ein gut vermaschter und damit niederohmiger respektive niederimpedanter Potentialausgleich anzutreffen sein. Bei neu zu errichtenden Gebäuden können zur Unterstützung dieser Anforderungen die für die Errichtung des Gebäudes sowieso notwendigen leitfähigen Elemente, z. B. Stahlträger, metallische Gebäudearmierung usw., in den Potentialausgleich mit eingebunden werden. Dadurch ist es möglich, ohne erhebliche Mehrkosten eine qualitativ sehr hochwertige Potentialausgleichsanlage zu erhalten. Diese Maßnahmen sind jedoch bereits bei der Gebäudeplanung und Errichtung zu berücksichtigen. Nachträglich, wie bei Bestandsgebäuden, ist ein gleichwertiger und ebenso kostengünstiger Potentialausgleich kaum mehr zu realisieren. Die Norm EN 50310 „Telekommunikationstechnische Potentialausgleichsanlagen für Gebäude und andere Strukturen“ beschreibt dazu notwendige Maßnahmen für den Potentialausgleich.

3.1.4.2 Design der Verkabelung

Die Normenreihe EN 50173 unterstützt beim Design der neuen Verkabelung. EN 50173-1 enthält dabei allgemeine Anforderungen, die für alle Anwendungsfelder der Norm zutreffend sein können. Die weiteren Teile enthalten spezifische Anforderungen für die Anwendungsfelder Büroverkabelung, industriell genutzte Bereiche, Wohnungen, Rechenzentrumsbereiche und verteilte Gebäudedienste (Gebäudeautomatisierung). Sie beschreiben dabei die Mindestanforderungen für eine anwendungsneutrale Kommunikationskabelanlage unter dem Aspekt, eine unter wirtschaftlichen Gesichtspunkten flächendeckende Vor-Verkabelung zu erhalten, die es ermöglicht, jeden x-beliebigen Punkt innerhalb der Verkabelung mit einer möglichst geringen Anzahl von Rangierungen mit jedem anderen x-beliebigen Punkt zu verbinden. Dadurch wird die Anzahl potenzieller Fehlerquellen sowie Servicepunkte gering gehalten. Des Weiteren werden bei ausreichender Dimensionierung idealerweise kostenintensive Nachverkabelungen vermieden.

Diese Normenreihe bietet somit eine breite Palette an Möglichkeiten, um für jeden Anwendungsfall eine optimale Lösung bereitzustellen.

3.1.4.3 Spezifikation der Verkabelung und Qualitätssicherung

Die Spezifikation umfasst als zweiten Schritt die Festlegung des gewünschten Leistungsvermögens der Verkabelung. Dieses kann entweder anhand der in EN 50173-1 festgelegten Übertragungsstreckenklassen festgelegt werden oder – bei Verwendung der sogenannten Beispielausführung – über die Festlegung der Mindestanforderungen an die zu verwendenden Komponenten, wie Kabel und Steckverbindungen, um letztendlich eine Verkabelung zu erhalten, die die gewünschten Anwendungen unterstützt. Dazu gehört auch eine Beschreibung der Art und des Umfangs der Leistungen, die von einem Installateur zu erbringen sind. In der Regel entspricht das einem Leistungsverzeichnis.

Hilfestellung, wenn nicht gar eine Art Checkliste, hierfür bietet die Norm EN 50174-1 mit Festlegungen zur Installationsspezifikation und Qualitätssicherung.

Nach EN 50174-1 ist **vor** Beginn der Installationsarbeiten ein Qualitätsplan zu erstellen, der zwischen Auftraggeber und Auftragnehmer (Installateur) zu vereinbaren ist. Dieser Qualitätsplan muss neben der Spezifikation der zu erbringenden Leistungen auch die gewünschte Qualität und deren Überprüfung beschreiben. Es muss also detailliert beschrieben werden, ob und wann Messungen an der installierten Verkabelung durchzuführen sind, mit welchen Messgeräten und Messmethoden und in welchem Umfang diese vorgenommen werden sollen. Das schafft Sicherheit für beide Vertragsparteien und schließt systematische Installationsfehler weitestgehend aus.

Weitere Themen dieser Norm sind die Aufrechterhaltung der Polarität der Verkabelung, die Dokumentation und Systemverwaltung sowie die Instandhaltung.

3.1.5 Realisierungsphase

Die Realisierungsphase beinhaltet die Ausführungsplanung und Installation der Verkabelung sowie die Prüfung, z. B. im Rahmen einer Abnahme.

3.1.5.1 Ausführungsplanung und Installation innerhalb von Gebäuden

Vorgaben für die Ausführungs- und/oder Montageplanung und Installation einer Kommunikationsverkabelung innerhalb von Gebäuden sind in EN 50174-2 ausgeführt. Neben Mindestanforderungen an den Platzbedarf für Technikräume und Kabeltrassierungen beschreibt diese Norm auch Mindestanforderungen an die Installation von Kupfer-Verkabelungen in Bezug auf die elektromagnetische Verträglichkeit (EMV). Dazu gibt die Norm Hilfestellung u. a. bei der Auswahl von Kabelführungssystemen sowie nötigen Trennabständen zwischen Elektro-Energieversorgungs- und Kommunikationsverkabelung.

Weitere Themen sind z. B. Vorkehrungen für den Einsatz von Fernspeisung (auch als Power over Ethernet (PoE) bekannt) in Kupfer-Verkabelungen.

3.1.5.2 Ausführungsplanung und Installation außerhalb von Gebäuden

Teil 3 der Normenreihe EN 50174 beschreibt die Vorgaben für Planung und Installation ähnlich wie in Teil 2, jedoch für die Verkabelung außerhalb von Gebäuden.

3.1.5.3 Abnahme / Prüfen

Als Designnorm enthält die Normenreihe EN 50173 keine Anforderungen an die messtechnische Überprüfung einer installierten Verkabelung, dies ist Aufgabe von EN 50174-1. Kapitel 7 dieses Buchs widmet sich dem wichtigen Thema der umfangreichen messtechnische Überprüfung einer installierten Verkabelung zur Sicherstellung ihrer Konformität mit dem ursprünglichen Design. Diese Abnahmemessung muss jedoch detailliert beschrieben und gesondert beauftragt werden. Die Beschreibung hierfür muss u. a. die Messgeräte, die Messmethode und den Umfang der durchzuführenden Messungen sowie die Kriterien für eine „bestanden/nicht bestanden"-Aussage (PASS/FAIL) beinhalten. Diese Beschreibung muss im Qualitätsplan, der nach EN 50174-1 zu erstellen ist, enthalten sein.

Vorgaben für die messtechnische Bewertung von symmetrischer Kupferverkabelung enthält die Norm EN 61935-1 „Spezifikation für die Prüfung der symmetrischen und koaxialen informationstechnischen Verkabelung – Teil 1: Installierte symmetrische Verkabelung nach der Normenreihe EN 50173", für Verkabelungen mit Lichtwellenleitern die Norm ISO/IEC 14763-3 „Informationstechnik – Errichtung und Betrieb von Standortverkabelung – Teil 3: Messung von Lichtwellenleiterverkabelung".

3.1.6 Betriebs- und Instandhaltungsphase

Die so errichtete Kommunikationskabelanlage sollte nun möglichst lange ihren vorgesehenen Dienst tun. Die Lebensdauer der Verkabelung hängt zunächst im Wesentlichen von ihrem Leistungsvermögen ab. In der Regel ist die Erneuerung einer Verkabelung erst dann notwendig, wenn ihr übertragungstechnisches Leistungsvermögen an die Grenzen stößt und höher performante Anwendungen nicht mehr bedient werden können. Je länger die Lebensdauer der Verkabelung ist, desto höher ist der Investitionsschutz. Dies setzt jedoch auch voraus, dass die während des Betriebs der Anlage entstehenden Kosten gering bleiben. Erfahrungsgemäß steigen die Kosten vor allem dann rapide an, wenn Störungen, die sich im laufenden Betrieb ergeben können, nur mit sehr hohem Zeitaufwand eingegrenzt und beseitigt werden können. Schuld daran ist meist eine nur dürftige oder gar fehlende Dokumentation der Anlage und eindeutige Beschriftung der Komponenten. Deshalb enthält EN 50174-1 auch Anforderungen an den Betrieb und die Instandhaltung der Verkabelung. So werden dort u. a. Vorgaben und Empfehlungen für die Kennzeichnung und Etikettierung der Verkabelungskomponenten sowie für die Dokumentation der endgültigen Verkabelung gemacht. Je nach Größe und Komplexität der Anlage kann hierbei die Dokumentation durch die Führung von einfachen Listen bis hin zum rechnergestützten Management der Verbindungen vorgenommen werden. Dieser zunächst scheinbare Mehraufwand macht sich aber im Fehlerfall durch eine rasche und effektive Beseitigung von Störungen schnell wieder bezahlt.

3.1.7 Zusammenfassung

Die Normenreihe EN 50173 stellt somit den Warenkorb dar, der eine Fülle von verschiedenen Möglichkeiten einer Verkabelung bezüglich deren Struktur, dem Medium (Kupfer- oder Lichtwellenleiterkabel) und dessen übertragungstechnischen Leistungsvermögen bietet.

Mit Unterstützung der Norm EN 50174-1 wird daraus die für das jeweilige Projekt gewünschte Verkabelungsstruktur und das Leistungsvermögen der Verkabelung ausgewählt und in einer Planungsgrundlage oder einem Lastenheft festgelegt.

Es müssen hierbei die notwendigen Rahmenbedingungen, die durch den Installationsort sowie die für die Installation der Verkabelung notwendigen Produkte, z. B. Kabelwegsysteme, zu erfüllen sind, berücksichtigt werden.

Die Ausführungsplanung wird dann durch die Norm EN 50174-2 bei Installationen innerhalb eines Gebäudes und durch EN 50174-3 bei Installationen im Freien unterstützt. Hier finden sich u. a. Vorgaben für die Größe von Technikräumen und Kabelverlegesystemen, aber auch zur Vermeidung von Störbeeinflussung durch Trennabstände zwischen Energieversorgung und Kommunikationsverkabelung.

Zur Bewertung der korrekten Ausführung einer Installation, z. B. im Rahmen einer Abnahme, unterstützen die Normen EN 61935-1 und ISO/IEC 14763-3.

In den nachfolgenden Kapiteln werden die jeweiligen Normen im Einzelnen vorgestellt, wobei im Hintergrund aber immer der Kontext der Gesamtheit des Normenwerks im Auge behalten werden muss.

3.1.8 Analogie – Beispiel

Um das Zusammenwirken der unterschiedlichen Normen anschaulich zu machen, folgt abschließend noch eine Analogie mit dem Beispiel eines maßgeschneiderten Hemds.

Sie möchten sich ein wunderschönes, zeitgemäßes und langlebiges neues Hemd beschaffen, das Sie im Büro tragen möchten. Wie es aussehen soll, also der Entwurf bzw. das Design des Hemds, haben Sie in einer aktuellen Modezeitschrift (EN 50173-2, Entwurf Bürobereiche) entdeckt. Dort gab es viele unterschiedliche Entwürfe und Sie haben sich für einen davon entschieden. In dieser Zeitschrift ist auch das Schnittmuster beigelegt. Allerdings mussten Sie noch eine andere Modezeitschrift des Verlags einsehen, um mehr grundlegende Details über das Hemd zu erfahren (EN 50173-1, Allgemeines). Dort stehen neben den Maximalgrößen auch Listen der verwendbaren Stoffe, Fäden und Knöpfe. Das Nähen möchten Sie jemandem anderen überlassen. Daher müssen Sie einen genauen Einkaufszettel aufstellen, damit auch die richtigen Materialien zum Einsatz kommen und die richtige Konfektionsgröße vom Schnittmuster abgepaust wird. Wie Sie diesen Einkaufszettel verfassen, steht in einer anderen Zeitschrift desselben Verlags, jetzt in einer Fachzeitschrift (EN 50174-1, Spezifikation der Installation). Auf diesem Einkaufszettel steht links, was alles benötigt wird (Technische Spezifikation). Dort notieren Sie auch, bis zu welcher Temperatur das Hemd später gewaschen werden, bzw. wie heiß es gebügelt werden darf. Rechts daneben vermerken Sie die Anforderungen an die Arbeitsschritte der Schneiderei (Arbeitsbeschreibung). Dort steht, ob mit der Overlock-Maschine genäht werden soll oder ob ein bloßer Zickzackstich ausreicht und vor allem, wann die erste Anprobe stattfinden soll. Schließlich berät Sie diese Fachzeitschrift auch, wie Sie rechtlich mit der Näherei umgehen sollen. Was passiert, falls die Ärmel zu kurz sind? Gibt es dann ein neues Hemd oder einen Preisnachlass? Und vor allem, mit welchem Messgerät messen Sie die Ärmellänge? Mit der Elle oder mit einem Maßstab? Soll auch die Kragenweite gemessen werden oder vertrauen Sie auf den Stoffschnitt (Qualitätsplan)? Jetzt ist alles festgelegt, d. h. spezifiziert. Um der Näherei eine Anleitung zu geben, wie Sie den Zickzack-Stich ausführt, benötigen Sie noch eine zweite Fachzeitschrift für das Nähen von Kleidung, welche in Gebäuden getragen wird, natürlich vom selben Verlag (EN 50174-2, Planung und Installation). Dort gibt es auch Tipps zur Aufbewahrung in einem Schrank gemeinsam mit anderer Kleidung. Welchen Abstand muss ihr neues Hemd zu der daneben aufgehängten schmuddeligen Gartenjacke einhalten, damit nichts abfärbt? Ist der Schrank überhaupt staub- und mottendicht? Hätte es sich um ein Hemd gehandelt, das draußen getragen wird, dann hätten Sie sich die „Outdoor"-Fachzeitschrift beschafft (EN 50174-3). Jetzt sollte alles funktionieren und Sie lange Freude an Ihrem Hemd haben. Aufgrund der Komplexität des Themas benötigte der Verlag hierfür vier Zeitschriften. Übrigens arbeiten in seiner Redaktion weltweit viele Ehrenamtliche unentgeltlich mit.

3.2 Telekommunikationstechnische Potentialausgleichsanlagen für Gebäude und andere Strukturen nach EN 50310

3.2.1 Einleitung

EN 50310 definiert Maßnahmen des Potentialausgleichs in Gebäuden mit telekommunikationstechnischer Infrastruktur. Sie ist von herausragender Wichtigkeit und wurde im Jahr 2000 erstmals publiziert. Die besondere Stellung der EN 50310 ergibt sich aus ihrer Schnittstellenfunktion zwischen IT- und Elektrogewerk: Sie soll die Funktion des IT-Netzwerks unterstützen, fällt aber bei Planung und Ausführung in das klassische Elektrogewerk. Die Entwicklung in der Datennetzwerktechnik zu immer hochfrequenteren Anwendungen und die daraus resultierenden Anforderungen an den Potentialausgleich vergrößern dieses Spannungsfeld.

Fehlt das Verständnis des Planers und/oder Installateurs für die Anforderungen der IT-Technik an den Potentialausgleich, führt das zu Diskussionen und in Projekten nicht selten zu finanziellen Nachforderungen.

3.2.2 Bedeutung des Potentialausgleichs

Der Potentialausgleich hat eine große Bedeutung sowohl für den Personenschutz als auch für die elektromagnetische Verträglichkeit und die Funktion von Netzwerken.

Der Schutzpotentialausgleich, der den Personenschutz sicherstellt, muss nach DIN VDE 0100-410 (VDE 0100-410) erfolgen. Seine Ausführung wird hier nicht weiter behandelt.

Schwerpunkt der weiteren Betrachtungen ist deshalb die Auslegung des Funktionspotentialausgleichs zur Sicherstellung der elektromagnetischen Verträglichkeit und der Funktion der Telekommunikationsanlage.

Als Einstieg in die Thematik dient folgende Frage: Soll der Potentialausgleich eher wenig Strom führen oder soll er so ausgelegt werden, dass Ströme über den Potentialausgleich besonders gut fließen können?

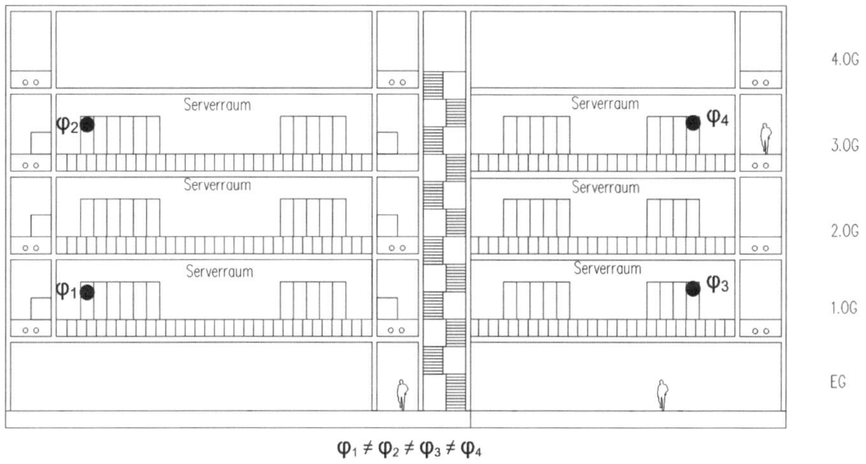

Abbildung 14: Unterschiedliche Potentiale φ1 bis φ4 in Gebäuden mit telekommunikationstechnischen Systemen (*Quelle:* GHMT, 2018)

Aufgrund unterschiedlicher Strom- und Impedanzverhältnisse in verschiedenen Bereichen eines Gebäudes bilden sich unterschiedliche Potentiale aus (s. Abb. 14), sofern keine ordnungsgemäße Potentialausgleichsanlage vorhanden ist. Würden nun in diesem Gebäude Geräte oder Systeme mit Netzwerkstrukturen verbunden, fließen Ausgleichsströme über diese, was aber unerwünscht ist, weil dies zu Störungen der betreffenden Kommunikationsnetze führen kann.

Die Aufgaben einer Potentialausgleichsanlage für die Funktion elektrischer Systeme sind somit:

- Herstellen eines für IT-Einrichtungen geeigneten Bezugspotentials
- verträgliches Ableiten von Störströmen zur Vermeidung unverträglicher Störspannungen
- Sicherstellen der Funktion von EMV-Filtern, wie sie in nahezu allen IT-Geräten eingesetzt werden
- Im Zusammenspiel mit einer Blitzschutzanlage: Abschwächen der Auswirkungen von direkten und nahen Blitzeinschlägen
- Im Zusammenspiel mit Überspannungsschutzeinrichtungen: Abschwächen der Auswirkungen von Überspannungsereignissen verschiedenster Ursachen

Der Potentialausgleich stellt damit einen elementaren Baustein für den ausfallsicheren Betrieb aller Anlagen und Systeme dar, die über elektrisch leitfähige Kommunikationspfade miteinander verbunden sind.

Im Gegensatz zum Schutzpotentialausgleich, der das Auftreten gefährlicher Spannungen zwischen leitfähigen Teilen verhindern soll und damit dem Zweck der Personensicherheit dient und dessen Funktion und Aufgabe durch einen ausreichend niedrigen Gleichstromwiderstand[7] erfüllt ist, muss der Funktionspotentialausgleich mit Störgrößen verschiedenster Art fertig werden:

- Ableitströme im Arbeitsfrequenzbereich leistungselektronischer Schaltungen (wenige kHz bis einige 100 kHz)
- Störströme im Frequenzbereich der Übertragungsmedien (bis mehrere 100 MHz)
- Blitz- und entladungsbedingte Störströme (Impulsförmig, Frequenzbereich 25 kHz bis 10 MHz)

Neben dem Gleichstromwiderstand stellt damit das hochfrequente Verhalten des Potentialausgleichs ein wichtiges Qualitätsmerkmal dar.

Die Antwort auf die eingangs formulierte Frage ist also, dass eine Potentialausgleichsanlage dann als „gut“ bezeichnet werden kann, wenn sie niederimpedante Pfade zur Verfügung stellt und damit Ströme „gut“ fließen können.

Es herrschen heute noch unterschiedliche Ansichten, welche Form der Potentialausgleichsanlage für welche Anwendungen die am besten geeignete ist.

3.2.3 Sternförmiger oder vermaschter Potentialausgleich

Die Planung der Potentialausgleichsanlage erfolgt vorwiegend nach den Anforderungen des Personenschutzes. In modernen Gebäuden, in denen immer mehr vernetzte und immer schnellere IT-Systeme zum Einsatz kommen, muss die Potentialausgleichsanlage auch den Erfordernissen der Funktion dieser Systeme gerecht werden.

In früheren Zeiten wurden vorwiegend analoge Telefonanlagen und Datenkommunikation mit niedrigen Übertragungsraten betrieben.

---

[7] in der Regel kann die Induktivität der für Schutzpotentialausgleich verwendeten Leiter im für den Schutzpotentialausgleich relevanten Frequenzbereich vernachlässigt werden.

Für analoge Telefonanlagen, wie auch für Anlagen der analogen Rundfunktechnik und ältere asymmetrische Systeme der Datenübertragung sind die sogenannten „Brummschleifen" (auch „Masseschleifen" oder „Erdschleifen") eine äußerst unangenehme Erscheinung. Sie entstehen, wenn ein geschlossener Stromkreis vorhanden ist und sich Störsignale den Betriebssignalen im gleichen Frequenzbereich überlagern. Der Betriebsfrequenzbereich eines analogen Telefons lag beispielsweise im Bereich von wenigen Hz bis etwa 3 kHz. Die Störsignale rührten häufig von Strömen der Energieübertragung mit entsprechenden Frequenzen von 50 Hz und deren Vielfachen her und lagen damit im hörbaren Bereich, was sich durch ein Brummen im Gesprächskanal bemerkbar machte.

Um diese Brummschleifen zu vermeiden, musste der Potentialausgleich streng sternförmig ausgeführt werden, d. h. mit nur einer einzigen Verbindung im Sternpunkt. Gleichzeitig durfte ein vorhandener Kabelschirm am Endgerät keine Verbindung zum Potentialausgleich haben, weil dadurch ein Stromkreis bestehend aus Kabelschirm und Potentialausgleichsleitern am Endgerät geschlossen würde und es infolge dessen zu einem Stromfluss auf dem Kabelschirm kommen könnte. Die galvanische Trennung zwischen Signalpfad und Potentialausgleich am Gerät erfolgte z. B. durch ungeschirmte, symmetrische Kabel oder durch eine einseitige Schirmauflegung bei geschirmten symmetrischen Kabeln oder, wie bei koaxialem Ethernet üblich, durch Kunststoffisolierungen des Schirms zum Gehäuse.

Die Auslegung der Potentialausgleichsanlage zum Schutz von Personen vor elektrischem Schlag erfolgte, wenn auch aus anderen Gründen, ebenso sternförmig, sodass der sternförmige Potentialausgleich über Jahre hinweg in Gebäuden ausreichend war und sich deshalb etabliert hat.

In der heutigen Zeit arbeiten Telekommunikationsanlagen mit digitaler Signalübertragung und Datenkommunikation mit hohen Übertragungsraten über 100 MBit/s und dabei nicht selten mit Betriebsfrequenzen von bis zu mehreren 100 MHz. Eine galvanische Trennung, wie sie früher bei niedrigen Übertragungsfrequenzen wirksam war, wird nun aufgrund kapazitiver Kopplungen unwirksam. So suchen sich hochfrequente Störströme ihren Weg vom Potentialausgleich auf den Signalpfad.

Bei geschirmten, symmetrischen Systemen hat man die Möglichkeit, diese Kopplungen auf den Signalpfad durch eine großflächige Auflegung des Schirms auf die Geräte so weit zu reduzieren, dass eine ungestörte hochbitratige Übertragung möglich ist. Bei ungeschirmten Systemen wird diese kapazitive Kopplung nicht oder nur wenig reduziert. In beiden Fällen mutiert die ursprünglich streng sternförmige Potentialausgleichsanlage zu einem unkontrolliert vermaschten System mit zum Teil großen, ungünstigen Schleifen, in die Störspannungen induziert werden können.

Es kann also festgestellt werden, dass unter den heute üblichen Betriebsbedingungen ein sternförmig geplanter Potentialausgleich bei hochfrequenter Betrachtung niemals ausschließlich sternförmig bleibt und das gewünschte Verhalten, nämlich die Unterdrückung von Schleifenströmen auch unter hochfrequenten Bedingungen, niemals eintreten wird.

Hinzu kommt, dass die sternförmig ausgelegten Potentialausgleichsanlagen teilweise sehr große Leiterlängen aufweisen. Das führt dazu, dass sie bei den hohen Betriebsfrequenzen unwirksam werden (s. Abb. 15).

Aus den genannten Gründen macht die Entwicklung der Informationstechnik, wie sie sich auch in der Normenreihe der EN 50173 stetig abbildet, ein Umdenken bezüglich der langjährigen Praxis, Gebäude mit einem sternförmigen Potentialausgleich auszustatten, erforderlich.

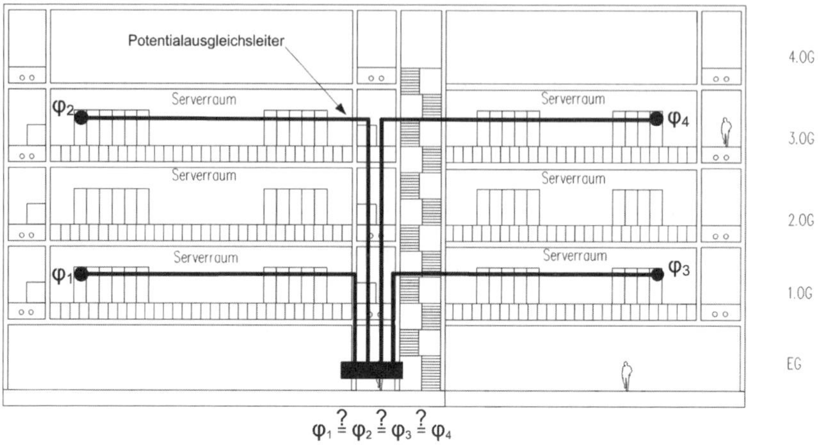

Abbildung 15: Sternförmiger Potentialausgleich (*Quelle*: GHMT, 2018)

Die in Abbildung 15 gezeigte sternförmige Auslegung des Potentialausgleichs reicht bei geeignetem Querschnitt und Material zur Sicherstellung des Personenschutzes aus. Auch der Funktionspotentialausgleich für analoge und langsame, d. h. niederfrequente Übertragungssysteme kann so bewerkstelligt werden, da vornehmlich nur der ohmsche Widerstand *R* wirksam ist. Die Induktivität der Leiter kann im Bereich sehr niedriger Frequenzen, in dem der Schutzpotentialausgleich wirken muss, vernachlässigt werden.

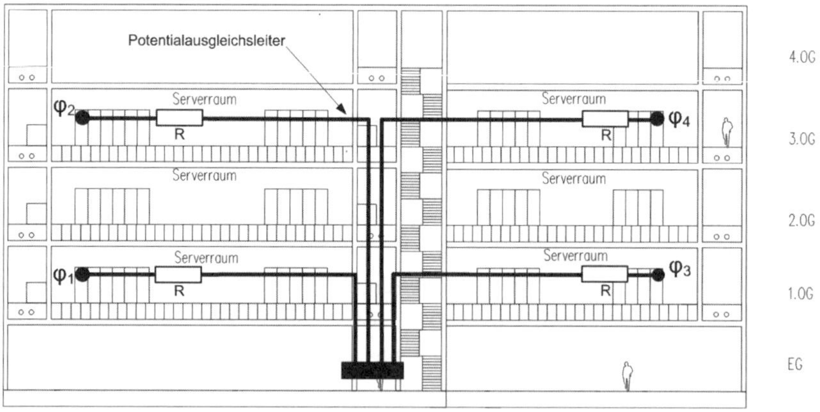

Abbildung 16: Ohmscher Widerstand bei sternförmigem Potentialausgleich (*Quelle*: GHMT, 2018)

Für einen Querschnitt von 16 mm² Kupfer (spezifischer Widerstand $\rho = 1{,}724 \cdot 10^{-8}$ Ωm) ergibt sich ein Widerstandsbelag von $R' = 0{,}001$ Ω/m, woraus bei einer Leitungslänge von 50 m ein ohmscher Widerstand R von 50 mΩ resultiert (s. Abb. 16).

Betrachtet man den oben gezeigten sternförmigen Potentialausgleich nicht mehr nur unter dem Aspekt des Personenschutzes oder den erwähnten niederfrequenten Kommunikationseinrichtungen, sondern auch im Hinblick auf moderne IT-Netzwerke, sind nicht mehr nur Frequenzen im energietechnischen Frequenzbereich von Belang, sondern auch höhere Frequenzen von Störgrößen und die Betriebsfrequenzen der Systeme. Deshalb ist nun auch die Induktivität des Leiters von Bedeutung (s. Abb. 17 und 18).

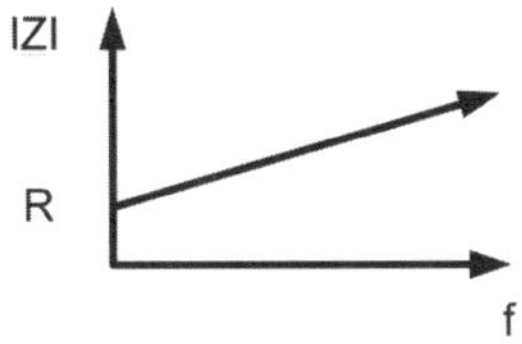

Abbildung 17: Betrag der Impedanz in Abhängigkeit der Frequenz

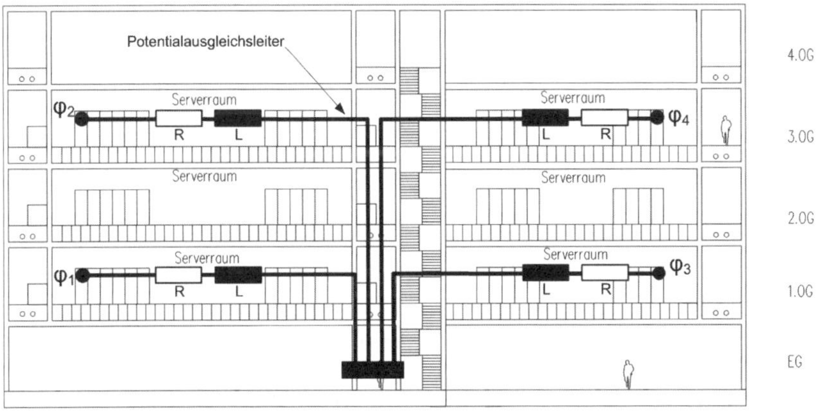

Abbildung 18: Impedanz bei sternförmigem Potentialausgleich (*Quelle*: GHMT, 2018)

Eine gute Abschätzung für den Induktivitätsbelag eines Leiters ist – in dem relevanten Frequenzbereich – nahezu unabhängig vom Querschnitt:

$L' = 1$ µH/m.

Die sich hieraus ergebende Reaktanz des Leiters ist frequenzabhängig und ergibt sich zu:

$X_L = 2\pi f \cdot L$ mit $L = l \cdot L'$ (l: Länge des Leiters, f: Frequenz)

Damit ergibt sich also eine frequenz- und längenbezogene Reaktanz von 6,28 µΩ/(Hz·m).

Schon im Falle des 1-GBit-Ethernet mit einer Schwerpunktfrequenz von 62,5 MHz, das über eine gängige Verkabelung der Übertragungsstreckenklasse D übertragen werden kann, ergibt sich eine längenbezogene Reaktanz von ca. 400 Ω/m. Bei einer Länge des Potentialausgleichsleiters von 50 m resultiert daraus eine Reaktanz von ca. 20 kΩ!

Betrachtet man Datendienste, die eine Übertragungsstreckenklasse E oder gar F erfordern, wird die gleiche Potentialausgleichs-Anbindung eine Impedanz von über 100 kΩ besitzen! Es liegt auf der Hand, dass eine derart hochohmige Verbindung nicht mehr wirksam im Sinne eines Potentialausgleichs ist.

Damit sind sternförmige Potentialausgleichsanlagen bei Anwendung heutiger hochbitratiger Übertragungstechnik nicht mehr geeignet. Stattdessen müssen Potentialausgleichsanlagen verwendet werden, deren Impedanz auch bei hohen Frequenzen möglichst niedrig ist.

Die Impedanz kann effektiv durch Hinzufügen paralleler und sich kreuzender Potentialausgleichspfade gesenkt werden. Dies resultiert in der Realisierung einer vermaschten Potentialausgleichsanlage (MESH-BN) (s. Abb. 19).

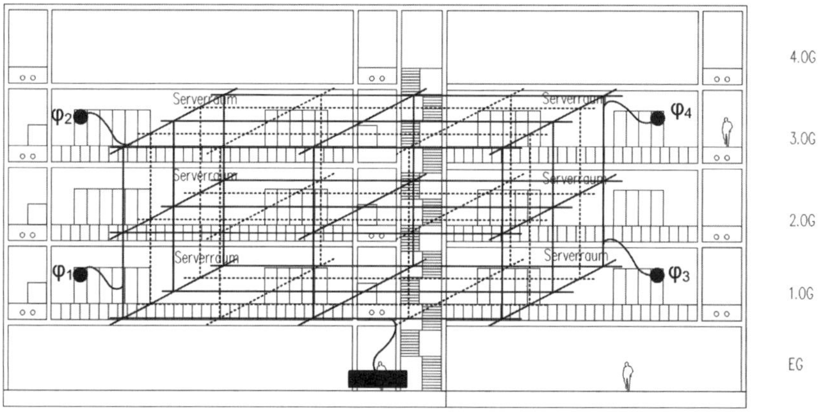

Abbildung 19: Vermaschter Potentialausgleich (*Quelle*: GHMT, 2018)

Die Vielzahl von parallel geschalteten Verbindungen, wie sie kontrolliert und darüber hinaus zufällig in einem Gebäude entstehen, reduziert die Impedanz zwischen verschiedenen Potentialen enorm und sorgt so für einen wirksamen Ausgleich bis in hohe Frequenzbereiche. Die im Gebäude installierten Telekommunikationsnetzwerke werden wirksam von Störströmen entlastet.

3.2.4 Entstehung und Historie von EN 50310

Die erste Ausgabe von EN 50310 geht auf das Jahr 2000 zurück. In Deutschland wurde sie im Jahr 2001 als DIN EN 50310 (VDE 0800-2-310) als Ersatz für DIN VDE 0800-2 (VDE 0800-2):1985 publiziert.

In EN 50310 wurde bereits der Begriff CBN (Common Bonding Network) als gemeinsame Potentialausgleichsanlage definiert, die immer Maschenstruktur hat und alle metallenen Bauteile in einem Gebäude miteinander verbindet. Schon seinerzeit wurde darauf hingewiesen, dass die sich hieraus ergebende vermaschte Potentialausgleichsanlage „EMV-Anforderungen ohne Schwierigkeiten" erfüllt. Ebenso wurde klar aufgezeigt, dass eine Stromverteilungsanlage nach dem TN-S-Prinzip in Gebäuden mit informationstechnischen Netzwerken die günstigste ist, um Störungen durch elektromagnetische Beeinflussungen zu vermeiden (s. Tabelle 1).

Tabelle 1: Unterschiedliche Formen der Energieversorgung und ihre Bewertung hinsichtlich der elektromagnetischen Verträglichkeit (*Quelle:* DIN EN 50310 (VDE 0800-2-310):2011, Tabelle 3)

Nr.	Verteilungsnetz im Außenbereich	Verbraucheranlage im Gebäude		Anmerkungen
1	TN-S [a]	TN-S [a]		bestes System einer Stromverteilungsanlage bezüglich EMV
2 a)	TN-C [b]	TN-S [a]		empfohlen
2 b)	TN-C-S	TN-S [a]		empfohlen
3	TN-C [b]	TN-C [b]		unter EMV-Gesichtspunkten nicht empfohlen
3 a)	TN-C [b]	TN-C-S [b]		unter EMV-Gesichtspunkten nicht empfohlen
3 b)	TN-C [b]	TN-C [b] im Keller bis zur Haupterdungsklemme	TN-S [a] zwischen den und in den Stockwerken	empfohlen
4	TT	TT		- für EMV geeignet bei informationstechnischen Anlagen innerhalb des Gebäudes; - nicht für EMV geeignet bei Verbindungsleitungen zwischen Gebäuden mit informationstechnischen Anlagen; zur Verbesserung der EMV-Eigenschaften ist ein Entlastungs-Potentialausgleichsleiter erforderlich.
5	TT	Zwecks Errichtung eines TN-S-Systems muss ein Trenntransformator [c] eingebaut sein.		positiv für EMV
6	IT	IT		Das System wird ungeerdet verbreitet angewendet, in Frankreich in einigen elektrischen Anlagen über eine Impedanz geerdet und mit 230/400 V sowie in Norwegen über Spannungsbegrenzer geerdet ohne Neutralleiter und mit 230 V von Außenleiter zu Außenleiter. Bezüglich EMV siehe Anmerkungen zu Nr. 4 (TT-System).
7	IT	Zwecks Errichtung eines TN-S-Systems muss ein Trenntransformator [c] eingebaut sein.		positiv für EMV

[a] TN-S-Systeme für Stromverteilungsanlagen sind auf Liegenschaften zwischen Gebäuden oder Einrichtungen üblich, bei denen im Hinblick auf betriebliche Notwendigkeiten hohe Anforderungen an die EMV gestellt werden. Beispiele sind Gebäudegruppen mit Kabelnetzen für interaktive Dienste (s. Normen der Reihe EN 50083 [teilweise ersetzt durch Normen der Reihe EN 60728]), Krankenhäuser, Funk- und Fernsehsendeanstalten sowie Vermittlungsgebäude der Telekommunikation.

[b] TN-C-Systeme sind in einigen Ländern für öffentliche Stromverteilungsanlagen und in vergleichbaren Netzen üblich.

[c] Als Trenntransformator (Definition: s. EN 61558-1) genügt eine Bauart mit Basisisolierung zwischen den getrennt angeordneten Primär- und Sekundärwicklungen. Weitere Einzelheiten: s. EN 61558-2-1, EN 61558-2-4, EN 61558-2-5 und EN 61558-2-6.

In DIN EN 50310 (VDE 0800-2-310):2011, die noch bis zum 11.04.2019 angewendet werden durfte, wird als präferierte Ausführungsvariante eine vermaschte Potentialausgleichsanlage (Typ D) empfohlen und neben den technischen Vorteilen auch deren „einfache Realisierung" hervorgehoben.

In der Praxis wird es aber häufig entgegengesetzt dargestellt, weil bei der Planung die Vermaschung vergessen wurde bzw. als „Extra" oder als nicht erforderlich angesehen wurde. Die nachträgliche Herstellung eines vermaschten Potentialausgleichs kann nämlich in der Tat sehr aufwendig werden.

Erdernetz Typ	Name	Mindestanforderungen	Empfohlene Verbesserungen (dicke Linien bedeuten zusätzliche Potentialausgleichsverbindungen)
D	Vermaschung	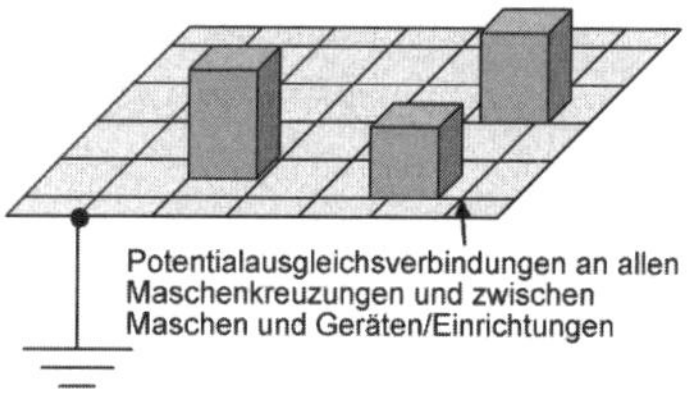	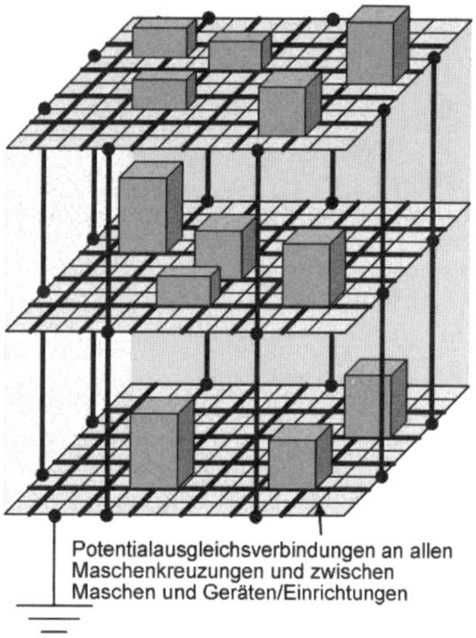

Abbildung 20: Potentialausgleichsanlage Typ D nach DIN EN 50310 (VDE 0800-2-310):2011, Bild 2 (Auszug)

EN 50310:2011, die einen größten Abstand zwischen den Maschenkreuzungen von 6 m x 6 m vorgibt, ist eine klar strukturierte und gut anwendbare Norm.

Ungünstiger Weise ist in dieser Fassung nicht von einem „Potentialausgleich" die Rede, sondern es wird der Begriff der „Erdung" oder „Erdernetz" verwendet. Umgangssprachlich werden „Erdung" und „Potentialausgleich" häufig als Synonyme behandelt. Dies ist nicht korrekt, wie folgende Definition der „Erdung" klarstellen soll:

Erdung ist nämlich die Gesamtheit aller Maßnahmen und Mittel zum Ableiten von elektrischen Strömen in den Erdboden bzw. in das Erdreich.

3.2.5 Aktueller Stand EN 50310

3.2.5.1 Allgemeines

Die aktuelle vierte Ausgabe von EN 50310:2016 wurde gegenüber der 3. Ausgabe von 2010 stark verändert, da sie nun auf der internationalen Norm ISO/IEC 30129 basiert.

Während die Norm bis 2010 den Titel „Anwendung von Maßnahmen für Erdung und Potentialausgleich in Gebäuden mit Einrichtungen der Informationstechnik" trug, lautet der Titel nunmehr „Telekommunikationstechnische Potentialausgleichsanlagen für Gebäude und andere Strukturen". Alleine die Änderung des Titels hat weitreichende Folgen in der Praxis. Wurde in den Vorgängerausgaben der EN 50310 der Potentialausgleich als allgemeiner Bestandteil des Gebäudes beschrieben, so könnte der neue Titel nun den Schluss zulassen, dass es sich bei den beschriebenen Potentialausgleichsanlagen um einen Teil der informationstechnischen bzw. kommunikationstechnischen Infrastruktur handelt.

Dieser Unterschied mag auf den ersten Blick klein sein, hat aber in der Praxis immer wieder zur Folge, dass ein hochfrequenzfähiger Potentialausgleich in die Verantwortung des ITK-Gewerks gerückt wird und deshalb dann erst von diesem geplant und auch kostenmäßig übernommen werden soll, wohingegen es vorher richtigerweise als Aufgabe schon während der Planung des Gebäudes gesehen wurde.

Dies ist der Tatsache geschuldet, dass beispielsweise in den USA Verkabelungsanlagen als dedizierter Anteil der aktuellen IT-Infrastruktur (z. B. 100 MBit/s) und weniger als langfristiger Bestandteil des Gebäudes, wie in Deutschland, gesehen werden, der deshalb auch für zukünftige - weitaus hochfrequentere Anwendungen (z. B. für 10 GBit/s und mehr) geeignet sein muss. Analog hat eine zukunftsfähige Potentialausgleichsanlage, die im Übrigen noch weitere Aufgaben aus anderen Gewerken übernehmen kann, diesem Umstand Rechnung zu tragen.

Es ist zwar auch die Intention von EN 50310:2016, bei der Errichtung eines neuen Gebäudes eine vermaschte Potentialausgleichsanlage vorzuschreiben, allerdings fehlt der in den früheren Ausgaben enthaltene normative Nachdruck.

Die Norm verfolgt zusätzlich als wesentlichen Ansatz die Ertüchtigung von Bestandsgebäuden, was aus den aufgezeigten, umständlichen Realisierungswegen zur Verminderung der Impedanz eines eigentlich nicht ausreichenden sternförmigen Potentialausgleichs ersichtlich ist.

Aufgrund der in EN 50310:2016 enthaltenen Unschärfen wurde im nationalen Vorwort von DIN EN 50310 (VDE 0800-2-310):2017 auf wichtige Punkte, die in der neuen Fassung zwar ansatzweise enthalten, aber nur mittelbar zu interpretieren sind, deutlicher hingewiesen. Dazu zählt beispielsweise die konkrete Aussage, dass ein TN-S-Netz in Gebäuden mit IT zu bevorzugen ist.

Verweise auf andere Normen, beispielsweise der Verweis auf die ITU-T K.27, wurden wörtlich ausgeführt, sodass sich dem Anwender der EN 50310 besser die Zielrichtung erschließt. Dazu zählt beispielsweise der Hinweis auf die Hochfrequenztauglichkeit von vermaschten Potentialausgleichsanlagen.

Zum Zeitpunkt der Drucklegung dieses Buchs war darüber hinaus eine dahingehende inhaltliche Änderung von ISO/IEC 30129 (bzw. EN 50310) in Arbeit.

3.2.5.2 Inhalte

In diesem Kapitel wird ein Überblick über die relevanten Inhalte der EN 50310:2016 gegeben. Die EN 50310 legt Kriterien, die zur Bestimmung geeigneter Potentialausgleichsanlagen dienen, fest und definiert unterschiedliche Potentialausgleichsstrukturen.

Sie richtet sich an Architekten, Eigentümer und Verwalter sowie Entwickler und Monteure von elektrischen und Telekommunikations-Kabelanlagen. Der Anwendungsbereich erstreckt sich über Gebäude und andere bauliche Anlagen, in denen Informationstechnik und Telekommunikationseinrichtungen installiert werden sollen.

Der in der Norm enthaltene Abschnitt 4 „Übereinstimmung" nennt die Anforderungen, die zu erfüllen sind, um Konformität mit dieser Norm zu erreichen. Nach einer Bewertung soll die Potentialausgleichsanlage, entweder als vermaschte Potentialausgleichsanlage oder als Ausgleich zwischen dem Hauptpotentialausgleichsleiter und dem örtlichen Potentialausgleich realisiert werden.

Es folgt eine Übersicht über Potentialausgleichsanlagen, welche bestimmte Randbedingungen zur Anwendung der Norm definiert mit den Zielen, dass

- die Gleichspannungs- und Wechselspannungs-Potentialunterschiede auf ein Minimum zu senken sind und
- ein angemessenes Wechselstrom- und Hochfrequenzverhalten zu erreichen ist, um der TK-Anlage einen zuverlässigen Signalbezug sicherzustellen und eine erhöhte (Stör-) Festigkeit gegen EMI (electromagnetic interference – elektromagnetische Beeinflussung) zu erhalten.

EN 50310:2016, Abschnitt 6 „Verfahrensweise zur Auswahl der Telekommunikations-Potentialausgleichsanlage" hat die Intention, eine Hilfestellung zur Auswahl der geeigneten Telekommunikations-Potentialausgleichsanlage zu geben. Dies geschieht in Abhängigkeit vom verwendeten Verkabelungsmedium (asymmetrische oder symmetrische Verkabelung, geschirmt oder ungeschirmt oder Lichtwellenleiter) und den darauf betriebenen Anwendungen (unsymmetrisch oder symmetrisch).

Die Empfindlichkeit der Verkabelungsmedien gegenüber Störpotentialen und somit ihre Anforderungen an die Leistungsfähigkeit der Potenzialausgleichsanlage wird in Tabelle 2 dargestellt.

Tabelle 2: Empfindlichkeit der Verkabelungsmedien gegenüber der Leistungsfähigkeit der Potentialausgleichsanlage (*Quelle:* EN 50310:2016, Tabelle 2)

Verkabelungsmedium	Empfindlichkeit gegenüber der Leistungsfähigkeit der Potentialausgleichsanlage
asymmetrische Verkabelung oder symmetrische Verkabelung (unsymmetrische Anwendungen)	hoch
symmetrische Verkabelung (geschirmt oder ungeschirmt mit symmetrischen Anwendungen)	⇕
Lichtwellenleiter	niedrig

Es werden die Bedingungen beschrieben, unter welchen entweder die nach der Normenreihe DIN VDE 0100 (VDE 0100) zu realisierende Schutzpotentialausgleichsanlage für die Zwecke des Telekommunikations-Potentialausgleichs verwendet werden kann oder eine fest zugeordnete Telekommunikations-Potentialausgleichsanlage oder eine vermaschte Potentialausgleichsanlage errichtet werden muss.

EN 50310:2016, Abschnitt 7 „Gemeinsame Eigenschaften“ nennt Anforderungen und Empfehlungen an die Ausführung der Telekommunikations-Potentialausgleichsanlagen bezüglich

- Schutzpotentialausgleichsanlagen,
- Telekommunikationseintrittspunkt,
- Bauteilen,
- Schränken, Rahmen und Gestellen,
- sonstigen Potentialausgleichsverbindungen und
- Dokumentation.

EN 50310:2016, Abschnitt 8 „Fest zugeordnete Telekommunikations-Potentialausgleichsanlagen“ beschreibt die zum Zweck des Funktionspotentialausgleichs zu errichtende Potentialausgleichsanlage, wobei eine sternförmige Struktur beschrieben wird, die bei Bedarf um verschiedene zusätzliche Verbindungen zur Gleichstromwiderstandskontrolle und Impedanzkontrolle ergänzt wird. Dieser Abschnitt ist nicht relevant, wenn eine vermaschte Potentialausgleichsanlage verwendet wird.

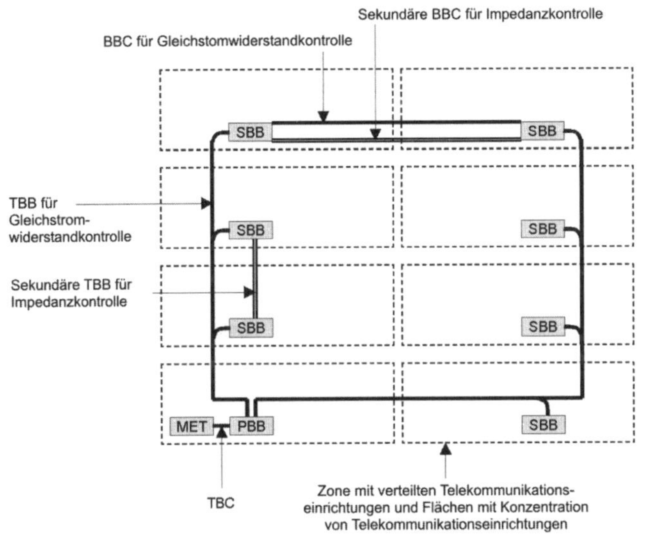

MET: Haupterdungsklemme (*engl.:* main earthing terminal)
TBC: Telekommunikations-Potentialausgleichsleiter (*engl.:* telecommunications bonding conductor)
PBB: primäre Potentialausgleichsschiene (*engl.:* primary bonding busbar)
TBB: Hauptverbindung für den Potentialausgleich (*engl.:* telecommunications bonding backbone)
SBB: sekundäre Potentialausgleichsschiene (*engl.:* secondary bonding busbar)
BBC: Hauptleiter für den Potentialausgleich (*engl.:* backbone bonding conductor)

Abbildung 21: Beispiel für den Potentialausgleich in einem größeren Gebäude (*Quelle:* EN 50310:2016, Bild 6)

Der Begriff „Zone“ wird in dieser Norm nicht näher erklärt. Aus dem Kontext heraus ist aber abzuleiten, dass damit unterschiedliche örtliche Bereiche in einem Gebäude gemeint sind, in denen Telekommunikationseinrichtungen angeordnet sind (s. Abb. 21).

Zwischen den Zonen sollen je nach Abstand zusätzliche Potentialausgleichsleiter (sogenannte sekundäre BBC und sekundäre TBB) zur Impedanzkontrolle installiert werden, sofern der Abstand L zwischen den Zonen 6 m (Forderung) bzw. 3 m (Empfehlung) überschreitet und eine Impedanzkontrolle gefordert ist. Damit soll eine Verminderung der Impedanz erreicht werden.

Die Anzahl dieser notwendigen Leiter berechnet sich wie folgt:

n = AUFRUNDEN(L/6) – 1 bzw. n = AUFRUNDEN(L/3) – 1

Beispiel: L = 30 m => n = 4 bzw. n = 9

Demnach sind bei 30 m Abstand zwischen zwei Zonen n = 4 bzw. n = 9 zusätzliche Leiter erforderlich. Es ist leicht vorstellbar, dass eine solche Realisierung in der Praxis kaum umsetzbar ist. Dies gilt insbesondere, wenn man bedenkt, dass zwischen diesen einzelnen Leitern zur Sicherstellung der angestrebten Wirksamkeit (Induktivitäts- bzw. Impedanz-Verringerung) ein Abstand von mindestens 15 cm einzuhalten ist. Dies mag in einzelnen Bestandsbauten unter Umständen die einzige Möglichkeit sein, die Impedanz zu verringern, jedoch muss die Praktikabilität und allgemeine Anwendbarkeit bezweifelt werden.

Praxistipp: An dieser Stelle sei erwähnt, dass aus dem Gesamtkontext von EN 50310:2016 für zukunftstaugliche Neubauten eine gemeinsame vermaschte Potentialausgleichsanlage (MESH-BN) als bevorzugte und empfohlene Struktur anzusehen ist.

Die Beschreibung „örtlicher Telekommunikations-Potentialausgleichsanlagen im Zusammenhang mit Schutzpotentialausgleichsanlagen“ in EN 50310:2016, Abschnitt 9, ist nur relevant, sofern keine gemeinsame vermaschte Potentialausgleichsanlage errichtet wird. Für solche i. A. nicht relevanten örtlichen Verteilungen wird unterschieden zwischen:

- sternförmigen örtlichen Potentialausgleichsanlagen,
- sternförmigen örtlichen Potentialausgleichsanlagen mit zusätzlichen Potentialausgleichsleitern zwischen Telekommunikationseinrichtungen zur Verringerung der Gleichtaktimpedanz und der Schleifenfläche sowie
- ringförmigen Potentialausgleichsanlagen.

Weiter werden Anforderungen und Empfehlungen an die Gleichstromwiderstandskontrolle und Impedanzkontrolle formuliert.

Als weitere Variante beschreibt EN 50310:2016, Abschnitt 10, örtliche Telekommunikations-Potentialausgleichsanlagen im Zusammenhang mit fest zugeordneten Telekommunikations-Potentialausgleichsanlagen. Es werden der Potentialausgleich für Flächen mit einer Konzentration von Telekommunikationseinrichtungen sowie die Anforderungen an Telekommunikations-Potentialausgleichsleiter für die Gleichstromwiderstandskontrolle und für die Impedanzkontrolle vorgestellt.

EN 50310:2016, Abschnitt 11 „Vermaschte Potentialausgleichsanlagen“ beschreibt die Verbesserung der Störfestigkeit der IT-Anlagen gegen elektromagnetische Beeinflussungen wie beispielsweise Blitzschlag, Kurzschlüsse und Schalthandlungen (s. Abb. 22). Hier werden die Anforderungen an vermaschte Potentialausgleichsanlagen definiert und mit Verweis auf die ITU K.27 zwischen MESH-BN (vermaschte Potentialausgleichsanlage), MESH-IBN (örtlich isolierte vermaschte Potentialausgleichsanlage) und Stern-IBN (örtlich isolierte sternförmige Potentialausgleichsanlage unterschieden.

Als Alternativen zum vermaschten Potentialausgleich werden die beiden folgenden Strukturen genannt:

- örtliche vermaschte Potentialausgleichsanlagen (MESH-IBN) und
- MESH-BN.

Vermaschte Potentialausgleichsanlagen sind immer mit dem Schutzpotentialausgleich zu verbinden. Somit ist klar, dass es sich bei vermaschten Potentialausgleichsanlagen immer um gemeinsame Potentialausgleichsanlagen handelt (CBN: Common Bonding Network) (s. Abb. 22).

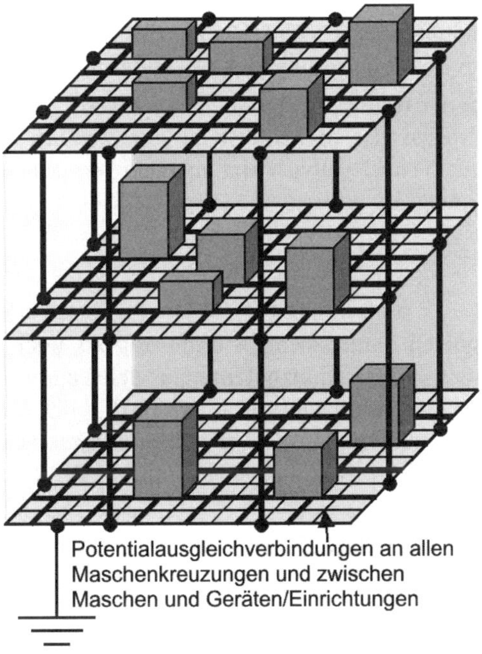

Abbildung 22: MESH-BN mit Geräteschränken, Rahmen und Gestellen und miteinander verbundenen CBN (*Quelle:* EN 50310:2016, Bild 18)

Die weiteren Unterabschnitte beschreiben Anforderungen und Empfehlungen für die Potentialausgleichsleiter einer vermaschten Potentialausgleichsanlage selbst und für die Potentialausgleichsleiter zur vermaschten Potentialausgleichsanlage zur Verbindung mit Telekommunikationseinrichtungen. Es werden zusätzliche Potentialausgleichsgitter und Systembezugspotentialebenen (mit Anforderungen an Doppelböden und Platten zur Unterdrückung von Transienten) eingeführt.

In EN 50310:2016, Anhang A werden die Maßnahmen zur Aufrechterhaltung der Leistungsfähigkeit der Telekommunikations-Potentialausgleichsanlage durch Planung und Durchführung wiederkehrender Maßnahmen beschrieben und mögliche Ursachen für die Verschlechterung der Leistungsfähigkeit von Telekommunikations-Potentialausgleichsanlagen benannt.

3.2.6 Ausblick EN 50310

Zur ISO/IEC 30129, der internationalen Entsprechung von EN 50310, wurde zum Zeitpunkt der Veröffentlichung dieses Buchs eine Änderung (*engl.*: Amendment) ausgearbeitet. Diese enthält ergänzende Erläuterungen und Korrekturen. Es wird nun klargestellt, dass die vermaschte Potentialausgleichsanlage die normativ geforderte Variante ist und dass eine etwaige Entscheidung für eine Realisierung einer anderen Potentialausgleichsstruktur unter Einschätzung und Berücksichtigung des Risikos und der damit verbundenen Auswirkungen von Betriebsunterbrechungen der Telekommunikation zu erfolgen hat. Es kann damit gerechnet werden, dass als anzustrebende Richtwerte zwischen zwei beliebigen Anschlusspunkten einer vermaschten Potentialausgleichsanlage für den Gleichstromwiderstand 10 mΩ und für die Impedanz eine Induktivität von 6 µH definiert werden. Die Änderungen zu ISO/IEC 30129:2015 werden nach Verabschiedung auch als Änderung zu EN 50310 übernommen.

Darüber hinaus sollen in der turnusmäßigen Revision weitere strukturelle Verbesserungen eingebracht werden, beispielsweise sind Hilfestellungen zur Durchführung der erwähnten Risikoanalyse vorgesehen, die bei Nichtverwendung einer vermaschten Potentialausgleichsanlage erbracht werden muss.

3.2.7 Fazit

Der Schutzpotentialausgleich kann sowohl sternförmig als auch vermascht ausgeführt werden. Die Anforderungen an den Schutzpotentialausgleich können mit beiden Strukturen erfüllt werden. Der Funktionspotentialausgleich ist, im Hinblick auf die heutigen IT- und Kommunikationssysteme, vermascht auszuführen. Der Funktionspotentialausgleich kann daher bei entsprechender Ausführung auch die Funktion des Schutzpotentialausgleichs übernehmen.

Aus heutiger Sicht wird dem Anwender der Norm bei Neubauten zur Eingrenzung von Interpretationsspielräumen und zur Vermeidung von Diskussionen im Projektverlauf unbedingt empfohlen, nicht nur die Norm als solche zu benennen, sondern von Beginn an – explizit – die planerische Umsetzung und Realisierung der darin aufgeführten MESH-BN (dreidimensional vermaschte Potentialausgleichsanlage) sowie einer CBN (gemeinsame Potentialausgleichsanlage) einzufordern. Der Grad der Vermaschung, also in welchen Abständen kontrolliert Verbindungen vorgenommen werden, ist dabei unter technisch-wirtschaftlich sinnvollen Aspekten zu wählen und mit dem Auftraggeber abzustimmen.

4 Normenreihe EN 50173: Design und Leistungsvermögen von anwendungsneutralen Kommunikationskabelanlagen

4.1 Überblick

Die informationstechnische Verkabelung ist eine ebenso wichtige Infrastruktur wie andere grundlegende Versorgungssysteme wie Wasser- oder Elektrizitätsversorgung. Versagt diese Infrastruktur ihre Dienste, so kann dies schwere Folgen haben. Mangelnde Planung, die Verwendung ungeeigneter Komponenten, eine fehlerhafte Errichtung und Installation, schlechte Systemverwaltung oder mangelhafte Unterstützung können die Qualität der Dienste beeinträchtigen und wirtschaftliche Konsequenzen für alle Anwender nach sich ziehen.

Die Normenreihe EN 50173 definiert das Design und Leistungsvermögen von informationstechnischen Verkabelungssystemen und versteht sich als Pendant zu den Ende 2017 erstmals als Normenreihe veröffentlichten Dokumenten ISO/IEC 11801. Im Folgenden wird lediglich die für den europäischen Markt relevante Fassung EN 50173 betrachtet.

Das Gesamtwerk EN 50173 „Informationstechnik - Anwendungsneutrale Kommunikationskabelanlagen" umfasst 6 Teile:

Teil 1: Allgemeine Anforderungen

Teil 2: Bürobereiche

Teil 3: Industriell genutzte Bereiche

Teil 4: Wohnungen

Teil 5: Rechenzentrumsbereiche

Teil 6: Verteilte Gebäudedienste

Auf etwa 400 Seiten werden alle normativen Vorgaben und informativen Empfehlungen – also die „shalls and shoulds" (s. Kapitel 2.3.6) – für das Design und das Leistungsvermögen von Kommunikationskabelanlagen im Detail dargelegt.

Das vorliegende Buch ist von diesen Details befreit und versteht sich von daher als Orientierungshilfe und Zusammenfassung, ohne, das sei an dieser Stelle nochmals erwähnt, die Normenreihe zu ersetzen.

Eines vorweg: Für eine funktionierende Kommunikationskabelanlage sind stets EN 50173-1 „Allgemeine Anforderungen" und mindestens einer der Teile 2 bis 6 anzuwenden.

Teil 1 beschreibt zur Vermeidung von (fehlerträchtigen) inhaltlichen Wiederholungen alle allgemein gültigen und übergreifenden Anforderungen. Dazu gehören das elektrische und optische Leistungsvermögen von Übertragungs- und Installationsstrecken, die Klassifizierung der Umgebungsbedingungen, die Komponentenanforderungen sowie die unterstützten Anwendungen. In den Teilen 2 bis 6 werden die relevanten Anforderungen für die unterschiedlichen Anwendungsfelder ergänzt. Diese beinhalten die Beschreibung der optimalen Infrastruktur, das minimale Leistungsvermögen und die Bedingungen für die Konformität in Verbindung mit Teil 1.

Die in dieser Normenreihe festgelegten anwendungsneutralen Kommunikationskabelanlagen stellen Anwendern Folgendes bereit:

a) anwendungsunabhängige Systeme, welche geeignet sind zahlreiche Netzanwendungen in unterschiedlichen Installations- und Betriebsumgebungen zu unterstützen;
b) ein flexibles Schema, in dem sich Änderungen leicht und wirtschaftlich durchführen lassen;
c) eine herstellerunabhängige Lieferkette in einem offenen Markt für Verkabelungskomponenten.

Darüber hinaus stellt diese Normenreihe

1) den Beteiligten eine Anleitung zur Spezifikation einer Vorverkabelung, ohne Kenntnis von spezifischen Anforderungen, zur Verfügung;
2) der Industrie und den Normungsgremien Verkabelungssysteme bereit, welche aktuelle Produkte unterstützen;
3) eine Basis für künftige Produktentwicklungen und Normung von Netzanwendungen zur Verfügung.

4.2 EN 50173-1: Allgemeine Anforderungen

4.2.1 Struktur und Modell von Kommunikationskabelanlagen

Allen Verkabelungssystemen gemeinsam ist eine Grundstruktur, die aus drei Teilsystemen (s. Abb. 23 und 24) besteht bzw. bestehen kann:

1. Teilsystem der Primärverkabelung mit dem Standortverteiler (SV),
2. Teilsystem der Sekundärverkabelung mit dem Gebäudeverteiler (GV),
3. standortspezifische Teilsysteme der Normenreihe EN 50173-2 bis -6 (xV): Tertiärverkabelung.

Die primäre bzw. sekundäre Übertragungsstrecke, welche auch als Rückgrat der Kommunikationskabelanlage verstanden werden kann, verbindet die standortspezifischen Tertiärverkabelungen und stellt den Zugang zum externen Netz bereit.

Die Verkabelungsstrukturen für die Teile 2 bis 6 beinhalten in der Regel eine Primär- bzw. Sekundärverkabelung, welche durch standortspezifische Ausprägungen ergänzt werden. So setzt sich die Tertiärverkabelung eines Bürobereichs (Teil 2) aus einem Etagenverteiler, einem optionalen Sammelpunkt und einem informationstechnischen Anschluss zusammen. Im Vergleich dazu sieht Teil 6 (verteilte Gebäudedienste) einen Diensteverteiler, einen Dienstekonzentrationspunkt und einen Diensteanschluss vor. Obwohl der erwähnte „Etagenverteiler" im Bürogebäude und der „Diensteverteiler" physikalisch und logisch identisch sein können, haben sich die Normungsgremien dafür entschieden, den Verteiler- und Anschlusselementen anwendungsspezifische Namen zu geben.

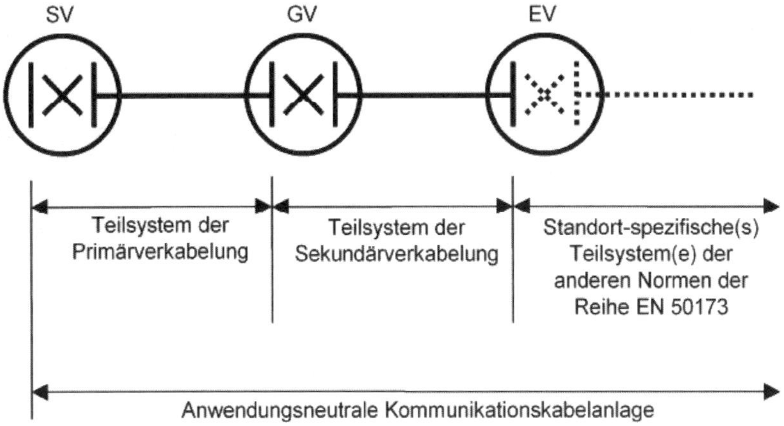

Abbildung 23: Struktur der anwendungsneutralen Kommunikationskabelanlage (*Quelle:* EN 50173-1:2018, Bild 2)

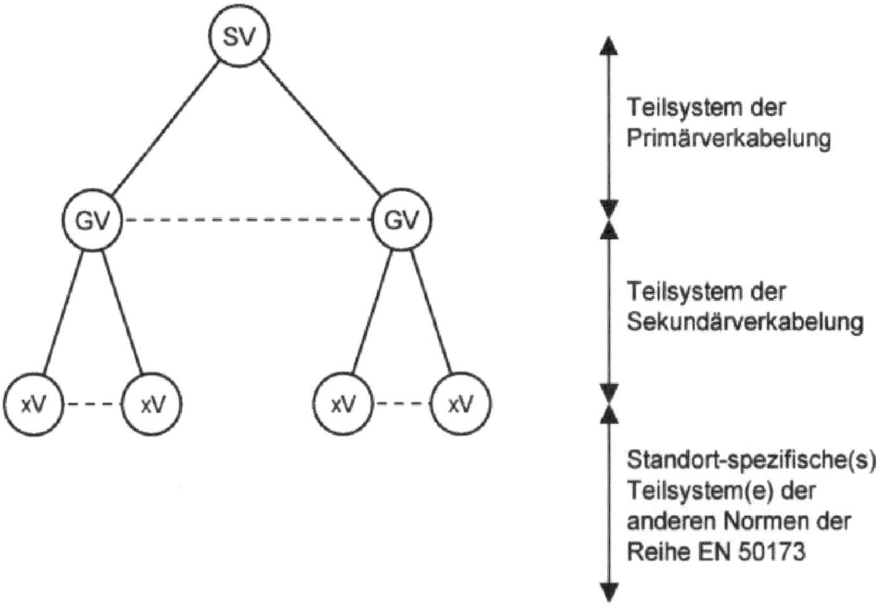

(*Anmerkung:* Rechenzentrumsverkabelung nach EN 50173-5 kann an jedem beliebigen Verteiler angeschlossen werden.)

Abbildung 24: Hierarchische Struktur der anwendungsneutralen Kommunikationskabelanlage (*Quelle:* EN 50173-1:2018, Bild 3)

Dies kann zu einer gewissen Sprachverwirrung führen. Aus diesem Grund ist im Vorgriff auf die Behandlung der Teile 2 bis 6 schon an dieser Stelle eine Gegenüberstellung der standortspezifischen Strukturen mit entsprechenden Erläuterungen sinnvoll (s. Abb. 25).

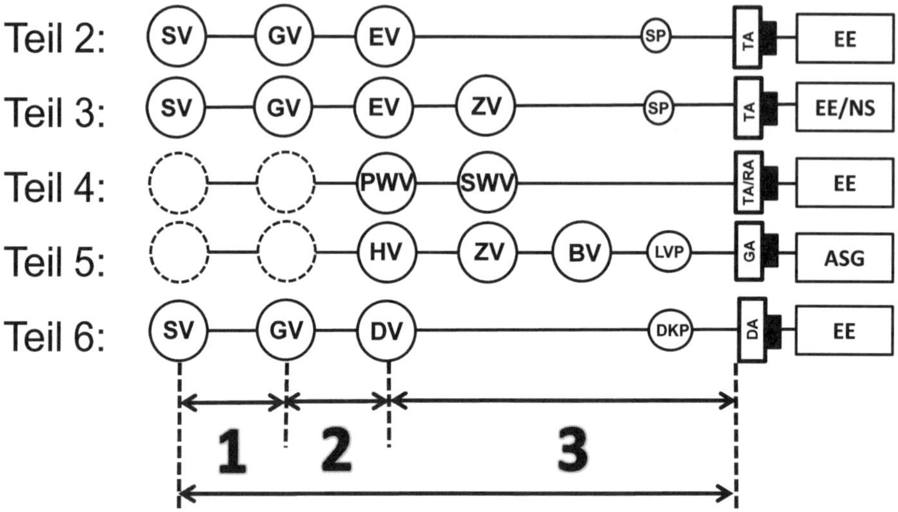

Abbildung 25: Gegenüberstellung der Strukturen der anwendungsneutralen Kommunikationskabelanlagen (Teile 2 bis 6)

1: Teilsystem der Primärverkabelung

2: Teilsystem der Sekundärverkabelung

3: Standortspezifische Teilsysteme

Teil 2: Bürobereiche:

EV: Etagenverteiler

SP: Sammelpunkt

TA: Informationstechnischer Anschluss

EE: Endeinrichtung, Endgerät

Teil 3: Industriell genutzte Bereiche:

EV: Etagenverteiler

ZV: Zwischenverteiler

SP: Sammelpunkt

TA: Informationstechnischer Anschluss

EE: Endeinrichtung, Endgerät

NS: Netzschnittstelle

Teil 4: Wohnungen:

PWV: Primärer Wohnungsverteiler

SWV: Sekundärer Wohnungsverteiler

TA: Informationstechnischer Anschluss

RA: Rundfunkanschluss

EE: Endeinrichtung, Endgerät

Teil 5: Rechenzentrumsbereiche:

HV: Hauptverteiler

ZV: Zwischenverteiler

BV: Bereichsverteiler

LVP: Lokaler Verteilpunkt

GA: Geräteanschluss

ASG: Anwendungsspezifisches Gerät

Teil 6: Verteilte Gebäudedienste:

DV: Diensteverteiler

DKP: Dienstekonzentrationspunkt

DA: Diensteanschluss

EE: Endeinrichtung, Endgerät

Bei Streckenlängen größer als 100 m werden die verwendeten Kommunikationskabel in der Regel in LWL-Technik ausgeführt. Für Längen bis zu 100 m sind Kommunikationskabel in Kupfertechnik bevorzugtes Übertragungsmedium.

An den Enden der Kabel befinden sich im Primär- bzw. Sekundärbereich Rangierverteiler in LWL- bzw. Kupfertechnik, die mit geeigneten Rangierschnüren und Geräteverbindungsschnüren Übertragungsstrecken mit den anwendungsspezifischen Geräten (ASG), z. B. Router oder Switches, verbinden. Im Tertiärbereich endet die Verkabelung dann am TA, RA, GA oder DA. In Abhängigkeit der vom Anwender gewünschten Ausfallsicherheit sind die Primär- und Sekundärverkabelung oftmals redundant ausgelegt, während in der Tertiärverkabelung die beiden informationstechnischen Anschlüsse eines Arbeitsplatzes dazu an jeweils unterschiedliche Etagenverteiler angeschlossen werden.

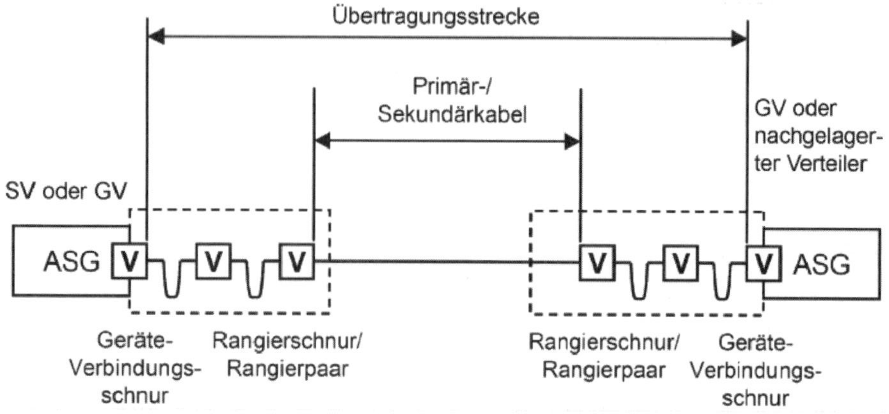

Abbildung 26: Modell der primären und sekundären anwendungsneutralen Kommunikationskabelanlage (*Quelle:* EN 50173-1:2018, Bild 7)

Für die Leistungsbeschreibung und messtechnische Bewertung der Kommunikationskabelanlage werden zwei unterschiedliche Strecken gewählt, nämlich die „Übertragungsstrecke" (*engl.:* channel) und die „Installationsstrecke" (*engl.:* permanent link). Diese werden im Folgenden näher erläutert.

Nach dem Verständnis der Norm beinhaltet die Übertragungsstrecke das gesamte Verkabelungssystem mit Ausnahme der Anschlüsse an die Endgeräte, z. B. der Steckverbinder, die sich im anwendungsspezifischen Gerät befinden. Dagegen ist die Installationsstrecke eine Teilmenge der Übertragungsstrecke. Sie beinhaltet das Kabel sowie die Anschlusstechnik an beiden Enden, aber nicht die Rangierschnüre und Geräteverbindungskabel (s. Abb. 27). Die Anforderungen an Installationsstrecken werden für die Prüfung, Bewertung bzw. Abnahme von Kabelinstallationen herangezogen. Die Anforderungen an Übertragungsstrecken sind relevant für die Konformität, für die Systementwicklung von Kommunikationskabelanlagen und für die Korrelation zu den unterstützten Anwendungen.

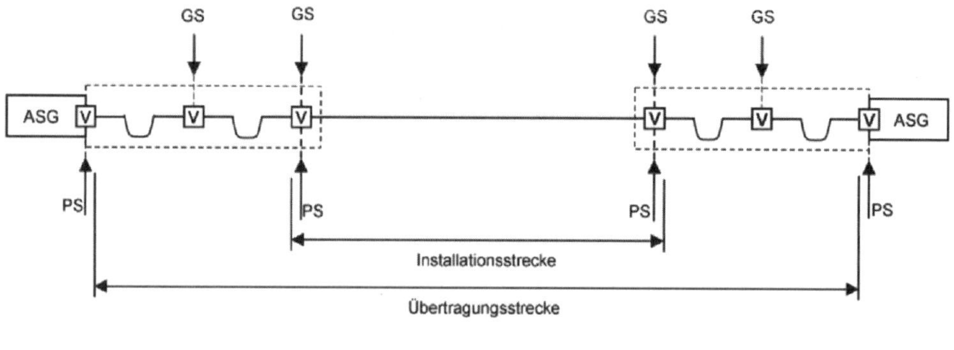

Abbildung 27: Prüf- und Geräteschnittstellen am Beispiel der primären und sekundären anwendungsneutralen Kommunikationskabelanlage (*Quelle:* EN 50173-1:2018, Bild 6)

4.2.2 Leistungsvermögen der Übertragungsstrecke

4.2.2.1 Umgebungseigenschaften

Damit eine Kommunikationskabelanlage bestimmungsgemäß funktionieren kann, müssen die vorherrschenden Umgebungsbedingungen berücksichtigt werden und die eingesetzten Verkabelungskomponenten (Kabel und Verbindungstechnik) über eine entsprechende Tauglichkeit verfügen. Die Klassifizierung bzw. Auslegung erfolgt mittels eines eigens hierfür ausgelegten Umgebungskonzepts: dem sogenannten MICE-Konzept (s. Tab. 3). Darin werden die Umgebungsbedingungen über vier Eigenschaftsprofile definiert und drei Klassen, deren Anforderungen mit steigendendem Index steigen, festgelegt. Dabei stehen die Anfangsbuchstaben M I C E für:

Mechanical: mechanische Eigenschaften

Ingress: Eigenschaften zum Schutz vor Eindringen (von Gegenständen oder Feuchtigkeit)

Climatic: klimatische und chemische Eigenschaften

Electromagnetic: elektromagnetische Eigenschaften

Tabelle 3: Klassifizierung gemäß MICE-Konzept (*Quelle:* EN 50173-1:2018, Tabelle 2)

Parameter	Umgebungsklasse		
	1	2	3
mechanische Bewertung	M_1	M_2	M_3
Bewertung nach Eindringen	I_1	I_2	I_3
klimatische und chemische Bewertung	C_1	C_2	C_3
elektromagnetische Bewertung	E_1	E_2	E_3

Es existiert eine Vielzahl von unterschiedlichen Umgebungsanforderungen, deren vollständige Behandlung den Rahmen dieses Buchs sprengen würde. In Abbildung 28 sind einige wichtige Kriterien aufgezeigt.

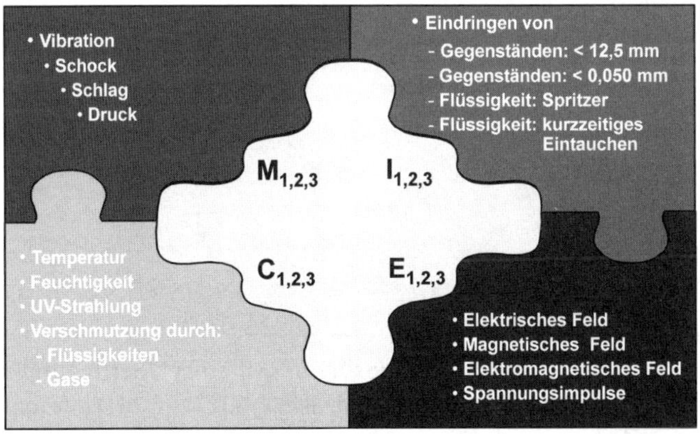

Abbildung 28: Parameter gemäß MICE-Konzept (Auszug)

Die anwendbare MICE-Klassifizierung kann über die Länge der Übertragungsstrecke variieren. Insbesondere im industriellen Umfeld ist dies häufig der Fall. So sind beispielsweise die Schutzeigenschaften der Umgebung gegen Eindringen im Produktionsumfeld der Fabrik höher als im informationstechnischen Verteilerraum des Bürogebäudes.

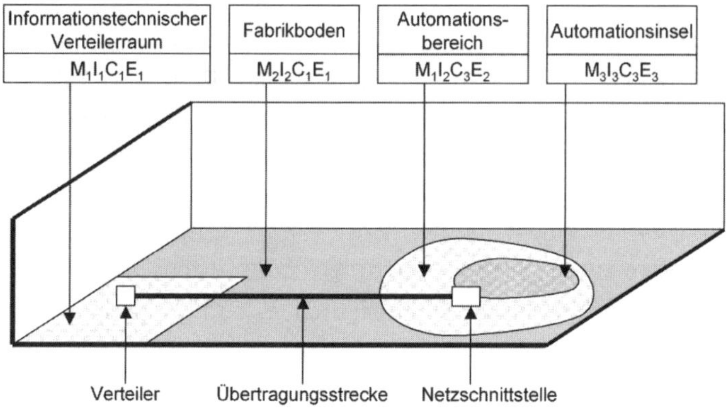

Abbildung 29: Veränderung der Umgebung entlang einer Übertragungsstrecke (*Quelle:* EN 50173-1:2018, Bild G.1)

4.2.2.2 Übertragungseigenschaften von symmetrischen Kupferverkabelungen

Symmetrische Kupferverkabelung basiert auf der Übertragung des Signals über einen Hin- und Rückleiter. Diese Leiter sind i. d. R. verdrillt, um entsprechende Übertragungs- und elektromagnetische Eigenschaften zu garantieren. Der Wellenwiderstand der Kupferverkabelung beträgt 100 Ω.

Das Leistungsvermögen von Übertragungs- und Installationsstrecken in Kupfertechnik wird Klassen zugeordnet, welche durch einen spezifizierten Frequenzbereich gekennzeichnet sind:

Klasse A: bis 0,1 MHz
Klasse B: bis 10 MHz
Klasse C: bis 16 MHz
Klasse D: bis 100 MHz
Klasse E: bis 250 MHz
Klasse E_A: bis 500 MHz
Klasse F: bis 600 MHz
Klasse F_A: bis 1.000 MHz

Der Zusammenhang zwischen dem Leistungsvermögen einer Übertragungsstrecke und den von ihr unterstützten Netzanwendungen wird in EN 50173-1:2018, Anhang F hergestellt (s. auch Kapitel 4.2.6).

Eine Übertragungsstrecke der Klasse A ist so festgelegt, dass sie das Mindest-Leistungsvermögen für Netzanwendungen der Klasse A bietet. In ähnlicher Weise bieten Übertragungsstrecken der Klassen B, C, D, E, E_A, F und F_A das übertragungstechnische Leistungsvermögen zur Unterstützung von Netzanwendungen der Klassen B, C, D, E, E_A, F und F_A. Übertragungsstrecken einer gegebenen Klasse unterstützen auch alle Netzanwendungen einer niedrigeren Klasse. Dies wird auch als Rückwärtskompatibilität bezeichnet.

Für spezifische Anwendungsbereiche kommen noch folgende Übertragungsstrecken zum Einsatz:

Klasse RuK-S: bis 1.000 MHz

Klasse I und II: bis 2.000 MHz

Das Leistungsvermögen der einzelnen Klassen bzw. Frequenzbereiche definiert sich über die festgelegten elektrischen Eigenschaften, die das Signal-Rausch-Verhältnis (SNR) bestimmen. Das Signal-Rausch-Verhältnis (SNR) setzt sich aus dem Verhältnis des Nutzsignals zur Summe aller Rauschsignale (Störsignale) zusammen. Mit diesem Verhältnis und der Bandbreite kann die Übertragungskapazität (Bit/s) errechnet bzw. vorhergesagt werden.

Das Nutzsignal wird durch die Einfügedämpfung reduziert. Die Summe aller Störsignale lässt sich über die Rückflussdämpfung sowie die interne und externe Nebensprechdämpfung (Fremdnebensprechdämpfung) bestimmen (s. Tab. 4).

Tabelle 4: Hochfrequenz-(HF-)Übertragungseigenschaften (Auszug)

Kurzzeichen (*engl.*)	Eigenschaft
IL	Einfügungsdämpfung (Insertion Loss)
RL	Rückflussdämpfung (Return Loss)
PSNEXT	Leistungssummierte Nahnebensprechdämpfung (Power Sum Near-End Crosstalk Loss)
PSACR-F	Leistungssummiertes Dämpfungs-Fernnebensprechdämpfungs-Verhältnis (Power Sum Attenuation to Crosstalk Ratio at the Far-End)
PSANEXT	Leistungssummierte Fremdnahnebensprechdämpfung (Power Sum Alien Near-End Crosstalk Loss)
PSAACR-F	Leistungssummierte Dämpfungs-Fremdfernnebensprechdämpfungs-Verhältnis (Power Sum Attenuation to Alien Crosstalk Ratio at the Far-End)

Die aufgezeigten HF-Übertragungseigenschaften sind frequenzabhängig. Dabei steigt die Dämpfung mit steigender Frequenz, die Neben- und Fremdnebensprechdämpfung sinkt dagegen mit steigender Frequenz. Dieser physikalisch begründete Effekt sorgt dafür, dass das Nutzsignal mit steigender Frequenz immer schwächer wird und gleichzeitig immer stärker gestört wird. Zudem steigt die Dämpfung proportional mit der Länge der Übertragungsstrecken, wodurch das Nutzsignal zusätzlich geschwächt wird. Dadurch sind Übertagungsstrecken natürlichen Längengrenzen unterworfen, welche bei Verwendung von Standard-Verkabelungskomponenten für Klasse D und höher bei etwa 100 m liegen.

Die höherwertigen Klassen zeichnen sich in erster Näherung dadurch aus, dass sie niedrigere Dämpfungen und höhere Nebensprechdämpfungen aufweisen und damit höhere Übertragungsraten unterstützen (s. Abb. 30). Damit bieten die höheren Klassen folgerichtig auch die größere Zukunfts- und Investitionssicherheit.

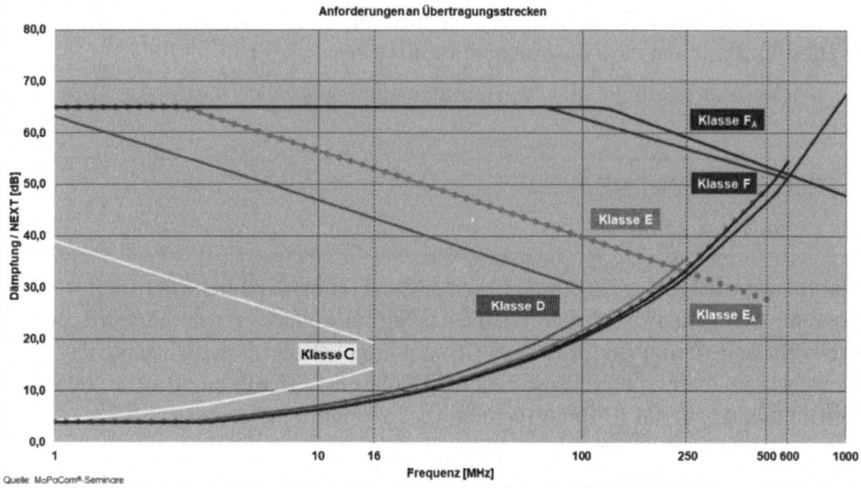

Abbildung 30: HF-Anforderungen (Einfügedämpfung und Nahnebensprechdämpfung) von Übertragungsstrecken der Klassen C, D, E, E_A, F und F_A (*Quelle:* MaPaCom® Seminare)

Übertragungsstrecken der Klasse I und II, welche bei Implementierung von Standard-Verkabelungskomponenten auf Längen von 30 m begrenzt sind, bilden mit einem Frequenzbereich von 2 GHz den „State of the art" in der Kupfertechnik. Der Unterschied zwischen dem Leistungsvermögen von Klasse I und II kann hauptsächlich durch die Differenz der leistungssummierten Nahnebensprechdämpfung zur Einfügungsdämpfung (PSACR-N) ausgedrückt werden, welches nach Bewertung der beiden Parameter rechnerisch ermittelt wird (s. Abb. 31).

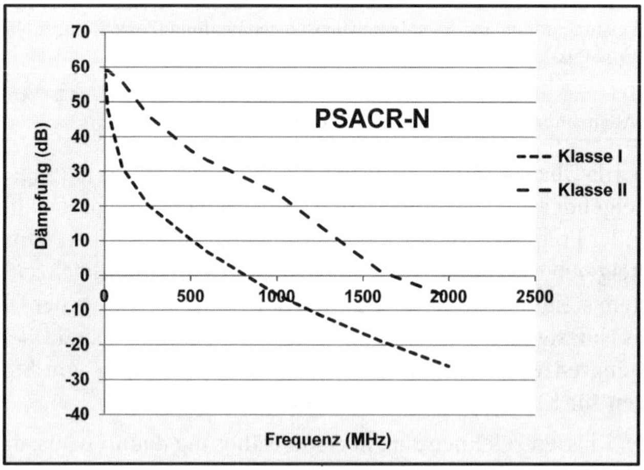

Abbildung 31: HF-Anforderungen (PSACR-N) von Übertragungsstrecken der Klassen I und II

Die Parameter Signallaufzeit und Signallaufzeitunterschied runden die HF-Anforderungen ab.

Neben den Hochfrequenz-(HF-)Anforderungen sind in EN 50173-1 zusätzlich die Niederfrequenz-(NF-)Anforderungen festgelegt. Dies sind der Gleichstrom-Schleifenwiderstand, die Gleichstrom-Widerstandsunsymmetrie, die Spannungsfestigkeit und die Gleichstrombelastbarkeit. Die definierten Eigenschaftsprofile erlauben es der Kupfertechnologie neben der Datenübertragung gleichzeitig Energie zu transportieren und damit Endgeräte mit Strom zu versorgen, also Fernspeisung, beispielsweise „Power over Ethernet (PoE)“, zu betreiben.

Das Anforderungsprofil der Übertragungsstrecken wird schließlich bezüglich ihres Verhaltens gegenüber elektromagnetischer Beeinflussung abgerundet. Die Übertragungsstrecke soll einerseits ausreichend sicher gegen externe Störer bzw. Beeinflussungen sein. Hierbei spricht man auch von Immunität oder Störfestigkeit. Im Umkehrschluss sollten von der Übertragungsstrecke möglichst keine oder nur geringe Störungen ausgesendet werden (Emission, Störaussendung). Der erforderliche Schutzgrad ist von den Umgebungsbedingungen abhängig. Je höher die „elektromagnetische Verseuchung“ ist, desto höher ist natürlich der erforderliche Schutzgrad. Mit dem Verweis zum MICE-Konzept schließt sich der Kreis wieder, denn genau hier sind mit E_1, E_2 und E_3 die EMV-Schutzanforderungen klassifiziert.

Der Schutzmechanismus funktioniert beim symmetrischen Kupferdatenkabel über die Symmetrie der Übertragung. Bei idealer Symmetrie würden sich Störungen gegenseitig aufheben. Ein Maß dafür, wie gut die Symmetrie erreicht wird, ist die sogenannte Unsymmetriedämpfung oder spezifischer die Unsymmetriedämpfung am nahen Ende (*engl.:* transverse conversion loss, TCL) und ELTCTL (pegelgleiche Unsymmetriedämpfung am fernen Ende, *engl.:* equal level transverse conversion transfer loss). Da ein Kabel nur begrenzt symmetrisch ist, greift dieser Mechanismus zwar, wird aber mit abnehmender Symmetrie, das bedeutet i. d. R. mit steigender Frequenz, immer schwächer. An dieser Stelle kommt die Schirmung ins Spiel. Sie bedämpft interne und externe Störbeeinflussungen zusätzlich. Ein Maß dafür ist die Schirmdämpfung.

Die EMV-Eigenschaften werden demzufolge durch die Summe der Unsymmetriedämpfung und Schirmdämpfung bestimmt. Hier spricht man von Störleistungsunterdrückung bzw. Kopplungsdämpfung. Die Störleistungsunterdrückung bzw. Kopplungsdämpfung ist auf ungeschirmte und geschirmte Übertragungsstrecken anwendbar und vor dem Hintergrund der Vergleichbarkeit auch sinnvoll (s. Abb. 32). In der Norm findet man diesen direkten Vergleich nicht. Dort wird für geschirmte Verkabelung die Kopplungsdämpfung und für ungeschirmte Verkabelung die Unsymmetriedämpfung herangezogen.

Geschirmte Übertragungsstrecken erfüllen darüber hinaus die Anforderungen an das Fremdnebensprechen „per Design“ (s. Abb. 33), sofern die Kopplungsdämpfung CA folgende Vorgabe erfüllt:

CA: > 90-20 log(*f*) (dB) (für Klasse E_A und F) sowie > 50 dB bis 100 MHz

CA: > 105-20 log(*f*) (dB) (für Klasse F_A) sowie > 65 dB bis 100 MHz

In diesem Fall entfällt die Notwendigkeit der messtechnischen Überprüfung des Fremdnebensprechens.

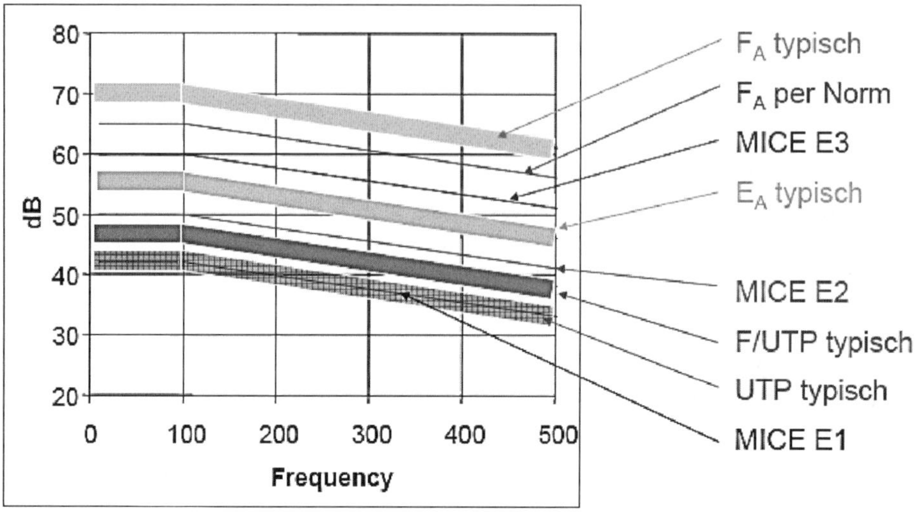

Abbildung 32: Störleistungsunterdrückung bzw. Kopplungsdämpfung von geschirmten und ungeschirmten Übertragungsstrecken im Vergleich zu den MICE-Anforderungen

Abbildung 33: Wirkungsmodell des Fremdnebensprechens durch benachbarte Kabel

Folgende zusammenfassende Bewertung sei an dieser Stelle noch erlaubt: Die Übertragungsstreckenklassen A, B, C, D, E und E_A sowie die Umgebungsklasse E_1 und E_2 lassen sich sowohl in geschirmter als prinzipiell auch in ungeschirmter Ausführung realisieren. Die Übertagungsstreckenklassen F, F_A, I, II, RuK-S und die Umgebungsklasse E_3 machen ein geschirmtes Design erforderlich.

Die Anforderungen an **Installationsstrecken** (*engl.:* permanent link) leiten sich von den oben beschriebenen Übertragungsstrecken ab. Deren Beschreibung bietet an dieser Stelle keinen weiteren Mehrwert. Allerdings sind Installationsstrecken für die Abnahme von Verkabelungssystemen relevant und finden deshalb im Kapitel 7 nochmals Gehör. In diesem Kapitel wird darüber hinaus genauer auf die zu bewertenden Parameter eingegangen.

4.2.2.3 Übertragungseigenschaften von Lichtwellenleiter-Verkabelungen

In der aktuellen Ausgabe von EN 50173-1 und ISO/IEC 11801-1 sucht man vergeblich nach dem Leistungsvermögen von Übertragungsstrecken (*engl.:* channel) und Installationsstrecken (*engl.:* permanent link) in LWL-Technik. Diese wurden auf mehrheitlichen Beschluss des internationalen Normungsgremiums (gegen die Stimme Deutschlands) ersatzlos gestrichen.

Um normkonform zu sein, muss jetzt auf die maximale Länge der jeweiligen Anwendung über die gewählte Faser eingegangen werden. Somit wird hier die anwendungsneutrale Verkabelungsnorm plötzlich anwendungsspezifisch.

Eine deutsche Normungsinitiative hat sich zum Ziel gesetzt, die Lücke der fehlenden anwendungsneutralen Verkabelungsklasse für LWL-Verkabelung durch einen praktikablen neuen Ansatz zu schließen (s. DIN VDE 0800-173-100 (VDE 0800-173-100):2019-06.

Das Leistungsvermögen von Übertragungsstrecken (*engl.:* channel) in LWL-Technik wird hier ebenfalls Klassen zugeordnet. Diese basieren auf einer maximal zulässigen Einfügungsdämpfung (*engl.:* insertion loss) in dB für maximale Übertragungsstreckenlängen, die sich wiederum aus den Erfordernissen der zu unterstützenden Netzanwendungen ergeben. Die Einfügungsdämpfung setzt sich aus der Einfügungsdämpfung der zu verwendenden optischen Fasern und optischen Steckverbinder zusammen. Die Einfügungsdämpfung der Steckverbindungen sind vereinfachend mit einem Wert von jeweils 0,75 dB angenommen. Die Einfügungsdämpfung ist für die Wellenlängen angegeben, die für die Übertragung relevant sind (Übertragungsfenster). Ein informativer Anhang der Norm beschreibt, wie die derzeit beschriebenen Klassen ermittelt wurden. Die Berechnungsformel lässt sich auch für künftige Netzanwendungen anwenden.

Das Klassifizierungsmodell beruht wie schon bei der Kupfertechnologie auf dem Prinzip, dass die höherwertigen Klassen abwärts- bzw. rückwärtskompatibel sind, also die niederwertigeren Klassen einschließen. Allerdings ist das Modell bei der LWL-Technik zweidimensional. D. h., es setzt sich zusammen aus den jeweiligen LWL-Fasern, z. B. der Mehrmodenfaser OM3, und den Klassenstufen A bis F. Dies ergibt dann im Falle von OM3-Mehrmodenfasern einen Bogen, der von Klasse OMA-3 (höchste Dämpfung) bis zur Klasse OMF-3 (niedrigste Dämpfung) reicht.

Aufgrund der Tatsache, dass das Klassifizierungsmodell von optischen Übertragungsstrecken in den internationalen und europäischen Normen zur Zeit fehlt, waren sich die Autoren dieses Buchs darüber einig, die Klassifizierungstabellen in der Deutschen Norminitiative in ihrer Vollständigkeit darzulegen.

In den Tabellen 5 bis 9 sind die Lichtwellenleiterklassen mit Mehrmodenfasern der Kategorie OM3, OM4 und OM5 sowie die Lichtwellenleiterklassen mit Einmodenfasern der Kategorie OS1a und OS2 aufgeführt.

Tabelle 5: Lichtwellenleiterklassen von Mehrmodenfasern der Kategorie OM3 (*Quelle:* DIN VDE 0800-173-100 (VDE 0800-173-100):2019-06, Tabelle 1)

Klasse	maximal zulässige Einfügedämpfung dB	
	bei 850 nm	bei 1.300 nm
OMA-3	8,5	4,5
OMB-3	6,7	3,7
OMC-3	3,2	2,2
OMD-3	2,5	1,9
OME-3	2,0	1,7
OMF-3	1,8	1,6

Anmerkung: Klassen „OMA“ bis „OMF“ = Klassenstufe
Klasse „-3“ = OM3

Tabelle 6: Lichtwellenleiterklassen von Mehrmodenfasern der Kategorie OM4 (*Quelle:* DIN VDE 0800-173-100 (VDE 0800-173-100):2019-06, Tabelle 2)

Klasse	maximal zulässige Einfügedämpfung dB	
	bei 850 nm	bei 1.300 nm
OMA-4	2,5	1,9
OMB-4	2,0	1,7
OMC-4	1,8	1,6
OMD-4	1,5	1,2
OME-4	1,3	1,1

Anmerkung: Klassen „OMA“ bis „OME“ = Klassenstufe
Klasse „-4“ = OM4

Tabelle 7: Lichtwellenleiterklassen von Mehrmodenfasern der Kategorie OM5 (*Quelle:* DIN VDE 0800-173-100 (VDE 0800-173-100):2019-06, Tabelle 3)

Klasse	maximal zulässige Einfügedämpfung dB	
	im Bereich 850 nm bis 950 nm	bei 1.300 nm
OMA-5	2,4	1,9
OMB-5	1,9	1,7
OMC-5	1,8	1,6
OMD-5	1,4	1,2
OME-5	1,3	1,1

Anmerkung: Klassen „OMA“ bis „OME“ = Klassenstufe
Klasse „-5“ = OM5

Tabelle 8: Lichtwellenleiterklassen von Einmodenfasern mit OS1a (*Quelle*: DIN VDE 0800-173-100 (VDE 0800-173-100):2019-06, Tabelle 4)

Klasse	maximal zulässige Einfügedämpfung dB	
	bei 1.310 nm	bei 1.550 nm
OSA-1a	18,0	n.a.
OSB-1a	10,9	10,9
OSC-1a	8,3	8,3
OSD-1a	6,7	6,7
OSE-1a	4,8	4,8

Anmerkung: Klassen „OSA“ bis „OSE“ = Klassenstufe
Klasse „-1a“ = OS1a

Tabelle 9: Lichtwellenleiterklassen von Einmodenfasern mit OS2 (*Quelle:* DIN VDE 0800-173-100 (VDE 0800-173-100):2019-06, Tabelle 5)

Klasse	maximal zulässige Einfügedämpfung dB	
	bei 1.310 nm	bei 1.550 nm
OSA-2	18,0	n. a.
OSB-2	10,9	10,9
OSC-2	8,3	8,3
OSD-2	6,7	6,7
OSE-2	4,8	4,8

Anmerkung: Klassen „OSA“ bis „OSE“ = Klassenstufe
Klasse „-2“ = OS2

Mit diesem Instrumentarium ist es nunmehr möglich:

a) Benutzern mit einer anwendungsneutralen Verkabelung eine breite Palette von Netzanwendungen zu ermöglichen;

b) die Auswahl des Verkabelungssystems in Abhängigkeit von den beabsichtigten Netzanwendungen zu erleichtern;

c) eine zukunftssichere Klassifizierung von LWL-Verkabelungen als Grundlage für zukünftige Produktentwicklungen zu generieren;

d) Systemanforderungen an Gesamt-, Teil- oder erweiterte Systeme durch die Angabe von LWL-Klassen zu beschreiben.

4.2.3 Verkabelungskomponenten

An dieser Stelle wird lediglich ein Überblick auf die in der Norm existierenden Verkabelungskomponenten gegeben. Eine ausführliche Behandlung findet sich in Kapitel 5. Dort werden die Anforderungen und Eigenschaften umfassend beschrieben. Wie in Kapitel 4.2.2 aufgezeigt wird das Leistungsvermögen von Übertragungs- und Installationsstrecken in Klassen eingeteilt. Dagegen werden die Eigenschaften von Verkabelungskomponenten, d. h. Kommunikationskabel, Verbindungstechnik, Rangierschnüre und Geräteverbindungskabel mit Ausnahme von LWL-Steckverbindern, mittels Kategorien beschrieben.

Für die Kupfertechnik existieren folgende Kategorien:

Kategorie 5:	bis 100 MHz
Kategorie 6:	bis 250 MHz
Kategorie 6_A:	bis 500 MHz
Kategorie 7:	bis 600 MHz
Kategorie 7_A:	bis 1.000 MHz
Kategorie 8.1:	bis 2.000 MHz
Kategorie 8.2:	bis 2.000 MHz

Die Kategorien basieren auf den spezifizierten Frequenzbereichen.

Bei Verwendung von Komponenten unterschiedlicher Kategorien, was prinzipiell erlaubt und manchmal sogar sinnvoll ist, gilt immer das Prinzip: Eine Kette ist nur so stark wie das schwächste Glied. Dies lässt sich aus der Matrix zur Rückwärtskompatibilität von Steckverbindern ableiten. Hierbei zeigt sich, dass Steckverbinder der Kategorie 8.2 zu allen anderen Kategorien rückwärtskompatibel sind. Steckverbinder der Kategorie 8.1 sind lediglich rückwärtskompatibel zu den Kategorien 5 bis 6_A.

Tabelle 10: Matrix der Rückwärtskompatibilität von Steckverbindern (*Quelle:* EN 50173-1:2018, Tabelle 58)

freier Steckverbinder	modularer Steckverbinder						
	Kategorie 5	Kategorie 6	Kategorie 6_A	Kategorie 8.1	Kategorie 7	Kategorie 7_A	Kategorie 8.2
Kategorie 5	Kategorie 5	Kategorie 5	Kategorie 5	Kategorie 5	Kategorie 5	Kategorie 5	Kategorie 5
Kategorie 6	Kategorie 5	Kategorie 6	Kategorie 6	Kategorie 6	Kategorie 6	Kategorie 6	Kategorie 6
Kategorie 6_A	Kategorie 5	Kategorie 6	Kategorie 6_A	Kategorie 6_A	Kategorie 6_A[a]	Kategorie 6_A	Kategorie 6_A
Kategorie 8.1	Kategorie 5	Kategorie 6	Kategorie 6_A	Kategorie 8.1	Kategorie 6_A	Kategorie 6_A	Kategorie 8.1
Kategorie 7	Kategorie 5	Kategorie 6	Kategorie 6_A[a]	Kategorie 6_A	Kategorie 7	Kategorie 7	Kategorie 7
Kategorie 7_A[b]	Kategorie 5	Kategorie 6	Kategorie 6_A	Kategorie 6_A	Kategorie 7	Kategorie 7_A	Kategorie 7_A
Kategorie 8.2	Kategorie 5	Kategorie 6	Kategorie 6_A	Kategorie 8.1	Kategorie 7	Kategorie 7_A	Kategorie 8.2

[a] ausgenommen Parameter des Fremdnebensprechens

[b] Die Zuordnung von Verbindungstechnik der Kategorie 7_A gilt für Kategorie RuK-S.

Bei der LWL-Technik umfasst das Portfolio Kabel mit Mehrmoden-Lichtwellenleitern (OM3, OM4, OM5) und Kabel mit Einmoden-Lichtwellenleitern (OS1a, OS2).

Das Anforderungsprofil wird durch die maximale Dämpfung, die minimale Modenbandbreite in dem jeweiligen Übertragungsfenster beschrieben.

Im Gegensatz zur Kupfertechnik existieren bei der LWL-Verbindungstechnik keine Kategorien. Die Klassifizierung bezieht sich hier auf die Bauform.

4.2.4 Zusammenhang zwischen Klassen und Kategorien

Zwischen den Klassen und Kategorien gibt es eine Korrelation, welche bei der Kupfertechnik zum einen durch den Frequenzbereich und zum anderen durch die sogenannte Beispielausführung, welche unterschiedliche Anzahl von Steckverbindern und unterschiedlichen Längen berücksichtigt, gegeben ist. So würde man beispielsweise bei Verwendung von Kategorie-7-Verkabelungskomponenten (600 MHz) maximal eine Übertragungsstrecke nach Klasse F (600 MHz) erzielen. Die größte Länge des Primär- bzw. Sekundärkabels berechnet sich in diesem Fall nach der Gleichung:

$$B = 102\text{ m} - F \cdot X = 102\text{ m} - 6\text{ m} = 96\text{ m}$$

bei

$F = 4$ m und

$X = 1{,}5$

(s. Tab. 11)

Tabelle 11: Gleichungen für die Länge der primären und sekundären Übertagungsstrecken in Abhängigkeit der zu verwendenden Verkabelungskomponenten (*Quelle:* EN 50173-1:2018, Tabelle 45 (Auszug))

Komponenten kategorie	Gleichungen für die Ausführung			
	Klasse A	Klasse B	Klasse C	Klasse D
5	2.000	$B = 250 - F \times X$	$B = 171 - F \times X$	$B = 105 - F \times X$
6	2.000	$B = 260 - F \times X$	$B = 185 - F \times X$	$B = 115 - F \times X$
6_A oder 8.1	2.000	$B = 260 - F \times X$	$B = 188 - F \times X$	$B = 117 - F \times X$
7	2.000	$B = 270 - F \times X$	$B = 190 - F \times X$	$B = 119 - F \times X$
7_A oder 8.2	2.000	$B = 265 - F \times X$	$B = 192 - F \times X$	$B = 120 - F \times X$
	Klasse E	Klasse E_A	Klasse F	Klasse F_A
5	-	-	-	-
6	$B = 102 - F \times X$	-	-	-
6_A oder 8.1	$B = 104 - F \times X$	$B = 102 - F \times X$	-	-
7	$B = 105 - F \times X$	$B = 103 - F \times X$	$B = 102 - F \times X$	-
7_A oder 8.2	$B = 104 - F \times X$	$B = 104 - F \times X$	$B = 103 - F \times X$	$B = 102 - F \times X$
	Klasse I (nur 2 Verbindungen)	Klasse II (nur 2 Verbindungen)		
8.1	$B = 32 - F \times X$	$B = 32 - F \times X$		
8.2	$B = 32 - F \times X$	$B = 32 - F \times X$		

B größte Länge des Primär- bzw. Sekundärkabels (m)
F gesamte Länge der Rangierschnüre, Rangierpaare und Geräteverbindungsschnüre (m)
X Verhältnis der Einfügungsdämpfung des Kabels (dB/m) in den Schnüren/Rangierpaaren zur Einfügungsdämpfung des Primär- bzw. Sekundärkabels (dB/m)

Als Einstimmung auf die Anwendungsbereiche der Normteile EN 50173-2 bis -6 (s. Kapitel 4.3 bis 4.7) ist an dieser Stelle bereits eine Gegenüberstellung der jeweils zu verwendenden Übertragungsstrecken und Verkabelungskomponenten (s. Tabelle 12) aufgeführt. Die Festlegungen für die Verkabelungskomponenten gelten für den informationstechnischen Anschluss (TA), den Rundfunkanschluss (RA), den Geräteanschluss (GA) und den Diensteanschluss (DA) bzw. die Kabel, mit denen diese verbunden sind.

Tabelle 12: Gegenüberstellung der Übertragungsstrecken, Kabel und Steckverbinder in Abhängigkeit der Anwendungsbereiche

	Übertragungsstrecken		Kabel		Steckverbinder (**)	
	Klassen		Kategorien		Kategorien	Typ
Anwendungsbereiche	Kupfer	LWL	Kupfer	LWL	Kupfer	LWL
Bürobereiche EN 50173-2	E, E_A, F, F_A	(*)	6, 6_A, 7, 7_A, 8.1, 8.2	OM3, OM4, OM5, OS1a, OS2	6, 6_A, 7, 7_A, 8.1, 8.2	LC-Duplex
industriell genutzte Bereiche EN 50173-3	D, E, E_A, F, F_A	(*)	5, 6, 6_A, 7, 7_A, 8.1, 8.2	OM3, OM4, OM5, OS1a, OS2	5, 6, 6_A, 7, 7_A, 8.1, 8.2	LC-Duplex
Wohnungen EN 50173-4	D, E, E_A, F, F_A, RuK-S, RuK-K	(*)	5, 6, 6_A, 7, 7_A, 8.1, 8.2 RuK-S, RuK-K	OM3, OM4, OM5, OS1a, OS2	5, 6, 6_A, 7, 7_A, 8.1, 8.2 RuK-S, RuK-K	LC-Duplex
Rechenzentrumsbereiche EN 50173-5	E_A, F, F_A, I, II (30 m)	(*)	6_A, 7, 7_A, 8.1, 8.2	OM3, OM4, OM5, OS1a, OS2	6_A, 7, 7_A, 8.1, 8.2	LC-Duplex MPO, LC-APC
verteilte Gebäudedienste EN 50173-6	E_A, F, F_A	(*)	6_A, 7, 7_A, 8.1, 8.2	OM3, OM4, OM5, OS1a, OS2	6_A, 7, 7_A, 8.1, 8.2	LC-Duplex

*: in EN 50173-1:2018 und ISO/IEC 11801 (Ausgabe 2017-10) existieren keine Definitionen für LWL-Übertragungsstrecken. Ein neuer Ansatz hierfür wird in DIN VDE 0800-173-100 (VDE 0800-173-100):2019-06 vorgestellt (s. Kapitel 4.1.2.3 Übertragungseigenschaften von Lichtwellenleiter-Verkabelungen).

**: Die Steckverbindervorgaben gelten für den anwendungsseitigen Abschluss der standortspezifischen Teilsysteme (am TA, RA, GA und DA, s. Abb. 25).

4.2.5 Konformität

Es gibt prinzipiell zwei Möglichkeiten die Konformität einer Kommunikationsanlage sicherzustellen. Die erste Variante ergibt sich über den sogenannten Systemansatz. Hierbei geht es darum, dass Übertragungs- und Installationsstrecke eine der beschriebenen Übertragungsklassen erfüllen, egal welche Komponenten dafür verwendet wurden. Bei der zweiten Variante kommt der sogenannte Komponentenansatz zum Zuge. Dabei werden definierte Verkabelungskomponenten eingesetzt, die dann über den zugehörigen Frequenzbereich eine entsprechende Übertragungsklasse erwarten lassen, immer in Verbindung mit einer maximalen Länge für die Übertragungsstrecke (s. Beispielausführung).

Konformität ist letztendlich dann gegeben, wenn alle normativen Anforderungen erfüllt werden. Dies sei am Beispiel der Büroverkabelung nach EN 50173-2 ausführlich erläutert. Für eine normkonforme Verkabelung gilt:

a) Die Konfiguration und die Struktur muss den in Kapitel 4.2.1 genannten Anforderungen genügen.

b) Das Leistungsvermögen der Übertragungsstrecken muss die Anforderungen von Kapitel 4.2.2 erfüllen. Somit kann ausschließlich eine vollständige Übertragungsstrecke normkonform sein. Dies kann realisiert werden durch:

   - eine Dimensionierung und Ausführung der Übertragungsstrecke, die sicherstellt, dass das Leistungsvermögen der Übertragungsstrecke eingehalten wird (Systemansatz).

   Da es häufig Situationen gibt, in welchen die Übertragungsstrecke noch nicht vollständig vorliegt, z. B. wenn am Ende der Verkabelungsstrecken noch keine Geräteanschlussschnüre angebracht sind, sieht die Norm folgende weitere Möglichkeiten vor, normkonform zu sein:

   - die Realisierung einer Installationsstrecke (oder Sammelpunktstrecke), welche das geforderte Leistungsvermögen einhält, und geeignete Rangierschnüre, Geräteverbindungs- und Geräteanschlussschnüre, welche daran angeschlossen werden, oder
   - die Verwendung der Beispielausführung (Komponentenansatz), d. h. der Einsatz von Verkabelungskomponenten, welche eine der in Kapitel 4.2.3 dargestellten Kategorien erfüllen und die entsprechend den Verkabelungsmodellen und Dimensionierungen der sogenannten Beispielausführungen (*engl.:* reference implementations) implementiert werden.

c) Die Anschlusstechnik am informationstechnischen Anschluss (TA), und nur dort, muss bezüglich des Steckgesichts und des Leistungsvermögens feste Anforderungen erfüllen (s. Kapitel 5).

d) Die Verbindungstechnik an anderen Stellen der Verkabelungsstruktur darf ein beliebiges Steckgesicht haben und muss die in EN 50173-1 vorgegebenen mechanischen Eigenschaften und die Umgebungseigenschaften erfüllen. Falls eine Beispielausführung gewählt wurde, muss sie zusätzlich das Leistungsvermögen der entsprechenden Kategorie erfüllen.

e) Es müssen die Anforderungen der Normenreihe EN 50174 sowie von EN 50310 erfüllt und zusätzlich lokale Bestimmungen, einschließlich Sicherheits- und EMV-Vorschriften, eingehalten werden.

Mit der Prüfung des Leistungsvermögens von Übertragungs- und Installationsstrecken kann die Übereinstimmung mit EN 50173 bestimmt werden. Dies kann sowohl vor der Installation im Labor als Bewertung von spezifischen Produktkonfigurationen (Referenzmessung) als auch nach der Installation von Strecken als Abnahme geschehen (Abnahmemessung). In Tabelle 13 und 14 ist das Prüfprogramm für die Referenz- und Abnahmemessung aufgeführt.

Was gemessen werden soll, muss über einen Qualitätsplan gemäß EN 50174-1 festgelegt werden (s. Tab. 41).

Tabelle 13: Prüfprogramm für die Übereinstimmung symmetrischer Kupferverkabelung mit Referenzkomponenten und der Installation nach EN 50173 (*Quelle:* EN 50173-1:2018, Tabelle I.1 (Auszug))

Übertragungstechnischer Parameter	Prüfung der Übereinstimmung mit Referenzkomponenten	Prüfung der Übereinstimmung mit der Installation
Rückflussdämpfung	N	N
Einfügungsdämpfung	N	N
NEXT zwischen Paaren	N	N
PSNEXT	C	C
ACR-N zwischen Paaren	C	C
PSACR-N	C	C
ACR-F zwischen Paaren	N	N
PSACR-F	C	C
Gleichstrom-Schleifenwiderstand	N	N
Gleichstrom-Widerstandsunsymmetrie in einem Paar	N	0
Gleichstrom-Widerstandsunsymmetrie zwischen Paaren	N	0
Laufzeit	N	N
Laufzeitunterschied	N	N
Unsymmetriedämpfung am nahen Ende (TCL)	N	0
pegelgleiche Unsymmetriedämpfung am fernen Ende (ELTCTL)	N	0
Kopplungsdämpfung	N	0
PSANEXT	N	N_S
$PSANEXT_{mittel}$	C	C
PSAACR-F	N	N_S
$PSAACR\text{-}F_{mittel}$	C	C
Verdrahtungsplan	N	N
Durchgängigkeit: - signalführende Leiter - Schirm-Leiter (sofern vorhanden) - Kurzschlüsse - unterbrochene Kreise	N	N
Länge	I	I

C = berechneter Wert
I = informative (wahlweise) Prüfung
N = normative (100-%-)Prüfung, sofern nicht durch Dimensionierung eingehalten
N_S= normative (Stichproben-)Prüfung, sofern nicht durch Dimensionierung eingehalten. Der Stichprobenumfang sollte EN 50174-1 entsprechen.
0 = wahlweise Prüfung mit Kriterium für Bestehen/Nichtbestehen, sofern nicht durch Dimensionierung eingehalten

Tabelle 14: Prüfprogramm für die Übereinstimmung von Lichtwellenleiterverkabelungen mit Referenzkomponenten und der Installation nach EN 50173 (*Quelle:* EN 50173-1:2018, Tabelle I.2 (Auszug))

Übertragungstechnischer Parameter	Prüfung der Übereinstimmung mit Referenzkomponenten	Prüfung der Übereinstimmung mit der Installation
Dämpfung	N	N
Laufzeit	I	I
Polarität	N	N
Länge	I	N

I = informative (wahlweise) Prüfung
N = normative (100-%-)Prüfung

4.2.6 Netzanwendungen

4.2.6.1 Allgemein

Die in EN 50173-1:2018, Anhang F aufgeführten Netzanwendungen runden den Inhalt der Norm ab. Die Klassen (s. Kapitel 4.2.2) werden hier mit den unterstützten Netzanwendungen verknüpft.

Die Verknüpfung kann in zwei Richtungen gelesen werden. Man kann entweder für eine gewünschte Netzanwendung die erforderliche Übertragungsstreckenklasse nachschlagen oder bei bekanntem Leistungsvermögen der Übertragungsstrecke ermitteln, welche Netzanwendungen damit unterstützt werden.

Aufgrund der großen Relevanz für alle Anwender dieser Normenreihe werden im Folgenden die Originaltabellen der EN 50173-1 für symmetrische Kupferverkabelungen und für optische Verkabelungen vollständig wiedergegeben (s. Tab. 15, 16 und 17).

4.2.6.2 Netzanwendungen für Kupferverkabelung

Tabelle 15: Unterstützte Netzanwendungen für symmetrische Kupferverkabelungen (*Quelle:* EN 50173-1:2018, Tabelle F.1 (Auszug))

Netzanwendung	Quelle	Datum	weiterer Name
Klasse A (bis zu 100 kHz definiert)			
PBX	nationale Anforderungen		
V.11	ITU-T V.11	1996	
X.21	ITU-T X.21	1992	
Klasse B (bis zu 1 MHz definiert)			
S_0-Bus (erweitert)	ITU-T I.430	1993	ISDN-Basisanschluss (Bitübertragungsschicht)
S_0 Punkt-zu-Punkt	ITU-T I.430	1993	ISDN-Basisanschluss (Bitübertragungsschicht)
Klasse B (bis zu 1 MHz definiert)			
S_0 Stern	EN 50098-1:1998/A1 (ITU-T I.430)	2002	
S_1/S_2	EN 50098-2, ITU-T I.431	1993	ISDN-Primärmultiplexanschluss (Bitübertragungsschicht)
Klasse C (bis zu 16 MHz definiert)			
Ethernet 10BASE-T	ISO/IEC/IEEE 8802-3, Abschnitt 14	2017	10 M Ethernet über symmetrische Paare
Klasse D (bis zu 100 MHz definiert)			
Ethernet 100BASE-TX	ISO/IEC/IEEE 8802-3, Abschnitt 25	2017	100 M Ethernet über symmetrische Paare
Ethernet 1.000BASE-T b	ISO/IEC/IEEE 8802-3, Abschnitt 40	2017	Gigabit Ethernet über symmetrische Paare
PoE Typ I	ISO/IEC/IEEE 8802-3, Abschnitt 33	2017	Power over Ethernet
Firewire 100 Mbit/s	IEEE 1394b	1999	Firewire/Kategorie 5
Fibre Channel 1Gbit/s	ISO/IEC 14165-115	2007	Twisted pair Fibre Channel 1G
PoE Typ 2	ISO/IEC/IEEE 8802-3, Abschnitt 33	2017	Power over Ethernet
PoE Typ 3	IEEE 802.3bt:2018, Abschnitt 33	2018	Power over Ethernet. IEEE 802.3bt
PoE Typ 4	IEEE 802.3bt:2018, Abschnitt 33	2018	Power over Ethernet. IEEE 802.3bt
Klasse E (bis zu 250 MHz definiert)			
Klasse E_A (bis zu 500 MHz definiert)			
Ethernet 2.5GBASE-T	ISO/IEC/IEEE 8802-3:2017/AMD 7, Abschnitt 126	2017	2,5 Gigabit Ethernet über symmetrische Paare IEEE 802.3bz

Netzanwendung	Quelle	Datum	weiterer Name
Ethernet 5GBASE-T	ISO/IEC/IEEE 8802-3:2017/AMD 7, Abschnitt 126	2017	5 Gigabit Ethernet über symmetrische Paare IEEE 802.3bz
Ethernet 10GBASE-T	ISO/IEC/IEEE 8802-3, Abschnitt 55	2017	10 Gigabit Ethernet über symmetrische Paare
Fibre Channel 2Gb/s	INCITS 435	2007	Twisted pair Fibre Channel 2G-FC-BASE-T
Fibre Channel 4Gb/s	INCITS 435	2007	Twisted pair Fibre Channel 4G-FC-BASE-T
Multimedia-Verteilung	IEEE 1911.2 (zurückgezogen)	2015	HDBase-T
Klasse F (bis zu 600 MHz definiert)			
FC-100-DF-EL-S	ISO/IEC 14165-114	2005	FA-FC-100-DF-EL-S
Klasse F_A (bis zu 1.000 MHz definiert)			
Klasse I (bis zu 2.000 MHz definiert)			
Ethernet 25GBASE-T	ISO/IEC/IEEE 8802-3:2017/AMD 3, Abschnitt 113	2017	25 Gigabit Ethernet über symmetrische Paare IEEE 802.3bq
Ethernet 40GBASE-T	ISO/IEC/IEEE 8802-3:2017/AMD 7, Abschnitt 113	2017	40 Gigabit Ethernet über symmetrische Paare IEEE 802.3bq
Klasse II (bis zu 2.000 MHz definiert)			
Ethernet 25GBASE-T	ISO/IEC/IEEE 8802-3:2017/AMD 7, Abschnitt 113	2017	25 Gigabit Ethernet über symmetrische Paare IEEE 802.3bq
Ethernet 40GBASE-T	ISO/IEC/IEEE 8802-3:2017/AMD 7, Abschnitt 113	2017	40 Gigabit Ethernet über symmetrische Paare IEEE 802.3bq

4.2.6.4 Netzanwendungen für Lichtwellenleiter-Verkabelungen

Tabelle 16: Unterstützte Netzanwendungen für optische Verkabelungen mit Mehrmoden-Lichtwellenleitern (*Quelle:* EN 50173-1:2018, Tabelle F.5)

Netzanwendung		Kategorie des im Kabel verwendeten Lichtwellenleiters					
		OM3		OM4		OM5	
	λ nm	CIL [a] dB	*L* [b] m	CIL [a] dB	*L* [b] m	CIL [a] dB	*L* [b] m
ISO/IEC/IEEE 8802-3: FOIRL	850	3,3	514	3,3	514	3,3	514
ISO/IEC/IEEE 8802-3: 10BASE-FL, FP & FB	850	6,8	1.514	6,8	1 514	6,8	1.514
DIS 14165-111: Fibre Channel (FC-PH) bei 1.062 Mbit/s [c]	850	4,0	500	4,0	500	4,0	500
ISO/IEC/IEEE 8802-3:2017, Abschnitt 38: 1000BASE-SX [c]	850	3,56	550	3,56	550	3,56	550
ISO/IEC/IEEE 8802-3:2017, Abschnitt 52: 10GBASE-SR/SW	850	2,60	300	2,90	400	2,90	400
ISO/IEC/IEEE 8802-3:2017, Abschnitt 86: 40GBASE-SR4 [c, e]	850	1,90	100	1,50 [d]	150 [d]	1,50 [d]	150 [d]
ISO/IEC/IEEE 8802-3:2017, Abschnitt 95: 100GBASE-SR4 [c, e]	850	1,80	70	1,90	100	1,90	100
ISO/IEC/IEEE 8802-3:2017, Abschnitt 86: 100GBASE-SR10 [c, e]	850	1,90	100	1,50 [d]	150 [d]	1,50 [d]	150 [d]
2 Gbit/s FC (2,125 GBd) [c]	850	3,31	300	3,31	300	3,31	300
4 Gbit/s FC (4,25 GBd) [c]	850	2,28	380	2,95	400	2,95	400
8 Gbit/s FC (8,5 GBd) [c]	850	2,04	150	2,19	190	2,19	190
16 Gbit/s FC (14,025 GBd) [c]	850	1,86	100	1,95	125	1,95	125
32 Gbit/s FC [c]	850	1,75	70	1,86	100	1,86	100
ISO/IEC/IEEE 8802-3:2017, Abschnitt 26: 100BASE-FX	1.300	6,3	2.000	6,3	2.000	6,3	2.000
ISO/IEC/IEEE 8802-3:2017, Abschnitt 38: 1000BASE-LX [c]	1.300	2,35	550	2,35	550	2,35	550
ISO/IEC/IEEE 8802-3:2017, Abschnitt 68: 10GBASE-LRM [c]	1.300	1,90	220	1,90	220	1,90	220
ISO/IEC/IEEE 8802-3:2017, Abschnitt 53: 10GBASE-LX4 [c]	1.300	2,0	300	2,0	300	2,0	300
ISO/IEC/IEEE 8802-3:2017, Abschnitt 88: 100GBASE-LR4 [c]	1.300	6,3	2.000	6,3	2.000	6,3	2.000

[a] CIL ist die größte Einfügungsdämpfung der Übertragungsstrecke (oder das optische Leistungsbudget, sofern zutreffend), wie in der Netzanwendungsnorm definiert.

[b] *L* ist der kleinere Wert von:
- der größten Übertragungsstreckenlänge, die in der Netzanwendungsnorm definiert ist;
- einer aus der Einfügungsdämpfung der Übertragungsstrecke berechneten Länge, wobei 1,5 dB für die Verbindungstechnik vorgesehen sind.

[c] Bei der angegebenen Übertragungsstreckenlänge eine in der Bandbreite beschränkte Netzanwendung. Die Verwendung von Komponenten mit niedrigerer Dämpfung zur Überschreitung der angegebenen Übertragungsstreckenlängen kann nicht empfohlen werden.

[d] Bei einer größten Dämpfung der Verbindungstechnik von 1,0 dB.

[e] Hierbei handelt es sich um Netzanwendungen mit mehreren Lichtwellenleitern, für die eine Anforderung an den Laufzeitunterschied gilt, welche dann durch Dimensionierung eingehalten wird, wenn alle Lichtwellenleiter in der Übertragungsstrecke dieselben Kabel- und Schnurmäntel durchlaufen.

Tabelle 17: Unterstützte Netzanwendungen für optische Verkabelungen mit Einmoden-Lichtwellenleitern (*Quelle:* EN 50173-1:2018, Tabelle F.6)

Netzanwendung		Kategorie des im Kabel verwendeten Lichtwellenleiters			
		OS1a		OS2	
	λ nm	CIL[a] dB	L[b] m	CIL[a] dB	L[b] m
DIS 14165-111: Fibre Channel (FC-PH) bei 1.062 Mbit/s	1.310	6,0	2.000	6,0	10.000
ISO/IEC/IEEE 8802-3:2017, Abschnitt 38: 1000BASE-LX [c]	1.310	4,56	2.560	4,56	5.000
ISO/IEC/IEEE 8802-3:2017, Abschnitt 88: 40GBASE-LR4	1.310	6,7	4.700	6,7	10.000
ISO/IEC/IEEE 8802-3:2017: 100GBASE-LR4	1.310	8,3	6.300	8,3	10.000
1 Gbit/s FC (1,0625 GBd) [c]	1.310	7,8	5.800	7,8	10.000
2 Gbit/s FC (2,125 GBd) [c]	1.310	7,8	5.800	7,8	10.000
4 Gbit/s FC (4,25 GBd) [c]	1.310	7,8	2.400	7,8	10.000
8 Gbit/s FC (8,5 GBd) [c]	1.310	6,4	4.400	6,4	10.000
16 Gbit/s FC (14,025 GBd)	1.310	6,4	4.400	6,4	10.000
32 Gbit/s FC	1.310	6,4	4.400	6,4	10.000
ISO/IEC/IEEE 8802-3: 10GBASE-LR/LW [c]	1.310	6,2	4.200	6,2	10.000
ISO/IEC 9314-4: FDDI SMF-PMD [c]	1.310	10,0	2.000	10,0	20.000
ISO/IEC/IEEE 8802-3: 10GBASE-LX4 [c]	1.310	6,2	4.200	6,2	10.000
1 Gbit/s FC	1.550	7,8	5.800	7,8	10.000
2 Gbit/s FC	1.550	7,8	5.800	7,8	10.000
ISO/IEC/IEEE 8802-3:2017, Abschnitt 52: 10GBASE-ER [c]	1.550	10,9	8.900	10,9	22.250
ISO/IEC/IEEE 8802-3:2017, Abschnitt 82: 40GBASE-FR	1.550	10,9	2.000	10,9	2.000
ISO/IEC/IEEE 8802-3:2017, Abschnitt 88: 100GBASE-ER4	1.550	18,0	16.000	18,0	40.000

[a] CIL ist die größte Einfügungsdämpfung der Übertragungsstrecke (oder das optische Leistungsbudget, sofern zutreffend), wie in der Netzanwendungsnorm definiert.

[b] *L* ist der kleinere Wert von:
- der größten Übertragungsstreckenlänge, die in der Netzanwendungsnorm definiert ist;
- einer aus der Einfügungsdämpfung der Übertragungsstrecke berechneten Länge, wobei 2,0 dB für die Verbindungstechnik vorgesehen sind.

[c] Bei der angegebenen Übertragungsstreckenlänge eine in der Bandbreite beschränkte Netzanwendung. Die Verwendung von Komponenten mit niedrigerer Dämpfung zur Überschreitung der angegebenen Übertragungsstreckenlängen kann nicht empfohlen werden.

In Kapitel 4.2.2.3 wurde ausgeführt, dass in EN 50173-1:2018 keine Klassen für Lichtwellenleiter-Verkabelungen mehr existieren. Daher beinhalten die Tabellen 15 und 16 die anwendungsspezifische maximale Übertragungsstreckenlänge *L* für eine spezielle Netzanwendung.

Die deutsche Norm DIN VDE 0800-173-100 (VDE 0800-173-100):2019-06 führt die verlorengegangene Anwendungsneutralität und die Rückwärtskompatibilität unterschiedlicher Klassen wieder ein. Die entsprechenden Klassen sind in Tab. 18 und 19 aufgeführt.

Tabelle 18: Unterstützte Netzanwendungen für LWL-Klassen mit Mehrmoden-Lichtwellenleitern (*Quelle:* DIN VDE 0800-173-100 (VDE 0800-100):2019-06, Tabelle B.1)

Anwendungen nach DIN EN 50173-1 (VDE 0800-173-1)	OM-3 Klasse	OM-4 Klasse	OM-5 Klasse
ISO/IEC/IEEE 8802-3-2017, Abschnitte 15 bis 18: 10BASE-FL und FB	OMB-3	OMA-4	OMA-5
ISO/IEC 14165-111: Fibre Channel (FC-PH) at 1.062 Mbit/s	OMC-3	OMA-4	OMA-5
ISO/IEC/IEEE 8802-3:2017, Abschnitt 38: 1000BASE-SX	OMC-3	OMA-4	OMA-5
ISO/IEC/IEEE 8802-3:2017, Abschnitt 38: 1000BASE-LX	OMC-3	OMA-4	OMA-5
ISO/IEC/IEEE 8802-3:2017, Abschnitt 26: 100BASE-FX	OMA-3	OMA-4	OMA-5
ISO/IEC/IEEE 8802-3:2017, Abschnitt 53: 10GBASE-LX4	OMD-3	OMA-4	OMA-5
ISO/IEC/IEEE 8802-3:2017, Abschnitt 52: 10GBASE-SR	OMD-3	OMA-4	OMA-5
ISO/IEC/IEEE 8802-3:2017, Abschnitt 86: 40GBASE-SR4	OMF-3	OMD-4	OMD-5
ISO/IEC/IEEE 8802-3:2017, Abschnitt 86: 100GBASE-SR10	OMF-3	OMD-4	OMD-5
1 Gbit/s FC (1,0625 GBd)	OMD-3	OMA-4	OMA-5
2 Gbit/s FC (2,125 GBd)	OMC-3	OMA-4	OMA-5
4 Gbit/s FC (4,25 GBd)	OME-3	OMA-4	OMA-5
8 Gbit/s FC (8,5 GBd)	OME-3	OMB-4	OMB-5
16 Gbit/s FC (14,025 GBd)	OMF-3	OMC-4	OMB-5

Tabelle 19: Unterstützte Netzanwendungen für LWL-Klassen mit Einmoden-Lichtwellenleitern (*Quelle:* DIN VDE 0800-173-100 (VDE 0800-100):2019-06, Tabelle B.2)

Anwendungen nach DIN EN 50173-1 (VDE 0800-173-1)	OS-2 Klasse	OS-1a Klasse
ISO/IEC 14165-111: Fibre Channel (FC-PH) at 1.062 Mbit/s	OSD-2	OSD-1a
ISO/IEC/IEEE 8802-3:2017, Abschnitt 38: 1000BASE-LX	OSE-2	OSE-1a
ISO/IEC/IEEE 8802-3:2017, Abschnitt 53: 10GBASE-LX4	OSD-2	OSD-1a
ISO/IEC/IEEE 8802-3:2017, Abschnitt 52: 10GBASE-ER	OSB-2	OSB-1a
ISO/IEC/IEEE 8802-3:2017, Abschnitt 52: 10GBASE-LR	OSD-2	OSD-1a
ISO/IEC/IEEE 8802-3:2017, Abschnitt 87: 40GBASE-LR4	OSD-2	OSD-1a
ISO/IEC/IEEE 8802-3:2017, Abschnitt 88: 100GBASE-LR4	OSC-2	OSC-1a
ISO/IEC/IEEE 8802-3:2017, Abschnitt 88: 100GBASE-ER4	OSA-2	OSA-1a
1 Gbit/s FC (1,0625 GBd)	OSC-2	OSC-1a
2 Gbit/s FC (2,125 GBd)	OSC-2	OSC-1a
4 Gbit/s FC (4,25 GBd)	OSE-2	OSE-1a
8 Gbit/s FC (8,5 GBd)	OSD-2	OSD-1a
16 Gbit/s FC (14,025 GBd)	OSD-2	OSD-1a

4.2.6.4 Power over Ethernet (PoE)

Unter der Rubrik Netzanwendungen für Kupferverkabelungen wird auch die Anwendung „PoE" erwähnt. Aufgrund der besonderen Bedeutung dieser Fernspeisung wird an dieser Stelle ausführlicher darauf eingegangen.

Gemeint ist die Doppelnutzung von Kupferverkabelungen für die gleichzeitige Versorgung von informationstechnischen Endgeräten einerseits mit Daten und zusätzlich mit Energie. Der Vorteil liegt klar auf der Hand: die Notwendigkeit für eine 230-V-Stromversorgung kann ggf. entfallen. Konnten Endgeräte bislang mit 15 W (PoE) oder 30 W (PoE plus) über eine 4-paarige Datenverkabelung versorgt werden, so können diese mittlerweile sogar mit bis zu 90 W versorgt werden.

Die Norm IEEE 802.3af[8] (PoE) erlaubt die Energieversorgung von Ethernet-Geräten mit einer Leistung von 15 W über die Datenverkabelung. Dabei beträgt die zulässige Stromstärke 175 mA je Leiter (350 mA je Paar).

Bei IEEE 802.3at[9] (PoE+) beträgt die Leistung sogar 30 W. Die zulässige Stromstärke liegt hier bei 300 mA je Leiter (600 mA je Paar).

Tabelle 20: PoE, PoE+ und 4PPoE im Vergleich

	PoE	PoE+	4PPoE
Standard	IEEE 802.3af-2003	IEEE 802.3at-2009	IEEE 802.3bt-2018
nutzbare Leistung am Verbraucher	13 W	25 W	
Ausgangsleistung des Speisegeräts	15 W	30 W	90 W
Spannung am Verbraucher	37...57 V	42,5...57 V	
Spannung am Speisegerät	44...57 V	50...57 V	
max. Stromaufnahme je Paar	350 mA	600 mA	1000 mA
Stromkreis (Hin- und Rückleiter)	2 x 1 Paar	2 x 1 Paar	2 x 2 Paare
Kabel	Kat. 3 und höher	Kat. 5 und höher	Kat. 5 und höher

Es wird jeweils ein stromführender Kreis (ein Paar) für die Hin- und Rückleitung benötigt.

Bei der proprietären Technologie UPoE (Universal Power over Ethernet) von Cisco werden jeweils 2 Paare für die Hin- und die Rückleitung (unter Beibehaltung der Strombelastung je Leiter) benutzt. Damit lässt sich die Leistung auf 60 W verdoppeln.

Unter der Bezeichnung IEEE 802.3bt hat sich eine Projektgruppe mit der Machbarkeit von bis zu 90 W bei Verwendung von vier Paaren mit Stromstärken von 500 mA je Leiter (1.000 mA je Paar) beschäftigt.

Der Einsatz von PoE-fähigen Geräten im Verteiler (Power Sourcing Equipment – PSE) in Verbindung mit PoE-fähigen Endgeräten (Powered Devices – PD) bietet folgende Vorteile:

- Einsparung der 230-V-Energieversorgung (Kabel und Steckdose)
- weltweit gesicherte Kompatibilität (durch internationale Standardisierung)
- umfassende Management- und Überwachungsmöglichkeiten

[8] veröffentlicht als ISO/IEC/IEEE 8802-3

[9] veröffentlicht als ISO/IEC/IEEE 8802-3

- Senkung der Energiekosten durch bedarfsgerechtes Routen der Energie und Abschaltung ungenutzter Ports
- Ausfallsicherheit durch zentrale unterbrechungsfreie Stromversorgung (USV)

Das Funktionsprinzip von PoE basiert auf der Übertragung von Strom zwischen einer **Stromquelle** (PSE) und dem **Verbraucher** (PD) (s. Abb. 34).

Die **Energie** wird entweder über die **ungenutzten Paare** geliefert oder als Signalüberlagerung über die **genutzten Paare** (Phantomschaltung).

PSE unterscheiden sich in **Endspans** (Ethernet Switches mit PoE-Funktion) und **Midspans** (Quellen zwischen Switch und Endgerät).

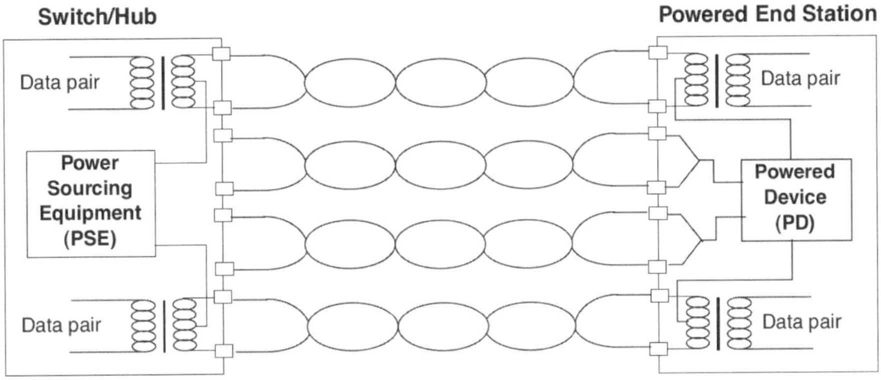

Abbildung 34: Prinzipschaltbild PoE Endspan (IEEE, IEE 802.3, 2017)

Mittlerweile gibt es zahlreiche Endgeräte, die PoE oder PoE+ unterstützen und nutzen. Diese sind im Folgenden ohne Anspruch auf Vollständigkeit aufgezeigt.

PoE (15 W):

- IP-Telefone
- IP-Kameras
- WLAN Access Points
- Bluetooth Access Points

PoE+ (30 W):

- Geräte für den High-Speed-WLAN-Standard ISO/IEC/IEEE 8803-11 (d. h. IEEE 802.11n)
- Outdoor-IP-Kameras mit Heiz-, Schwenk-, Neige- und Zoomfunktion
- Zugangskontrollsysteme mit Controller, Lesegerät und Schließvorrichtung
- Video-IP-Telefone

PoE (bis 90 W):

- Krankenpflegerufanlagen im Gesundheitswesen
- Kreditkartenlesegeräte und Drucker, z. B. im Einzelhandel

- Laptops, Thin-Client-Rechner
- Beleuchtung (LED), Building Management
- industrielle Anwendungen, z. B. Schrittmotoren

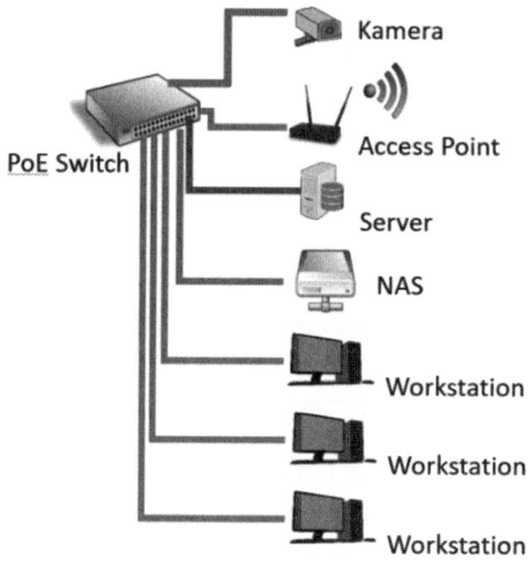

Abbildung 35: Anwendungsbeispiele für PoE (*Quelle:* Softing, 2018)

Informationstechnische Datenverkabelung wurde ursprünglich nicht für die Energieübertragung konzipiert. Dennoch ist unter Berücksichtigung definierter Rahmenbedingungen und Auswahl geeigneter Materialien die gewünschte Doppelnutzung möglich.

Zwei Problembereiche bzw. Herausforderungen müssen hierbei berücksichtigt werden:

a) Die Erwärmung beim Datenkabel

Die bei PoE steigenden Leistungen können in Kombination mit der Kabelhäufung im Installationskanal und schlechter Wärmeableitung zu spürbaren und im Extremfall unzulässigen Temperaturerhöhungen der Datenkabel führen. Die Kabelerwärmung ist von folgenden Faktoren abhängig:

- Strombelastung (in Abhängigkeit des eingesetzten PoE-Standards)
- Kabelkonstruktion (insbesondere Leiterquerschnitt)
- Anzahl Kabelbündel im Installationskanal
- Installationsumgebung (Wärmeabgabe)
- Umgebungstemperatur

Die richtige Kabelkonstruktion leistet einen entscheidenden Beitrag bei der Minimierung der Kabelerwärmung. Als Faustregel gilt:

Je höher die Kategorie, desto geringer die Erwärmung!

Denn mit steigenden Kategorien vergrößert sich auch der Leiterquerschnitt, es sinkt der Gleichstromwiderstand und damit die Verlustwärme. In CLC/TR 50174-99-1, veröffentlicht als DIN EN 50174-2 Beiblatt 1 (VDE 0800-174-2 Beiblatt 1), finden sich hierzu weiterführende Informationen.

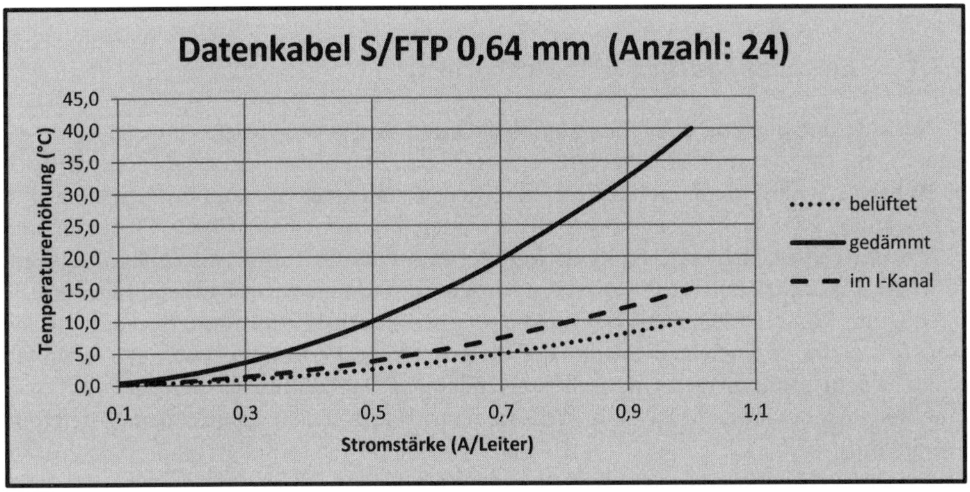

Abbildung 36: Bündel mit 24 Datenkabel S/FTP mit Leiter 0,64 mm: Temperaturerhöhung in Abhängigkeit der Strombelastung und der Installationsumgebung

Ein weiterer Effekt ist die durch den Temperaturanstieg verursachte Dämpfungserhöhung und die davon abgeleitete Reichweitenreduktion. Dies kann zu fehlerhaften Übertragungen und im Extremfall zu deren Ausfall führen. Hier haben geschirmte Datenkabel aufgrund des geringeren Temperaturkoeffizienten (0,2 % Dämpfungszunahme je 1 K) Vorteile gegenüber ungeschirmten Datenkabeln (0,4 % Dämpfungszunahme je 1 K bis 40 °C und 0,6 % Dämpfungszunahme je 1 K bis 60 °C).

Bei einer Verkabelung nach Übertragungsstreckenklasse E mit einem Tertiärkabel und 2 Steckverbindungen sowie 2 Anschlussschnüren mit jeweils 5 m Länge beträgt die maximale Länge (*H*) des Tertiärkabels (bei 20 °C) 90 m. Bei einer Temperatur von 60 °C ist diese Länge bei ungeschirmten Verkabelungen auf nur noch 71 m und bei geschirmten Verkabelungen auf immerhin noch 82 m zu reduzieren.

Die für die Berechnung erforderlichen Formelwerke sind abhängig von der Verkabelungskonfiguration und befinden sich daher in EN 50173-2 bis EN 50173-6.

b) Der Kontaktabbrand bei den Steckverbindern

Bei der Anschlusstechnik kann das Ziehen eines Steckverbinders unter Last aufgrund der Entstehung eines Lichtbogens bzw. durch Funkenbildung zu Beschädigungen, dem sogenannten Kontaktabbrand, führen. Dies kann zu einer nicht umkehrbaren Beeinträchtigung oder sogar zum Ausfall der Kontakte führen. Abhilfe kann hier ein entsprechendes Port-Power-Management (d. h. erst Leistung ausschalten, dann Stecker ziehen) schaffen. Allerdings kann hiermit unbeabsichtigtes Steckerziehen unter Last nicht verhindert werden. Deshalb wird über einschlägige Steckverbindernormen hinaus die Verwendung von Anschlusstechnik mit versetzten Kontakt- und Trennzonen empfohlen.

4.3 EN 50173-2: Bürobereiche

4.3.1 Anwendungs- und Geltungsbereich

Die rasante Entwicklung des Datenratenbedarfs und unterschiedlichste Anwendungen erfordern eine Netzwerkinfrastruktur mit höchster Flexibilität und Leistungsfähigkeit, die auch in 10 bis 15 Jahren die dann existierenden Dienste unterstützen soll. Für Forschung und Entwicklung, Banken, Versicherungen, Hochschulen, Krankenhäuser, Hotels, Flughäfen und viele weitere Einsatzbereiche sind hochwertige, anwendungsneutrale, also zukunftssichere IT-Netze Voraussetzung für einen reibungslosen Betrieb und wirtschaftlichen Erfolg. Die intelligente Kombination aus LWL-Technologie im Rückgrat und Kupfertechnologie bis zum Anwender ermöglicht nicht nur die wirtschaftliche Vernetzung von PCs, Telefonen und Druckern, sondern auch Multimediaanwendungen. Darüber hinaus versorgt Power over Ethernet auch noch Endgeräte, z. B. Web-Kameras, WLAN-Zugangspunkt und IP-Telefone mit Energie.

EN 50173-2 legt anwendungsneutrale Kommunikationsanlagen innerhalb von und zwischen Bürostandorten bzw. in Bürobereichen fest und ist für eine Ausdehnung von bis zu 2.000 m optimiert.

Hierzu können die folgenden zusätzlichen Standorte gehören:

- industriell genutzte Bereiche, deren anwendungsneutrale Kommunikationsanlagen in EN 50173-3 festgelegt sind,
- Rechnerräume in Rechenzentren, deren anwendungsneutrale Kommunikationsanlagen in EN 50173-5 festgelegt sind.

Die in Verbindung mit EN 50173-1 getroffenen Festlegungen betreffen u. a. folgende Punkte:

- Struktur, Mindestkonfiguration und Ausführungen,
- Anforderungen an das Leistungsvermögen von Verkabelungs- und Übertragungsstrecken sowie Verkabelungskomponenten,
- Schnittstellen am informationstechnischen Anschluss (TA),
- Konformität und Verifizierungsverfahren.

Abbildung 37: Bürogebäude (www.colourbox.de, 2018)

4.3.2 Struktur und Modell von Kommunikationskabelanlagen im Bürogebäude

Das Teilsystem Tertiärverkabelung in Bürobereichen beginnt am Etagenverteiler (EV) und endet am informationstechnischen Anschluss (TA), der die Endgeräte (EE) mittels der Geräteanschlussverkabelung verbindet. Optional kann dieses Teilsystem auch noch einen Sammelpunkt (SP) enthalten (s. Abb. 38).

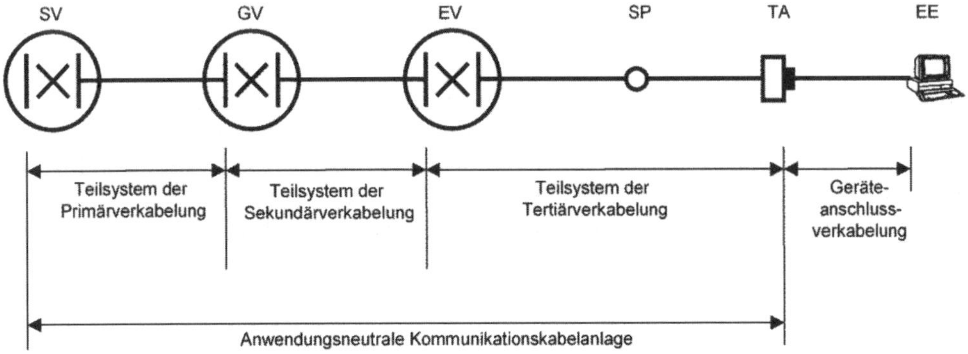

Abbildung 38: Struktur der anwendungsneutralen Kommunikationskabelanlage in Bürobereichen (*Quelle:* EN 50173-2:2018, Bild 2)

Zur Verbesserung der Zuverlässigkeit kann redundant verkabelt werden (s. Abb. 39).

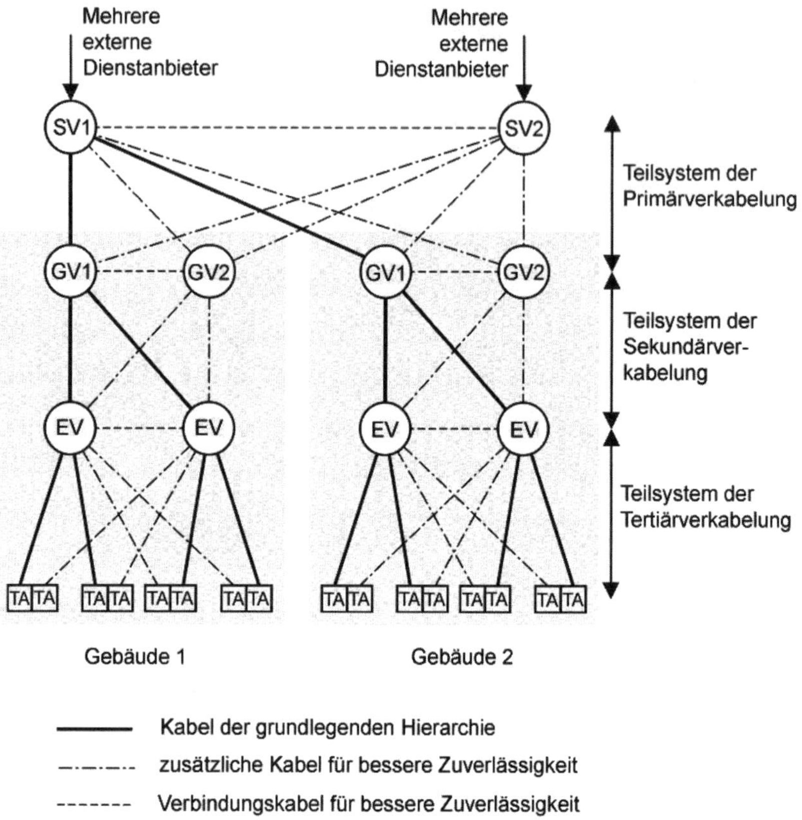

Abbildung 39: Hierarchische Struktur der anwendungsneutralen Kommunikationskabelanlage mit verbesserter Zuverlässigkeit (*Quelle:* EN 50173-2:2018, Bild 5)

Im Bereich der Tertiärverkabelung sieht EN 50173-2 vier verschiedene Verkabelungsmodelle vor, die in Abhängigkeit der gewünschten Ausprägung und Flexibilität eingesetzt werden (s. Abb. 40 bis 43).

Beim dem Modell „Durchverbindung - TA" verbindet das Tertiärkabel direkt den informationstechnischen Anschluss mit dem Etagenverteiler. Beim Modell „Rangierverteiler - TA" ist im Bereich des Etagenverteilers noch eine zusätzliche Rangierebene eingebaut. Die Implementierungen „Durchverbindung - SP - TA" und „Rangierverteiler - SP - TA" erhalten durch den sogenannten Sammelpunkt eine weitere Verteilebene im Umfeld des informationstechnischen Anschlusses. Diese Option wird insbesondere bei Großraumbüros eingesetzt, um mehrere Arbeitsplätze mit möglichst großer Flexibilität zu bedienen.

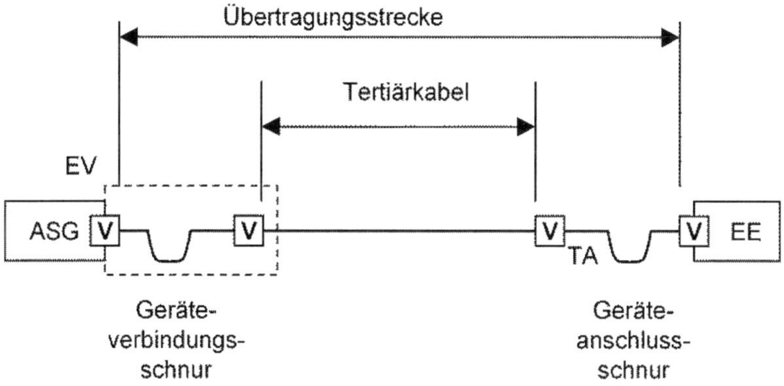

Abbildung 40: Tertiäres Verkabelungsmodell Durchverbindung – TA (*Quelle:* EN 50173-2:2018, Bild 11a)

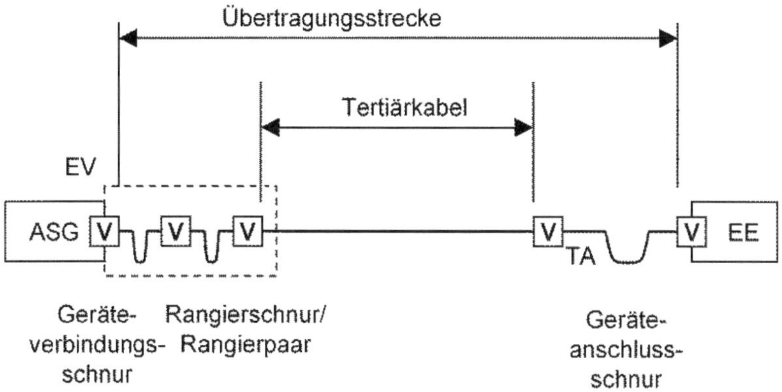

Abbildung 41: Tertiäres Verkabelungsmodell Rangierverteiler – TA (*Quelle:* EN 50173-2:2018, Bild 11b)

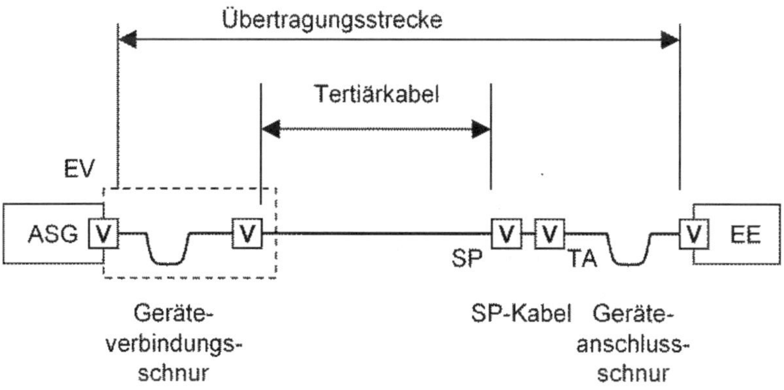

Abbildung 42: Tertiäres Verkabelungsmodell Durchverbindung – SP – TA (*Quelle:* EN 50173-2:2018, Bild 11c)

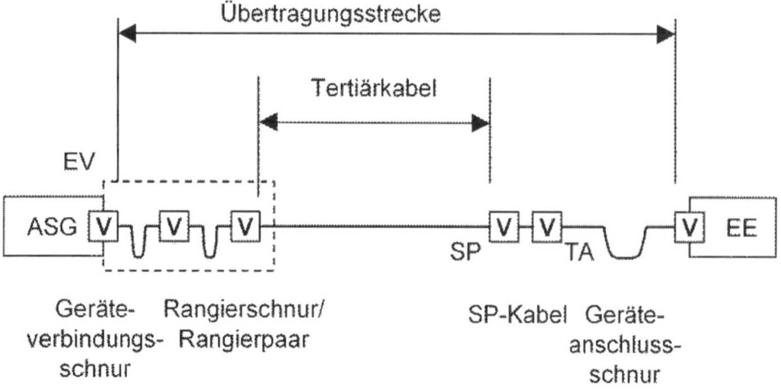

Abbildung 43: Tertiäres Verkabelungsmodell Rangierverteiler – SP – TA (*Quelle:* EN 50173-2:2018, Bild 11d)

Die tertiäre Verkabelung sollte unter Beachtung der Umgebungsbedingungen zur Unterstützung der größtmöglichen Anzahl bestehender und sich in der Entwicklung befindlicher Netzanwendungen ausgelegt werden und damit die höchstmögliche Lebensdauer bieten. Die Norm empfiehlt den Abschluss von 4-paarigen Datenkabeln am TA, weil hiermit alle definierten Netzanwendungen unterstützt werden. Sie lässt allerdings auch 2-paarige Abschlüsse zu, um das Mischen von Diensten, welche lediglich 2 Paare benötigen, zu ermöglichen.

Abbildung 44: Büroarbeitsplätze (www.colourbox.de, 2018)

4.3.3 Dimensionierung und Konfiguration von Kommunikationskabelanlagen im Bürogebäude

4.3.3.1 Verteiler

Die Anzahl und Auslegung von Verteilern hängt wesentlich von der Geografie und Größe des Standorts und von der Zielsetzung des Anwenders ab. Gewöhnlich gibt es einen Standortverteiler je Standort, einen Gebäudeverteiler je Gebäude und einen Etagenverteiler je Etage (s. Abb. 45). Besteht die Liegenschaft aus nur einem Gebäude, das klein genug ist, um von einem einzigen Gebäudeverteiler versorgt zu werden, ist ein primäres Verkabelungssystem nicht erforderlich. Im Gegensatz dazu können größere Gebäude von mehreren Gebäudeverteilern versorgt werden, die über einen Standortverteiler miteinander versorgt werden. Die Auslegung der Verteiler sollte sicherstellen, dass die Längen der Rangierschnüre und Geräteverbindungsschnüre minimiert werden.

Es wird empfohlen mindestens einen Etagenverteiler für je 1.000 m^2 Bürofläche einzuplanen. In jeder Etage sollte sich mindestens ein Etagenverteiler befinden. Bei Büroflächen größer als 1.000 m^2 ist es sinnvoll, mehrere Etagenverteiler zu installieren.

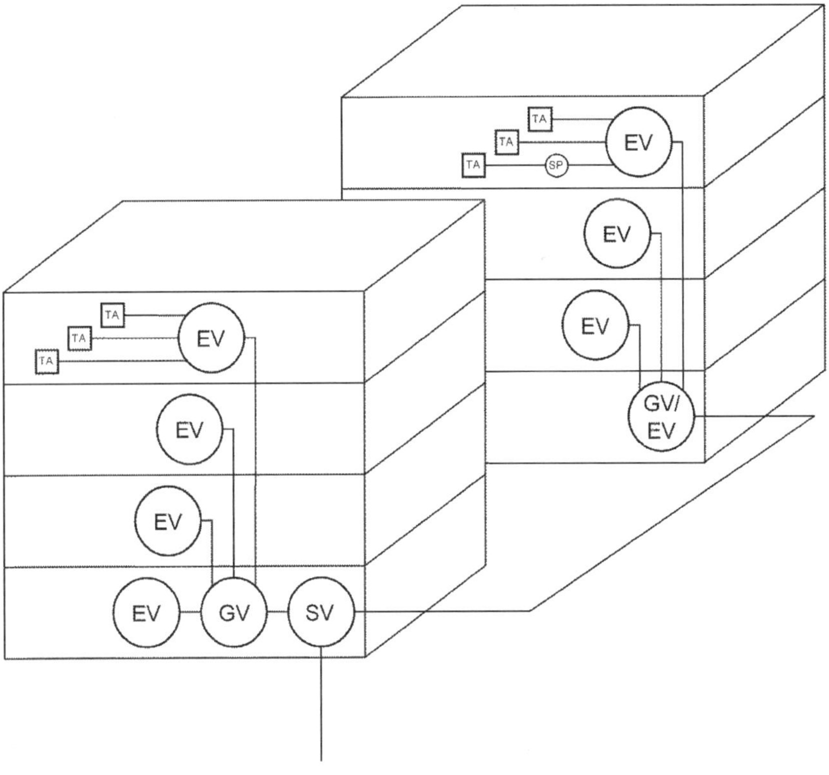

Abbildung 45: Beispiel einer anwendungsneutralen Kommunikationsanlage mit zusammengefassten GV und EV (*Quelle:* EN 50173-2:2018, Bild 8)

4.3.3.2 Informationstechnische Anschlüsse

Die Dimensionierung der anwendungsneutralen Kommunikationsanlage muss die Installation von informationstechnischen Anschlüssen im gesamten nutzbaren Etagenbereich vorsehen. Eine hohe Dichte informationstechnischer Anschlüsse verbessert die Flexibilität.

Jeder Arbeitsplatz muss mindestens mit zwei informationstechnischen Anschlüssen versorgt werden:

- Erster informationstechnischer Anschluss (TA): zum Anschluss eines 4-paarigen symmetrischen Kupferkabels oder zum Anschluss eines 2-adrigen LWL-Kabels. In der internationalen Verkabelungsnorm ISO/IEC 11801-2 ist auch der Anschluss eines 2-paarigen symmetrischen Kupferkabels zulässig.
- Zweiter und weitere informationstechnische Anschlüsse (TA): zum Anschluss eines 2- oder 4-paarigen symmetrischen Kupferkabels oder zum Anschluss eines 2-adrigen LWL-Kabels.

Informationstechnische Anschlüsse dürfen für Einzelnutzung an einem Arbeitsplatz oder für Mehrplatznutzung, z. B. in Großraumbüros, zur Versorgung von maximal zwölf Arbeitsplätzen angeboten werden.

4.3.3.3 Sammelpunkte

Die Installation eines Sammelpunkts in der Tertiärverkabelung zwischen dem Etagenverteiler und dem informationstechnischen Anschluss kann nützlich sein, wenn Flexibilität hinsichtlich der Verlegung von informationstechnischen Anschlüssen am Arbeitsplatz gefordert ist. Zwischen einem Etagenverteiler und einem beliebigen informationstechnischen Anschluss ist ein Sammelpunkt erlaubt. Der Sammelpunkt muss so platziert sein, dass jede Arbeitsplatzgruppe von einem Sammelpunkt versorgt wird. Ein Sammelpunkt sollte höchstens zwölf Arbeitsplätze versorgen.

4.3.4 Anforderungen an Übertragungsstrecken in Bürobereichen

4.3.4.1 Umgebungseigenschaften

Im Bürobereich liegen üblicherweise niedrige Umgebungsanforderungen vor, welche sich mit M_1 I_1 C_1 E_1 klassifizieren lassen. Die Übertragungsstrecken müssen so ausgelegt sein, dass sie das spezifizierte Leistungsvermögen unter den definierten Umgebungsbedingungen erfüllen.

4.3.4.2 Übertragungseigenschaften von symmetrischer Kupferverkabelung

Die Primär- und Sekundärverkabelung muss das erforderliche Leistungsvermögen von symmetrischen Übertragungsstrecken gemäß der Klassen A bis F_A nach EN 50173-1 bereitstellen.

Für die Tertiärverkabelung ist das Leistungsspektrum von Klasse E bis F_A festgelegt.

Aufgrund der eingeschränkten Unterstützung jetziger und künftiger Netzanwendungen wurde Klasse D für den Einsatz in Bürobereichen gegenüber EN 50173-2:2007 gestrichen.

Bei Netzanwendungen, bei denen z. B. das Einhalten einer definierten Fremdnebensprechdämpfung gefordert ist, muss mindestens Klasse E_A installiert werden.

Beim Mischen von Diensten müssen zusätzliche Anforderungen an die Nebensprechdämpfung erfüllt werden.

4.3.4.3 Übertragungseigenschaften von Lichtwellenleiter-Verkabelung

Die Primär-, Sekundär- und Tertiärverkabelung muss das erforderliche Leistungsvermögen von optischen Übertragungsstrecken gemäß EN 50173-1 (s. Kapitel 4.2.2.3) bereitstellen.

4.3.4.4 Verkabelungskomponenten

In Analogie zu den Festlegungen der Übertragungsstreckenklassen sind für die benötigten Verkabelungskomponenten – Kommunikationskabel, Steckverbindungen, Rangierschnüre und Geräteverbindungskabel – folgende Kategorien definiert, die bei der Beispielausführung Verwendung finden:

- **Kupfertechnik:**

Kategorie 6 für Klasse E

Kategorie 6_A oder Kategorie 8.1 für Klasse E_A

Kategorie 7 für Klasse F

Kategorie 7_A oder Kategorie 8.2 für Klasse F_A

Am informationstechnischen Anschluss sind im Bürobereich Steckverbinder nach EN 60603-7 (RJ45) vorgeschrieben. Alternativ dürfen in Abhängigkeit des Verwendungszwecks auch Steckverbinder nach EN 60603-7-7 bzw. EN 60603-7-71 (GG45™) oder EN 61076-3-104 (Tera™) eingesetzt werden. An anderen Orten der Übertragungsstrecke sind auch andere Steckverbinder-Designs zulässig – allerdings nur bedingt sinnvoll –, sofern sie die elektrischen und mechanischen Grundanforderungen sowie die Umgebungseigenschaften erfüllen. Bei erhöhten Umgebungsanforderungen muss ein Schutzgehäuse verwendet werden, dessen mechanische und physische Eigenschaften denjenigen der Variante 4 aus EN 61076-3-106 entsprechen.

- LWL-Technik:

Bei der LWL-Technik umfasst das Portfolio für den Bürobereich Kabel mit Mehrmoden-Lichtwellenleitern (OM3, OM4, OM5) und Kabel mit Einmoden-Lichtwellenleitern (OS1a, OS2).

Am informationstechnischen Anschluss sind in Bürobereichen Steckverbinder mit dem Steckgesicht nach EN 61754-20, Variante 20-5 (LC-Duplex) vorgesehen. Das daran befestigte LWL-Installationskabel darf entweder mit einem Duplex-Stecker nach EN 61754-20, Variante 20-4 oder mit einem Simplex-Stecker nach EN 61754-20, Variante 20-1 abgeschlossen werden.

Steckverbinder nach der Normenreihe IEC 60874-19 (SC-Duplex) dürfen in bereits installierten Anlagen weiterverwendet werden.

Bei erhöhten Umgebungsanforderungen muss ein Schutzgehäuse verwendet werden, dessen mechanische und physische Eigenschaften denjenigen der Variante 4 aus EN 61076-3-106 entsprechen.

Details zu den Verkabelungskomponenten finden sich in Kapitel 5 .

4.3.5 Konformität

Konformität nach EN 50173-2 kann auf zwei Wege erreicht werden (s. Kapitel 4.2.5): entweder mit dem sogenannten Systemansatz über die Einhaltung der Anforderungen an die Übertragungsstrecke (s. Kapitel 4.3.4) oder mit dem Komponentenansatz.

Beim Komponentenansatz müssen folgende Rahmenbedingungen berücksichtigt werden:

- Verwendung der beschriebenen Verkabelungskomponenten
- Verwendung eines tertiären Verkabelungsmodells nach EN 50173-2 (s. Abb. 40 bis 43)
- maximale Länge der Übertragungsstrecke: 100 m
- maximale Länge des Tertiärkabels: 90 m
- minimale Länge des Tertiärkabels bei Verwendung eines Sammelpunkts: 15 m

Die Berechnung der Längen für die tertiären Übertragungsstrecken in Abhängigkeit des Verkabelungsmodells und der Verkabelungsklasse ist in Tabelle 21 aufgezeigt. Zudem sind Längenreduzierungen in Abhängigkeit des Dämpfungsanstiegs bei Betriebstemperaturen oberhalb von 20 °C möglich.

Tabelle 21: Gleichungen für die tertiären Übertragungsstrecken in Abhängigkeit der Verkabelungsklassen und des Verkabelungsmodells (*Quelle:* EN 50173-2:2018, Tabelle 3 (vereinfacht))

Modell	Bild	Gleichungen für die Ausführung	
		Klasse E und E_A [a]	Klasse F und F_A [a]
Durchverbindung – TA	40	$H = 104 - F \times X$	$H = 105 - F \times X$
Rangierverteiler – TA	41	$H = 103 - F \times X$	$H = 103 - F \times X$
Durchverbindung – SP –TA	42	$H = 103 - F \times X - C \times Y$	$H = 103 - F \times X - C \times Y$
Rangierverteiler – SP – TA	43	$H = 102 - F \times X - C \times Y$	$H = 102 - F \times X - C \times Y$

H größte Länge des Tertiärkabels (m)
F gesamte Länge der Rangierschnüre, Rangierpaare, Geräteanschluss- und Geräteverbindungsschnüre (m)
C Länge des SP-Kabels (m)
X Verhältnis der Einfügungsdämpfung des Kabels (dB/m) in den Schnüren/Rangierpaaren zur Einfügungsdämpfung des Tertiärkabels (dB/m)
Y Verhältnis der Einfügungsdämpfung (dB/m) des SP-Kabels zur Einfügungsdämpfung (dB/m)

[a] Für Betriebstemperaturen über 20 °C muss *H* reduziert werden um:
1) 0,2 % je °C bei geschirmten symmetrischen Kupferkabeln bis 60 °C;
2) 0,4 % je °C bei ungeschirmten symmetrischen Kupferkabeln bis 40 °C;
3) 0,6 % je °C bei ungeschirmten symmetrischen Kupferkabeln zwischen 40 °C und 60 °C.

4.4 EN 50173-3: Industriell genutzte Bereiche

4.4.1 Anwendungs- und Geltungsbereich

Abbildung 46: Industrieanlage (www.colourbox.de, 2018)

Abläufe bei der industriellen Fertigung werden immer stärker durch IT-nahe Prozesse unterstützt und kontrolliert. Die klassische Automatisierungspyramide mit der Dreiteilung Bedienebene, Steuerungsebene, Feldebene wird durch den Einsatz von Ethernet anstelle proprietärer Steuerungs- und Bussysteme in eine umfassende IT-Infrastruktur überführt. Diese Entwicklung ist notwendig, um eine höhere Effizienz in der Fertigung zu erzielen und die Methoden von Industrie 4.0 bzw. Integrated Industry umzusetzen.

In industriell genutzten Bereichen gibt es sogenannte Automationsinseln, die aus einem oder mehreren Automatisierungsnetzwerken bestehen.

Für die Entwicklung der Verkabelung im industriellen Umfeld ergeben sich damit zwei Schwerpunkte. Zum einen muss die Industrieverkabelung – also die Verkabelung innerhalb einer Automationsinsel/Fertigungsinsel (Automation Island, s. Abb. 47) – alle Eigenschaften einer IT-Verkabelung mitbringen und zusätzlich noch spezielle Anforderungen an Verfügbarkeit (Determinismus, Echtzeit) und Resistenz gegen extreme Einflüsse von außen (Schock, Vibration, Temperatur, Schadgase usw.) erfüllen. Zum anderen muss die Automationsinsel einfach und barrierefrei an die bestehende Firmeninfrastruktur, sprich die strukturierte Verkabelung (s. Abb. 47), anzuschließen sein.

Die Verkabelung der Automationsinsel hat zwar einen gewissen Einfluss auf die Kompatibilität zur bestehenden strukturierten Verkabelung in einem Industrieunternehmen, ist aber nicht im Anwendungsbereich der EN 50173-3. Diese Form der Industrieverkabelung wird wesentlich in EN 61918 „Industrielle Kommunikationsnetze – Installation von Kommunikationsnetzen in Industrieanlagen" beschrieben. Grundlegende Festlegungen zu Verkabelungskomponenten bei der Industrieverkabelung in der Automationsinsel liefern die Automatisierungsprofile nach EN 61784-5-*x*.

Um die Leistungsfähigkeit der Verkabelung und die hohe Verfügbarkeit der Dienste (Process Control, Monitoring and Automation – PCMA; *deutsch*: Prozesssteuerung, Überwachung und Automatisierung) sicherzustellen, wird bei der symmetrischen Kupferverkabelung grundsätzlich auf eine vollgeschirmte Verkabelung zurückgegriffen. Alle heute eingesetzten Automatisierungsprofile nach EN 61784-5-*x* verlangen eine geschirmte Verkabelung. Werden Automationsinseln miteinander über die Verteilerstruktur der anwendungsneutralen Verkabelung nach EN 50173-3 verbunden (das geschieht dann über den industriellen Zwischenverteiler IZV), ist auch hier eine geschirmte Ausführung der symmetrischen Kupferverkabelung zwingend.

EN 50173-3 legt anwendungsneutrale Kommunikationskabelanlagen innerhalb von Industriegebäuden oder industriell genutzten Flächen bis zur Anbindung der Automationsinsel fest (i. A. bis zum informationstechnischen Anschluss).

Hierzu können die folgenden Standorte gehören:

- Fertigungshallen
- Produktions-, Montage- oder Laborräume
- Lager- und Logistikflächen
- spezielle Fertigungsanlagen wie Chemieanlagen, Bohrinseln oder ähnlich autonome, u. U. weit entfernte oder verzweigte Produktionsstätten.

Hinweis: Diese Standorte sind oftmals durch erhöhte Anforderungen entsprechend MICE in einer oder mehreren Klassen ($M_2I_2C_2E_2$ bzw. $M_3I_3C_3E_3$) gekennzeichnet. Diese Standorte können Standorte nach EN 50173-2 (Büroumgebung z. B. Meisterbüro oder Inseln zur Qualitätssicherung) und EN 50173-5 (Rechenzentrumsbereiche) einschließen.

Die in Verbindung mit EN 50173-3 getroffenen Festlegungen betreffen u. a. folgende Punkte:

- Struktur, Mindestkonfiguration und Ausführungen
- Schnittstellen am informationstechnischen Anschluss (TA) bzw. an der industriellen Datenanschlussdose (AO, *engl.:* Automation Outlet)
- Anforderungen an das Leistungsvermögen von Installations- und Übertragungsstrecken sowie Verkabelungskomponenten
- Anwendung von Festlegungen nach EN 61918 in der Verkabelung von/zur Automationsinsel bzw. zwischen Automationsinseln nach Anhang B über Teilsysteme der Industrieverkabelung
- Konformität und Verifizierungsverfahren

Neben den erhöhten Anforderungen nach MICE, die i. A. oft auch den Einsatz spezieller Verkabelungskomponenten erforderlich machen, sind der angestrebte Determinismus in der Kommunikation sowie Lage und Anzahl der zu versorgenden Anschlussdosen (TA oder AO) die Hauptunterschiede zu Verkabelungsinfrastrukturen nach EN 50173-2, -4, -5 oder -6.

Während alle anderen Teile der EN 50173 immer auf die Versorgung von „Endgeräten“ ausgerichtet sind, ist das Hauptziel der EN 50173-3 die Anbindung der Automationsinsel – also eines oder mehrerer nachfolgender Automatisierungsnetzwerke. Im Einzelfall kann eine Automationsinsel zwar auch aus einem „einzelnen“ Gerät bestehen, z. B. einem Industrie-PC. Das wird aber eher die Ausnahme sein.

Determinismus ist dann gefordert, wenn eine Information (Anweisung, Kommando) innerhalb eines bestimmten Zeitfensters beim Adressaten eintreffen MUSS. Dieser Fall tritt bei Echtzeitanwendungen, z. B. bei der Installation eines Not-Aus-Schalters an einer Maschine, ein. Determinismus kann nur realisiert werden, wenn sehr hohe Anforderungen hinsichtlich des Übertragungskanals sichergestellt werden. Dazu gehört besonders auch eine hohe Datensicherheit/Verfügbarkeit des Übertragungskanals, die z. B. erhöhte Anforderungen an die Störfestigkeit gegen elektromagnetische Beeinflussungen nach sich ziehen. Das wiederum schlägt sich in den erweiterten Anforderungen an die Unsymmetriedämpfung (TCL, ELTCTL) und an die Schirmdämpfung bzw. Kopplungsdämpfung wieder, wie sie in EN 61918 definiert sind.

Durch die Verteilung von Netzdiensten kann es passieren, dass zur Realisierung von Echtzeitanforderungen auch Ressourcen außerhalb der Automationsinsel genutzt werden. Das hat dann zur Folge, dass die Verkabelung vom letzten Verteiler (ZV = Zwischenverteiler) zur Automationsinsel zusätzlichen Anforderungen unterliegt. Dieser Fall wird in EN 50173-3:2018, Anhang B behandelt und nachfolgend erläutert.

4.4.2 Struktur und Modell von Kommunikationskabelanlagen in industriell genutzten Räumen

4.4.2.1 Generischer Ansatz

Die anwendungsneutrale Kommunikationskabelanlage im Industriebereich basiert auf der in EN 50173-1 eingeführten Verkabelungsstruktur (s. Kapitel 4.2) und erweitert diese am Ende der Etagenverkabelung durch:

- den Zwischenverteiler ZV (= ID Intermediate Distributor) und
- den daraus resultierenden zusätzlichen Verkabelungsbereich, dem „Teilsystem der Zwischenverkabelung" (Intermediate Cabling Subsystem).

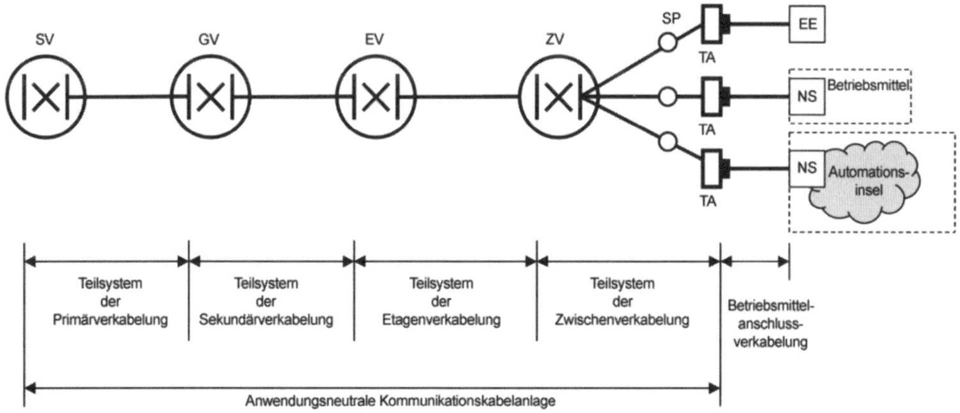

Abbildung 47: Struktur der anwendungsneutralen Kommunikationskabelanlage im industriellen Bereich (*Quelle:* EN 50173-3:2018, Bild 3)

SV: Standortverteiler (CD: Campus Distributor)

GV: Gebäudeverteiler (BD: Building Distributor)

EV: Etagenverteiler (FD: Floor Distributor)

ZV: Zwischenverteiler (ID: Intermediate Distributor)

SP: Sammelpunkt (CP: Consolidation Point), optional und spielt eher keine Rolle im industriellen Bereich

TA: Informationstechnischer Anschluss (TO: Telecommunication Outlet)

Der zusätzliche Zwischenverteiler ist für die Erschließung großer Flächen, so wie sie in Produktionshallen vorkommen, gedacht.

Da die Struktur der Verkabelungsanlage im industriellen Bereich durch den Zwischenverteiler (ZV) erweitert wird, befassen sich die weiteren Ausführungen auch speziell mit der Verkabelung nach dem Zwischenverteiler bis hin zur Automationsinsel. Hier wird die Besonderheit der Verkabelungsanlage für industrielle Bereiche deutlich. Die Auslegung der Verkabelung vom Zwischenverteiler bis zur Automationsinsel hängt von seiner Nutzung ab und kann sowohl rein generisch als auch bereits anwendungsspezifisch geprägt sein.

Das ist ein Novum in der Normenreihe EN 50173 und trägt dem Anspruch der Industrieautomatisierung nach 100-%-iger Verfügbarkeit der Übertragungsstrecken, Echtzeitfähigkeit im Bedarfsfall und Robustheit der Verkabelung auch unter extremen Bedingungen ($M_3I_3C_3E_3$) Rechnung.

Die rein generische Ausführung der Verkabelung im industriellen Bereich zeigt Abbildung 47. Dabei wird die Verbindung vom Zwischenverteiler (ZV) zum informationstechnischen Anschluss (TA), also die Zwischenverkabelung, in symmetrischer Kupferverkabelung oder in Glasfaserverkabelung ausgeführt. Der Anschluss von Geräten, Apparaten oder einer Automationsinsel (AI) erfolgt dann über die Betriebsmittelanschlussverkabelung (Apparatus Attachment Cabling), also mit den auch aus dem Bürobereich bekannten Geräteanschlussschnüren. Wichtigste Unterschiede sind das Wegfallen des Sammelpunkts, der zwar installiert werden kann (aber aus praktischen Erwägungen i. A. nicht installiert wird) und die Auswahl der Verkabelungskomponenten nach Verträglichkeit in $M_2I_2C_2E_2$- oder $M_3I_3C_3E_3$-Umgebungen. Dazu zählt dann auch die Auswahl der eingesetzten Verbindungstechnik im TA (AO), die oftmals eine Steckverbindertechnik in einem IP65/67-Schutzgehäuse verlangt.

Die Netzschnittstelle (NS) ist schließlich die Schnittstelle zum Betriebsmittel oder zur Automationsinsel.

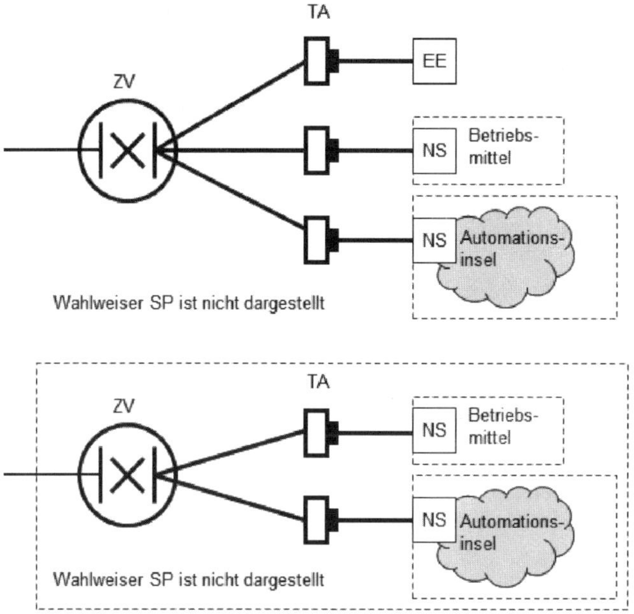

Abbildung 48: Verkabelung vom Zwischenverteiler bis zum Gerät oder zur Automationsinsel (*Quelle:* EN 50173-3:2018, Bild 6)

Hinweis: Die gestrichelt dargestellte Linie im unteren Bild der Abbildung 48 markiert eine Funktionseinheit, die auch in einem Gehäuse zusammengefasst sein kann.

Die so zu installierende Übertragungsstrecke vom Zwischenverteiler (ZV) bis zum Gerät oder der Automationsinsel sieht wie in Abbildung 49 dargestellt aus:

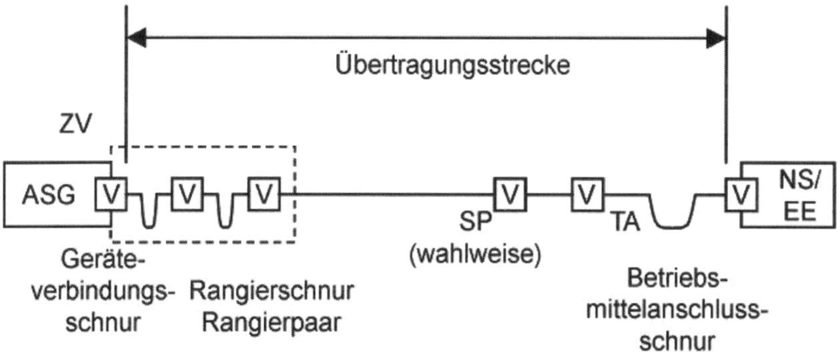

Abbildung 49: Übertragungsstrecke vom Zwischenverteiler bis zur Automationsinsel bzw. den Betriebsmitteln (Endgeräte) im industriellen Bereich (*Quelle:* EN 50173-3:2018, Bild 10)

Da im Zwischenverteiler i. A. direkt von einer aktiven Komponente (Switch, Controller o. Ä.) auf die weiterführende Verkabelung rangiert/gepatcht wird entfällt der Rangierverteiler. Auch der mögliche Sammelpunkt ist im industriellen Bereich i. A. nicht sinnvoll und wird somit nicht installiert. Damit reduziert sich das in Abbildung 49 gezeigte Modell der Übertragungsstrecke in der Praxis auf folgendes Übertragungsstreckenmodell (s. Abb. 50):

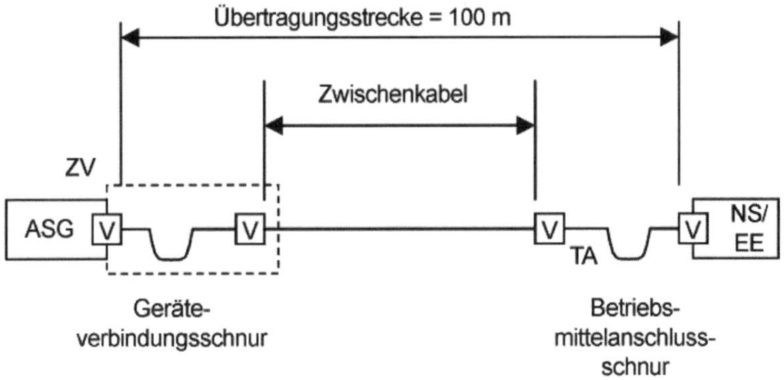

Abbildung 50: Durchverbindung – TA Modell (*Quelle:* EN 50173-3:2018, Bild 12a)

Natürlich sind alle Grenzwerte für die Übertragungsstrecke auf den Einbau eines zusätzlichen Rangierverteilers und des Sammelpunkts in der Strecke ausgelegt. Somit verfügt die „vereinfachte" Übertragungsstrecke, wie in Abbildung 50 gezeigt, über zusätzliche übertragungstechnische Reserven und wird damit robuster und sicherer.

4.4.2.2 Anwendungsspezifischer Ansatz

Um spezifische Anforderungen z. B. nach Verfügbarkeit der Anlage zu erfüllen, kann es sein, dass die normativen Anforderungen nach Kapitel 4.3.1.1 nicht ausreichend sind. Dazu lässt EN 50173-3 einen Sonderfall zu.

In dem Moment, wo der Zwischenverteiler (ZV) ein zentrales Element der Kommunikation **zwischen** Automatisierungsgeräten oder Automationsinseln wird, also Datenverkehr für Prozesssteuerung, -überwachung und -automation (PCMA = Process Control, Monitoring, and Automation) über den Zwischenverteiler läuft, kann der Anwender entscheiden, zusätzliche, schärfere Anforderungen an die Verkabelung zu stellen. Das ist insofern sinnvoll, als die Verkabelungsanforderungen innerhalb einer Automationsinsel nicht durch die EN 50173-1 und EN 50173-3 bestimmt werden, sondern durch EN 61918 und die Normenreihe EN 61784-5. Die dort normativ geforderten Grenzwerte gerade in Hinsicht auf TCL, ELTCTL usw. sind strenger als die $M_3I_3C_3E_3$-Klassifizierung nach EN 50173-1. Diese strengeren Regeln hängen mit der hohen Erwartung an die Netzverfügbarkeit, Determinismus und Echtzeitfähigkeit im industriellen Umfeld zusammen. Wird der Datentransfer zur Realisierung von Automatisierungslösungen also **über** den ZV geführt, ist es nur folgerichtig, auch für diesen Verkabelungsbereich dann die höheren, strengeren Grenzwerte anzusetzen.

Für diesen speziellen Fall enthält EN 50173-3 den Anhang B, der zusätzlich das Teilsystem der Zwischenverkabelung (Industrial Cabling Subsystem) mit höheren Anforderungen spezifiziert.

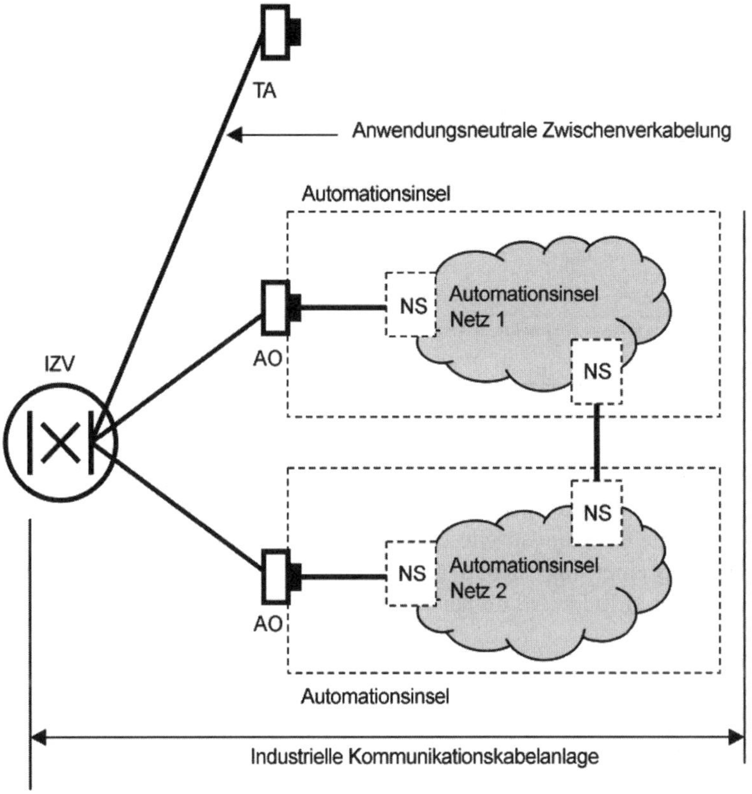

Abbildung 51: Teilsystem der Zwischenverkabelung zur Verbindung mehrerer Automationsinseln untereinander durch den Industriellen Zwischenverteiler IZV (*Quelle:* EN 50173-3:2018, Bild B.1)

Sollen mehrere Automationsinseln miteinander verbunden werden, gibt es dazu grundsätzlich zwei Möglichkeiten (s. Abb. 51):

- direkte Verbindung von Automationsinseln über ihre jeweilige Netzschnittstelle NS (NI Network Interface),
- Verbindung über einen Zwischenverteiler (ZV), der in diesem Fall zum Industriellen Zwischenverteiler (IZV) wird. Gleichzeitig wird das anwendungsneutrale TA zur anwendungsspezifischen industriellen Datenanschlussdose AO (Automation Outlet).

Die Einführung neuer Bezeichnungen für den Verteiler (IZV) und die Anschlussdose (AO) unterstreichen nochmals den veränderten Charakter einer anwendungsspezifischen Verkabelung und erleichtern schon bei der Darstellung der Verkabelungsanlage in Planungsunterlagen die Differenzierung zwischen anwendungsneutralem und anwendungsspezifischem Teil der Verkabelung.

Die Verkabelungsstruktur mit IZV sieht jetzt wie in Abbildung 52 dargestellt aus:

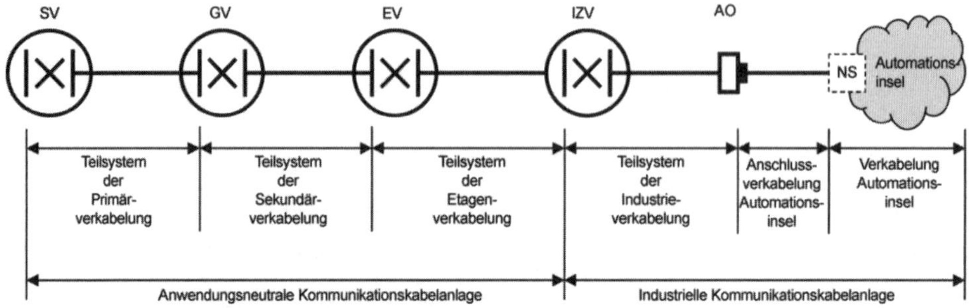

Abbildung 52: Teilsystem der Zwischenverkabelung als anwendungsspezifische Verkabelung mit IZV und AO (*Quelle:* EN 50173-3:2018, Bild B.2a)

Auffällig ist auch, dass jetzt bewusst auf den Sammelpunkt verzichtet wird. Diese Art der Verkabelung erlaubt es sogar, den IZV direkt mit der Netzschnittstelle (NS) der Automationsinsel, d. h. ohne eine industrielle Datenanschlussdose AO, zu verbinden. Das ist z. B. bei der Einbindung einer abgesetzten Anlage mit Prozessautomatisierung, wie sie in der Chemieindustrie vorzufinden ist, üblich (s. Abb. 53).

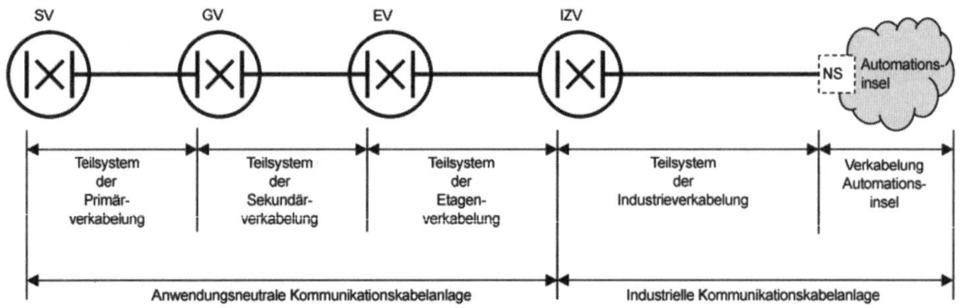

Abbildung 53: Teilsystem der Zwischenverkabelung als anwendungsspezifische Verkabelung mit IZV und ohne AO (*Quelle:* EN 50173-3:2018, Bild B.2b)

Eine weitere, allerdings anwendungsspezifische, Art der Verkabelung zwischen Geräten und Anlagen im industriellen Bereich ist der sogenannte connection-less channel – also verbindungsfreie Übertragungsstrecken.

Hier wird das Prinzip des Verteileraufbaus mit aktiver und passiver Technik und dem Rangieren der Verbindungswege aufgegeben und es können direkt Kabelverbindungen zwischen Verteilern bzw. zwischen Verteiler und der Netzschnittstelle der Automationsinsel hergestellt werden. Diese Art der verbindungsfreien Übertragungsstrecken kann man sich wie eine überlange Verbindungsschnur vorstellen – also ein Kabel jeweils mit konfektionierten Steckverbindern an den Enden.

Diese Art der Verkabelung ist in Anhang C von EN 50173-3 beschrieben (s. Abb. 54).

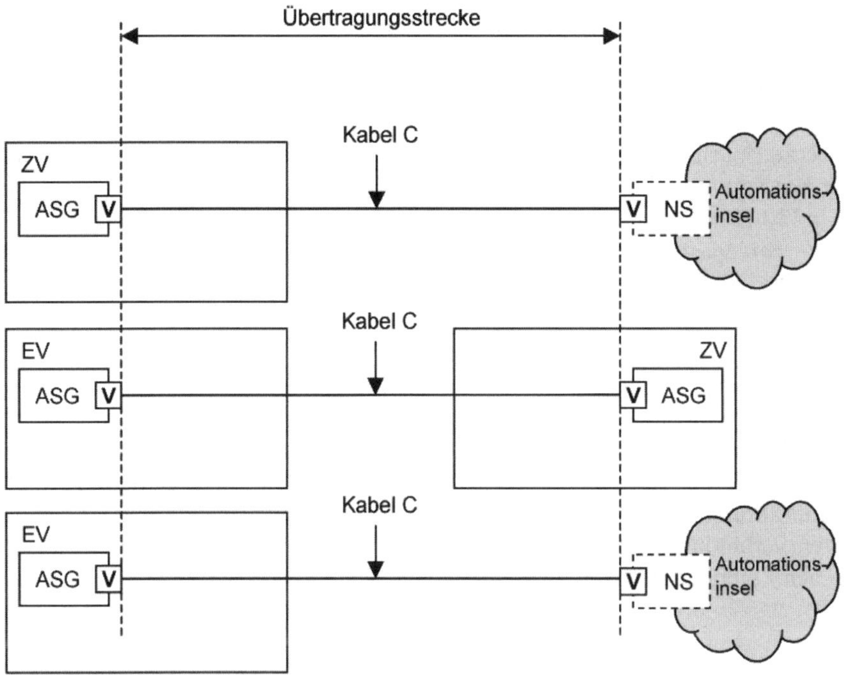

Abbildung 54: Konfigurationen von Übertragungsstrecken ohne Verbindungen (*Quelle:* EN 50173-3:2018, Bild C.1)

Verbindungsfreie Übertragungsstrecken sind im industriellen Bereich sehr oft vorzufinden. Ihren Ursprung hat diese Technik in einer gängigen Installationspraxis, bei der nicht vorverkabelt wird, sondern die Kabelverbindung erst nach Aufstellung der Geräte hergestellt wird. Dazu stehen dem Anwender viele feldkonfektionierbare Produkte zur Verfügung, z. B. auch feldkonfektionierbare Steckverbinder nach EN 60603-7-*x* (RJ45) mit sehr hoher Güte bis Kategorie 6_A. Solche Produkte waren in der strukturierten Verkabelung lange Zeit nicht notwendig, da hier mit vorkonfektionierten Rangier- und Anschlussschnüren gearbeitet wurde. Mit Aufkommen der Funktechnologie (WLAN) und der Notwendigkeit, entsprechende Funkzugangspunkte (Wireless Access Points, WAP) in Decken oder an anderen schwer zugänglichen Installationsorten anzuschließen, wurden die feldkonfektionierbaren Produkte auch für den klassischen Datennetzwerker interessant.

Um hier die hohe Qualität von den beim Konfektionär gefertigten und oftmals auch geprüften Rangierschnüren zu erzielen, ist eine fachgerechte Verarbeitung dieser Produkte vor Ort unerlässlich.

Die verbindungsfreien Übertragungsstrecken unterliegen, wie alle anderen in EN 50173-3 aufgeführten Übertragungsstrecken, den gleichen Grenzwerten nach Übertragungsklasse D, E, E_A, F und F_A.

Bei den Übertragungsstrecken ohne zusätzliche Verbindungen gibt es im industriellen Umfeld aber nochmals einen Sonderfall.

Während alle Übertragungsstrecken grenzwerttechnisch und auch messtechnisch immer ohne die beiden letzten Verbindungen an den Enden betrachtet werden (s. hierzu auch nochmals die Beschreibung der Übertragungsstrecken in Abb. 54), hat das für die Industrieverkabelung zuständige Normungsgremium die Berechnung und Normierung einer solchen Übertragungsstrecke einschließlich der beiden Verbindungen an den Enden vorangetrieben. Diese spezielle Konfiguration heißt Ende-zu-Ende-Verbindungsstrecke (EzE-Verbindungsstrecke) und ist in ISO/IEC TR 11801-9902 *„Information technology – Generic cabling for customer premises – Part 99-2: End-to-end link configurations“* beschrieben. Seine messtechnische Qualifizierung wird in ISO/IEC 14763-4[10] *„Information technology – Implementation and operation of customer premises cabling – Part 4: Measurement of end-to-end (E2E)-links”* definiert.

Hintergrund dieser Aktivitäten ist das hohe Sicherheitsbedürfnis beim Aufbau und der Überprüfung von Verkabelungen im industriellen Bereich. Die Technik der Vor-Ort-Konfektion einzelner Übertragungsstrecken, wie oben beschrieben, birgt das Risiko von Installationsfehlern, die über die klassischen Messmethoden u. U. nicht eindeutig erkannt werden können. Mit der Einführung der EzE-Verbindungsstrecke und der entsprechenden Messmethode, die die letzten Verbindungen mit einbezieht, kann man nun solche möglichen übertragungstechnischen Einbußen rechtzeitig erkennen.

Abbildung 55: RJ45 Wanddurchführung (*Quelle:* Harting, 2018)

Anhang C und D von EN 50173-3 liefern zusätzlich noch Informationen darüber, wie sich der Einbau von sogenannten Wanddurchführungen (*engl.:* bulkhead connections) (s. Abb. 55) auf die Übertragungseigenschaften einer Übertragungsstrecke auswirken können und wie diese Auswirkungen im Vorfeld berechnet werden können. Dabei geht man davon aus, dass der

[10] Technisch unveränderte Übernahme als EN 50697 in Vorbereitung.

Einbau von Wanddurchführungen in die Übertragungsstrecke zur „Verkürzung“ der Übertragungsstrecke führen kann, um die entsprechen Übertragungsklassen noch einzuhalten.

4.4.3 Dimensionierung und Konfiguration von Kommunikationskabelanlagen in industriell genutzten Bereichen

4.4.3.1 Verteiler

Der Einsatz der Kommunikationsverkabelung im industriellen Bereich findet fast ausschließlich auf einer einzigen Ebene und nicht über mehrere Etagen verteilt statt (große Flächen wie Werkhallen, Lagerhallen u. Ä.). Somit wird zur Erschließung der Fläche mit Etagenverteilern und Zwischenverteilern gearbeitet, die sich in die Gesamtverkabelungsstruktur des Unternehmens mit Standort- und Gebäudeverteiler einordnen.

Für sehr kleine industrielle Flächen reicht u. U. ein Etagenverteiler aus. Sind größere Flächen zu erschließen, ermöglicht der Einsatz von Zwischenverteilern auch die Versorgung großer Werkhallen mit informationstechnischen Anschlüssen. Werden die Flächen sehr groß (Automobilbau, Stahlwerk o. Ä.) sollte zur Verbindung von Etagenverteiler und Zwischenverteiler LWL-Technik eingesetzt werden.

Die Versorgung der informationstechnischen Anschlüsse vom Zwischenverteiler bzw. vom industriellen Zwischenverteiler (s. Kapitel 4.4.2.1 und 4.4.2.2) erfolgt in aller Regel mittels Kupferverkabelung.

Polymeroptische Verkabelung (Kunststofffaser, POF) ist ausschließlich über die Automatisierungsprofile nach EN 61784-5-*x* spezifiziert und kann zur Verkabelung der Automationsinseln entsprechend eingesetzt werden. Kunststofffasern werden in EN 50173-1 nicht als Medium betrachtet, da mit ihnen keine anwendungsneutralen Übertragungsstrecken realisiert werden können.

Als Sonderfall sei hier auch nochmals die Möglichkeit des Direktanschlusses von Automationsinseln erwähnt. Dabei werden dann keine informationstechnischen Anschlüsse (Anschlussdosen) gesetzt, sondern, Kabel werden direkt vom IZV zum AI gelegt (s. auch Kapitel 4.3.1.2). Das ist z. B. bei weit abgesetzten Automationsinseln, wie sie in der Chemieindustrie bzw. bei der Prozessautomatisierung zu finden sind, der Fall.

Etagenverteiler, Zwischenverteiler und industrielle Zwischenverteiler im industriellen Bereich werden heute oftmals in 19-Zoll-(482,6 mm)-Bauweise ausgeführt. Sie nehmen alle notwendigen technischen Geräte wie Switches, speicherprogrammierbare Steuerungen (SPS), Controller, aber auch Spannungsversorgungen für 24 V oder 48 V auf. Dazu kommen die Verkabelungskomponenten wie Verteilerfelder, Hutschienenmodule und alle notwendigen Verbindungen einschließlich der Rangierschnüre.

Besonderheiten bei den Verteilern im industriellen Bereich sind:

- kleinere Bauformen und der Einsatz von Schaltschränken,
- optionale Ausrüstung mit Hutschienen oder Montagewänden,
- besondere Abdichtung gegen Staub oder Feuchtigkeit, aber auch zusätzliche Schirmkontakte, z. B. zwischen Schrank und Tür, um $M_3I_3C_3E_3$-Klassifizierung zu erfüllen,

- möglicher Einsatz von IP65/67-Verteilerkomponenten, um zusätzlich Schutz z. B. bei Vibrationen sicherzustellen (M_3 – für mechanische Robustheit),
- Einsatz von Wanddurchführungen nach $M_3I_3C_3E_3$ und in IP65/67 zur Herausführung separater Verkabelungstrassen oder von Prüfschnittstellen.

4.4.3.2 Informationstechnische Anschlüsse – Anschlussdosen

Informationstechnischer Anschluss und Industrielle Datenanschlussdose: TA und AO

Kurz nochmals zu den hier verwendeten Begrifflichkeiten rund um Netzanschlüsse und Anschlussdosen im Industriebereich.

Durch die Diversifizierung der Normenreihe EN 50173 nach Installationsumgebungen hat mittlerweile jedes dieser Anwendungsfelder eigene Begriffe und Abkürzungen für die Anschlussdose definiert.

Für den einfachen und universellen Begriff des „Informationstechnischen Anschluss TA" (*engl.:* Telecommunication Outlet TO) wurden neue Namen einzig nur für ein bestimmtes Anwendungsfeld definiert. Das erscheint auf den ersten Blick verwirrend, ist aber normativ gar nicht anders zu lösen, da zur Universalität dieses Funktionselements in der anwendungsneutralen Verkabelung spezifische Eigenschaften hinzugekommen sind, die eine Abgrenzung notwendig machen.

Im Industriebereich geht das so weit, dass z. B. bei einem Verkabelungskonzept nach Anhang B von EN 50173-3 (anwendungsspezifischer Verkabelungsansatz), die Ausführung der Anschlussdose über die Normen der Automatisierungsprofile nach EN 61718-5-*x* bestimmt werden kann. Da *nur* in den Anschlussdosen das Steckgesicht normativ vorgeschrieben wird (im Verteiler- und Rangierbereich ist der Anwender völlig frei in der Wahl der verwendeten Steckgesichter, solange er nur die übertragungstechnischen Eigenschaften, z. B. nach Übertragungsstreckenklasse D, einhält), kommt dieser Thematik eine besondere Bedeutung zu. Hintergrund dieser Diskussion ist das Streben nach Anschlusskompatibilität, d. h. der größtmöglichen Übereinstimmung des verwendeten Steckgesichts in der Anschlussdose mit demjenigen im anzuschließenden Endgerät.

Somit wird auch klar, dass die unterschiedliche Gerätetechnik (z. B. Endgeräte) in der Büroumgebung, in der Industrie, im Heimbereich usw. unterschiedliche Steckgesichter in den Anschlussdosen erfordern.

Für die Definitionen von Anschlüssen im Industriebereich nach EN 50173-3 gilt Tabelle 22:

Tabelle 22: Definition TA – AO – NS

Deutsch		Englisch		Anschlussart/Anwendung
Kürzel	**Beschreibung**	**Kürzel**	**Beschreibung**	
TA	informationstechnischer Anschluss	TO	Telecommunications Outlet	anwendungsneutrale Anschlussdose
AO	industrielle Datenanschlussdose	AO	Automation Outlet	anwendungs- oder profilspezifische Anschlussdose zur AI
NS	Netzschnittstelle	NI	Network Interface	Anschluss am Endgerät oder zur AI

AI = Automationsinsel (Automation Island)

- Kupfertechnik

Zur Ausführung des TA bzw. der AO stehen dem Anwender grundsätzlich alle Optionen zum Steckgesicht entsprechend EN 50173-1 zur Verfügung. In der Praxis haben sich aber Vorzugsvarianten für die Verwendung von Steckgesichtern in TA bzw. AO für $M_1I_1C_1E_1$ und $M_2I_2C_2E_2/M_3I_3C_3E_3$ herauskristallisiert:

Der TA bzw. AO kann 8-adrig ausgeführt werden und einem der folgenden Steckgesichter entsprechen:

- o EN 60603-7-*x* (RJ45) für $M_1I_1C_1E_1$
- o EN 60603-7-*x* einschließlich Schutzgehäuse nach EN 61076-3-106, Variante 4 (RJ45-PushPull-Variante 4 für $M_2I_2C_2E_2/M_3I_3C_3E_3$)
- o EN 61076-2-109 M12 X-codiert bis 500 MHz und mit Schraubverriegelung* ebenfalls für $M_2I_2C_2E_2/M_3I_3C_3E_3$

Da im Industriebereich Fast Ethernet (100 Mbit/s) das meistgenutzte Protokoll für PCMA-(Process Control, Monitoring and Automation)-Anwendungen ist, wird der TA auch oftmals 4-adrig ausgeführt. Dann kommt zu den Möglichkeiten, die o. a. Steckgesichter nach EN 60603-7-*x* in 4-adriger Beschaltung einzusetzen (dazu werden i. A. die Kontaktpaare 1/2 und 3/6 genutzt), noch eine weitere M12-Variante zum Einsatz:

- o EN 61076-2-101 M12 D-codiert bis 100 MHz und mit Schraubverriegelung* für $M_2I_2C_2E_2/M_3I_3C_3E_3$

*Hinweis zu M12-Steckgesichtern: Anders als beim RJ45 bringt der M12 sein IP65/67 Schutzgehäuse mit, d. h., vordere Gehäusekontur und Verschraubung sind genormt, um Steckkompatibilität sicherzustellen. Derzeit sind bei M12-Steckverbindern Schraubverriegelungen üblich. Hier gibt es aber vielfältige Bestrebungen, diese Gewindekonstruktionen durch eine sogenannte PushPull-Funktionalität zu erweitern. Das erlaubt dem Benutzer dann ein einfaches Aufschieben bzw. Abziehen des Steckers von der Buchse ohne Drehbewegung. Dieses Verriegelungsprinzip erspart nicht nur Zeit bei der Bedienung, sondern erlaubt auch, höhere Packungsdichten an Geräten, da der Platzbedarf für die Bedienung der Verschraubung entfällt.

Zur Verbindung von Geräten, Apparaten oder Automationsinseln mit dem TA bzw. AO sind symmetrische Verbindungsschnüre in den Ausführungen nach Kategorie 5, 6, 6_A, 7, 7_A, 8.1 und 8.2 entsprechend der gewählten Übertragungsstreckenklasse und der eingesetzten Verbindungstechnik in TA/AO bzw. im Endgerät (EE) oder an der Netzschnittstelle (z. B. zur Verbindung mit der Automationsinsel) zu nutzen.

- LWL-Technik

Bei der Auswahl der LWL-Steckverbindertechnik am informationstechnischen Anschluss (TA) stehen dem Anwender zwei Steckgesichter zur Auswahl:

- o Nach EN 61754-20:2012, Variante 20-5 (LC Duplex). Dabei soll das Kabel im TA auf eine Buchse/Adapter nach EN 61754-20:2012, Variante 20-1 (LC Simplex) oder Variante 20-4 (LC Duplex) Stecker-seitig abgeschlossen werden.

- o Erfordert die Umgebung des TA den Einsatz nach $M_3I_3C_3E_3$ oder $M_2I_2C_2E_2$ sind die LC-Duplex-Steckverbinder (Adapter und Stecker) in einem Schutzgehäuse nach EN 61076-3-106, Variante 4 (PushPull) auszuführen.

Bei vorhandener LWL-(Alt-)Installation auf Basis SC-Simplex bzw. SC-Duplex darf dieses Steckgesicht auch im TA installiert werden.

- o nach IEC 60874-19, SC-Simplex bzw. SC-Duplex

Zur Komplettierung der LWL-Verkabelung kommen LWL-Verbindungsschnüre (nach Kategorie OM3, OM4, OM5, OS1a oder OS2) in Verbindung mit den o. a. LWL-Steckverbindern bzw. mit denen in den Geräten verbauten Schnittstellen zum Einsatz.

Praxistipp: Je nach Montageort ist bei der Auswahl der Verkabelungsprodukte auch auf die mechanische Robustheit zu achten. Dabei ist es u. U. notwendig, entsprechende Metallgehäuse einzusetzen, die dann auch Schutz gegen Schweißperlen o. Ä. bieten.

4.4.3.3 Sammelpunkte

Sammelpunkte (Consolidation Point, CP) kommen in der industriellen Verkabelung i. A. nicht zum Einsatz.

4.4.4 Anforderungen an Übertragungsstrecken im industriellen Bereich

4.4.4.1 Umgebungseigenschaften

Gerade im industriellen Umfeld ist die Einschätzung der am Installationsort vorherrschenden Umgebungsbedingungen besonders wichtig. So sind nicht alle Installationsorte oder Trassenführungen im Industriebereich gleich nach $M_3I_3C_3E_3$ zu klassifizieren (EN 50173-1:2018, Tabelle 3). Normativ sind alle drei Umgebungsklassen nach $M_1I_1C_1E_1$, $M_2I_2C_2E_2$ und $M_3I_3C_3E_3$ für die Verkabelung im industriellen Bereich anwendbar. Die sorgfältige Zuordnung der MICE Klassen zu den Installationsorten bestimmt später die Produktspezifikation und -auswahl. Vereinfacht gesagt können bei $M_1I_1C_1E_1$ IP20-Komponenten eingesetzt werden (z. B. im Verteiler oder Schaltschrank). Bei $M_2I_2C_2E_2$ Umgebungen kommen IP54-Komponenten und in sehr harten Industrieumgebungen nach $M_3I_3C_3E_3$ kommen IP65/67-Komponenten zum Einsatz. Das ist aber lediglich ein grober Richtwert. Schon bei der Auswahl der richtigen Kabel hilft diese Aussage alleine dann nicht mehr weiter.

4.4.4.2 Übertragungseigenschaften von symmetrischer Kupferverkabelung

Bei der Ausführung von Verkabelungsstrecken ab dem Zwischenverteiler kann auf Kabel und Verbindungstechnik der Kategorien 5, 6, 6_A, 7, 7_A, 8.1 und 8.2 zurückgegriffen werden.

Hinweis: Die Verkabelungsstrecken und deren Übertragungseigenschaften, die vor dem Zwischenverteiler liegen, sind bereits hinlänglich in den Kapiteln 4.2.1 und folgende beschrieben.

Werden die normativ festgelegten Verkabelungsmodelle angewendet (einschließlich der maximalen Anzahl von Steckverbindungen in der Verkabelungsstrecke) und die Längenrestriktionen eingehalten, gilt folgender Zusammenhang zwischen Komponenten-Kategorien und Übertragungsstreckenklassen. Bei Installation von Kategorie-5-Komponenten oder höher wird die Übertragungsstreckenklasse D bis 100 MHz sichergestellt. Bei der Nutzung von Kategorie-6-Komponenten oder höher wird mindestens Übertragungsstreckenklasse E (250 MHz) erreicht. Kategorie-6_A- bzw. -8.1-Komponenten realisieren Übertragungsstreckenklasse E_A (500 MHz). Bei der Nutzung von Kategorie-7-Komponenten oder höher wird mindestens Übertragungsstreckenklasse F (600 MHz) erreicht und Kategorie-7_A- bzw. -8.2-Komponenten realisieren Übertragungsstreckenklasse F_A (1.000 MHz).

Die Auswahl der Verkabelungskomponenten muss neben den übertragungstechnischen Anforderungen, die sich aus den Anforderungen an die Übertragungsstrecke ergeben, auch immer die umgebungstechnischen Anforderungen lt. MICE-Tabelle in EN 50173-1 berücksichtigen.

4.4.4.3 Übertragungseigenschaften von Lichtwellenleiter-Verkabelung

Es kann sich anbieten, das Teilsystem der Zwischenverkabelung auch in LWL-Technik auszuführen. Das ist besonders dann der Fall, wenn extreme Umgebungsbedingungen in Richtung EMV-Belastung vorliegen, die Errichtung von entsprechend hochwertigen vermaschten Erdungsanlagen nicht möglich oder wirtschaftlich nicht sinnvoll ist, oder wenn z. B. die weitere Verkabelung innerhalb der Automationsinsel auch mit LWL vorgesehen ist. Für diesen Fall stehen Kabel nach den optischen Kategorien OM3, OM4, OM5, OS1a und OS2 zur Verfügung.

Bei der Auswahl der Kabeltypen sind auf jeden Fall drei Punkte im Auge zu behalten:

- Auswahl der LWL-Kabelkategorie nach erforderlicher (oder angestrebter) Leistungsfähigkeit der Übertragungsstrecke (wird im Gegensatz zur Kupferverkabelung über das Bandbreiten-Längen-Produkt ermittelt oder nach DIN VDE 0800 (VDE 0800-173-100) gewählt)
- Ausführung von Kabeln und Verbindern entsprechend den vorliegenden Umgebungsklassen nach MICE (das ist in der Industrieumgebung häufig $M_2I_2C_2E_2$ oder auch $M_3I_3C_3E_3$)
- Mindestbiegeradius der installierten Kabel. Einbaubedingungen in Verteilern und besonders auch am informationstechnischen Auslass erfordern manchmal Biegeradien unter 30 mm. Das stellt für viele Produkte eine Herausforderung dar und ist bei der Entscheidung für ein Produkt unbedingt zu berücksichtigen.

4.4.4.4 Verkabelungskomponenten

In Analogie zu den Festlegungen der Übertragungsstreckenklassen bei den Übertragungsstrecken sind für die Referenzausführung bei Verkabelungskomponenten, d. h. Kommunikationskabel, Steckverbinder, Rangierschnüre und Betriebsmittelanschlussschnüre, folgende Kategorien definiert:

- **Kupfertechnik**

  Kategorie 5 für Klasse D (Achtung: kann im Sonderfall auch 4-adrig ausgelegt sein)

  Kategorie 6 für Klasse E

  Kategorie 6_A oder Kategorie 8.1 für Klasse E_A

Kategorie 7 für Klasse F

Kategorie 7_A oder Kategorie 8.2 für Klasse F_A

Am informationstechnischen Anschluss sind im Industriebereich Steckverbinder nach EN 60603-7 (RJ45), nach EN 61076-2-109 (M12-X) und nach EN 61076-2-101 (M12-D) zulässig.

Bei erhöhten Umgebungsanforderungen muss für den RJ45-Steckverbinder ein Schutzgehäuse verwendet werden, dessen mechanische und physische Eigenschaften denjenigen der Variante 4 aus EN 61076-3-106 entsprechen.

An anderen Orten der Übertragungsstrecke sind auch andere Steckverbinder-Designs zulässig – allerdings nur bedingt sinnvoll – sofern sie die elektrischen und mechanischen Grundanforderungen sowie die Umgebungseigenschaften erfüllen. Bei erhöhten Umgebungsanforderungen muss ein Schutzgehäuse verwendet werden, dessen mechanische und physische Eigenschaften denjenigen der Variante 4 aus EN 61076-3-106 entsprechen.

- LWL-Technik

Bei der LWL-Technik umfasst das Portfolio für den industriellen Bereich Kabel mit Mehrmoden-Lichtwellenleitern (OM3, OM4, OM5) und Kabel mit Einmoden-Lichtwellenleitern (OS1a, OS2).

Am informationstechnischen Anschluss sind im Industriebereich Steckverbinder mit dem Steckgesicht nach EN 61754-20-5 (Duplex LC) vorgeschrieben. Das an ihm befestigte LWL-Installationskabel darf entweder mit einem Duplex-Stecker nach EN 61754-20-4 oder mit einem Simplex-Stecker nach EN 61754-20-1 abgeschlossen werden.

Bei erhöhten Umgebungsanforderungen muss ein Schutzgehäuse verwendet werden, dessen mechanische und physische Eigenschaften denjenigen der Variante 4 aus EN 61076-3-106 entsprechen (PushPull-Gehäuse).

4.4.5 Konformität

Konformität nach EN 50173-3 kann über zwei Wege bzw. Varianten erzielt werden.

Die erste Variante ergibt sich über den sogenannten Systemansatz. Hierbei muss das Leistungsvermögen der Übertragungs- und Installationsstrecke die geforderte Klasse erfüllen, und zwar unabhängig von den eingesetzten Verkabelungskomponenten. Dies wird ggf. durch entsprechende Abnahmemessungen verifiziert.

Bei der zweiten Variante kommt der sogenannte Komponentenansatz unter Verwendung der Beispielausführung zum Zuge. Dabei werden definierte Verkabelungskomponenten eingesetzt, die dann über den zugehörigen Frequenzbereich sowie Längenberechnungen eine entsprechende Übertragungsstreckenklasse erwarten lassen. Bei diesem Ansatz müssen Rahmenbedingungen berücksichtigt werden, die beim Systemansatz bereits bei der Systementwicklung planerisch eingeflossen sind:

- Verwendung der beschriebenen Verkabelungskomponenten
- Verwendung der Verkabelungsmodelle nach EN 50173-3
- maximale Länge der Übertragungsstrecke bei den Klassen D, E, E_A, F oder F_A: 100 m

Sonderfälle zur Berechnung von Übertragungsstrecken sind in EN 50173-3, Anhänge C und D zu finden.

4.5 EN 50173-4: Wohnungen

4.5.1 Anwendungs- und Geltungsbereich

Abbildung 56: Wohnhäuser (www.colourbox.de, 2019)

EN 50173-4 legt anwendungsneutrale Kommunikationskabelanlagen innerhalb von Wohnungen in Wohngebäuden bzw. Wohnungen in Ein- und Mehrfamilienhäusern fest.

Die Herausforderung bei der Konzeption einer weitestgehend anwendungsneutralen Verkabelungsanlage liegt in der Vielfalt der unterschiedlichen Dienste, die der Bewohner nutzen möchte. Dazu zählen:

- Telefonie und Fax
- Fernsehen – Kabelfernsehen (CATV), SAT-Fernsehen, Fernsehen über Internetdienste
- Rundfunk und Audiodienste
- Internet
- Türöffner, Sicherheits- und Überwachungsdienste, Notrufe
- Bildübertragungen
- Funktionen zur Steuerung von Funktionen in der Wohnung, wie Heizung, Lüftung, Klima u. Ä. (Smart Home)

Viele dieser Dienste und die dazugehörige Verkabelung haben eine lange Historie und bringen Gerätetechnik (z. B. Fernseher) mit eigener Anschlusstechnik (z. B. Koaxial-Anschluss) mit.

Mit der zunehmenden Digitalisierung gibt es auch bei Anwendungen im Wohnbereich den Trend zur Vereinheitlichung über IP-basierte Dienste (IP = Internetprotokoll). So ist das Empfangen von Fernsehprogrammen heute auch über den Diensteanbieter (*engl.:* Service Provider) für Festnetztelefon und Internet, d. h. über das klassische „Telefonnetz" möglich.

Möchte ein Bewohner aber weiterhin den Kabelanschluss nutzen oder ein Vermieter seinen Mietern den Fernsehempfang über eine Gemeinschafts-Satellitenanlage anbieten, kommt man um eine Verkabelung auf Basis Koaxial-Kabel kaum herum bzw. muss Übergänge von einer symmetrischen Kupferverkabelung auf Basis 100 Ω auf eine unsymmetrische, koaxiale Verkabelung mit 75 Ω oder 50 Ω vorsehen.

Um die unterschiedlichsten Dienste mit der Ausführung der anwendungsneutralen Kommunikationsverkabelungsanlage in Einklang zu bringen, wird in zwei Arten von Netzanwendungen unterschieden:

- Informations- und Kommunikationstechnik (IuK)
- Rundfunk- und Kommunikationstechnik (RuK)

IuK-Anwendungen laufen über symmetrische Kupferverkabelungen mit empfohlenen vier Aderpaaren, mindestens jedoch mit zwei Aderpaaren. LWL-Verkabelung ist ebenfalls möglich.

RuK-Anwendungen laufen auf symmetrischen Kupferverkabelungen mit empfohlenen vier Aderpaaren, mindestens jedoch einem Aderpaar, oder auf koaxialen Verkabelungen. LWL-Verkabelung ist möglich.

Bei der Anwendung der EN 50173-4 (immer in Verbindung mit den Festlegungen von EN 50173-1) ist es also sehr wichtig, die Anforderungen der Nutzer zu kennen. Aus den Vorlieben oder Gewohnheiten der Wohnungsnutzer, verbunden mit wirtschaftlichen Aspekten und weiteren Rahmenbedingungen, lässt sich dann festlegen, welche Verkabelung am besten zum Einsatz kommt. Dabei sollten auch unbedingt Gedanken zur zukünftigen Nutzung einfließen.

Die informationstechnische Verkabelung wird in der Regel als symmetrische Kupferverkabelung ausgeführt und kann damit bei entsprechender technischer Auslegung zusätzlich eine Reihe von RuK-Diensten bedienen (s. EN 50173-1:2018, Tabelle F).

Die in Verbindung mit EN 50173-4 getroffenen Festlegungen betreffen u. a. folgende Punkte:

- Struktur, Mindestkonfiguration und Ausführungen
- Schnittstellen am informationstechnischen Anschluss TA bzw. am Rundfunkanschluss RA
- Anforderungen an das Leistungsvermögen von Installations- und Übertragungsstrecken sowie Verkabelungskomponenten
- Anforderungen und Optionen für/an die Ausführung
- Konformität und Verifizierungsverfahren

4.5.2 Struktur und Modell von Kommunikationskabelanlagen in Wohnungen

Die anwendungsneutrale Kommunikationskabelanlage in Wohnungen besteht aus den Teilsystemen der primären und der sekundären Wohnungsverkabelung.

Über den primären Wohnungsverteiler (PWV) wird der Zugang zum externen Netz hergestellt (Netzzugang, s. Abb. 58). Mittels der primären Wohnungsverkabelung wird der sekundäre Wohnungsverteiler (SWV) angebunden (s. Abb. 57).

Vom sekundären Wohnungsverteiler aus werden die Anschlussdosen, die als TA oder RA oder als Kombination aus beiden ausgeführt werden können, verkabelt. Der SWV kann bei kleineren Installationen entfallen. In diesem Fall werden TA oder RA direkt vom PWV versorgt.

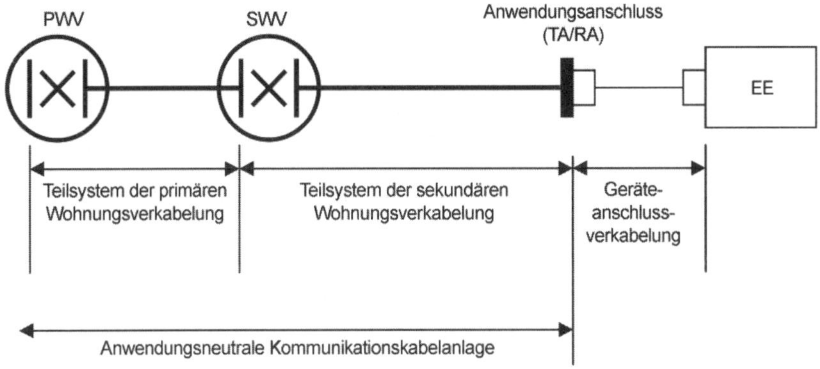

Abbildung 57: Struktur der anwendungsneutralen Kommunikationskabelanlage in Wohnungen (*Quelle:* EN 50173-4:2018, Bild 2)

PWV: Primärer Wohnungsverteiler

SWV: Sekundärer Wohnungsverteiler (optional, je nach Größe der Verkabelungsanlage)

TA: Informationstechnischer Anschluss (Abschluss von symmetrischen Verkabelungen oder LWL)

RA: Rundfunkanschluss (Abschluss von symmetrischen Verkabelungen, von koaxialen Verkabelungen oder LWL)

Der Zugang zum externen Netz wird über den Anschluss der Netzzugangsverkabelung im PWV realisiert.

Hinweis: Es gibt auch Fälle, bei denen der Netzzugang Verbindungen ausschließlich oder zusätzlich zu privaten Netzen/anderen externen Netzwerken herstellt. Das ist z. B. der Fall beim Anschluss einer Gemeinschafts-Satellitenanlage, die vom Vermieter betrieben wird.

Abbildung 58 zeigt verschiedene Konfigurationsbeispiele dafür. In der weiteren Darstellung der vom PWV abgehenden Verkabelung sieht man Beispiele mit und ohne installiertem SWV.

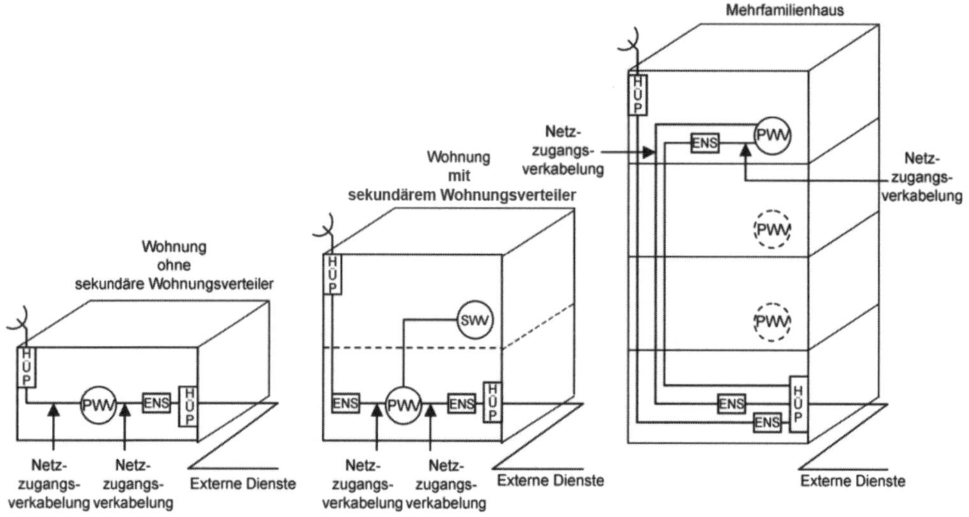

Abbildung 58: Netzzugangsverkabelung an Standorten mit einer oder mehreren Wohnungen (*Quelle:* EN 50173-4:2018, Bild 5)

HÜP: Hausübergabepunkt

ENS: Schnittstelle zum externen Netz

Im Hausübergabepunkt werden externe Dienste aus dem externen Netz übergeben. Im Einzelfall können diese externen Dienste auch aus einem „privaten" Netz stammen, z. B. aus dem LAN eines benachbarten Hauses, oder von einer installierten Satellitenempfangsanlage eingespeist werden. Der HÜP stellt somit den technischen Übergang vom Netz des Diensteanbieters zur Wohnungsverkabelung (d. h. Umsetzung der Außenkabel auf Innenkabel) dar. Der HÜP wird vom Betreiber des externen Netzes (Diensteanbieter) gesetzt und ist oft als Aufputzgehäuse realisiert.

Mit der Realisierung von Glasfasernetzen durch Telekommunikationsunternehmen, die Glasfaserkabel im HÜP abschließen mussten, kam ein neues Verkabelungselement in der Wohngebäudeverkabelung hinzu – ENS (Schnittstelle zum externen Netz).

Diese Schnittstelle kann passiv oder aktiv ausgelegt werden. Rein passiv dient sie z. B. zum Abschluss von Glasfasern, die vom HÜP kommen und zur Hausverkabelung, z. B. zum PWV weiterverlaufen. Durch diese konstruktive Lösung, wird der Kabelabschluss im HÜP „geschützt". Notwendige Installationsarbeiten an der Verkabelungsanlage im Haus/in der Wohnung, die oftmals von privaten Installationsfirmen durchgeführt werden, betreffen nicht den HÜP. Somit wird das externe Netz nicht beeinflusst und Fehler oder Störungen an diesem Netz werden minimiert. Ist z. B. eine Umsetzung von LWL- auf Kupferkabel notwendig (ONU Optical Network Unit), oder werden Verstärker für einzelne Dienste notwendig (z. B. im Rahmen der Einspeisung von Satelliten-TV) kann die ENS z. T. oder gänzlich auch als aktives Gerät mit den entsprechend notwendigen Kabelanschlüssen ausgeführt werden.

Bei der Anbindung von Wohngebäuden mittels symmetrischer Kupferkabel (sogenannte letzte oder erste Meile) wird i. A. ein Endverzweigerkasten installiert (EVZ), der eine Schneidklemmleiste (z. B. LSA Plus) enthält, deren linke Seite mit dem ankommenden symmetrischen Kupferkabel belegt ist und auf deren rechter Seite dann ansprechend die Leitung für die Hausverkabelung (Netzzugangsverkabelung) abgeschlossen wird. In dieser Konstellation ist die ENS dann Teil des HÜP (s. Abb. 59 und 60).

Abbildung 59: Endverzweiger (EVZ): Typische Ausführung eines HÜP als Endverzweiger-Box in Aufputz-Montage

Abbildung 60: Endverzweiger: Beschaltung des EVZ mit 10 DA (Doppeladern). Links: ankommende Leitung vom öffentlichen Netz (Diensteanbieter), rechts: abgehende Leitung zur Wohnungsverkabelung, hier mit Kategorie-7_A-Kabel

Abgeleitet aus der Struktur der Verkabelungsanlage in Wohnungen (s. Abb. 57) ergeben sich die in Abbildung 61 gezeigten Übertragungs- und Installationsstrecken:

a)

b)

c)

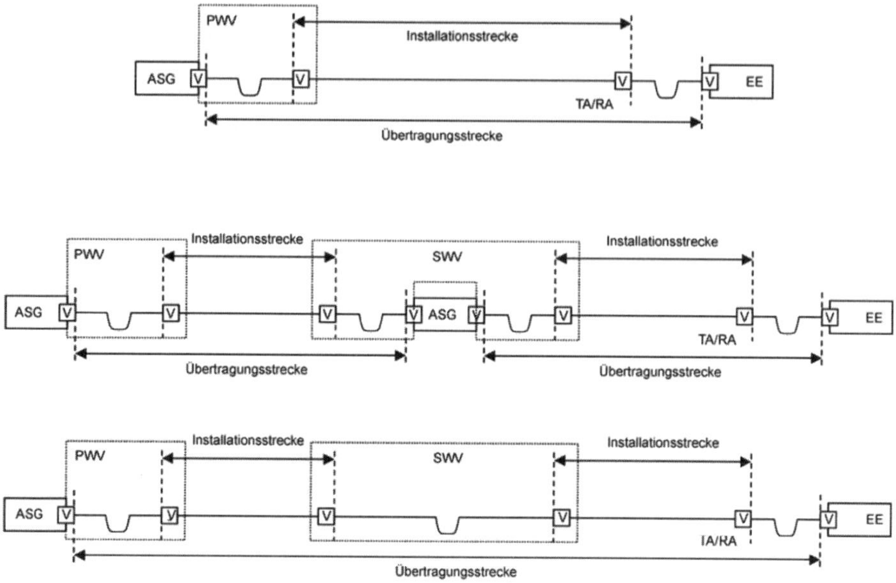

c)

Abbildung 61: Übertragungsstrecken und Installationsstrecken in einer Wohnung (*Quelle:* EN 50173-4:2018, Bild 8 (vereinfacht))

ASG: Anwendungsspezifische Übertragungseinrichtung

V: Verbindung

EE: Endeinrichtung, Endgerät

a) Aufbau einer Wohnungsverkabelung ohne SWV. Die Übertragungsstrecke beginnt am Eingang des Verteilers und endet am Geräteeingang. Der Dienst wird über die ASG eingespeist. Das kann ein Gerät sein oder aber auch die direkte Verbindung zur ENS (Schnittstelle zum externen Netz, z. B. eines Kabelanbieters).

   Die Installationsstrecke (fest verlegtes Kabel) beginnt am Ausgang des PWV (das kann bei einer symmetrischen Kupferverkabelung z. B. eine Schneidklemmleiste sein) und endet an der Anschlussdose (TA oder RA).

b) Aufbau einer Wohnungsverkabelung mit SWV, wobei der SWV zusätzlich aktive Gerätetechnik (ASG) aufnimmt. Bei dieser Konfiguration werden zwei Übertragungsstrecken installiert. Entsprechend sind zwei Installationsstrecken (fest verlegte Kabel) vorhanden: eine zwischen PWV und SWV und eine vom SWV zur Anschlussdose (TA oder RA).

   Diese Konfiguration realisiert das Teilsystem der primären Wohnungsverkabelung in Verbindung mit dem Teilsystem der sekundären Wohnungsverkabelung.

c) Aufbau einer Wohnungsverkabelung mit SWV, wobei der SWV als rein passiver Verteiler fungiert. Bei dieser Konfiguration werden zwei Übertragungsstrecken installiert. Entsprechend sind zwei Installationsstrecken (fest verlegte Kabel) vorhanden: eine zwischen PWV und SWV und eine vom SWV zur Anschlussdose (TA oder RA).

Diese Konfiguration realisiert das Teilsystem der primären Wohnungsverkabelung in Verbindung mit dem Teilsystem der sekundären Wohnungsverkabelung (vergleiche Abb. 57).

Tabelle 23 zeigt die mögliche Ausführung der Übertragungsstrecken, dazu verwendete Medien (Kabel), ihre maximale Ausdehnung und die einzusetzenden Steckverbinder an den Anschlussdosen.

Tabelle 23: Übertragungsstreckenlängen in einer Wohnung

Verkabelungsart				
	IuK	RuK-S	RuK-K	LWL
	Informations- und Kommunikations-verkabelung	Rundfunk- und Kommunikations-verkabelung	Rundfunk- und Kommunikations-verkabelung	sowohl als IuK- als auch als RuK-Verkabelung nutzbar
Medium	symmetrische Kupferverkabelung mit mindestens 2 Paaren, empfohlen 4 Paare	symmetrische Kupferverkabelung mit mindestens 1 Paar, empfohlen 4 Paare	unsymmetrische Koaxialverkabelung	Lichtwellenleiter-verkabelung
maximale Länge	**100 m**	**11,8 m (Typ G)**	**34 m (Typ G)**	**100 m**
Bemerkung		Übertragung (47-862) MHz ohne Kompensation	Übertragung (47-862) MHz ohne Kompensation	
maximale Länge		**25 m (Typ M)**	**73 m (Typ M)**	
Bemerkung		Übertragung (47-862) MHz mit Kompensation bis 6 dB	Übertragung (47-862) MHz mit Kompensation bis 6 dB	
Anschlussdose	TA	RA	RA	TA/RA
Bemerkung	nach EN 60603-7-x, RJ45 für Kat. 5/6/6A/8.1 oder GG45™ für Kat. 7/7A bzw. 8.2	nach EN 61076-3-104, Tera™	nach EN 61169-2, Koax Typ 9,52 bzw. nach EN 61169-24 Koax Typ F	Steckgesicht nach EN 61754-20-5 (LC Duplex)

Achtung: Die oben zusammengestellten Informationen und Werte sind anhand typischer Beispielausführungen der Verkabelung ermittelt worden. Diese müssen nicht vollständig sein, zumal EN 50173-4 zahlreiche Sonderfälle zulässt (z. B. das Mischen von Diensten), was hier nicht weiter ausgeführt wird.

Die dargestellten Kombinationen von eingesetzten Kabeltypen und Steckverbindern sind ebenfalls nur beispielhaft, geben aber eine sinnvolle Empfehlung für Planung und Ausführung solcher Verkabelungen.

4.5.3 Dimensionierung und Konfiguration von Kommunikationskabelanlagen in Wohnungen

4.5.3.1 Verteiler

Der Aufbau der Kommunikationsverkabelung in Wohnungen umfasst einen primären Wohnungsverteiler (PWV) und, je nach Umfang der gewählten Verkabelung bzw. Größe der Wohnung, einen zusätzlichen sekundären Wohnungsverteiler (SWV). Lage, Größe und Ausführung der Verteiler hängen von mehreren Faktoren ab. Dazu zählen:

- Art, Ausführung und Position der Hausübergabepunkte (HÜP) und der Schnittstelle zum externen Netz (ENS),
- Lage vorhandener Kabeltrassen zur Verbindung mit Steigleitungen zur Verbindung zum externen Netz (ENS) und Hausübergabepunkte (HÜP),
- Art, Ausführung und Position bauseitig bereits vorhandener Verteiler (z. B. Elektroverteiler), die u. U. für die IuK- und RuK-Verkabelung genutzt werden können.

  Achtung: Einbaupositionen und Platzverhältnisse sind vorab zu prüfen. Zur Einhaltung der EMV-Richtlinien sind u. U. gesonderte Schirmungs- und Erdungsmaßnahmen sinnvoll oder notwendig.
- Art und Umfang der Dienste, die in der Wohnung zur Verfügung gestellt werden sollen.

  Achtung: Bei der Bedarfsermittlung müssen unbedingt auch zukünftige Anforderungen berücksichtigt werden (neue Medien und neue Kommunikations- und Unterhaltungstechnik sowie ein möglicher Wandel des Nutzerverhaltens in der Wohnung durch Neubezug oder Älterwerden der Bewohner).
- Größe und Aufteilung der Wohnung.

  Achtung: Es ist durchaus sinnvoll, vorausschauend zu verkabeln, d. h. z. B. auch Küche und Sanitärbereich in die Überlegungen mit einzubeziehen. Viele Nutzer wollen heute auch in der Küche fernsehen bzw. erwarten in der Zukunft Telefon oder Notruftasten im Sanitärbereich.
- Spezielle Ansprüche und Wünsche des Wohnungseigentümers, des Vermieters oder des Mieters.

Abbildung 62 zeigt eine mögliche Anordnung der funktionellen Elemente der Kommunikationsverkabelung in einer Wohnung.

Abbildung 62 verdeutlicht, dass jeder Raum mit mindestens einer Anschlussdose versehen werden sollte. Im Detail wird gefordert, dass jeder Raum mit einer Fläche von bis zu 10 m^2 und jeder zusätzliche Bereich mit einer Fläche von bis zu 10 m^2 mit einer Anschlussdose zu versehen ist. Ein größerer Raum muss für IuK-Netzanwendungen mit mindestens einem TA ausgestattet sein und sollte für RuK-Netzanwendungen mit mindestens einem RA ausgestattet sein.

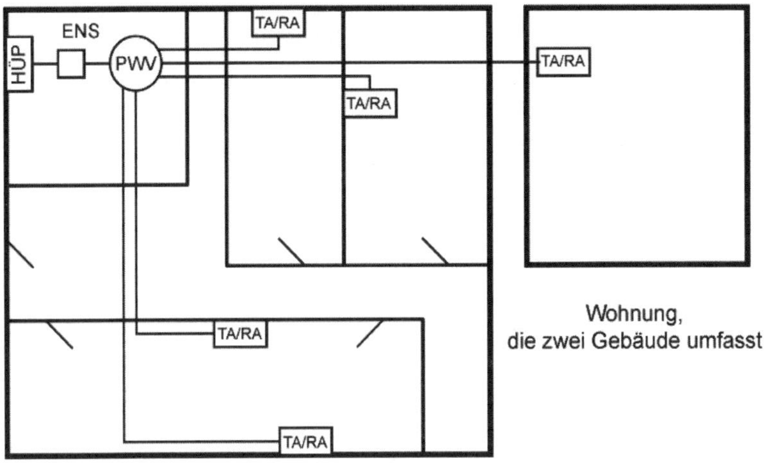

Abbildung 62: Mögliche Anordnung von Verteilern und Anschlussdosen in einer Wohnung (*Quelle:* EN 50173-4:2018, Bild 6)

HÜP, ENS und PWV sind i. d. R. räumlich eng benachbart angeordnet. Das verringert den Installationsaufwand und bietet viele Vorteile bei der Inbetriebnahme bzw. Wartung oder Fehlersuche.

Müssen Verteiler für die anwendungsneutrale Verkabelungsanlage neu gesetzt werden, werden in den allermeisten Fällen platzsparende Wandverteiler zum Einsatz kommen. Bei sehr großen Verkabelungsanlagen oder sehr anspruchsvollem Nutzern und den entsprechenden räumlichen Gegebenheiten (Technikraum, Hauswirtschaftsraum) können auch 19-Zoll-(482,6 mm)-Verteiler montiert werden. Hier kann man auch überlegen, ob man z. B. Technik zur Steuerung der Wohnung auf Basis von intelligenter Gebäudeautomation (Smart Home mit z. B. KNX-System) in einem großen Verteiler zusammenfasst.

4.5.3.2 Informationstechnische Anschlüsse – Anschlussdosen

Anschlussdosen in Wohnungen werden als informationstechnischer Anschluss (TA) und/oder Rundfunkanschluss (RA) ausgeführt.

Für die Definitionen von Anschlüssen im Wohnungsbereich nach EN 50173-4 gilt Tabelle 24:

Tabelle 24: Mögliche Ausführung der Anschlussdosen in einer Wohnung

	Verkabelungsart			
	Kupfer			LWL
	IuK	RuK-S	RuK-K	IuK/RuK
	Informations- und Kommunikations-verkabelung	Rundfunk- und Kommunikations-verkabelung	Rundfunk- und Kommunikations-verkabelung	sowohl als IuK- als auch als RuK-Verkabelung nutzbar
Anschlussdose	TA	RA	RA	TA/RA
Anforderung	nach EN 60603-7-*x*, RJ45 und GG45™ bzw. nach EN 61076-3-104, Tera™	nach EN 61076-3-104, Tera™ bzw. nach EN 60603-7-*x*, RJ45 und GG45™	nach EN 61169-2, Koax Typ 9,52 bzw. nach EN 61169-24 Koax Typ F	Steckgesicht nach EN 61754-20-5 (LC Duplex)
Bemerkung	Weitere Steckgesichter nach EN 50173-1:2018, 8.2 sind zulässig.			

TA und RA werden grundsätzlich für $M_1I_1C_1E_1$-Umgebungsbedingungen im Wohnungsbereich klassifiziert, sind also i. A. in Schutzklasse IP20 ausgeführt. Liegen härtere Umgebungsbedingungen vor (z. B. in Kellern oder Nassbereichen) können auch $M_2I_2C_2E_2$- oder $M_3I_3C_3E_3$-Anforderungen nach EN 50173-1 auftreten. In diesen besonderen Fällen müssten die in Tabelle 24 aufgeführten Steckgesichter für TA bzw. TA/RA (bei LWL) mit entsprechenden Schutzgehäusen versehen werden – für RJ45 und Duplex LC ist es das PushPull-Gehäuse nach EN 61076-3-106, Variante 4.

Bei der Planung der Anschlussdosen in Wohnungen sollte sehr umsichtig vorgegangen werden. Sind Ausführung, Anzahl und Lage nicht dem jetzigen und zukünftigen Bedarf der Wohnungsnutzer angepasst, ist der Nutzen der gesamten Verkabelungsanlage in Frage gestellt. Teure und aufwendige Nachverkabelungen wären die unausweichliche Folge.

Die EN 50173-4 gibt einige Hinweise, die hier noch durch die Autoren ergänzt wurden:

- Räume und Nebenflächen mit bis 10 m^2 müssen mit mindestens einem TA und sollten zusätzlich mit einem RA ausgestattet werden.
- Neben der jetzt genutzten Verkabelung mit den Anschlussdosen sollte im Sinne der Zukunftsfähigkeit, d. h. mit einer möglichst langen Nutzungsdauer der Verkabelung, an ausreichend Reserven gedacht werden.
- Die Installationsorte der Anschlussdosen in den Räumen sollten so gewählt werden, dass eine möglichst kurze Anschlussschnur zu den Endgeräten nötig wird.

  Praxistipp: Bei größeren Räumen gilt zusätzlich der Grundsatz: mindestens in jeder Ecke eine Anschlussdose.

4.5.3.3 Symmetrische Kupfertechnik

Zur Ausführung des TA stehen dem Anwender mehrere Optionen zum Steckgesicht entsprechend EN 50173-1 zur Verfügung. Diese umfassen sowohl RJ45-Ausführungen, GG45™- als auch Tera™-Steckgesichter.

Schließt der TA eine vierpaarige symmetrische Kupferleitung mit einer Übertragungsstrecke nach Klasse D, E oder E_A ab, sollte grundsätzlich ein Steckgesicht nach EN 60603-7 (RJ45) zum Einsatz kommen. Weist die Übertragungsstrecke die Leistungsmerkmale nach Klasse F oder F_A auf, sollte grundsätzlich das Steckgesicht nach EN 60603-7-71 (GG45™) zum Einsatz kommen.

Beim RA kommt grundsätzlich das Steckgesicht nach EN 61076-3-104 (Tera™) zum Einsatz, wobei auch hier Steckgesichter nach EN 60603-7 (RJ45) und EN 60603-7-71 (GG45™) zum Einsatz kommen können.

Zur Verbindung von Geräten mit dem TA bzw. RA sind symmetrische Verbindungsschnüre in den Ausführungen nach Kategorie 5, 6, 6_A, 7, 7_A, 8.1 und 8.2 entsprechend der gewählten Übertragungsklasse des Übertragungskanals und der eingesetzten Verbindungstechnik im TA bzw. im Endgerät (EE) zu nutzen.

4.5.3.4 Koaxiale Kupfertechnik

Der RA schließt koaxiale Verkabelungen ab. Hierbei wird unterschieden zwischen der klassischen 75-Ω-Verkabelung, wie sie z. B. für das Kabelfernsehen im Einsatz ist, und der 50-Ω-Verkabelung, wie sie für Satellitenempfangsanlagen und deren Verkabelung benutzt wird. 75-Ω-Koaxialkabel werden mit koaxialen Steckverbindern vom Typ F abgeschlossen. Diese sind einfach steckbar und „verrasten" durch Reibung. 50-Ω-Koaxialkabel werden mit koaxialen Steckverbindern vom Typ 9,52 abgeschlossen. Diese verfügen zusätzlich über eine mechanische Verschraubung am Steckgesicht.

4.5.3.5 LWL-Technik

Wird mittels LWL-Verkabelung ein „universeller" Übertragungskanal für Informations-, Kommunikations- und Rundfunkkommunikation aufgebaut, wird die Anschlussdose mit dem Steckgesicht nach EN 61754-20, Variante 20-5 (LC Duplex) ausgerüstet.

Hinweis: Aufgrund sehr begrenzter Auswahl von Kommunikationsgeräten und Unterhaltungselektronik wird der Einsatz von LWL im Heimbereich eher die Ausnahme sein.

Kunststofffasern werden in der Norm nicht berücksichtigt. Es sind zwar Multimedia-Geräte mit POF-Anschluss (Produktname TOSLINK™) erhältlich, durchgängig ist diese Technik aber nicht.

4.5.3.6 Allgemeines

Zur Komplettierung der LWL-Verkabelung kommen LWL-Verbindungsschnüre nach optischer Kategorie OM3, OM4, OM5, OS1a oder OS2 in Verbindung mit den o. a. LWL-Steckverbindern bzw. mit denen in den Geräten verbauten Schnittstellen zum Einsatz.

Praxistipp: Je nach Montageort ist bei der Auswahl der Verkabelungsprodukte auch auf die Kompatibilität zu den eingesetzten Schalterprogrammen zu achten. Das betrifft eher die Ästhetik und ist in der EN 50173-4 natürlich nicht geregelt, sollte hier aber erwähnt werden.

Sollen Information, Kommunikation und Rundfunkkommunikation in Anschlussdosen gemischt werden, lässt EN 50173-4 verschiedene Möglichkeiten zu. Auslässe werden dann zu MTA (informationstechnischer Mehrfachanschluss). Diese Option wird in diesem Buch nicht weiter beschrieben.

4.5.4 Anforderungen an Übertragungsstrecken in der Wohnung

4.5.4.1 Umgebungseigenschaften

Die Anforderungen nach MICE in der EN 50173-1 sind einzuhalten. Grundsätzlich kann davon ausgegangen werden, dass in der Installationsumgebung in Wohnungen und Wohngebäuden $M_1I_1C_1E_1$-Umgebungsbedingungen gelten. Liegen härtere Umgebungsbedingungen vor, z. B. in Kellern oder Nassbereichen, sind Maßnahmen zu ergreifen und Produkte auszuwählen, die diesen härteren Anforderungen nach $M_2I_2C_2E_2$ oder $M_3I_3C_3E_3$ gerecht werden.

4.5.4.2 Übertragungseigenschaften von symmetrischen Kupferverkabelungen (IuK – Informations- und Kommunikationsverkabelung)

Für symmetrische Kupferverkabelungen ist das Leistungsspektrum von Übertragungsstreckenklasse D (100 MHz) bis Übertragungsstreckenklasse F_A (1.000 MHz) festgelegt.

Die Auswahl der Verkabelungskomponenten muss neben den übertragungstechnischen Anforderungen, die sich aus den Anforderungen der Übertragungsstrecke ergeben, auch immer die umgebungstechnischen Anforderungen lt. MICE-Tabelle in EN 50173-1 berücksichtigen.

4.5.4.3 Übertragungseigenschaften von symmetrischen und koaxialen Verkabelungen

Bei den RuK-Übertragungsstrecken (s. Abb. 61) wird unterschieden zwischen

- RuK-S (symmetrisch):
  - Typ G für den Frequenzbereich 47 MHz bis 862 MHz mit einer max. Länge von ca. 12 m
  - Typ M für den Frequenzbereich 47 MHz bis 862 MHz mit Kompensation von bis zu 6 dB und einer max. Länge von ca. 25 m

  Diese Übertragungskanäle müssen Klasse-F_A-Grenzwerte einhalten.
- RuK-K (koaxial):
  - Typ G für den Frequenzbereich 47 MHz bis 862 MHz mit einer max. Länge von ca. 34 m
  - Typ M für den Frequenzbereich 47 MHz bis 862 MHz mit Kompensation von bis zu 6 dB und einer max. Länge von ca. 73 m

  Diese Übertragungskanäle müssen Klasse RuK-K-Grenzwerte einhalten.

4.5.4.4 Übertragungseigenschaften von IuK-/RuK-Verkabelungen mit LWL

Werden LWL-Verkabelungsstrecken in Wohnungen errichtet, können darüber sowohl IuK- als auch RuK-Dienste übertragen werden. Somit ist es eine universelle Verkabelung. LWL-Verkabelungen werden mit TA/RA abgeschlossen. Die Reichweite von IuK-/RuK-Verkabelungen mit LWL wird in Wohnungen mit maximal 100 m angenommen.

Bei der Auswahl der Kabeltypen sind drei Dinge auf jeden Fall im Auge zu behalten:

- Auswahl der LWL-Kabelkategorie nach erforderlicher (oder angestrebter) Übertragungsstreckenleistung (wird im Gegensatz zur Kupferverkabelung über das Bandbreiten-Längen-Produkt ermittelt oder nach DIN VDE 0800 (VDE 0800-173-100) gewählt).
- Minimaler Biegeradius der installierten Kabel. Einbaubedingungen in Verteilern und besonders auch am TA/RA erfordern manchmal Biegeradien unter 30 mm. Das stellt für viele Produkte eine Herausforderung dar und ist bei der Entscheidung für ein einzelnes Produkt unbedingt zu berücksichtigen.

4.5.4.5 Verkabelungskomponenten

In Analogie zu den Festlegungen der Klassen bei den Übertragungsstrecken sind für die Beispiel- bzw Referenzausführung bei Verkabelungskomponenten, d. h. Kommunikationskabel, Steckverbinder, Geräteverbindungs- und Geräteanschluss- und Rangierschnüre, folgende Kategorien definiert:

- **Symmetrische Kupfertechnik:**
  - o Für IuK-Verkabelungen werden Kabel der folgenden Kategorien eingesetzt:
    Kategorie 5 für Klasse D
    Kategorie 6 für Klasse E
    Kategorie 6_A oder Kategorie 8.1 für Klasse E_A
    Kategorie 7 für Klasse F
    Kategorie 7_A oder Kategorie 8.2 für Klasse F_A
  - o Für RuK-S-Verkabelungen kommen ein- oder mehrpaarige symmetrische Kabel mit Übertragungseigenschaften der Kategorie 7_A bzw. 8.2 zum Einsatz.
  - o Für RuK-K Verkabelungen kommen Koaxialkabel mit 50 Ω (Typ-G-Verkabelung, 24 m) bzw. 75 Ω zum (Typ-M-Verkabelung, 73 m) zum Einsatz.
  - o Je nach Länge der installierten Verkabelungsstrecke kommen Dämpfungsglieder mit bis zu 6 dB zum Einsatz.
    Die in den Anschlussdosen des TA bzw. RA verbauten Steckverbinder sind in Tabelle 24 aufgeführt.

An anderen Orten der Übertragungsstrecke, z. B. im Verteiler, ist das Steckgesicht nicht normativ festgelegt.

Praxistipp: Im Sinne eines störungsfreien Betriebs sollten in der Verkabelungsanlage die gleichen Steckverbindertypen wie in TA bzw. RA eingesetzt werden.

Bei erhöhten Umgebungsanforderungen muss ein Schutzgehäuse verwendet werden, dessen mechanische und physische Eigenschaften derjenigen der Variante 4 aus EN 61076-3-1 entsprechen.

- LWL-Technik:

Bei der LWL-Technik umfasst das Portfolio für die Verkabelung in Wohnungen Kabel mit Mehrmoden-Lichtwellenleitern (OM3, OM4, OM5) und Kabel mit Einmoden-Lichtwellenleitern (OS1a, OS2).

Die in den Anschlussdosen des TA bzw. RA verbauten Steckverbinder sind in Tabelle 24 aufgeführt.

4.5.5 Konformität

Zur Sicherstellung der Konformität nach EN 50173-4 gibt es ein Paket von Forderungen. Zusammenfassend kann man sagen, dass:

- die Verkabelungsstruktur einzuhalten ist – vergleiche Abbildung 57 und die nachfolgenden Ausführungen;
- die einzelnen Übertragungsstrecken die Anforderungen erfüllen müssen – vergleiche Kapitel 4.5.4 und die nachfolgenden Ausführungen;
- ausschließlich die vorgeschriebene Verbindungstechnik an den Auslässen TA bzw. RA zugelassen ist;
- die Anforderungen der Normenreihe EN 50174 und von EN 50310 erfüllt werden müssen;
- lokale Bestimmungen, einschließlich Sicherheits- und EMV-Vorschriften, eingehalten werden müssen.

4.6 EN 50173-5: Rechenzentrumsbereiche

4.6.1 Anwendungs- und Geltungsbereich

Als informationstechnisches Herzstück eines Unternehmens ist das Rechenzentrum Dreh- und Angelpunkt für alle digitalisierten Vorgänge. Das Rechenzentrum steuert Produktions-, Verwaltungs-; und Dienstleistungsprozesse in wirtschaftlichen und gesellschaftlichen Bereichen. Ausfälle können erheblichen Schaden anrichten. Die Verfügbarkeit muss deshalb rund um die Uhr sichergestellt sein.

Die informationstechnische Verkabelung trägt maßgeblich zu einem zuverlässigen Betrieb bei. Leistungsanforderungen an moderne Kommunikationsverkabelung in Rechenzentren sind:

- maximale Verfügbarkeit,
- kurze Installationszeiten,
- maximales Leistungsvermögen,
- geringer Platzbedarf,
- Kosteneffizienz.

EN 50173-5 legt anwendungsneutrale Kommunikationsanlagen innerhalb von Rechnerräumen an Rechenzentrumsstandorten oder in Rechenzentrumsbereichen innerhalb anderer Gebäudearten fest. Hierzu können die folgenden zusätzlichen Standorte gehören:

- Bürobereiche, deren anwendungsneutrale Kommunikationsanlagen in EN 50173-2 geregelt sind und
- industriell genutzte Bereiche, deren anwendungsneutrale Kommunikationsanlagen in EN 50173-3 festgelegt sind.

Die in Verbindung mit EN 50173-1 getroffenen Festlegungen betreffen u. a. folgende Punkte:

- Struktur, Mindestkonfiguration und Ausführungen,

- Anforderungen an das Leistungsvermögen von Installations- und Übertragungsstrecken sowie Verkabelungskomponenten,
- Schnittstellen zum externen Netz (ENS) und am Geräteanschluss (GA),
- Konformität und Verifizierungsverfahren.

Eine ganzheitliche Betrachtung von Kommunikationskabelanlagen in allen Einrichtungen und Infrastrukturen von Rechenzentren enthält EN 50600-2-4; hierauf wird im vorliegenden Buch nicht weiter eingegangen.

Rechenzentren zeichnen sich u. a. durch ein äußerst hohes Volumen von Datenkabeln aus, die zur Bereitstellung zentraler Serverdienste an eine große Anzahl von Nutzern sowohl intern als auch zur Außenwelt benötigt werden. Mit der in EN 50173-5 definierten Verkabelungstopologie für Rechnerräume steht eine flexible Struktur zur Verfügung, die Änderungen und Erweiterungen an der Verkabelung bei geringster Unterbrechung des laufenden Betriebs schnell und wirtschaftlich unterstützt und dabei auch die Notwendigkeit redundanter Netzausführungen berücksichtigt. Die hochleistungsfähigen Übertragungsstreckenklassen bieten auch bei rasch ansteigenden Datentransferraten der Übertragungseinrichtungen in Rechenzentren eine technisch zukunftssichere und ökonomisch attraktive Verkabelungsinfrastruktur.

Abbildung 63: Serverschrankreihen (www.colourbox.de, 2018)

4.6.2 Struktur und Modell von Kommunikationskabelanlagen in Rechnerräumen

Die anwendungsneutrale Kommunikationskabelanlage im Rechnerraum besteht aus bis zu vier Arten von Teilsystemen (s. Abb. 64):

- der Netzzugangsverkabelung,
- der Hauptverteilungsverkabelung,
- der Zwischenverteilungsverkabelung und
- der Bereichsverteilungsverkabelung.

Sofern vorhanden können Verteiler anderer Normen der Reihe EN 50173 am Standort über die Netzzugangsverkabelung verbunden werden.

In Abhängigkeit der toplogischen Anforderungen in Rechenzentren können Funktionen von Verteilern auch kombiniert werden; die sie verbindenden Teilsysteme entfallen dann. Verbindungen zwischen den Teilsystemen sind entweder aktiv und erfordern anwendungsspezifische Geräte oder sie sind passiver Natur.

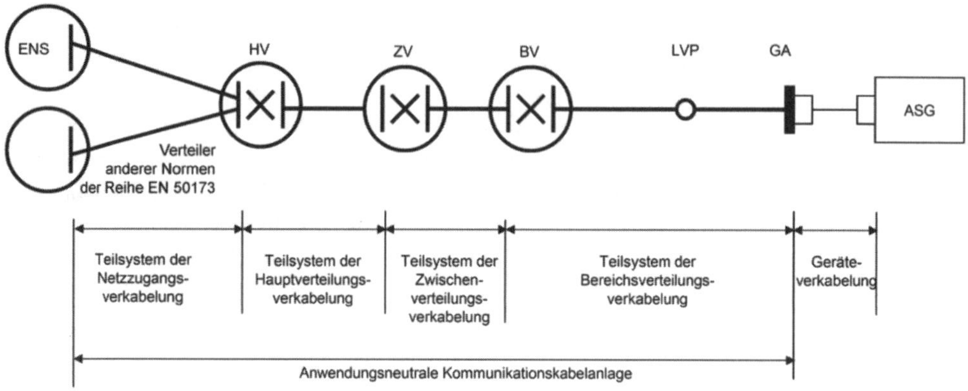

Abbildung 64: Struktur der anwendungsneutralen Kommunikationskabelanlage für Rechnerräume (*Quelle:* EN 50173-5:2018, Bild 2)

ENS: Schnittstelle zum externen Netz

HV: Hauptverteiler

ZV: Zwischenverteiler

BV: Bereichsverteiler

LVP: lokaler Verteilpunkt

GA: Geräteanschluss

Gerade im Rechenzentrum spielt die Zuverlässigkeit bzw. die Ausfallsicherheit eine essenzielle Rolle. Aus diesem Grund sollten u. a. folgende Vorkehrungen in Betracht gezogen werden (s. Abb. 65):

- mehrere, physisch voneinander getrennte Verteiler (z. B. ENS) und
- redundante Führung der Verkabelung zwischen den Verteilern.

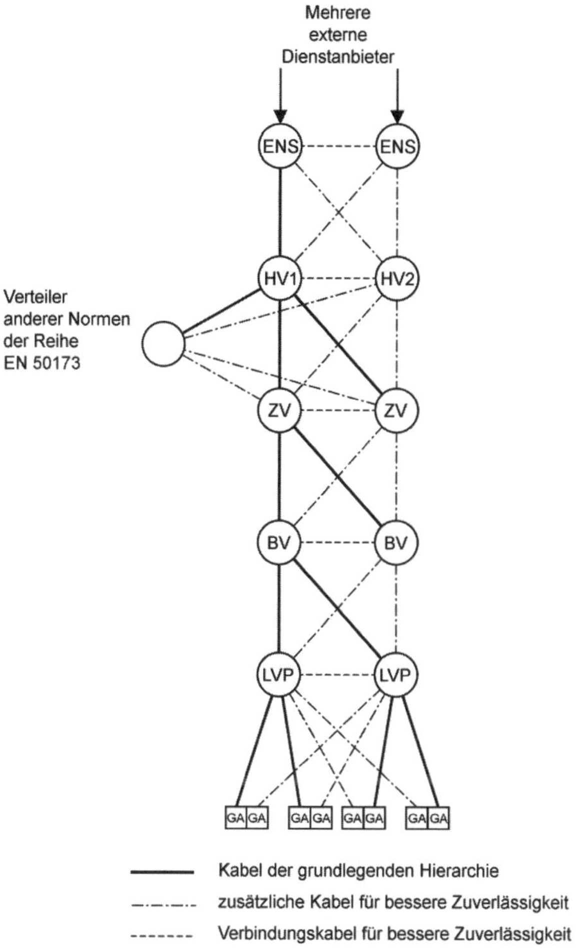

Abbildung 65: Hierarchische Struktur der anwendungsneutralen Kommunikationskabelanlage im Rechenzentrum mit verbesserter Zuverlässigkeit (*Quelle:* EN 50173-5:2018, Bild 4)

Im Teilsystem der Bereichsverteilungsverkabelung sieht EN 50173-5 vier verschiedene Verkabelungsmodelle vor, die in Abhängigkeit der gewünschten Ausprägung und Flexibilität eingesetzt werden. Bei dem Modell „Durchverbindung - GA" verbindet das Bereichsverteilungskabel den Geräteanschluss direkt mit dem Bereichsverteiler. Beim Modell „Rangierverteiler - GA" ist beim Bereichsverteiler noch eine zusätzliche Rangierebene eingebaut. Die Implementierungen „Durchverbindung - LVP - GA" und „Rangierverteiler - LVP - TA" erhalten durch den sogenannten lokalen Verteilpunkt eine weitere Verteilebene im Umfeld des Geräteanschlusses (s. Abb. 66 bis 69).

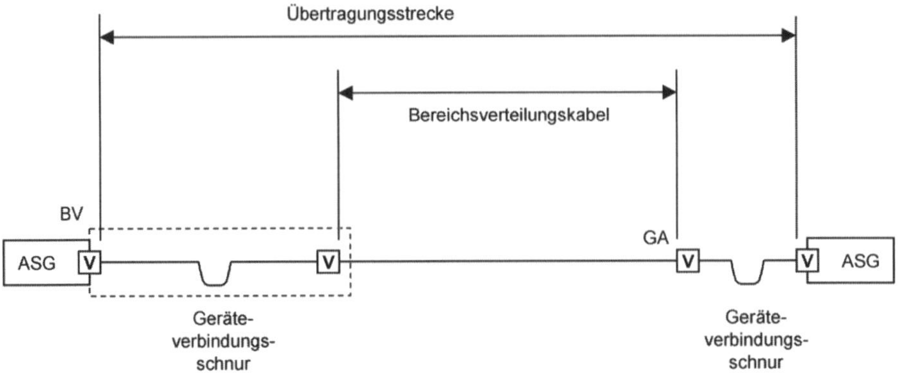

Abbildung 66: Bereichsverkabelungsmodell Durchverbindung – GA (*Quelle:* EN 50173-5:2018, Bild 10a)

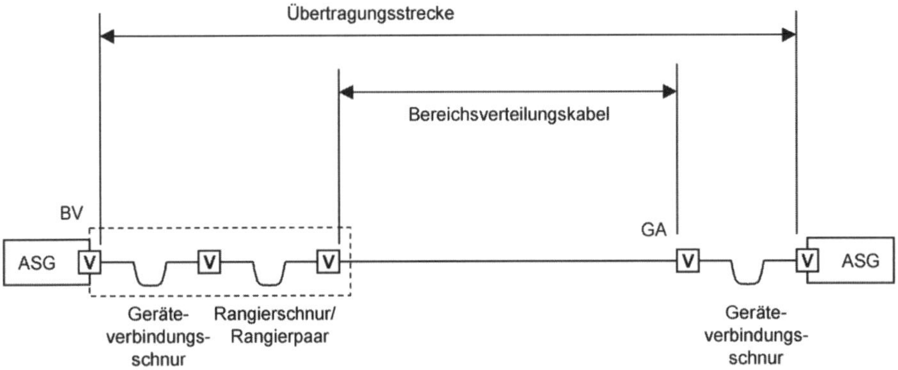

Abbildung 67: Bereichsverkabelungsmodell Rangierverteiler – GA (*Quelle:* EN 50173-5:2018, Bild 10b)

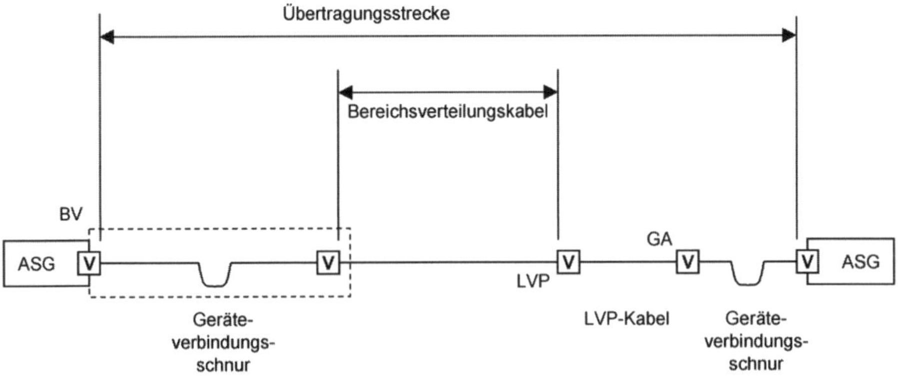

Abbildung 68: Bereichsverkabelungsmodell Durchverbindung – LVP – GA (*Quelle:* EN 50173-5:2018, Bild 10c)

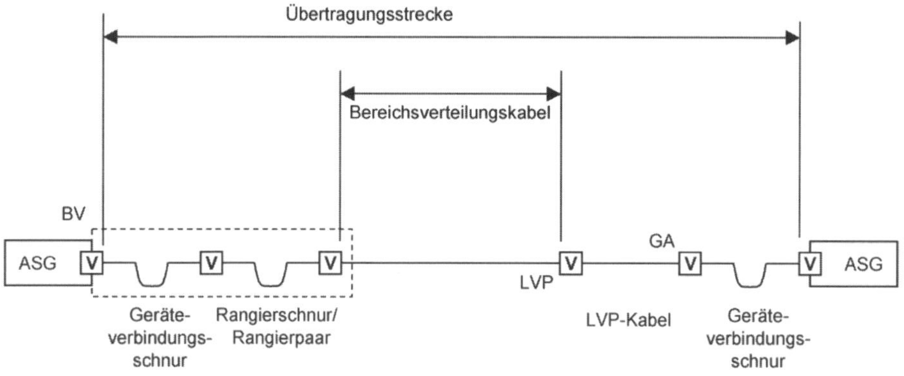

Abbildung 69: Bereichsverkabelungsmodell Rangierverteiler – LVP – GA (*Quelle:* EN 50173-5:2018, Bild 10d)

Abbildung 70: Rechenzentrumsverteiler (www.colourbox.de, 2018)

4.6.3 Dimensionierung und Konfiguration von Kommunikationskabelanlagen im Rechenzentrum

4.6.3.1 Verteiler

Die Anzahl und Auslegung von Verteilern hängt wesentlich von der Gestaltung und Größe des Rechenzentrums und von der Zielsetzung des Anwenders ab. Die Auslegung der Verteiler sollte sicherstellen, dass die Längen der Rangierschnüre und Geräteverbindungsschnüre minimiert werden. Die Funktionen mehrerer Verteiler können zusammengefasst werden. Allerdings muss jedes Rechenzentrum mindestens über einen Hauptverteiler verfügen.

4.6.3.2 Geräteanschlüsse

Die Dimensionierung der anwendungsneutralen Kommunikationskabelanlage im Rechenzentrum sollte die Installation von Geräteanschlüssen in einer hohen Dichte und nahe bei den anwendungsspezifischen Geräten, mit denen sie verbunden werden sollen, vorsehen. Geräteanschlüsse können entweder mit symmetrischer Kupferverkabelung oder mit LWL-Verkabelung bedient werden.

4.6.3.3 Sammelpunkte

Die Installation eines LVP in der Bereichsverteilungsverkabelung zwischen dem BV und dem GA kann nützlich sein, wenn häufig Geräte hinzugefügt oder entfernt werden. Zwischen einem BV und einem beliebigen GA ist ein LVP erlaubt. Der LVP muss über ausreichende Kapazitäten verfügen, um die entsprechende Fläche des Rechnerraums während seiner vorgesehenen Betriebsdauer zu versorgen.

4.6.3.4 Schnittstelle zum externen Netz

Die ENS bildet den Auflagepunkt der Netzzugangsverkabelung, die die Verbindung externer Dienste mit der Netzzugangsverkabelung ermöglicht.

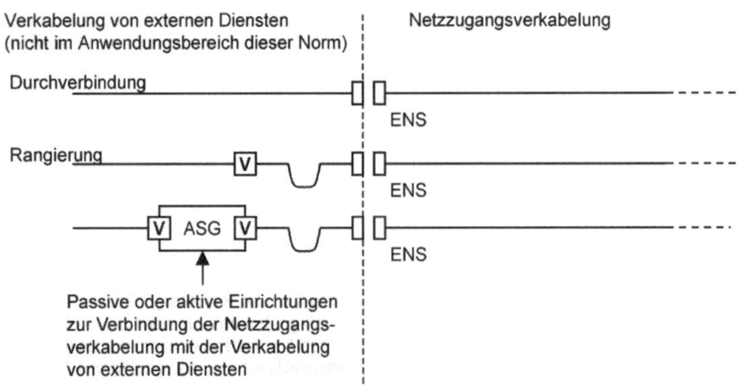

Abbildung 71: Schnittstelle zum externen Netz (*Quelle:* EN 50173-5:2018, Bild 7)

4.6.4 Anforderungen an Übertragungsstrecken in Rechnerräumen

4.6.4.1 Umgebungseigenschaften

Die Übertragungsstrecken müssen so ausgelegt sein, dass sie das spezifizierte Leistungsvermögen unter den definierten Umgebungsbedingungen erfüllen.

4.6.4.2 Übertragungseigenschaften von symmetrischer Kupferverkabelung

Das Leistungsvermögen der Übertragungsstrecke von Haupt-, Zwischen- und Bereichsverkabelung muss mindestens Klasse E_A entsprechen. Damit wird eine Übertragungsrate von bis zu 10 GBit/s unterstützt. Für höhere Datenraten, z. B. 25 GBit/s oder 40 GBit/s, sind die Übertragungsstreckenklassen I und II, allerdings mit einer auf 30 m reduzierten maximalen Übertragungsstreckenlänge, einzusetzen.

Die Netzzugangsverkabelung muss so ausgelegt sein, dass sie die geforderten Netzanwendungen über die Lebensdauer der Verkabelung zur Verfügung stellt.

Beim Mischen von Diensten müssen zusätzliche Anforderungen an die Nebensprechdämpfung erfüllt werden.

4.6.4.3 Übertragungseigenschaften von Lichtwellenleiter-Verkabelung

Das Leistungsvermögen von optischen Übertragungsstrecken der Haupt-, Zwischen- und Bereichsverkabelung muss EN 50173-1 (s. Kapitel 4.2.2.3) entsprechen.

4.6.4.4 Verkabelungskomponenten

In Analogie zu den Festlegungen der Klassen bei den Übertragungsstrecken sind für die Referenzausführung bei Verkabelungskomponenten, d. h. Kommunikationskabel, Steckverbindungen, Rangierschnüre und Geräteverbindungskabel, folgende Kategorien definiert:

- Kupfertechnik:

Kategorie 6_A oder Kategorie 8.1 für Klasse E_A

Kategorie 7 für Klasse F

Kategorie 7_A oder Kategorie 8.2 für Klasse F_A

Kategorie 8.1 für Klasse I

Kategorie 8.2 für Klasse II

Am GA und ENS sind Steckverbinder nach EN 60603-7 (RJ45) vorgeschrieben. Alternativ dürfen auch in Abhängigkeit des Verwendungszwecks Steckverbinder nach EN 60603-7-7 bzw. EN 60603-7-71 (GG45™) oder EN 61076-3-104 (Tera™) eingesetzt werden. An anderen Orten der Übertragungsstrecke sind auch andere Steckverbinder-Designs zulässig – allerdings nur bedingt sinnvoll – sofern sie die elektrischen und mechanischen Grundanforderungen sowie die Umgebungseigenschaften erfüllen. Bei erhöhten Umgebungsanforderungen (mechanisch, physisch) muss ein Schutzgehäuse nach EN 61076-3-106, Variante 4 verwendet werden.

- **LWL-Technik:**

Bei der LWL-Technik umfasst das Portfolio für das Rechenzentrum Kabel mit Mehrmoden-Lichtwellenleitern (OM3, OM4, OM5) und Kabel mit Einmoden-Lichtwellenleitern (OS1a, OS2).

Bei Verwendung von bis zu 2 Lichtwellenleitern sind am GA, als Abschluss der Bereichsverteilungsverkabelung, Steckverbinder mit dem Steckgesicht nach EN 61754-20, Variante 20-5 (LC-Duplex) vorgesehen. Das an ihm befestigte LWL-Installationskabel darf entweder mit einem Duplex-Stecker nach EN 61754-20, Variante 20-4 oder mit einem Simplex-Stecker nach EN 61754-20, Variante 20-1 abgeschlossen werden.

Bei Verwendung von mehr als 2 Lichtwellenleitern in Reihen mit bis zu 12 Lichtwellenleitern muss die Bauart MPO in Übereinstimmung mit EN 61754-7-1 (einreihig) oder EN 61754-7-2 (zweireihig) eingesetzt werden.

Die Netzzugangsverkabelung mit Mehrmoden-Lichtwellenleiterkabeln muss mit einem Duplex-Stecker nach EN 61754-20, Variante 20-4 oder mit einem Simplex-Stecker nach EN 61754-20, Variante 20-1 abgeschlossen werden.

Bei Verwendung von Einmoden-Lichtwellenleiterkabeln sind die Bauarten LC-APC Simplex und LC-APC Duplex einzusetzen.

Details zu den Verkabelungskomponenten finden sich im Kapitel 5.

4.6.5 Konformität

Konformität nach EN 50173-5 kann auf zwei Wege erreicht werden (s. Kapitel 4.2.5): entweder mit dem sogenannten Systemansatz über die Einhaltung der Anforderungen an die Übertragungsstrecke (s. Kapitel 4.2.2) oder mit dem Komponentenansatz gemäß der Beispielausführung.

Beim Komponentenansatz müssen folgende Rahmenbedingungen berücksichtigt werden:

- Verwendung der beschriebenen Verkabelungskomponenten,
- Verwendung eines Bereichsverteilungsmodells nach EN 50173-5 (s. Abb. 66 bis 69),
- maximale Länge der Übertragungsstrecke bei den Klassen E_A, F oder F_A: 100 m,
- maximale Länge der Übertragungsstrecke bei den Klassen I oder II: 30 m,
- maximale Länge des Bereichsverteilungskabels: 90 m,
- minimale Länge des Bereichsverteilungskabels bei Verwendung eines LVP: 15 m.

Die Berechnung der Längen für die Bereichsverteilungs-Übertragungsstrecken in Abhängigkeit des Verkabelungsmodells und der Verkabelungsklasse ist in Tabelle 25 aufgezeigt. Zudem sind mögliche Längenreduzierungen in Abhängigkeit des Dämpfungsanstiegs bei Betriebstemperaturen oberhalb von 20 °C zu berücksichtigen.

Tabelle 25: Gleichungen für die Bereichsverteilungs-Übertragungsstrecken in Abhängigkeit der Verkabelungsklassen und des Verkabelungsmodells (*Quelle:* EN 50173-5:2018, Tabelle 2 (vereinfacht))

Modell	Bild	Modellgleichungen [a]		
		Klasse E_A	Klasse F und Klasse F_A	Klasse I und Klasse II
Durchverbindung - GA	66	$Z = 104 - F \times X$	$Z = 105 - F \times X$	$Z = 32 - F \times X$
Rangierung - GA	67	$Z = 103 - F \times X$	$Z = 103 - F \times X$	-
Durchverbindung - LVP - GA	68	$Z = 103 - F \times X - L \times Y$	$Z = 103 - F \times X - L \times Y$	-
Rangierung - LVP - GA	69	$Z = 102 - F \times X - L \times Y$	$Z = 102 - F \times X - L \times Y$	-

Z größte Länge des Bereichsverteilungskabels (m);
F gesamte Länge der Rangierschnüre, Rangierpaare und Geräteverbindungsschnüre (m);
L Länge des LVP-Kabels (m);
X Verhältnis der Einfügungsdämpfung des Kabels (dB/m) in den Schnüren/Rangierpaaren zur Einfügungsdämpfung des Bereichsverteilungskabels (dB/m);
Y Verhältnis der Einfügungsdämpfung (dB/m) des LVP-Kabels zur Einfügungsdämpfung (dB/m) des Bereichsverteilungskabels.

[a] Für Betriebstemperaturen über 20 °C muss Z reduziert werden um:
1) 0,2 % je °C bei geschirmten symmetrischen Kupferkabeln;
2) 0,4 % je °C bei ungeschirmten symmetrischen Kupferkabeln bis 40 °C;
3) 0,6 % je °C bei ungeschirmten symmetrischen Kupferkabeln zwischen 40 °C und 60 °C.

Der Vollständigkeit halber sei an dieser Stelle erwähnt, dass EN 50173-5 weitere Gleichungen und Rahmenbedingungen für die Zwischenverteilungsverkabelung, für die Hauptverteilungsverkabelung und für die Netzzugangsverkabelung enthält.

4.7 EN 50173-6: Verteilte Gebäudedienste

4.7.1 Anwendungs- und Geltungsbereich

EN 50173-6 legt diejenigen Spezifikationen anwendungsneutraler Kommunikationskabelanlagen fest, die eine Fülle von Nutzer-unspezifischen Kommunikationsdiensten innerhalb von einzelnen Gebäuden oder Gebäudekomplexen an einem Standort unterstützen. Viele dieser Dienste erfordern die Verwendung von ferngespeisten Geräten einschließlich solcher für die Telekommunikation, das Energiemanagement, die Steuerung der Umgebungsbedingungen, das Mitarbeitermanagement und für die Alarmierung.

Die Verteilung dieser Dienste (z. B. für Funkzugangspunkte, ferngespeiste Geräte und Gebäudemanagementsysteme) wird an anderen Orten als denjenigen, die in den Standort-spezifischen Normen der Reihe EN 50173 spezifiziert sind, bereitgestellt. Die Struktur und Konfiguration kann entweder zu Festlegungen in den Normenreihe EN 50173 überlagert oder dazu unabhängig sein. Damit steht künftig auch für Dienste, die bisher über dezidierte, bedarfsorientierte Verkabelungen übertragen wurden, eine universell nutzbare, zukunftssichere Kommunikationskabelanlage zur Verfügung. Diese Vereinheitlichung der IT-Infrastruktur eines Gebäudes reduziert die Investitions- und Betriebskosten sowie die Brandlast und trägt somit auch zur Ressourcenschonung bei.

EN 50173-6 legt anwendungsneutrale Kommunikationsanlagen für verteilte Gebäudedienste fest und kann als eigenständige Infrastruktur oder gemeinsam mit allen bereichsspezifischen Normen der Reihe EN 50173 verwendet werden. Sie ist für eine Ausdehnung von bis zu 10.000 m^2 optimiert.

EN 50173-6 legt entweder direkt oder mittels Verweis auf EN 50173-1 folgende Punkte fest:

- Struktur, Mindestkonfiguration und Ausführungen,
- Anforderungen an das Leistungsvermögen von Verkabelungs-, Übertragungsstrecken und Verkabelungskomponenten,
- Schnittstellen am Diensteanschluss (DA),
- Konformität und Verifizierungsverfahren.

Neben den in EN 50173-1 aufgeführten Netzanwendungen zielt EN 50173-6 auf die Unterstützung folgender Anwendungen ab:

- Telekommunikation, z. B. Funkzugangspunkte, verteilte Antennensysteme,
- Energiemanagement, z. B. Beleuchtung, Stromverteilung, Zählerablesung durch den Energieversorger,
- Steuerung der Umgebungsbedingungen, z. B. Temperatur, Feuchte,
- Mitarbeitermanagement, z. B. Zugangskontrolle, Überwachungskameras, passive Infrarot-Detektoren (PIR), Zeiterfassung und Anwesenheitsüberwachung, elektronische Leitsysteme, audio-visuelle Projektoren,
- persönliche Informationen und Alarme, z. B. Personenruf, Patientenüberwachung, Krankenschwesternruf, Sicherheit von Kindern,
- intelligente Gebäudesysteme.

Abbildung 72: Verteilte Gebäudesysteme (www.colourbox.de, 2018)

4.7.2 Struktur und Modell von Kommunikationskabelanlagen für verteilte Gebäudedienste

Die anwendungsneutrale Kommunikationskabelanlage für verteilte Gebäudedienste bietet zwei mögliche Strukturvarianten:

a) Anwendungsneutrale Kommunikationsanlagen vom Typ A: Hier sind in Analogie zur Büroverkabelung bis zu 3 Teilsysteme vorgesehen:
   - Primärverkabelung
   - Sekundärverkabelung
   - Diensteverteilungsverkabelung

Die Diensteverteilungsverkabelung versorgt den Diensteanschluss bzw. die Dienstebereichsverkabelung (s. Abb. 73).

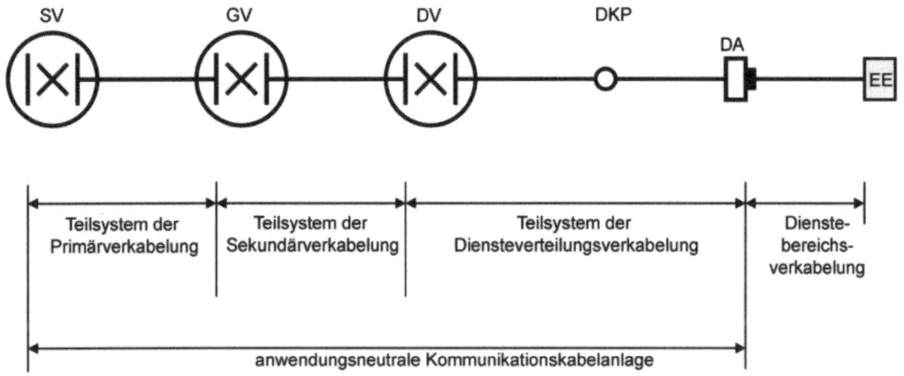

Abbildung 73: Struktur der anwendungsneutralen Kommunikationskabelanlage für verteilte Gebäudedienste vom Typ A (*Quelle:* EN 50173-6:2018, Bild 2)

SV: Standortverteiler

GV: Gebäudeverteiler

DV: Diensteverteiler

DKP: Dienstekonzentrationspunkt

DA: Diensteanschluss

b) Anwendungsneutrale Kommunikationsanlagen vom Typ B: Hier sind ebenfalls bis zu 3 Teilsysteme vorgesehen:
   - Primärverkabelung
   - Sekundärverkabelung
   - Versorgungsbereichsanschlussverkabelung

Die Versorgungsbereichsanschlussverkabelung versorgt den Dienstekonzentrationspunkt bzw. die anwendungsspezifische Verkabelung (s. Abb. 74). Damit lassen sich Endeinrichtungen (EE) direkt am DKP oder an die anwendungsspezifische Verkabelung anschließen.

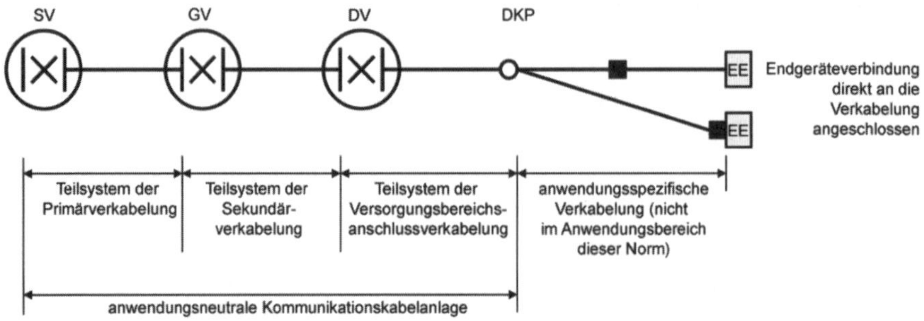

Abbildung 74: Struktur der anwendungsneutralen Kommunikationskabelanlage für verteilte Gebäudedienste vom Typ B (*Quelle:* EN 50173-6:2018, Bild 4)

SV: Standortverteiler

GV: Gebäudeverteiler

DV: Diensteverteiler

DKP: Dienstekonzentrationspunkt

Verbindungen zwischen den Teilsystemen der Verkabelung vom Typ A oder B sind entweder aktiv und erfordern anwendungsspezifische Geräte oder passiv. Die Verbindung zu einem anwendungsspezifischen Gerät erfolgt mittels einer Durchverbindung oder mittels Rangierverteiler (s. EN 50173-1). Passive Verbindungen zwischen Teilsystemen der Verkabelung werden entweder durch Rangierverteiler, mittels Rangierschnüren oder mit Durchverbindungen hergestellt.

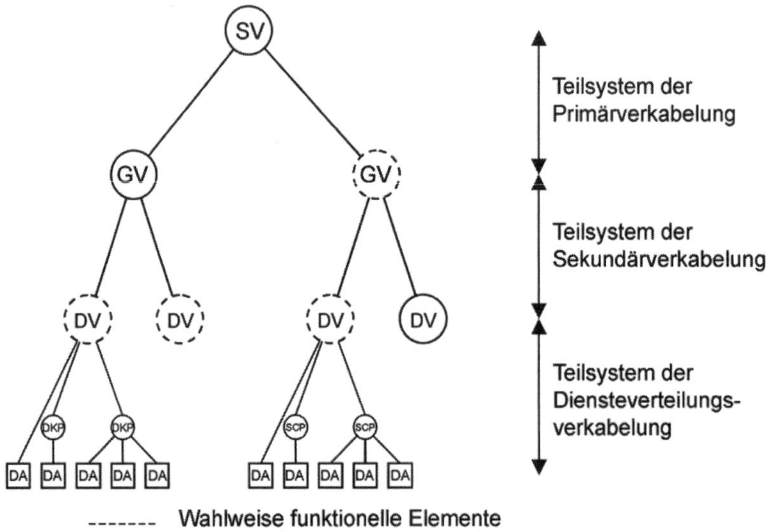

Abbildung 75: Strukturen für zentralisierte anwendungsneutrale Kommunikationskabelanlagen (*Quelle:* EN 50173-6:2018, Bild 6)

Bei zentralisierten Verkabelungsstrukturen, wie in Abbildung 75 gezeigt, sind primäre bzw. sekundäre und Diensteverteilungs-Übertragungsstrecken zusammengefasst. Dabei werden die Übertragungsstrecken durch passive Verbindungen (als Rangierung oder Durchverbindung) in den Verteilern erzeugt. Für zentralisierte Lichtwellenleiterverkabelung ist es zusätzlich möglich, Verbindungen an den Verteilern mit Spleißen herzustellen. Allerdings verringert dies die Fähigkeit der Verkabelung, Konfigurationsänderungen zu unterstützen.

Im Teilsystem der Diensteverteilungsverkabelung sieht EN 50173-6 vier verschiedene Verkabelungsmodelle vor, die in Abhängigkeit der gewünschten Ausprägung und Flexibilität eingesetzt werden. Bei dem Modell „Durchverbindung - DA" verbindet das Diensteverteilungskabel den Diensteanschluss direkt mit dem Diensteverteiler. Beim Modell „Rangierverteiler - DA" ist beim Diensteverteiler noch eine zusätzliche Rangierebene eingebaut. Die Implementierungen „Durchverbindung - DKP - DA" und „Rangierverteiler - DKP - DA" erhalten durch den sogenannten Dienstekonzentrationspunkt eine weitere Verteilebene im Umfeld des Diensteanschlusses (s. Abbildung 76 bis Abbildung 79).

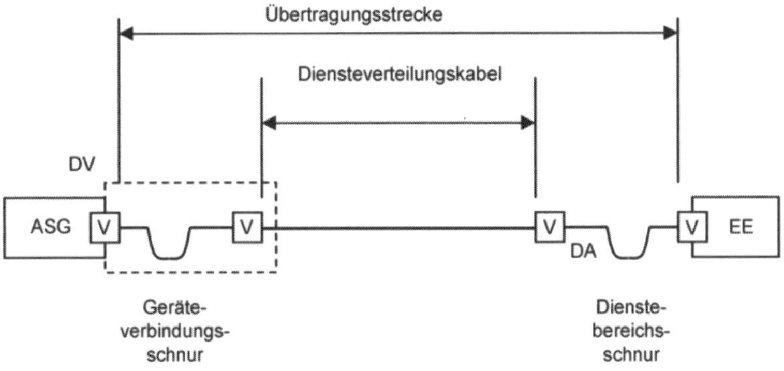

Abbildung 76: Diensteverteilungsverkabelungsmodell Durchverbindung – DA (*Quelle:* EN 50173-6:2018, Bild 16a)

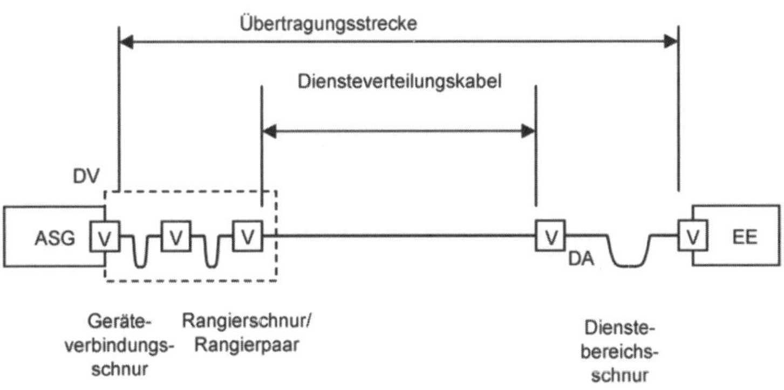

Abbildung 77: Dienste-Verteilungs-Verkabelungsmodell Rangierverteiler – DA (*Quelle:* EN 50173-6:2018, Bild 16b)

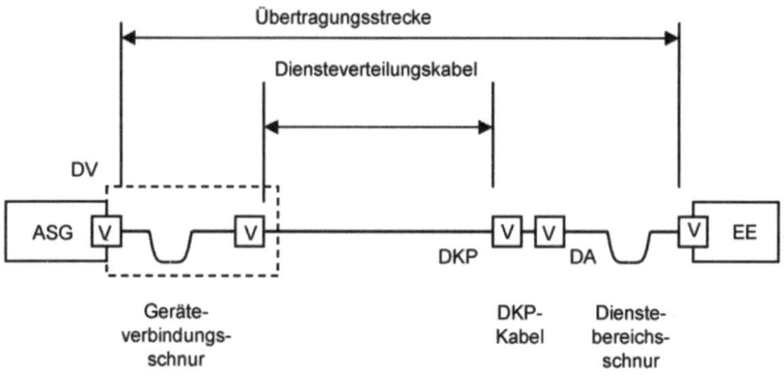

Abbildung 78: Dienste Verteilungs-Verkabelungsmodell Durchverbindung – DKP – DA (*Quelle:* EN 50173-6:2018, Bild 16c)

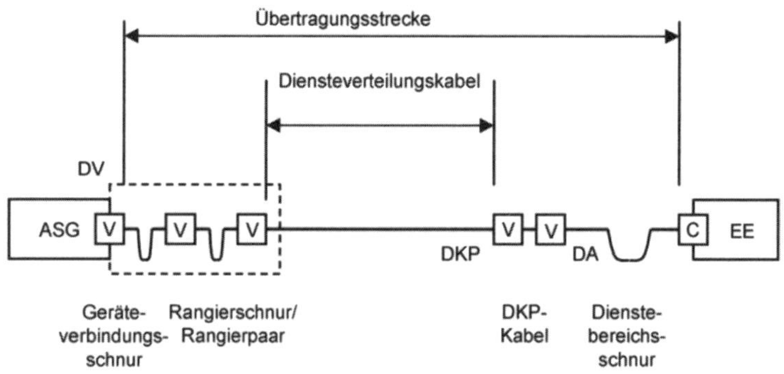

Abbildung 79: Dienste-Verteilungs-Verkabelungsmodell Rangierverteiler – DKP – DA (*Quelle:* EN 50173-6:2018, Bild 16d)

4.7.3 Dimensionierung und Konfiguration von Kommunikationskabelanlagen für verteilte Gebäudedienste

4.7.3.1 Verteiler

Analog zur Verkabelung im Bürogebäude hängt die Anzahl und Auslegung von Verteilern wesentlich von der Geografie und Größe des Standorts und von der Zielsetzung des Anwenders ab. Gewöhnlich gibt es einen Standortverteiler je Standort, einen Gebäudeverteiler je Gebäude und einen Diensteverteiler je Etage. Die Auslegung der Verteiler sollte sicherstellen, dass die Längen der Rangierschnüre und Geräteverbindungsschnüre minimiert werden. Es wird empfohlen, mindestens einen Diensteverteiler für je 1.000 m^2 Bürofläche einzuplanen. In jeder Etage sollte sich mindestens ein Diensteverteiler befinden. Bei Etagenbereichen größer als 1.000 m^2 ist es sinnvoll, mehrere Diensteverteiler zu installieren.

4.7.3.2 Diensteanschlüsse

Die Dimensionierung der anwendungsneutralen Kommunikationsanlage für verteilte Gebäudedienste sollte die Installation von Diensteanschlüssen am gesamten Standort vorsehen. Eine dichte Verteilung von Diensteanschlüssen verbessert die Fähigkeit der Verkabelung, flexibel auf erwünschte Änderungen zu reagieren. Jeder Dienstebereich muss wenigstens von einem Diensteanschluss versorgt werden.

Diensteanschlüsse können entweder mit symmetrischer Kupferverkabelung oder mit LWL-Verkabelung bedient werden. Die Platzierung des Diensteanschlusses sollte jeglichen Bedarf für Schutz vor nicht autorisiertem Zugriff, Unterbrechung und/oder Rekonfiguration berücksichtigen.

4.7.3.3 Dienstekonzentrationspunkte

Sofern ein Dienstekonzentrationspunkt verwendet wird, sind nach EN 50173-6:2018, 4.8.4, u. a. folgende Punkte zu berücksichtigen:

- der Dienstekonzentrationspunkt muss so platziert werden, dass jeder Dienstebereich wenigstens von einem DKP versorgt wird,
- der Dienstekonzentrationspunkt sollte höchstens 36 Diensteanschlüsse versorgen,
- Dienstekonzentrationspunkte sollen an dauerhaft zugänglichen Orten, wie Deckenaussparungen und Unterflurböden, platziert werden,
- bei symmetrischer Kupferverkabelung sollte der Einfluss mehrfacher, eng benachbarter Verbindungen auf die Leistungsfähigkeit der Übertragung bereits bei der Planung der Kabellängen zwischen dem Diensteverteiler und dem Dienstekonzentrationspunkt in Betracht gezogen werden.

4.7.4 Anforderungen an Übertragungsstrecken für verteilte Gebäudedienste

4.7.4.1 Umgebungseigenschaften

Die Übertragungsstrecken müssen so ausgelegt sein, dass sie das spezifizierte Leistungsvermögen unter den definierten Umgebungsbedingungen erfüllen. In der Regel weisen Anwendungsbereiche nach EN 50173-6, wie übrigens auch nach EN 50173-2 Umgebungsklassifikationen gemäß $M_1I_1C_1E_1$ auf.

4.7.4.2 Übertragungseigenschaften von symmetrischen Kupferverkabelungen

Das Leistungsvermögen der Diensteverteilungsverkabelung muss mindestens Klasse E_A entsprechen. Damit wird eine Übertragungsrate von bis zu 10 GBit/s unterstützt. Beim Mischen von Diensten müssen zusätzliche Anforderungen an die Nebensprechdämpfung erfüllt werden.

4.7.4.3 Übertragungseigenschaften von optischen Verkabelungen

Die Primär-, Sekundär- und Diensteverteilungsverkabelung bzw. Versorgungsbereichsanschlussverkabelung muss das erforderliche Leistungsvermögen von optischen Übertragungsstrecken nach EN 50173-1 (s. Kapitel 4.2.2) bereitstellen.

4.7.4.4 Verkabelungskomponenten

In Analogie zu den Festlegungen der Klassen bei den Übertragungsstrecken sind bei Verkabelungskomponenten, d. h. Kommunikationskabel, Steckverbindungen, Rangierschnüre und Geräteverbindungskabel, folgende Kategorien definiert:

- Kupfertechnik:

Kategorie 6_A oder Kategorie 8.1 für Klasse E_A

Kategorie 7 für Klasse F

Kategorie 7_A oder Kategorie 8.2 für Klasse F_A

Am Diensteanschluss sind Steckverbinder nach EN 60603-7 (RJ45) vorgeschrieben. Alternativ dürfen auch in Abhängigkeit des Verwendungszwecks Steckverbinder nach EN 60603-7-7 bzw. EN 60603-7-71 (GG45™) oder EN 61076-3-104 (Tera™) eingesetzt werden. An anderen Orten der Übertragungsstrecke sind auch andere Steckverbinder-Designs zulässig – allerdings nur bedingt sinnvoll – sofern sie die elektrischen und mechanischen Grundanforderungen sowie die Umgebungseigenschaften erfüllen. Bei erhöhten Umgebungsanforderungen muss ein Schutzgehäuse verwendet werden, dessen mechanische und physische Eigenschaften denjenigen der Variante 4 aus EN 61076-3-106:2006 entsprechen.

- LWL-Technik:

Bei der LWL-Technik umfasst das Portfolio für verteilte Gebäudedienste Kabel mit Mehrmoden-Lichtwellenleitern (OM3, OM4, OM5) und Kabel mit Einmoden-Lichtwellenleitern (OS1a, OS2).

Am Diensteanschluss ist sowohl für Einmoden- als auch für Mehrmoden-Lichtwellenleiter ein Steckverbinder mit einem der Steckgesichter nach Normenreihe EN 61754 zu verwenden (s. EN 50173-1:2018, 8.4.3).

Bei erhöhten Umgebungsanforderungen müssen die zusätzlichen Anforderungen von EN 50173-1:2018, 8.4.3 erfüllt werden.

Details zu den Verkabelungskomponenten finden sich im Kapitel 5.

4.7.5 Konformität

Konformität nach EN 50173-6 kann auf zwei Wegen erreicht werden (s. Kapitel 4.2.5): entweder mit dem sogenannten Systemansatz über die Einhaltung der Anforderungen an die Übertragungsstrecke (s. Kapitel 4.2.2) oder mit dem Komponentenansatz der Beispielausführung.

Beim Komponentenansatz müssen folgende Rahmenbedingungen berücksichtigt werden:

- Verwendung der beschriebenen Verkabelungskomponenten,
- Verwendung eines tertiären Verkabelungsmodells nach EN 50173-6 (s. Abbildung 76 bis Abbildung 79),
- maximale Länge der Übertragungsstrecke: 100 m,
- maximale Länge des Diensteverteilungskabel: 90 m,
- Empfehlung für die minimale Länge des Diensteverteilungskabels bei Verwendung eines DKP: 15 m.

Die Berechnung der Längen für die tertiären Übertragungsstrecken in Abhängigkeit des Verkabelungsmodells und der Verkabelungsklasse ist in Tabelle 26 aufgezeigt. Zudem sind Längenreduzierungen in Abhängigkeit des Dämpfungsanstiegs bei Betriebstemperaturen oberhalb von 20 °C möglich.

Tabelle 26: Gleichungen für die Diensteverteilungsverkabelung in Abhängigkeit der Verkabelungsklassen und des Verkabelungsmodells (*Quelle:* EN 50173-6:2018, Tabelle 4)

Modell	**Bild**	**Gleichungen für die Ausführung** [a]		
		Klasse E_A	**Klasse F**	**Klasse F_A**
Durchverbindung - DA	**76**	$S = 104 - F \times X$	$S = 105 - F \times X$	$S = 105 - F \times X$
Rangierung - DA	**77**	$S = 103 - F \times X$	$S = 103 - F \times X$	$S = 103 - F \times X$
Durchverbindung - DKP - DA	**78**	$S = 103 - F \times X - C \times Y$	$S = 103 - F \times X - C \times Y$	$S = 103 - F \times X - C \times Y$
Rangierung - DKP - DA	**79**	$S = 102 - F \times X - C \times Y$	$S = 102 - F \times X - C \times Y$	$S = 102 - F \times X - C \times Y$

S größte Länge des Diensteverteilungskabels (m);
F gesamte Länge der Rangierschnüre, Rangierpaare, Geräteverbindungs- und Dienstebereichsschnüre (m);
C Länge des DKP-Kabels (m);
X Verhältnis der Einfügungsdämpfung des Kabels (dB/m) in den Schnüren/Rangierpaaren zur Einfügungsdämpfung des Diensteverteilungskabels (dB/m;
Y Verhältnis der Einfügungsdämpfung (dB/m) des DKP-Kabels zur Einfügungsdämpfung (dB/m) des Diensteverteilungskabels.

[a] Für Betriebstemperaturen über 20 °C muss *S* reduziert werden um:
1) 0,2 % je °C bei geschirmten symmetrischen Kupferkabeln;
2) 0,4 % je °C bei ungeschirmten symmetrischen Kupferkabeln bis 40 °C;
3) 0,6 % je °C bei ungeschirmten symmetrischen Kupferkabeln zwischen 40 °C und 60 °C.

5 Normen für die Verkabelungskomponenten Kabel und Steckverbinder

5.1 Überblick

Die Verkabelungsnormen EN 50173-x bzw. ISO/IEC 11801-x sind Systemnormen. Das komplexe System Verkabelungsanlage wird dort beschrieben und nach Installationsumgebung (Büro, Industrie, Rechenzentrum usw.), Verkabelungsebene (Primär-, Sekundär- und Tertiärebene) und Verkabelungsstrecke (Installations- und Übertragungsstrecke) weiter detailliert. Dabei wird technisch auf die passiven Komponenten Kabel und Steckverbinder und Verbindungs- und Rangierschnüre (Rangier- und Anschlussschnüre) mit all ihren Details einschließlich Schirmausführung und Anschlusstechnik zurückgegriffen. Die Verkabelungskomponenten stehen somit in enger Beziehung zur Verkabelung und umgekehrt.

Die Verkabelungsnormen modellieren Übertragungsstrecken zwischen zwei aktiven Geräten und legen Grenzwerte für die betreffenden Übertragungsparameter von Übertragungsstrecken (*engl.:* channels) fest, d. h., es wird definiert, welche Dämpfung (IL), Nahnebensprechdämpfung (NEXT), Rückflussdämpfung (RL) usw. eingehalten werden müssen, damit die Datenübertragung über z. B. eine Strecke von 100 m einwandfrei funktioniert. Daraus entwickeln dann die Normungsgremien für die Verkabelungskomponenten die Grenzwerte für Kabel und Steckverbinder. Zusammen mit Sicherheits- und Umgebungsanforderungen (MICE) sowie praktischen Anforderungen an Handhabung und Installation, ergibt sich damit quasi die Spezifikation der Verkabelungskomponente für den Hersteller.

Natürlich sind nicht immer alle Kabel- oder Steckverbinderprodukte so grundlegend von den Anforderungen der Verkabelung abhängig, wie bei der anwendungsneutralen Gebäudeverkabelung (strukturierte Verkabelung). Durch den Einsatz in der Datennetzwerktechnik, die geprägt ist von Zukunftssicherheit (lange Nutzungsdauer) und Kompatibilität (Universalität der Anschlüsse und Steckkompatibilität), ist ein hoher Standardisierungsgrad unerlässlich und das Verhältnis von Verkabelungsanforderungen zu Spezifikationen von Kabeln und Steckverbindern sehr stark ausgeprägt.

Ein entscheidendes Kernelement der strukturierten Verkabelung ist das Kabel mit verdrillten Kupferadern (Twisted Pair Kabel). Diese Kabelkonstruktion liefert quasi die „Blaupause" für den Großteil wichtiger Kupferverkabelungskomponenten, wie die Impedanz von 100 Ω oder acht Adern bzw. Kontakten.

All diese Aspekte spiegeln sich auch in der Normung wieder. So gibt es neben den Verkabelungsnormen (Systemnormen) die entsprechenden Komponentennormen. Zur Definition von Datenkabeln und passenden Steckverbindern in der Glasfaser- und Kupfertechnik werden entsprechende Komponentenstandards entwickelt. Dabei werden aber keine vollständigen Produkte spezifiziert und standardisiert, sondern lediglich die Parameter, die nötig sind, um den gedachten Einsatz und die notwendige Kompatibilität sicherzustellen. Bei Steckverbindern betrifft das das Steckgesicht – also Maße und Position von Gehäuseteilen, Kontakten bzw. Ferrulen, Kontaktierungsbereichen und evtl. mechanischen Führungen, Codierungen und Verriegelungen. Einzelheiten zum Adern-/Faser-/Kabel- bzw. Leiterplattenanschluss, der Kabelführung oder der Zugentlastung sind wiederum Sache der Hersteller und können im Gegensatz zum Steckgesicht auch mit Patenten belegt werden. Zusätzlich werden heute in Komponentennormen vermehrt Anforderungen an die Prüfung der einzelnen Komponenten integriert. Da die Verkabelungskomponenten zunehmend leistungsfähiger und komplexer werden, ist das nur ein logischer Schritt und hilft so, die notwendige Qualität sicherzustellen.

Ganz ähnlich bei Kabeln. Auch hier werden wesentliche übertragungstechnische Eigenschaften und damit einhergehend grundlegende Designs in den Komponentenstandards festgelegt. Wie jedoch die entsprechende Ausführung aussieht, also z. B. welche Materialien zum Einsatz kommen, obliegt wiederum dem Hersteller und ist oftmals ein wesentlicher Know-how-Faktor und garantiert letztlich Produktvielfalt und Wettbewerb.

Die internationalen Gremien für die Standardisierung für Kabel und Verbindungstechnik sind:

IEC/SC 46C – Wires and symmetric cables (Drähte und symmetrische Kupferkabel)

In diesem Unterkomitee geht es um symmetrische Kabel und Adern als Grundlage aller symmetrischen Kupferkabel. Das SC 46C legt neben übertragungstechnischen Eigenschaften auch mechanische und Umwelteigenschaften fest und auch Testmethoden und -Anforderungen für Datenkabel.

Europäisches Pendant: CENELEC/SC 46XC

Deutsches Pendant: DKE UK 412.1

IEC/SC 48B – Electrical Connectors (elektrische Verbinder)

Hier werden ausschließlich Steckverbinder und Verbinder für symmetrische Kupfertechnik, also keine Koaxial-Verbinder, behandelt. Hybridverbinder, die zusätzlich mit Koaxial- oder Glasfaserkontakten bestückt sein können, werden in Zusammenarbeit mit IEC/TC 46 bzw. IEC/TC 86 behandelt. SC 48B beschäftigt sich auch mit Sicherheitsaspekten von Steckverbindern und mit Testspezifikationen für Steckverbinder.

Deutsches Pendant: DKE K 651

IEC/SC 86A – Fibres and cables (LWL und LWL-Kabel)

SC 86A beschäftigt sich mit der Standardisierung von Lichtwellenleiter (Kernelemente aller LWL-Kabel) und LWL-Kabeln einschließlich notwendiger Testprozeduren und Parameter.

Europäisches Pendant: CENELEC/TC 86A

Deutsches Pendant: DKE UK 412.6

IEC/SC 86B – Fibre optic interconnecting devices and passive components (LWL-Verbindungseinrichtungen – Steckverbinder – und passive Komponenten)

SC 86B ist für die Glasfasertechnik im Prinzip ähnlich aufgestellt, wie SC 48B für die Kupfertechnik. Auch hier wird ein Fokus auf Teststandards und Grenzwerte gelegt.

Europäisches Pendant: CENELEC/TC 86BXA

Deutsches Pendant: DKE UK 412.7

5.2 Steckverbinder

5.2.1 Kupfersteckverbinder

In der strukturierten Verkabelung hat sich ein dominanter Steckverbindertyp herausgebildet: der acht-polige Steckverbinder nach EN 60603-7 (s. Abb. 80 bis 83). Umgangssprachlich heißt er RJ45. Das Konzept des RJ45 stammt ursprünglich aus der Telefontechnik. Hier hat dieser Steckverbinder durch seine Einfachheit (ein Gehäuseteil mit Verriegelung, acht gleiche Kontakte), seine kostengünstige Herstellung, die platzsparende Bauform (auch besonders für die Hersteller von Switches, Routern, Controllern usw. wichtig) und nicht zuletzt durch sein starkes „Eigen"-Marketing (RJ = Registered Jack) millionenfache Verbreitung gefunden und bot sich somit als universelle Steckverbindung in der strukturierten Verkabelung an.

Mittlerweile ist sein Design aber wesentlich komplexer geworden. Zur anfänglich ungeschirmten Ausführung (UTP) kam die geschirmte (STP) Variante hinzu. Um die stetig steigenden Leistungsanforderungen zu erfüllen, wurden die Kontakte modifiziert und Strukturen zur passiven HF-Kompensation eingeführt. Im Ergebnis gibt es heute RJ45-Steckverbinder von Kategorie 3 (100 kHz) bis Kategorie 6_A (500 MHz). So ist der RJ45 heute ein Hightech Massenprodukt, der in unterschiedlichsten Ausprägungen in den unterschiedlichsten Anwendungen und Umgebungen zum Einsatz kommt. Wichtig ist, dass die RJ45-Verbinder unterschiedlicher Kategorien steckkompatibel (Mechanik) und HF-technisch betrachtet auch abwärtskompatibel sind. So arbeitet ein RJ45-Stecker der Kategorie 5 einwandfrei mit einer RJ45-Buchse der Kategorie 6_A zusammen und die Steckverbindung liefert mindestens Kategorie-5-Leistungsfähigkeit.

RJ45-Steckverbinder sind in der Normenreihe EN 60603-7-*x* genormt (s. Tab. 27).

Tabelle 27: Überblick über die Normenreihe EN 60603-7

marktüblicher Name	Kategorie	Bandbreite in MHz	Komponentenstandard
RJ45	Kategorie 5 ungeschirmt	100	EN 60603-7-2 *
RJ45	Kategorie 5 geschirmt	100	EN 60603-7-3 *
RJ45	Kategorie 6 ungeschirmt	250	EN 60603-7-4 *
RJ45	Kategorie 6 geschirmt	250	EN 60603-7-5 *
RJ45	Kategorie 6_A ungeschirmt	500	EN 60603-7-41 *
RJ45	Kategorie 6_A geschirmt	500	EN 60603-7-51 *
GG45™	Kategorie 7 geschirmt	600	EN 60603-7-7 **
GG45™	Kategorie 7_A geschirmt	1.000	EN 60603-7-71 **
RJ45	Kategorie 8.1 geschirmt	2.000	EN 60603-7-81 *
GG45™	Kategorie 8.2 geschirmt	2.000	EN 60603-7-82 **

*) Die o. a. Steckverbindertypen lassen sich über ein zusätzliches Gehäuse für den IP65/67-Einsatz ertüchtigen. Dazu ist das PushPull-Gehäuse Variante 4 nach EN 61076-3-106 einzusetzen.

**) Alternativ kann hier auch das Steckgesicht nach EN 61076-3-104 (Tera™) eingesetzt werden.

Die Verkabelungsnormen verweisen auf die notwendigen Komponentennormen und schreiben diese, wo notwendig, verbindlich vor. Für Steckgesichter geschieht das in EN 50173-1 (bzw. ISO/IEC 11801-1) allerdings nur für den Einsatz in der Anschlussdose (TA, AO usw.) und nicht für Verteilerfelder oder Sammelpunkte (SP). Hier kann jeder Netzwerkplaner oder Anwender einsetzen, was er möchte. Dies ist normkonform, solange die entsprechenden Anforderungen an die Topologie, die mechanischen Eigenschaften und die elektrischen bzw. optischen Parameter der Übertragungsstrecke eingehalten werden. Der Sinn dieser Regelung liegt darin, dass die Normenreihe EN 50173 ein einheitliches Steckgesicht zum jeweiligen Endgerät vorschreiben will, ohne die Wahl geeigneter Komponenten unnötig einzuschränken.

Neben dem RJ45 werden folgende Kupfersteckverbinder normativ referenziert:

- Steckverbinder nach EN 61076-3-104, ein 8-poliges Steckgesicht, geschirmt, einsetzbar für Anwendungen bis 1000 MHz (Kategorie 7_A) (s. Abb. 84)

  Hinweis: Verbinder dieses Typs sind auch unter dem Markennamen „Tera™" bekannt.
- M12-X codiert nach EN 61076-2-109, ein 8-poliges Steckgesicht, geschirmt in IP65/67, einsetzbar für Anwendungen bis 500 MHz (Kategorie 6_A) (s. Abb. 86)
- M12-D codiert nach EN 61076-2-101, ein 4-poliger Steckgesicht, geschirmt in IP65/67, einsetzbar bis 100 MHz (Kategorie 5 für max. 100 Mbit/s) (s. Abb. 85)

  Hinweis: M12-Verbinder sind sehr robuste Rundsteckverbinder mit Schraub- oder Push-Pull-Verriegelung, die primär im industriellen Umfeld zum Einsatz kommen. Für den M12-X gibt es heute schon Produkte, die in der Leistungsfähigkeit über die standardisierten 500 MHz/Kategorie 6_A hinausgehen und Kategorie 7 und 8.1 erfüllen.
- Koaxiale Steckverbinder nach EN 61169-2 und EN 61169-24

  Hinweis: Koaxiale Steckverbinder werden in der Verkabelung von Wohngebäuden/ Wohnungen eingesetzt.

Abbildung 80: RJ45 Buchse und Stecker (Prinzip) EN 60603-7, Bild 1

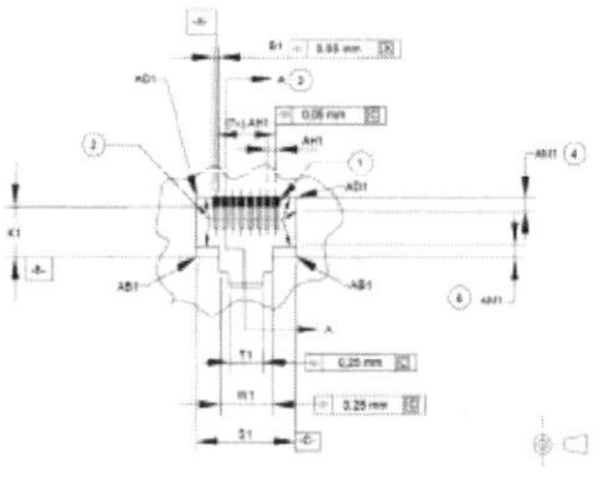

Abbildung 81: RJ45 Buchse (Mechanik, Kontaktzone) EN 60603-7, Bild 3a

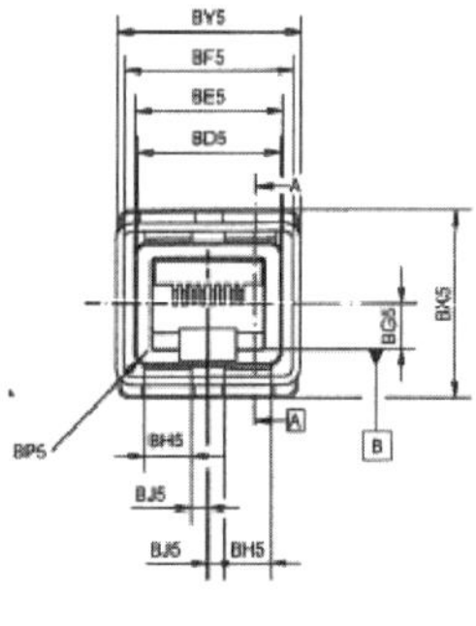

Abbildung 82: IP65/67 PushPull-Gehäuse EN 61076-3-106, Variante 4

Für Frequenzen oberhalb 500 MHz, d. h. für Übertragungsstreckenklasse F, F_A und 8.2, kommen neben EN 60603-7-7 alternativ auch Steckgesichter nach EN 61076-3-104 zum Einsatz.

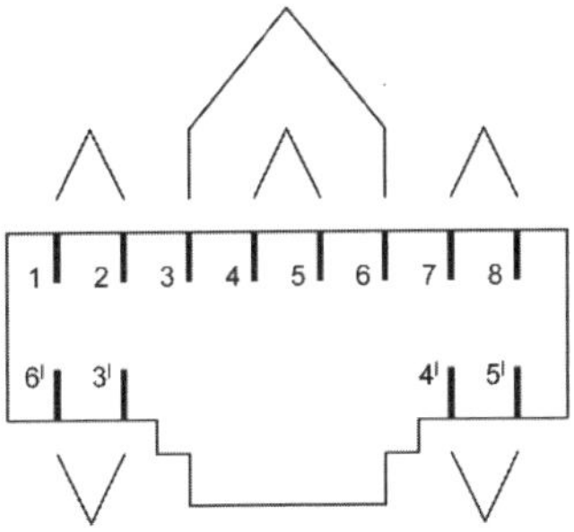

Abbildung 83: Stiftanordnung des Steckverbinders nach EN 60603-7-7/71/82

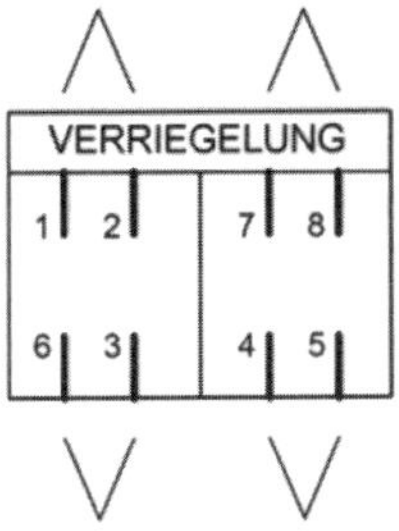

Abbildung 84: Stiftanordnung des Steckverbinders nach EN 61076-3-104

Für höhere Anforderungen, wie sie sich aus den MICE-Umgebungsklassen nach $M_2I_2C_2E_2$ und $M_3I_3C_3E_3$ z. B. im industriellen Umfeld ergeben, kommen M12-basierte Steckverbinder zum Einsatz.

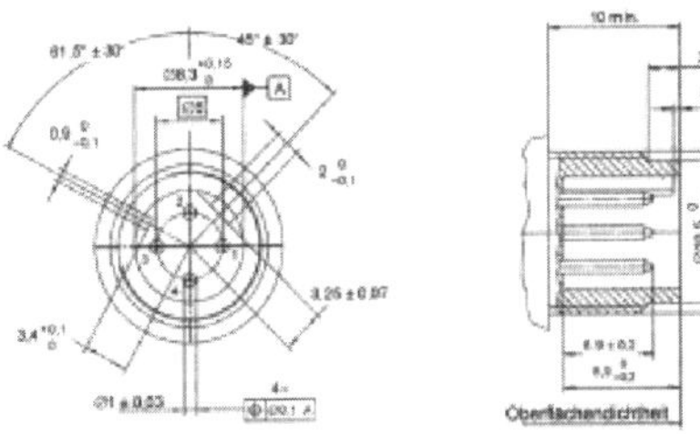

Abbildung 85: M12-Verbinder D-Codierung (4 Kontakte) EN 61076-2-101:2012, Bild 35

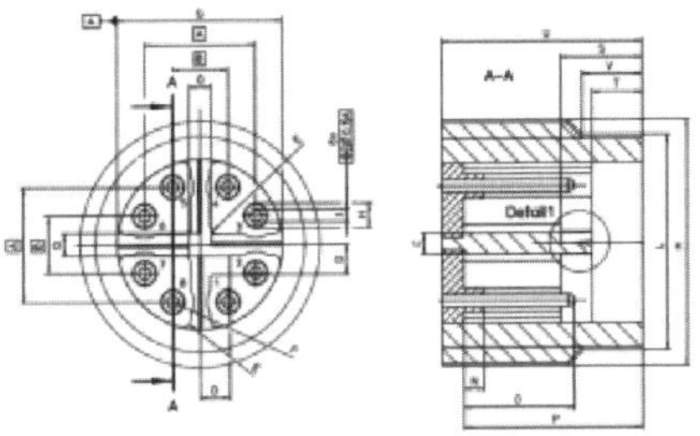

Abbildung 86: M12-Verbinder X-Codierung (8 Kontakte) EN 61076-2-109:2014, Bild 2

5.2.2 Steckverbinder für Lichtwellenleiter

Beim Aufbau von Lichtwellenleiter-Verkabelung kommen normativ folgende Steckverbinder im TA zum Einsatz[11]:

- Für 2 Fasern: LWL-Steckverbinder nach EN 61754-20 Variante 20-5 (LC-Duplex-Kupplung) sind normativ zulässig (s. Abb. 87 und 88).

  Hinweis: Die Installationsverkabelung darf mit zwei LC-Simplex-(Variante 20-1)-Steckern oder einem LC-Duplex-(Variante 20-4)-Stecker enden.
- Für 12 Fasern: LWL-Steckverbinder nach EN 61754-7-1 (MPO, einreihig) (s. Abb. 89)
- Für 24 Fasern: LWL-Steckverbinder nach EN 61754-7-2 (MPO, zweireihig) (s. Abb. 90)

Hinweis: Der LC Verbinder lässt sich auch vor Ort konfektionieren. Eine Installation von MPO-Verbindern vor Ort ist dagegen nicht möglich.

[11] Siehe jedoch Kapitel 4.6.6.3 für EN 50173-6.

Der LC-Steckverbinder gehört zu den sogenannten „Small Form Factor“-(SFF)-Steckern. Er kann alle gebräuchlichen Ein- und Mehrmodenfasern aufnehmen und in Normal- und Schrägschliff konfektioniert werden. Bei Einsatz dieses Steckertyps in rauen Umgebungen, z. B. nach $M_3I_3C_3E_3$-Klassifikation, kann er wie im Kupferbereich mit dem Schutzgehäuse PushPull-Variante 4 nach EN 61076-3-106 versehen werden.

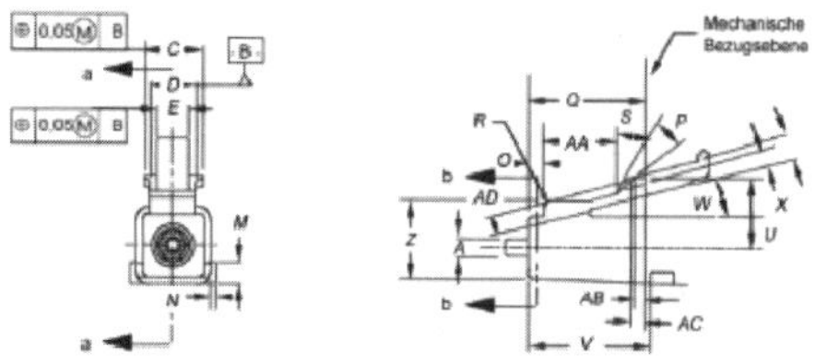

Abbildung 87: Steckgesicht für LC-Steckverbinder EN 61754-20:2012, Bild 3a

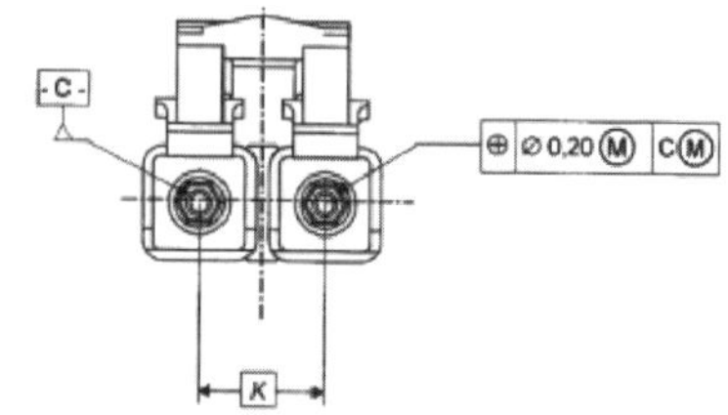

Abbildung 88: Steckgesicht für LC-Duplex-Steckverbinder EN 61754-20:2012, Bild 5

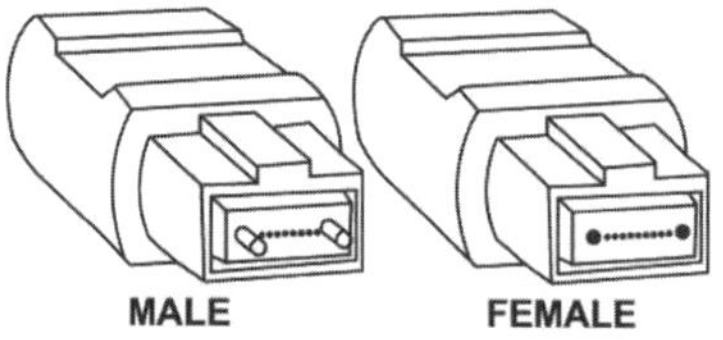

Abbildung 89: MPO-Stecker und -Gegenstecker (Prinzip) nach EN 61754-7 (einreihig)

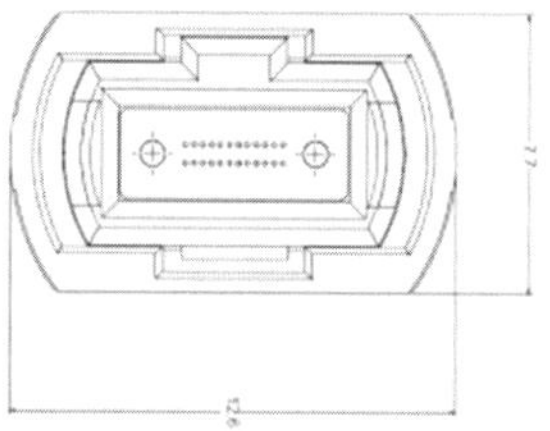

Abbildung 90: MPO-Steckverbinder nach EN 61754-7-2 (zweireihig)

5.3 Datenkabel

Die im Rahmen der Normenreihe EN 50173 referenzierten Kabel stellen ein sehr zentrales Element im Verkabelungssystem dar. Die Spezifikation für ein Kupfer- oder Lichtwellenleiterkabel entscheidet über Reichweiten, Bandbreiten und somit die Geschwindigkeit der Datenübertragung und natürlich über die einzusetzende Verbindungstechnik, Steckverbinder usw. LWL-Kabel bieten zusätzlich die Potentialtrennung, was besonders in sehr EMV-belasteten Installationsumgebungen vorteilhaft sein kann.

Bei den Kabeln stehen folgende Typen zur Verfügung:

- Symmetrische Kupferkabel mit 2 oder 4 oder mehr Paaren und einem Wellenwiderstand von 100 Ω mit und ohne Schirmung (STP bzw. UTP). (*Achtung:* Darunter fällt auch die Spezifikation von 4-adrigen Sternviererkonstruktionen, die genau genommen nicht zu den TP-Kabeln gehören und somit auch keine zwei verdrillten Doppeladern, sondern vier verdrillte Adern, nutzen.)
- Koaxialkabel nach Normenreihe EN 50117
- Lichtwellenleiterkabel mit zwei oder mehr Mehr- oder Einmodenfasern

- Sonderkonstruktionen, z. B. Kombination aus Kupfer- und Glasfaserkabeln – sogenannte Hybridkabel

Da Koaxial- und Sonderkabel eine sehr untergeordnete Rolle bei der strukturierten Verkabelung spielen, wird im Weiteren nur noch auf die symmetrischen Kupferkabel und die Lichtwellenleiterkabel näher eingegangen.

5.3.1 Kupferdatenkabel

Wesentliche Konstruktionsmerkmale eines Kupferdatenkabels sind der Kupferleiter, die Isolation, die Schirmung und der Mantel.

Der Kupferleiter kann in Abhängigkeit der gewünschten Biegeflexibilität eindrähtig oder mehrdrähtig ausgeführt werden. Der Durchmesserbereich des Kupferleiters liegt typischerweise zwischen 0,4 mm und 0,8 mm.

Die Isolation bzw. das Dielektrikum besteht aus einem verlustarmen Kunststoff mit einer Dielektrizitätszahl von ca. 1,6 (hochgeschäumtes Polyäthylen) bis 2,3 (ungeschäumtes Polyäthylen).

Zwei oder vier isolierte Leiter, auch Adern genannt, werden zu einem Paar bzw. Sternvierer verseilt. Über dem Paar oder dem Sternvierer befindet sich wahlweise ein Schirm. In der Regel werden 4 Paare wiederum zu einem Verbund – auch mit Kabelseele bezeichnet – geformt. Darüber befindet sich wahlweise noch ein weiterer Schirm, der sogenannte Gesamtschirm.

Abschließend wird dieses Gebilde noch durch einen Außenmantel geschützt. Für den Einsatz innerhalb von Gebäuden besteht der Außenmantel in der Regel aus einem halogenfreien, flammwidrigen Compound (Compound steht für ein Material oder eine Materialmischung, die wesentliche gewünschte Eigenschaften mit sich bringt, z. B. Flammwidrigkeit, UV-Resistenz o. Ä.). Bei abweichenden Umgebungsbedingungen, z. B. mit gesonderten Anforderungen an die Wärme- oder Kältebeständigkeit, mit spezieller Resistenz gegen Chemikalien oder Ölen, mit UV- oder Hydrolyse-Beständigkeit u. v. m., kommen Materialien wie PVC, PUR oder PE zum Einsatz. Beim Auftreten großer mechanischer Beanspruchungen sind sogar zusätzliche Stahlarmierungen erforderlich.

Beispiel 1: Aufbaubeschreibung eines 4-paarigen Kupferdatenkabels mit Einzel- und Gesamtabschirmung (s. Abb. 91):

1 Leiter:	blanker Kupfer-Draht (Cu-Draht), Kupferdurchmesser 0,58 mm
2 Isolation:	Zell-PE, Ader-Ø: Nennwert 1,4 mm
Verseilelement:	Paar
3 Einzelschirm:	Alu-kaschierte Polyesterfolie um das Paar, Metallseite außen (dieses geschirmte Paar wird auch abgekürzt als Paar in Metall-Folie, PiMF)
Verseilung:	4 Paare
4 Gesamtschirm:	verzinntes Cu-Geflecht, optische Bedeckung: ca. 60 %
5 Außenmantel:	halogenfreier, flammwidriger Compound

Farbcode:	weiß/blau, weiß/orange, weiß/grün, weiß/braun
Farbe Außenmantel:	gelb (Beispiel)

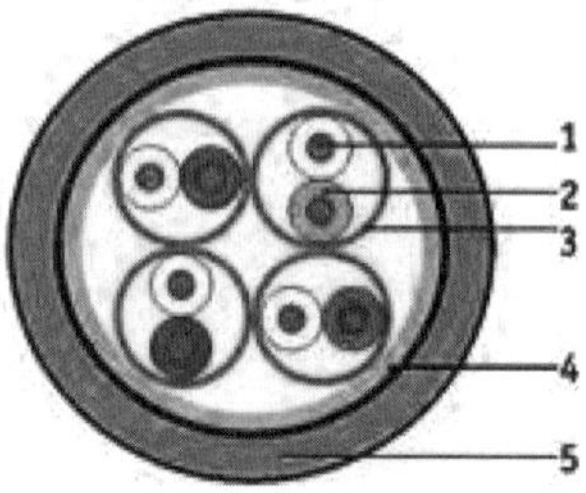

Abbildung 91: 4-paariges Kupferdatenkabel mit Einzel- und Gesamtschirmung (*Quelle:* LEONI)

Einsatz vorwiegend in Bürogebäuden, Rechenzentren, Wohnungen und überall dort, wo höchste Anforderungen an die Übertragungseigenschaften und EMV vorliegen.

Beispiel 2: Aufbaubeschreibung eines 2-paarigen Kupferdatenkabels (Sternvierer) mit Gesamtabschirmung:

1 Leiter:	verzinnte Cu-Litze, 7 x 0,16 mm
2 Isolation:	PP, Ader-Ø: Nennwert 1,2 mm
Verseilelement:	Ader
Verseilung:	4 Adern
3 Bandierung:	optional
4 Gesamtschirm:	Alu-kaschierte Polyesterfolie und
	verzinntes Cu-Geflecht, optische Bedeckung ca. 90 %
5 Außenmantel:	PVC, flammwidrig, bleifrei
Farbcode:	orange, blau, gelb, weiß
Farbe Außenmantel:	gelb (Beispiel)

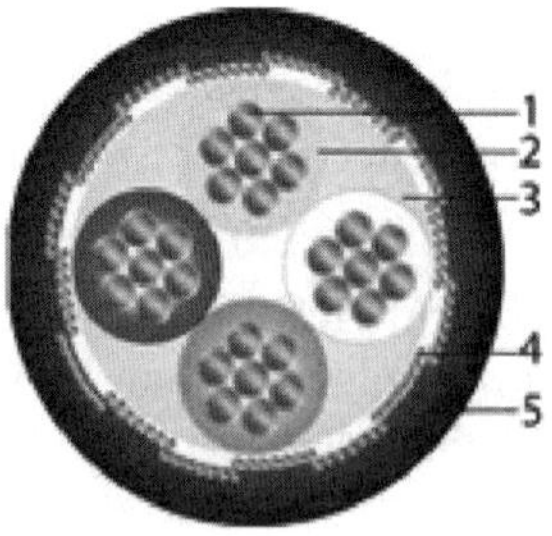

Abbildung 92: 2-paariges (Sternvierer) Kupferdatenkabel mit Gesamtschirmung (*Quelle:* LEONI)

Einsatz vorwiegend im industriellen Umfeld bzw. in der Automatisierung und überall dort, wo ein kompaktes, flexibles Kabeldesign gefragt ist.

Auf dem Weg zum fertigen Kupferdatenkabel spielt jedes Aufbauelement eine tragende Rolle. Und erst wenn der letzte Fertigungsschritt gemacht ist, stellen sich alle Eigenschaften ein. Dem Schirm kommt aber in diesem Kontext noch eine besondere Bedeutung zu. Er bestimmt maßgeblich die elektromagnetische Verträglichkeit und hat Einfluss auf die Übertragungseigenschaften. Aus diesem Grund werden die Bauarten von Kupferdatenkabeln gemäß ihrer Schirmlage und Schirmart klassifiziert. Die Kurzbezeichnung bzw. das Akronym beschreibt von außen nach innen, ob ein Gesamtschirm oder Elementschirm existiert und wie er beschaffen ist (s. Abb. 93).

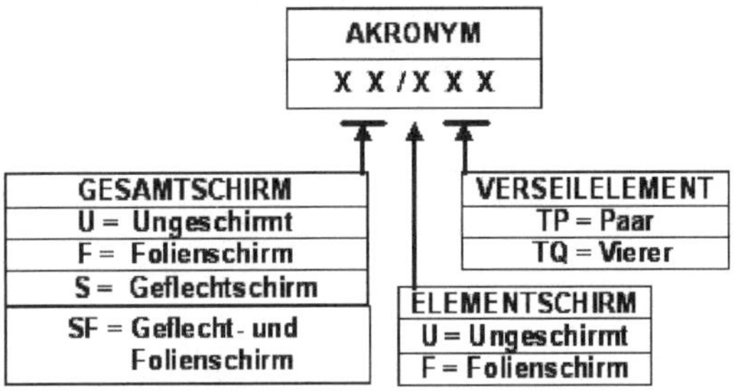

Abbildung 93: Kurzbezeichnungen für die Bauarten von Kupferdatenkabeln (*Quelle:* EN 50173-1:2018, Bild H.1)

Hieraus ergibt sich eine Vielzahl von Bauarten: Datenkabel mit oder ohne Gesamtschirm bzw. mit oder ohne Einzelschirm. So wird mit der Bezeichnung U/UTP ein Datenkabel beschrieben, welches weder über einen Gesamt- noch über einen Einzelschirm verfügt. Dagegen beinhaltet das S/FTP-Design einen Gesamtschirm aus einem Kupfergeflecht und einen Einzel- bzw. Elementschirm aus einer leitenden Folie (s. Abb. 94).

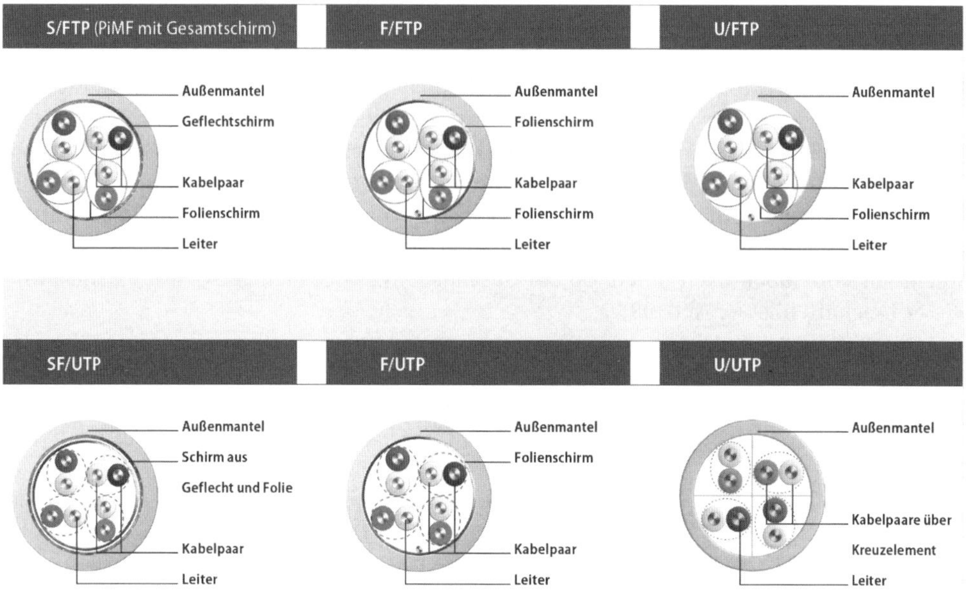

Abbildung 94: Überblick Bauarten von Kupferdatenkabeln (*Quelle:* LEONI)

Anmerkung: **Bei Datenkabeln mit Folienschirm wird die elektrische Kontinuität durch einen sogenannten Kupferbeidraht sichergestellt.**

Das S/FTP-Design erfreut sich insbesondere in Westeuropa größter Beliebtheit. Es bietet maximale Bandbreiten und Übertragungsraten in Kombination mit bester elektromagnetischer Verträglichkeit (s. Abb. 95).

Abbildung 95: Datenkabel mit S/FTP-Design (*Quelle:* LEONI)

Die Wahl der Bauart leitet sich primär von technischen, aber auch von wirtschaftlichen Erwägungen ab.

Welches Kabeldesign letztlich zum Einsatz kommt, hängt von den geforderten Übertragungsleistungen, der elektromagnetischen Verträglichkeit (EMV), den Installationsbedingungen, dem thermischen Verhalten, dem Brandverhalten und der erwarteten Zukunftssicherheit bzw. Lebensdauer ab. Oftmals beeinflussen auch regionale sowie historisch gewachsene Gepflogenheiten und die Macht der bereits installierten Basis die Wahl des Mediums.

Das Leistungsvermögen von Datenkabeln wird durch eine Reihe von nieder- und hochfrequenten Übertragungseigenschaften definiert, welche zusammenfassend in eine maximale Übertragungsfrequenz bzw. Bandbreite münden.

Zur besseren Veranschaulichung sind Datenkabel bezüglich ihrer Übertragungseigenschaften in Kategorien 5 bis 8 klassifiziert. Einfache Regel: Je höher die Kategorie, desto höher die Übertragungsfrequenz und die Bandbreite bzw. desto leistungsstärker das Datenkabel.

Über die korrelierenden Übertragungsstreckenklassen C bis F_A bzw. I und II kann zudem eine Zuordnung zur unterstützten Übertragungsrate (im allgemeinen Ethernet-Protokoll) gemacht werden.

Tabelle 28 stellt den Zusammenhang zwischen der Kabelkategorie, der Verkabelungsklasse, dem max. Frequenzbereich, der Übertragungsrate und dem typischen Kabeldesign her.

Tabelle 28: Zusammenhang zwischen der Kategorie, der Klasse, dem Frequenzbereich, der Übertragungsrate und dem Kabeldesign (*Quelle:* LEONI)

Kategorie	Klasse	max. Frequenz	typisches Design	Übertragungsrate Ethernet
5	D	100 MHz	U/UTP, F/UTP	bis 1 Gbit/s
6	E	250 MHz	U/UTP, F/UTP, U/FTP	bis 1 Gbit/s, 10 Gbit/s mit reduzierter Länge
6_A	E_A	500 MHz	U/UTP, F/UTP, U/FTP, F/FTP	bis 10 Gbit/s
7	F	600 MHz	S/FTP, F/FTP	> 10 Gbit/s, hohe Reserven
7_A	F_A	1 GHz	S/FTP	bis 25 Gbit/s
8.1	I	2 GHz	F/UTP	bis 40 Gbit/s, nicht rückwärtskompatibel zu Kat. 7 und 7_A
8.2	II	2 GHz	S/FTP	bis 40 Gbit/s, sehr hohe Reserven bei 25 Gbit/s, rückwärtskompatibel zu Kat. 7 und 7_A

Anmerkung: Die Übertragungsstreckenklassen C bis F_A sind für 100 m spezifiziert. Die Übertragungsstrecken I und II sind für 30 m spezifiziert.

Es ist erkennbar, dass ungeschirmte Datenkabel maximal bis Kategorie 6_A (500 MHz) verwendet werden können. Das liegt darin begründet, dass das sogenannte Fremdnebensprechen (*engl.:* alien crosstalk), also die gegenseitige Beeinflussung benachbarter Datenkabel, die Datenübertragung mit steigenden Frequenzen unzulässig stört.

Geschirmte Datenkabel decken die gesamte Bandbreite bis Kategorie 8.2 (2 GHz) ab. Die Anforderungen an das Fremdnebensprechen werden hier „per Design" erfüllt

In den Tabellen 29 und 30 sind die relevanten europäischen und internationalen Datenkabelnormen sowohl für Installationskabel, als auch für Anschlussschnüre gegenübergestellt.

Tabelle 29: Gegenüberstellung der europäischen und internationalen Datenkabelnormen für den Horizontalbereich und Steigbereich in Abhängigkeit der Kategorie (*Quelle:* LEONI)

Kategorie	max. Frequenz	Europäische Norm	Internationale Norm
5	100 MHz	EN 50288-2-1, 3-1	IEC 61156-5
6	250 MHz	EN 50288-5-1, 6-1	IEC 61156-5
6_A	500 MHz	EN 50288-10-1, 11-1	IEC 61156-5
7	600 MHz	EN 50288-4-1	IEC 61156-5
7_A	1 GHz	EN 50288-9-1	IEC 61156-5
8.1	2 GHz	in Bearbeitung	IEC 61156-9
8.2	2 GHz	EN 50288-12-1	IEC 61156-9

Tabelle 30: Gegenüberstellung der europäischen und internationalen Datenkabelnormen für Geräteanschlusskabel in Abhängigkeit der Kategorie (*Quelle:* LEONI)

Kategorie	Max. Frequenz	Europäische Norm	Internationale Norm
5	100 MHz	EN 50288-2-2, 3-2	IEC 61156-6
6	250 MHz	EN 50288-5-2, 6-2	IEC 61156-6
6_A	500 MHz	EN 50288-10-2, 11-2	IEC 61156-6
7	600 MHz	EN 50288-4-2	IEC 61156-6
7_A	1 GHz	EN 50288-9-2	IEC 61156-6
8.1	2 GHz	in Bearbeitung	IEC 61156-10
8.2	2 GHz	EN 50288-12-2	IEC 61156-10

5.3.2 Lichtwellenleiterkabel

Allgemein

Lichtwellenleiter-(LWL)-Kabel zeichnen sich aus durch:

- universelle Anwendungsmöglichkeiten (Büro, Rechenzentrum, Industrie, Weitverkehr, ...)
- hohe Übertragungsraten
- verlustarme Signalübertragung und lange Übertragungsstrecken
- Potentialfreiheit, d. h. keine galvanische Kopplung
- Unempfindlichkeit gegen elektromagnetische Einflüsse
- geringes Gewicht und geringer Platzbedarf

Die Übertragungseigenschaften werden durch die jeweils eingesetzte Faser bestimmt und sind unabhängig von der Kabelkonstruktion (s. Tab. 31 und 32).

Tabelle 31: Anforderungen an Kabel mit Mehrmoden-Lichtwellenleitern (*Quelle:* EN 50173-1:2018, Tabelle 52)

Kategorie des im Kabel verwendeten Lichtwellenleiters	Lichtwellenleiter nach EN 60793-2-10	größte Dämpfung a (dB/km)		Mindestbandbreitenlängenprodukt b MHz × km				
				Vollanregung			effektive Modenbandbreite (s. Anmerkung)	
		850 nm	1.300 nm	850 nm	953 nm	1.300 nm	850 nm	953 nm
OM3	A1a.2	3,5	1,5	1.500	-	500	2.000	-
OM4	A1a.3	3,5	1,5	3.500	-	500	4.700	-
OM5[c]	A1a.4	3,0	1,5	3.500	1.850	500	4.700	2.470

a Die Dämpfung des im Kabel verwendeten Lichtwellenleiters muss nach EN 60793-1-40 gemessen werden.

b Die Anforderungen an das Bandbreitenlängenprodukt gelten für den Lichtwellenleiter, der zur Herstellung der betreffenden im Kabel verwendeten Lichtwellenleiter-Kategorie benutzt wird, und werden durch die in EN 60793-2-10 festgelegten Parameter und Prüfverfahren sichergestellt. Lichtwellenleiter, die nur die Bedingungen des Bandbreitenlängenprodukts bei Vollanregung einhalten, unterstützen unter Umständen einige der in Anhang F genannten Netzanwendungen nicht.

c OM5 unterstützt nicht nur die gleichen Netzanwendungen wie OM3 und OM4, sondern bietet mit dem Wellenlängenmultiplex im Wellenlängenbereich von 850 nm bis 953 nm zudem einen Vorteil für künftige Netzanwendungen.

Anmerkung: Diese Bandbreite beruht auf einer anwendungsspezifischen Ausführung der Anforderungen an die effektive Modenbandbreite (EMB_C) aus EN 60793-2-10.

Tabelle 32: Anforderungen an Kabel mit Einmoden-Lichtwellenleitern (*Quelle:* EN 50173-1:2018, Tabelle 53)

Wellenlänge [a] nm	größte Dämpfung [b] dB/km	
	Kategorie OS1a	Kategorie OS2
1.310	1,0	0,4
1.383	1,0	0,4
1.550	1,0	0,4

[a] Die Grenzwellenlänge von Einmoden-Lichtwellenleitern muss kleiner sein als 1.260 nm, gemessen nach EN 60793-1-44.

[b] Die Dämpfung des im Kabel verwendeten Lichtwellenleiters muss nach EN 60793-1-40 gemessen werden.

Die Kabelkonstruktion ist maßgeblich für den Einsatz des Kabels. Die Kabelkonstruktionen sowie die verwendeten Materialien hängen von verschiedensten Kriterien ab, wie:

- Verlegung innerhalb oder außerhalb von Gebäuden, auf Kabelpritschen, in Rohren, direkt in der Erde usw.
- Brandklasse,
- verstärkter UV-Einstrahlung,
- Umwelteinflüssen (Temperatur, Chemikalien, UV-Beständigkeit etc.),
- mechanischen Anforderungen (Zug, Druck, Abrieb, Schleppkettentauglichkeit etc.),
- direkte Steckerkonfektionierung oder für Faserverbindungen in Spleißtechnik
- usw.

Mantelmaterialien

Die am häufigsten verwendete Mantelmaterialien sind:

- PE oder PVC für Außenkabel,
- FRNC-(Flame Retardend Non Corrosive)-Materialien für Innenkabel und
- PUR für abriebfeste, mechanisch stark belastete Kabel.

Kabelkonstruktionen und Anwendungen

Konstruktionselemente für LWL-Kabel sind:

- Volladern:
  Jede Faser mit einer Primärbeschichtung (Primärcoating) besitzt eine Aderhülle (Sekundärcoating) aus Kunststoff (ø 0,6 mm oder 0,9 mm).

  Volladern sind für die direkte Steckerkonfektionierung geeignet.

  Es gibt zwei unterschiedliche Volladern, die Festader und semilose Vollader, auch Kompaktader genannt. Die Festader weist hervorragende Temperatureigenschaften auf und ist daher sehr gut für die Herstellung von Rangierschnüren geeignet, jedoch lässt sich das Sekundärcoating schwer absetzen. Die semilose Vollader erlaubt aufgrund einer Trennschicht zwischen Primär- und Sekundärcoating das Absetzen über größere Längen und ist daher sehr gut für Spleißtechnik geeignet.
- Bündeladern (*engl.:* loose tube fibre cables):
  - Gelgefüllte Bündeladern:
    Bestehen aus Kunststoffröhrchen, in denen sich, eingebettet in ein thixotropes Gel, bis zu 24 Fasern befinden. Bündeladern sind längswasserdicht und damit für Außen- und Innenanwendungen (Universalkabel) geeignet. Um die Fasern voneinander unterscheiden zu können, sind sie nach vorgegebenen Farbcodes (meist IEC 60304) eingefärbt. Mit Bündeladern lassen sich Kabel mit hohen Faserzahlen auf kleinem Raum realisieren, sie sind für Spleißtechnik, aber nicht für die direkte Steckerkonfektionierung geeignet.
  - Gelfreie Bündeladern:
    Bestehen ebenfalls aus Kunststoffröhrchen mit bis zu 24 Fasern, in denen sich jedoch kein Gel befindet. Gelfreie Adern sind nicht längswasserdicht und damit nur für Innenkabel geeignet. Die Fasern sind ebenfalls eingefärbt und es lassen sich hohe Faserzahlen auf kleinem Raum realisieren; sie sind für Spleißtechnik, aber nicht für die direkte Steckerkonfektionierung geeignet.

Innenkabel (s. Abb. 96) sind für die Verlegung in trockenen Räumen auf Kabelpritschen, in Rohren o. Ä. vorgesehen. Anwendungen in Gebäuden erfordern besondere Brandeigenschaften, wie geringe Rauchentwicklung, selbstverlöschende Materialien, ein Minimum an Azidität im Brandfall usw.

Innenkabel mit Volladern und nichtmetallischer Zugentlastung **KL-I-V(ZN)H zur direkten Steckermontage**	
Innenkabel mit Volladern und nichtmetallischer Zugentlastung je Faser **KL-I-V(ZN)HH zur direkten Steckermontage**	
Innenkabel mit Volladern und nichtmetallischer Zugentlastung je Faser für Duplex-Rangierschnüre **KL-I-V(ZN)HH zur direkten Steckermontage**	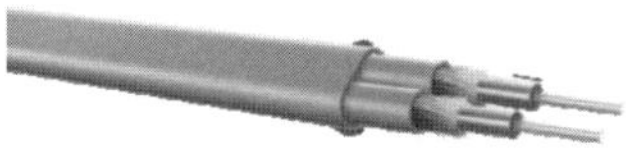
Innenkabel mit zentraler gelfreier Bündelader und nichtmetallischer Zugentlastung KL-I-B(ZN)BH	
Innenkabel mit verseilter gelfreier Bündelader und nichtmetallischer Zugentlastung KL-I-B(ZN)BH	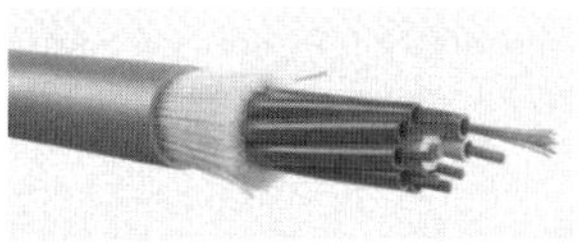

Abbildung 96: Innenkabel, verseilt, gelfrei (*Quelle:* LEONI)

Die Außenmantelfarbe der Innenkabel zeigt üblicherweise an, welche Fasern enthalten sind:

Faserkategorie	Mantelfarbe
OM1, OM2	orange
OM3	aqua
OM4	erikaviolett
OM5	limettengrün
OS1, OS2	gelb

Außenkabel (s. Abb. 97) sind für die Verlegung außerhalb von Gebäuden konstruiert. Sie müssen Anforderungen wie Wasserdichtigkeit, UV-Beständigkeit, höhere Zugfestigkeiten und Querdrucke usw. erfüllen.

Außenkabel mit zentraler gelgefüllter Bündelader und nichtmetallischer Zugentlastung KL-A-D(ZN)B2Y	
Außenkabel mit verseilter gelgefüllter Bündelader und nichtmetallischer Zugentlastung KL-A-D(ZN)B2Y	

Abbildung 97: LWL Außenkabel verseilt, gelfrei (*Quelle:* LEONI)

Universalkabel (s. Abb. 98) vereinen die Eigenschaften von Innen- und Universalkabeln; sie sind somit sowohl für den Einsatz innerhalb als auch außerhalb von Gebäuden geeignet.

Universalkabel mit zentraler gelgefüllter Bündelader und nichtmetallischer Zugentlastung KL-U-D(ZN)BH	
Universalkabel mit verseilter gelgefüllter Bündelader und nichtmetallischer Zugentlastung KL-U-D(ZN)BH	

Abbildung 98: Universalkabel (*Quelle:* LEONI)

Faserkategorie und übertragungstechnische Anwendungen

Abhängig von den übertragungstechnischen Anforderungen werden die Kabel mit den dazu geeigneten Fasern hergestellt. Die Faserkategorien beschreiben das Leistungsvermögen von Glasfasern. Daraus lassen sich die möglichen Längen der Verkabelungsstrecken ableiten (s. Tab. 33).

Tabelle 33: Verkabelungsstreckenlängen in Abhängigkeit der Faserkategorie (*Quelle:* LEONI)

Kategorie EN 50173-1	OM1	OM2	OM3	OM4	OM5	OS2
Abmessungen in µm	62,5/125	50/125	50/125	50/125	50/125	9/125
EN 60793-2	A1b	A1a.1	A1a.2	A1a.3	A1a.4b	G652.D / G657.A1
Verkabelungs- streckenlänge / m 1000BASE SX 1000BASE LX	500 1.000	550 550	900 550	1.000 550	1.000 550	5.000
Verkabelungs- streckenlänge / m 10GBASE-SR/SW 10GBASE-LX4 10GBASE ER/EW	65 450	82 300	300 300	550 300	550 300	10.000 40.000
Verkabelungs- streckenlänge / m 40/100GBASE-SRE4/ SR10 40/100GBASE-LR4			100	150	150	10.000
Verkabelungs- streckenlänge / m 100G-SWDM 4			75	100	150	

In der Kabelbezeichnung wird zunächst die Kabelkonstruktion, dann die Faserspezifikation beschrieben (s. Tab. 34):

Tabelle 34: Typenkurzzeichen zur Kabelbezeichnung

Position	Bezeichnung	Kurzzeichen
1	**Kabeltyp**	
	Kommunikationskabel	KL
2	**Einsatzbereich**	
	Innenkabel	I
	Universalkabel	U
	Außenkabel	A
	aufteilbares Außenkabel	AT
3	**Adertyp**	
	Vollader	V
	gelgefüllte Bündelader	D
	trockene Bündelader	B
4	**Konstruktionsaufbau**	
	Quellmaterial, trocken, längswasserdicht	Q
	Petrolat gefüllt, längswasserdicht	F
	Zugentlastung nichtmetallisch	(ZN)
	Zugentlastung Stahl	(ZS)
	Bewehrung	B
	Stahlrillmantel	(SR)
5	**Kabelmantel**	
	PE Polyethylen-Mantel	2Y
	Al + PE Aluminium-Schichtenmantel	(L)2Y
	FRNC halogenfreier / flammwidriger Mantel	H
	PVC Polyvinylchlorid-Mantel	Y
	PA Polyamid-Mantel	4Y
	PUR Polyurethan-Mantel	11Y
6	**Faseranzahl bzw. Faserbündelung**	
	Faseranzahl	n
	Anzahl Bündelader x Anzahl Fasern pro Bündelader	nxm
7	**Sonstige Angaben**	
	n Felddurchmesser/Manteldurchmesser in…	E9/125
	n Kerndurchmesser/Manteldurchmesser in…	G50/125 oder G 62,5/125
8	**Wellenlänge**	
	850 nm	B
	1300/1310 nm	F
	1550 nm	H
9	**Bandbreite /Dispersionskoeffizient**	
	in MHz·km bei Gradientenfasern, Dispersionsparameter in ps/nm·km bei Einmodenfasern	

Beispiel für ein Kabel in einem Rechenzentrum mit folgenden Anforderungen:

- halogenfreie, flammwidrige Kabelkonstruktion mit sehr guten Brandeigenschaften, da Innenverlegung
- hohe Datenraten über kurze Entfernungen
- 72 Fasern

Hier bieten sich OM4-Fasern in einer verseilten Bündeladerkonstruktion mit gelfreien Bündeladern an.

I-B(ZN)BH 6x12 G50/125 2,5 B 3500 0,7 F 500 OM4

5.4 Zertifizierungen und CE-Kennzeichnung

5.4.1 Zertifizierungen

Abmessungen, mechanische und elektrische Leistungsparameter und weitere Einsatzmerkmale, z. B. der Temperaturbereich, werden nur zum Teil normativ vorgegeben. Der Hersteller hält sich zwar an normative Vorgaben und belegt dies auch durch entsprechende Prüfungen. Trotzdem sind Verkabelungsprodukte äußerst komplex. Anschlusstechnik bei Steckverbindern oder Mantelmaterial bei Datenkabeln können je nach Einsatzort und Anwendung immens variieren. Der Hersteller liefert deshalb für seine Produkte entsprechende Datenblätter, die darüber detailliert Auskunft geben. Manchmal sind diese Datenblätter nicht einfach über Kataloge oder Webseiten zu bekommen und man sollte dann explizit beim Hersteller nachfragen. Der Hintergrund dieses Sachverhalts ist ganz einfach darin begründet, dass zur optimalen Abdeckung von Anforderungen an die Verkabelungskomponenten, zwar ähnlich aussehende Produkte entwickelt werden, diese aber in Aufbau und im Materialeinsatz erheblich variieren können.

Neben dieser Varianz in der Produktausführung, basierend auf Einsatzanforderungen der Verkabelung, gibt es weitere gesetzliche oder auch von Kunden- bzw. Anwendergruppen geforderte Prüfungen und Zertifizierungen sowie dazugehörige Kennzeichnungspflichten. Dazu zählt z. B. die CE-Kennzeichnung in Verbindung mit der Bauproduktenverordnung.

In speziellen Anwendungsbereichen, z. B. der Bahntechnik oder der Automatisierungstechnik, kommen weitergehende Prüfungen zum Brandverhalten oder zur Beständigkeit gegenüber Biegung und Torsion (z. B. PROFINET) zur Anwendung. Auf diese Fälle wird hier nicht weiter eingegangen.

5.4.2 CE-Kennzeichnung

5.4.2.1 Allgemein

Alle Verkabelungsprodukte, die unter eine europäische Verordnung oder Richtlinie fallen, sind mit einem CE-Kennzeichen zu versehen. Damit wird sichtbar gemacht, dass diese Produkte unter den geltenden europäischen Bestimmungen gefertigt und in Verkehr gebracht wurden und somit die europäischen Schutzziele erfüllt werden. Beispiele dafür sind die Bauproduktenverordnung 2011/305/EU und die Niederspannungsrichtlinie 2014/35/EU.

5.4.2.2 Bauproduktenverordnung

Kabel, die dauerhaft in Gebäude eingebaut werden, fallen unter die Verordnung 2011/305/EU, welche für alle EU-Mitgliedsstaaten verbindlich ist.

In diesem Zusammenhang wurden 7 verschiedene europäische Brandklassen (A_{ca}, $B1_{ca}$, $B2_{ca}$, C_{ca}, D_{ca}, E_{ca} und F_{ca}) sowie 3 zusätzliche Klassifizierungen (Rauchentwicklung, Säurebildung und brennende Tropfen) benannt. Dabei kennzeichnet Klasse A_{ca} die höchste und Klasse F_{ca} die niedrigste Brandklasse (s. Tab. 35).

Tabelle 35: Anforderungen der europäischen Brandklassen gemäß DIN EN 13501-6

	Klassifizierung							
Prüfverfahren	**Parameter**	A_{ca}	$B1_{ca}$	$B2_{ca}$	C_{ca}	D_{ca}	E_{ca}	F_{ca}
EN ISO 1716	PCS (MJ/kg)	≤2,0	–	–	–	–	–	–
EN 60332-1	H (mm)	–	≤425	≤425	≤425	≤425	≤425	–
EN 50399	Flammen-quelle (kW)	–	30	20,5	20,5	20,5	–	–
EN 50399	FS (m)	–	≤ 1,75	≤ 1,5	≤2,0	–	–	–
EN 50399	THR (MJ)	–	≤ 10	≤ 15	≤30	≤70	–	–
EN 50399	max. HRR (kW)	–	≤20	≤30	≤60	≤400	–	–
EN 50399	FIGRA (W/s)	–	≤ 120	≤ 150	≤300	≤ 1300	–	–
	zusätzliche Klassifizierung							
EN 50399/EN 61034	Rauch-entwicklung	–	s1, s1a, s1b, s2, s3	s1, s1a, s1b, s2, s3	s1, s1a, s1b, s2, s3	s1, s1a, s1b, s2, s3	nein	nein
EN 60754-2	Korrosivität	–	a1, a2, a3	a1, a2, a3	a1, a2, a3	a1, a2, a3	nein	nein
EN 50399	Brennende Tropfen	–	d0, d1, d2	d0, d1, d2	d0, d1, d2	d0, d1, d2	nein	nein

H: Flame Spread, vertikale Flammausbreitung (mm)
FS: Flame Spread, vertikale Flammausbreitung (m)
PCS: Pouvoir Calorifique Supérieur, Brutto-Verbrennungswärme
THR: Total Heat Release, Gesamt-Wärmefreisetzung (MJ)
HRR: Heat Release Rate, maximale Wärmefreisetzungsrate (kW)
FIGRA: Fire Growth Rate, Index der Wärmefreisetzungsrate (W/s)
TSP: Total Smoke Production, Gesamt-Rauchentwicklung (m^2)
SPR: Smoke Production Rate, max. Wert der Rauchentwicklung (m^2/s)

Unter wirtschaftlichen und technischen Aspekten betrachtet empfiehlt sich der Einsatz von Klasse $B2_{ca}$ für sehr hohe Sicherheitsanforderungen und Klasse C_{ca} für hohe Sicherheitsanforderungen (s. Tab. 36):

- in Sonderbauten mit sehr hohem Sicherheitsbedarf (z. B. in Krankenhäusern, Seniorenheimen, Kindertagesstätten) und in Fluchtwegen: Einsatz von Kabeln der Klasse $B2_{ca}$,
- in Gebäuden mit hohem Sicherheitsbedarf (z. B. Verwaltungs- und Bürogebäude, Hochhaus, Hotel): Einsatz von Kabeln der Klasse C_{ca}.

Tabelle 36: Empfehlung für die Verwendung der europäischen Brandklassen (*Quelle:* ZVEI)

Euroklassen Flammausbreitung Wärmeentwicklung	Zusätzliche Klassen Rauchentwicklung/ -dichte	 Brennende Tropfen	 Säureentwicklung/ Korrosivität	Sicherheitsbedarf im Gebäude
A_{ca}				Sehr hoch
$B1_{ca}$				Sehr hoch
$B2_{ca}$	s1	d1	a1	Sehr hoch
C_{ca}	s1	d1	a1	Hoch
D_{ca}	s2	d2	a1	Mittel
E_{ca}				Gering
F_{ca}				Kein

6 Normenreihe EN 50174: Informationstechnik – Installation von Kommunikationsverkabelung

6.1 Überblick

Es gibt die folgenden Phasen einer erfolgreichen Errichtung und Installation informationstechnischer Verkabelung:

a) Entwurf bzw. Design: Hier wird beispielsweise entschieden, welche Klassen die Übertragungsstrecken erfüllen sollen (s. EN 50173-1, Buchkapitel 4) und die anschließende Spezifikation erläutert – die detaillierte Festlegung der Anforderungen an die Verkabelung, einschließlich der Planung ihrer Einbringung und der zugehörigen Gebäudedienste, sowie die Qualitätssicherung;

b) Installation: in Übereinstimmung mit den Anforderungen der o. a. Spezifikation (s. EN 50174-2 und EN 50174-3 in Kapitel 6.3 und 6.4);

c) Betrieb: das Management der Verbindungen und der Erhalt der Übertragungseigenschaften während der Lebensdauer der Verkabelung.

Die Normenreihe EN 50174 behandelt davon die Phasen Spezifikation und Installation und Gesichtspunkte des Betriebs.

Sie richtet sich an mehrere Zielgruppen:

- Architekten, Gebäudeplaner und -errichter (Bauträger),
- Generalunternehmer,
- Entwickler, Lieferanten, Installateure, Prüfer (Auditoren), Instandhaltungspersonal und Eigentümer informationstechnischer Verkabelung,
- Anbieter öffentlicher Netzwerke und lokaler Dienste,
- Endanwender.

Dieses breite Spektrum an Zielgruppen hat damit zu tun, dass viele unterschiedliche Prozesse abgedeckt werden.

Die Phasen und Zielgruppen sind mittels eines Analogiebeispiels in Abschnitt 3.1.8 veranschaulicht.

Mit der Planung einer anwendungsneutralen Kommunikationskabelanlage kann nicht früh genug begonnen werden. Idealerweise sollte diese bereits bei der Planung eines neu zu errichtenden Gebäudes stattfinden und zwar zusammen mit dem Architekten des Gebäudes. Denn was in der Praxis häufig unterschätzt wird: die Kabelanlage sowie die daran angeschlossenen technischen Einrichtungen brauchen Platz. Das trifft nicht nur bei großen Anlagen, wie sie in kommerziell genutzten Bürogebäuden größerer Unternehmen oder Industrieanlagen anzutreffen sind, sondern auch bereits bei vergleichsweise kleinen Anlagen im Wohnungsbereich zu. Nicht selten wird die durchaus enorme Menge an Kabeln, die zu verlegen ist, unterschätzt und der Installateur der Kabelanlage hat Mühe und Not, zwischen all den anderen Gewerken, die sich in einem Gebäude befinden, geeignete Kabelwege für eine fachgerechte Installation zu finden. Ähnlich verhält es sich mit dem Platzbedarf für technische Einrichtungen wie Verteilerkästen und Schränke für Router, Switches und Server. Wo bei Bestandsgebäuden oftmals schauderhafte Kompromisse eingegangen werden, weil es die vorhandenen Platzverhältnisse nicht anders zulassen, sollte bei neu zu errichtenden Gebäuden bereits in der Gebäudeplanungsphase auf die notwendigen räumlichen Bedürfnisse und Anforderungen geachtet werden. Das spart hinterher Ärger, Kosten und Qualitätseinbußen, nicht nur bei der Installation, sondern auch im späteren laufenden Betrieb der Anlage.

Neben den räumlichen Anforderungen gilt es aber auch Umwelteinflüsse zu berücksichtigen, die einen sicheren Betrieb der Anlage stören könnten. Hierzu gehören u. a. Bereiche, in denen es wegen höheren Temperaturen, Staub und Schmutzbelastung oder mechanischen Einwirkungen auf die Verkabelung etwas rauer zugehen kann und deshalb entweder spezielle Produkte verbaut oder die Einbauten entsprechend geschützt werden müssen.

Aber auch der große Themenbereich der Störaussendung und Störbeeinflussung (elektromagnetische Verträglichkeit – EMV), der zusätzliche Maßnahmen, z. B. einen erweiterten Gebäudepotentialausgleich oder größere räumliche Trennung von Leitungen der Kommunikationstechnik zur Elektro-Energieversorgung notwendig machen kann, ist zu beachten. Werden die dafür notwendigen Maßnahmen bereits beim Bau eines neuen Gebäudes berücksichtigt, können hier oft sehr effektive und dabei vor allem kostengünstige Lösungen durch Einbeziehung der Bausubstanz umgesetzt werden, wie sie nachträglich nur mit erhöhtem Aufwand und zusätzlichen Kosten, aber nicht mehr in der gleich hohen Qualität, bereitzustellen sind, wie das u. U. bei Bestandsgebäuden so zutreffen kann.

Planen bedeutet aber auch vorausschauen – und damit wissen, was kommt. Für eine detaillierte Planung sollte man sich deshalb auch genügend Zeit nehmen, denn nur was sorgfältig und umsichtig geplant ist, bewahrt später vor bösen Überraschungen. Und dann macht sich der vorher betriebene Aufwand sehr schnell bezahlt. Die Planung sollte deshalb nicht nur die zu verwendenden Materialien und Einbauorte beinhalten, sondern auch Qualitätsanforderungen, sowohl an die Produkte selbst als auch an die durch den Auftragnehmer zu erbringende Leistung. Dadurch werden für beide Seiten, Auftraggeber wie Auftragnehmer, im Vorfeld die Erwartungen, aber auch die zugrunde gelegten Maßstäbe und Kriterien für eine erfolgreiche Abnahme klar definiert. Die nachfolgend beschriebenen Normen helfen mit ihren Anforderungen und Empfehlungen, den Prozess der Planung, aber auch der darauf folgenden Installation so zu gestalten, dass keine wesentlichen Punkte übersehen werden und daraus eine qualitativ hochwertige Anlage entstehen kann.

Bevor eine Verkabelung geplant oder gar installiert wird, müssen auch die äußeren Randbedingungen, die für einen späteren störungsfreien Betrieb der Anlage notwendig sind, abgeklärt werden. Daraus können sich besondere Anforderungen bei der Auswahl der zu installierenden Produkte, wie Kabel oder Anschlusstechnik, bei neu zu errichtenden Gebäuden bestimmte einzuhaltende bauliche Maßnahmen oder bei Bestandsbauten notwendige Änderungen ergeben, beispielsweise ein entsprechender Potentialausgleich.

6.2 EN 50174-1: Installationsspezifikation und Qualitätssicherung

6.2.1 Einleitung

Die Normenreihe EN 50174 behandelt die Phasen Spezifikation, Installation und Gesichtspunkte des Betriebs (s. Kapitel 3.1)[12]. EN 50174-1 behandelt speziell die Installationsspezifikation, Qualitätssicherung, Dokumentation und Verwaltung der zu installierenden informationstechnischen Verkabelung sowie ihren späteren Betrieb und die Instandhaltung. Dabei unterscheidet sie zwischen den Zuständigkeiten des Gebäudeeigentümers und des Installateurs. Sie enthält Festlegungen, die während der Spezifikationsphase und im Betrieb einer Kommunikationskabelanlage einzuhalten sind. Diese sind:

- die Spezifikation der Installation der Verkabelung sowie Dokumentation und Verfahren der Qualitätssicherung;
- Dokumentation und Verwaltung der Verkabelung;
- Betrieb und Instandhaltung der Verkabelung.

Die Anforderungen und Empfehlungen von Abschnitt 4 „Anforderungen an die Spezifikation der Installation von informationstechnischer Verkabelung" richten sich in erster Linie an Eigentümer[13] einer informationstechnischen Verkabelung in Gebäuden. Die Spezifikation betrifft die Planung[14], die Produkte und Verfahren, die Bereitstellung externer Netzdienste, die Betriebsabläufe und die Instandhaltung. Darüber hinaus wird die Dokumentation für dies alles festgelegt.

Abschnitt 5 „Anforderungen für Installateure einer informationstechnischen Verkabelung" behandelt diejenigen Anforderungen und Empfehlungen, welche sich in erster Linie an den Installateur der informationstechnischen Verkabelung richten. Hier werden Terminpläne und Anleitungen, Dokumentation der installierten Verkabelung, Verträglichkeit von Komponenten, Energieversorgungen und Absprachen bezüglich Kabelwegen und Schränken festgelegt.

Als Kontrollinstrument dient der Qualitätsplan. Diesem liegt folgender Gedanke zugrunde: Die resultierende Gesamtqualität eines Verkabelungsprojekts ist das Produkt aus der Qualität der Planung, der Qualität der verwendeten Komponenten und der Qualität der Installation

Es folgt Abschnitt 6 „Komplexität der Installation und des Betriebs". Der Komplexitätsgrad dient als Entscheidungskriterium für die technische Spezifikation, den Qualitätsplan und für die Anforderungen an das Verwaltungssystem.

6.2.2 Konformität

Folgendes gilt, damit eine Verkabelungsinstallation der Europäischen Norm EN 50174-1 entspricht:

---

[12] Die Normenreihe EN 50174 wird zwar intensiv von der Normenreihe EN 50173 referenziert, sie gilt jedoch für die Installation beliebiger (auch anwendungsspezifischer) IT-Verkabelungen.

[13] Der Eigentümer kann ausgewählte Verantwortlichkeiten an Planer, Bedienungspersonal und Verwalter der installierten informationstechnischen Verkabelung delegieren.

[14] Die Planung selbst wird in EN 50174-2 und EN 50174-3 beschrieben (s. Kapitel 6.3 und 6.4).

a) die Spezifikation der Installation muss den Anforderungen aus Abschnitt 4 „Anforderungen an die Spezifikation der Installation von informationstechnischer Verkabelung" entsprechen.

b) der Installateur muss die Anforderungen von Abschnitt 5 „Anforderungen für Installateure eine informationstechnischen Verkabelung" erfüllen.

Die unter a) und b) aufgeführten Anforderungen werden in dieser Norm behandelt. Darüber hinaus muss für eine Übereinstimmung mit dieser Norm Folgendes erfüllt werden:

c) Das System für den Potentialausgleich innerhalb des Gebäudes muss EN 50310 entsprechen; somit wird implizit ein entsprechender Potentialausgleich normativ gefordert. Das Elektroenergieversorgungsnetz innerhalb der Anlage eines neuen Gebäudes muss durchgängig dem TN-S-System entsprechen. (s. hierzu auch Nationales Vorwort von DIN EN 50310 (VDE 0800-2-310):2017 sowie Kapitel 3.2).

d) Ein Blitzschutzsystem, falls gefordert, muss dem „integrierten Blitzschutzsystem" nach EN 62305-4 entsprechen.

e) Andere Blitzschutzsysteme einschließlich des „isolierten Blitzschutzsystems" nach EN 62305-3 sind zulässig, vorausgesetzt, dass bestimmte Einschränkungen sowohl auf die Ausführung der informationstechnischen Verkabelung als auch auf die Anforderungen von EN 50310 angewendet werden, wie zwischen den Planern des Blitzschutzsystem und den Planern der informationstechnischen Verkabelung vereinbart.

Potentialausgleich und Blitzschutz haben einige Gemeinsamkeiten, ja sogar im wahrsten Sinne des Wortes „Berührungspunkte". Und deshalb ist es auch sehr wichtig, diese Gewerke nicht als „einzelne Gewerke" zu behandeln, vielmehr sind sie gesamtheitlich zu betrachten und sorgfältig aufeinander abzustimmen. Denn gerade bei modernen Neubauten sind vornehmlich Erdungsanlage, Potentialausgleichsanlage und Blitzschutzsystem ein wesentlicher Bestandteil der Gebäudestruktur und müssen daher bereits vor dem Bau des Gebäudes sorgfältig geplant werden. Durch Einbeziehung der metallischen Elemente der Gebäudestruktur und Gebäudebewehrung können diese Gewerke ohne nennenswerte Mehrkosten in einer sehr hohen Qualität bereitgestellt werden, die nachträglich nur mit wesentlich höheren Kosten, aber nicht mehr in vergleichbar hoher Qualität nachgerüstet werden könnten. Dies zeigt auf, dass diese Gewerke sehr eng miteinander verbunden sind, ja eigentlich gar nicht voneinander getrennt betrachtet werden können, was in der Praxis aber leider immer noch viel zu häufig geschieht.

f) Lokale Vorschriften bezüglich elektrischer Sicherheit müssen erfüllt werden.

Die Gewerke Erdungsanlage, Potentialausgleichsanlage, Blitzschutzsystem und Stromversorgungsanlage haben auch sicherheitsrelevante Aufgaben zum Personen- und Sachschutz zu erfüllen (Schutz gegen elektrischen Schlag, Brandschutz usw.), die in jedem Falle vorrangig betrachtet werden müssen, die aber im Folgenden nicht berücksichtigt werden.

Nur wenn diese unter a) bis f) aufgeführten Bedingungen erfüllt werden, ist die Installation der Verkabelung normkonform.

6.2.3 Spezifikation der Installation der informationstechnischen Verkabelung

6.2.3.1 Allgemeines

Für die Spezifikation der Installation werden die Dokumentation, die Planung, Produkte und Verfahren, die Bereitstellung externer Netzdienste, Betriebsabläufe und die Instandhaltung festgelegt. Im Folgenden wird mit Ausnahme der Bereitstellung externer Netzdienste und der Instandhaltung auf alle diese Punkte näher eingegangen.

6.2.3.2 Dokumentation

6.2.3.2.1 Umfang

Die Spezifikation der Installation erfordert eine Dokumentation der Installationsspezifikation (IS), des Qualitätsplans (QP) und der Änderungskontrolle. Für eine Sicherung der Installationsqualität soll der Ablauf nach Abbildung 99 gewählt werden.

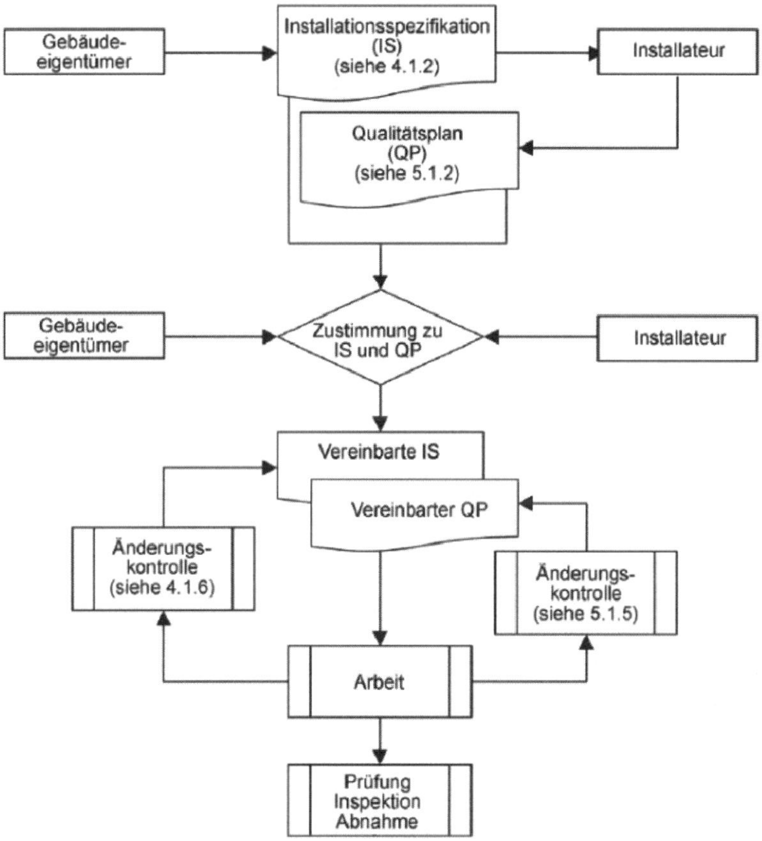

Abbildung 99: Schematische Übersicht zur Qualitätssicherung (*Quelle:* EN 50174-1:2018, Bild 2)

6.2.3.2.2 Installationsspezifikation

Es muss eine Spezifikation der Installation angefertigt werden. Sie muss mit dem Installateur vor Beginn der Installationsarbeiten vereinbart werden. Es wird empfohlen, dass sie u. a. die Anzahl der Anschlusspunkte für die voraussichtliche Nutzungsdauer der Verkabelung widerspiegelt und dass strategische Überlegungen angestellt werden. Sie enthält die beiden Aspekte *technische Festlegungen* (technische Spezifikation) und den *Umfang der Arbeiten* (Arbeitsbeschreibung).

a) Technische Spezifikation

Die technische Spezifikation setzt sich aus fünf Punkten zusammen:

1. Sicherheit: Hier müssen alle Gefahrenbereiche benannt und klassifiziert werden.

2. Betriebsverhalten und Konfiguration: Hier müssen die benötigten Übertragungseigenschaften der zu installierenden Verkabelung genau beschrieben werden. Dabei müssen die Betriebsumgebung, etwaige Bestandsverkabelung und etwaiger Einsatz von Fernspeisung berücksichtigt werden. Es handelt sich um die Spezifikation der gewünschten Leistungsfähigkeit der Verkabelung und um Definitionen und Anforderungen zur Unterstützung von Fernspeisung bei Kupferverkabelung. Für letztere gibt es entsprechenden Kategorien RP 1 bis RP3 (RP – Remote Powering).

Die technische Spezifikation sollte auf dem Komplexitätsgrad basieren, der in Kapitel 6.2.5 aufgeführt wird. Außerdem sollte sie beim Mischen von Diensten die Empfehlungen nach Kapitel 6.2.7 befolgen.

3. Weitere Informationen: Es wird in fünf Punkten aufgelistet, welche weiteren Informationen die technische Spezifikation enthalten muss, z. B. die Anforderung an die betriebliche Lebensdauer und Maßnahmen zum Schutz vor unberechtigtem Zugriff, und welche weiteren neun Punkte sie definieren muss, z. B. den Umfang der Dokumentation und die Anforderungen für die Abnahme der Installation.

4. Umgebungsbedingungen: Die technische Spezifikation muss die Umgebungsbedingungen beschreiben, während der Installation und im Betrieb. Diese beruhen auf der MICE-Klassifikation nach EN 50173-1 (s. Kapitel 4.2.2.1). Außerdem muss sie die Umgebungsbedingung beschreiben unter Berücksichtigung von biologischem Befall, Beschädigung von Tieren, Luftbewegungen etc.

Die technische Spezifikation sollte eine Risikobewertung enthalten, bei welcher die Risiken durch Überflutung, Blitzschlag, Erdbeben usw. enthalten sein sollen.

5. Bereitstellung externer Dienste: Schließlich muss eine Risikoanalyse bezüglich der Bereitstellung externer Dienste durchgeführt werden, in Bezug auf die Diensteanbieter, Hausübergabepunkte usw. Dabei ist vornehmlich der Aspekt der Ausfallsicherheit zu betrachten, der eine redundante Auslegung gewisser Bereiche der Verkabelung notwendig machen kann.

b) Arbeitsbeschreibung

Die Arbeitsbeschreibung beinhaltet Anforderungen und Empfehlungen, welche vor, während und nach der Installation zu berücksichtigen sind. Vor der Installation wird eine Auflistung der Anforderungen, z. B. die erforderlichen Bauarbeiten für jeden Kabelweg und die Installation der Kabelwegsysteme, und eine Festlegung von z. B. den Verantwortlichkeiten für die Fertigstellung der jeweiligen Arbeiten benötigt. Für die Phase während der Installation muss der Standort mit seinen Räumen und Kabelwegen usw. beschrieben werden und es müssen z. B. die jeweils benötigten Kabelwegsysteme und die in dem jeweiligen Kabelweg zu installierenden Kabel aufgeführt sein. Es müssen die Beschreibung des Arbeits- und Leistungsumfangs und Anforderungen an die Baustelleneinrichtung vorliegen.

Die Beschreibung muss einen Projektablaufplan festlegen, der im Einzelnen aufgeführte Stichtage enthält, einschließlich Anforderungen an Sicherheitsschulungen, Baubesprechungen, Zwischenabnahmen bis hin zu Übergabedaten. Auch hier müssen Verantwortlichkeiten festgelegt werden. Für die Zeit nach der Installation muss die Arbeitsbeschreibung die Anforderungen für die Wiederherstellung beschreiben, bis hin zur Empfehlung von Instandhaltungsverträgen.

6.2.3.2.3 Qualitätsplan

Der Qualitätsplan muss vor Beginn der Installation vereinbart werden (Details zum Qualitätsplan s. Kapitel 6.2.4.1.2 und 6.2.6).

6.2.3.2.4 Änderungskontrolle

Alle Veränderungen und Variationen der Installationsspezifikation und nachträglichen Änderungen des Qualitätsplans sollten eindeutig dokumentiert werden, um die Rückverfolgbarkeit zu ermöglichen.

6.2.3.3 Planung

Der Abschnitt Planung betrachtet acht Punkte. Bei dem Punkt „Trennung von Stromversorgungsleitungen und informationstechnische Verkabelung“ wird ausgeführt, dass bei der Planung darauf geachtet werden muss, dass Kabelwege und Kabel so angeordnet werden, dass die elektromagnetische Störbeeinflussung minimiert wird und die Anforderungen an die Abstände zwischen Stromversorgungsleitungen und informationstechnischer Verkabelung entsprechend EN 50174-2 (s. Kapitel 6.3.5) und EN 50174-3 (s. Kapitel 6.4) eingehalten werden.

Weitere Punkte betreffen den Hausübergabepunkt, die Kabelwege, welche zugänglich sein müssen, die informationstechnische Verkabelung selbst, Schränke und Gestelle, welche beispielsweise nicht in Küchen oder Toiletten angebracht werden dürfen, Halterungen und schließlich Räume zur Unterbringung von Komponenten.

6.2.3.4 Produkte und Verfahren

Der Abschnitt Produkte und Verfahren beginnt mit den allgemeinen Anforderungen, dass das geforderte Betriebsverhalten der Verkabelung eingehalten wird, nachdem die Komponenten den vorgesehenen Umgebungseinflüssen während der Installation ausgesetzt wurden und wenn diese während des Betriebs der Verkabelung den dann vorgesehenen Umgebungsbedingungen ausgesetzt sind. Ferner sollen mögliche Risiken in Verbindung mit Feuer und Explosionen minimiert werden. Speziell das Brandverhalten von Kabeln ist durch eine Euro-Klasse angegeben, wobei die zu wählende Mindest-Euro-Klasse in nationalen oder örtlichen Vorschriften festgelegt sein kann (s. Kapitel 6.2.9 und 6.3.4).

Es folgen Festlegungen für Kabelwegsysteme, beispielsweise bezüglich der Mindestbiegeradien der einzubringenden Kabel, für Komponenten, beispielsweise dass die ausgewählten Komponenten Kabel und Verbindungstechnik aufeinander abgestimmt sind und das Betriebsverhalten für die vorgesehene Lebensdauer der Verkabelung eingehalten wird, und für Etiketten.

6.2.3.5 Betriebsabläufe

Im Abschnitt Betriebsabläufe wird zum einen vorgeschrieben, dass Aufzeichnungen von Abnahmemessungen zum Zeitpunkt der Inbetriebnahme der Installation und bei allen späteren Prüfungen aufbewahrt werden müssen.

Es muss ein Verwaltungssystem festgelegt werden, um einen wirkungsvollen Betrieb, die Instandhaltung und das Instandsetzen der Verkabelungsinfrastruktur zu ermöglichen.

Alle Informationen müssen datiert sein, eine Änderungskontrolle muss ausgeübt und Aufzeichnungen für eine Mindestdauer aufbewahrt werden.

Es ist festgelegt, was gekennzeichnet werden muss. Dies hängt vom Komplexitätsgrad (s. Kapitel 6.2.5) der Installation ab. Beim kleinsten Komplexitätsgrad müssen die Schränke, die Kabel und die Anschlusspunkte gekennzeichnet werden. Beim höchsten Komplexitätsgrad müssen zusätzlich die Verbindungen, die Halterungen, die Kabelwege und die Räume gekennzeichnet werden. Ähnliches gilt für am Gegenstand zu befestigende Etiketten. Beim kleinsten Komplexitätsgrad müssen nur die Schränke und die Anschlusspunkte etikettiert werden, beim größten Komplexitätsgrad zusätzlich die Kabelhalterungen, Kabelwege und Bereiche. Schließlich dürfen beim kleinsten Komplexitätsgrad die Aufzeichnungen manuell erfolgen, wohingegen sie beim größten Komplexitätsgrad elektronisch erfolgen müssen.

Es können automatische Infrastrukturmanagementsysteme (AIM) eingesetzt werden. Diese müssen die Anforderungen nach EN 50667 erfüllen. Auf das Thema AIM wird im vorliegenden Buch nicht weiter eingegangen.

Zum Thema Elektrostatische Entladung (ESD) wird beispielsweise angeführt, dass Schutz vor elektrostatischer Entladung durch antistatische oder leitfähige Bodenmaterialien wie in EN 50310 beschrieben, verbessert werden kann.

6.2.4 Anforderungen für Installateure einer informationstechnischen Verkabelung

6.2.4.1 Dokumentation und Systemverwaltung

6.2.4.1.1 Anforderungen an die Installationsspezifikation

Die durch den Gebäudeeigentümer oder seinen Beauftragten erstellte Installationsspezifikation (s. Kapitel 6.2.3.2.2) muss vor Beginn der Installationsarbeiten zwischen dem Auftraggeber und dem Auftragnehmer vereinbart werden (s. Abb. 99).

6.2.4.1.2 Qualitätsplan

Es muss ein Qualitätsplan erstellt werden, der die Verfahren und Prozeduren zum Nachweis der Übereinstimmung mit Folgendem beschreibt:

a) den Anforderungen und Empfehlungen von EN 50174-1,

b) den Anforderungen der zitierten Verkabelungsentwurfsnorm (z. B. EN 50173-2),

c) der Installationsspezifikation.

Der Qualitätsplan muss im Einzelnen die Verfahren festlegen:

a) für die Übertragung von Verantwortlichkeiten,

b) für die Abnahme der Verkabelungskomponenten und der installierten Verkabelung, also eine Wareneingangskontrolle,

c) die angewendet werden müssen, um die Kompatibilität zwischen den verwendeten Verkabelungskomponenten sicherzustellen,

d) die angewendet werden müssen, um die Kompatibilität mit bereits vorhandener installierter Verkabelung sicherzustellen,

e) zur Bewertung festgelegter Zielsetzungen der Fernspeisung,

f) zur Angabe der Einflüsse infolge einer möglichen Unverträglichkeit von Komponenten, also der Kompatibilität.

Wo Prüfungen oder Abnahmen von Komponenten oder der Verkabelung vorgesehen sind, muss der Qualitätsplan Folgendes festlegen:

1) Prüf- und Messgeräte,

2) Kalibrierungszustand dieser Geräte,

3) Verfahren, die sicherstellen, dass die Prüfschnittstellen zur Verkabelung innerhalb ihrer festgelegten maximalen Verwendungsdauer liegen und das vom Prüfverfahren erforderte Betriebsverhalten aufweisen,

4) Stichprobenplan.

Tabelle 37 (aus EN 50174-1:2018, Tabelle F.1) zeigt die Prüfparameter für eine installierte symmetrische Verkabelung. Diese sind in drei Gruppen unterteilt. Wenn in der Installationsspezifikation eine Prüfung gefordert wird und diese im Qualitätsplan genau festgelegt ist, dann folgt für die Übertragungsstreckenklassen D, E, E_A, F, F_A, I und II, dass die Prüfverfahren in EN 61935-1 festgelegt und die Geräte auch gemäß dieser Norm geprüft sein müssen, und es wird empfohlen, innerhalb einer Parametergruppe alle Parameter zu prüfen.

In der Praxis zeigt sich häufig, dass bei Beauftragung einer Installation alle Beteiligten davon ausgehen, dass „grundsätzlich alle Anschlüsse“ (Verkabelungsstrecken) „auf alle Parameter“, d. h. sehr detailliert und mit aufwendiger Messtechnik, überprüft werden müssen, um eine stichhaltige Abnahme zu ermöglichen. Das kann in vielen Fällen sicher sinnvoll sein, wird aber von EN 50174-1 nicht gefordert.

Daraus folgt: Wenn Messungen durchgeführt werden sollen, müssen diese im Qualitätsplan explizit vereinbart und nach den genannten Normen für die Messtechnik (EN 50346, EN 61935-1 und ISO/IEC 14763-3) durchgeführt werden. Hierbei sind auch die Anforderungen an die zu verwendenden Messmittel sowie den Messaufbau zu beschreiben. Und auch die Anforderungen an die Qualifikation der mit der Messung beauftragten Personen sollte genau beschrieben sein. Entgegen weit verbreiteter Meinung ist dies keine sogenannte „Nebenleistung nach VOB“, die bei der Errichtung einer Anlage grundsätzlich geschuldet wird, vielmehr muss diese Leistung als solche explizit beschrieben und für den Anbieter im Vorfeld kalkulierbar dargestellt sein.

Praxistipp: Insbesondere die im nationalen Vorwort von DIN EN 50174-1 (VDE 0800-174-1) aufgezeigten Beispiele (s. Kapitel 6.2.6) geben gute Anhaltspunkte für die Inhalte eines Qualitätsplans. In vier Stufen aufeinander aufbauend, werden hier beispielhaft unterschiedlich aufwendige Ansätze eines Qualitätsplans bezüglich der Abnahme aufgezeigt.

In Abhängigkeit des Komplexitätsgrads könnte der Umfang der Prüfungen für die Abnahme der installierten Verkabelung wie in folgendem Beispiel definiert werden: B bei Komplexitätsgrad 1, D bei Komplexitätsgrad 3.

Tabelle 37: Prüfparameter für eine installierte symmetrische Verkabelung (*Quelle:* EN 50174-1:2018, Tabelle F.1)

Parametergruppe	Übertragungsparameter
Verifizierung	Verdrahtungsplan
	Durchgang: Gleichstrom (DC) - Signalleiter - Schirmleiter (soweit vorhanden) [a] - Kurzschluss - Leerlauf
interne Übertragung	Rückflussdämpfung
	Einfügedämpfung [b]
	NEXT zwischen Paaren
	PSNEXT
	ACR-N zwischen Paaren
	PSACR-N
	ACR-F zwischen Paaren
	PSACR-F
	Gleichstrom-Schleifenwiderstand [b]
	Gleichstrom-Widerstandsunsymmetrie in einem Paar
	Gleichstrom-Widerstandsunsymmetrie zwischen Paaren
	Signallaufzeit [b]
	Unterschied Signallaufzeit [b]
Fremdnebensprechen (extern)	PSANEXT
	$PSANEXT_{mittel}$
	PSAACR-F
	$PSAACR\text{-}F_{mittel}$

[a] Der Durchgang muss durch die Verkabelungskomponenten und nicht über andere Verbindungen, z. B. Schutzerdeleiter, bereitgestellt werden.

[b] Sofern möglich, sollte der Unterschied zwischen dem Messwert einer Installationsstrecke und der Anforderung an die Übertragungsstrecke in einem Bericht erfasst werden.

Anmerkung: Die Länge von Installations- oder Übertragungsstrecken kann ebenfalls von Interesse sein, ist aber kein Bestanden-/Nicht-bestanden-Kriterium.

Für LWL-Verkabelungen sind bei der „Verifizierung“ der Durchgang und die Polarität zu prüfen und bei der Parametergruppe „Übertragung“ sind es die Dämpfung und die Länge (Laufzeit).

Bei Mehrmoden-LWL braucht die Prüfung in der Regel nur bei 1.300 nm durchgeführt werden.

5) Messverfahren

Zur Behandlung von nicht anforderungskonformen oder grenzwertigen Ergebnissen empfiehlt das nationale Vorwort von DIN EN 50174-1 (VDE 0800-174-1): Behandlung von Messergebnissen innerhalb der Messgerätegenauigkeit: Bei Verwendung von Messgeräten mit der Messgenauigkeitsklasse 2 oder höher nach DIN EN 61935-1 (VDE 0819-935-1) ist ein Ergebnis innerhalb der Messgeräteungenauigkeit (*engl.:* marginal result) als bestanden zu behandeln. Es muss also im Qualitätsplan definiert werden, wie mit ggf. von den Anforderungen abweichenden Prüfergebnissen umzugehen ist. Z. B. können zu akzeptierende Toleranzen benannt werden, innerhalb derer keine Nachbesserung erforderlich ist. Auch diese Aspekte zeigen Vorteile auf, die sich bei Vereinbarung eines Qualitätsplans für alle Beteiligten ergeben können (Zeit- und Kosten-Ersparnis usw.).

Dem Prüfer muss ein Nachweis in Form eines gültigen Kalibrierungszertifikats vorliegen, aus dem hervorgeht, dass die Prüf- und Messgeräte zum Zeitpunkt der Prüfung einsatzfähig sind.

Die Dokumentation der installierten Verkabelung und die Aufzeichnungen der Messergebnisse müssen mit dem anzuwendenden Verwaltungssystem kompatibel sein, das in der Installationsspezifikation festgelegt ist.

6.2.4.2 Sonstiges

Es folgen noch Anforderungen für Produkte und Verfahren, Energieversorgungen und Absprachen.

6.2.5 Komplexität der Installation

Der Komplexitätsgrad der Installation beruht auf der Gebäudeart und der Menge der Verseilelemente in den fest installierten Kabeln (s. Tab. 38). Der Komplexitätsgrad im Betrieb basiert auf der Gebäudeart und der Menge der verwalteten Anschlüsse (s. Tab. 39). Es gibt die drei Stufen von Grad 1 bis Grad 3.

Tabelle 38: Komplexitätsgrad der Installation (*Quelle:* EN 50174-1:2018, Tabelle 5)

Anzahl der fest installierten Verseilelemente (s. Anmerkung)	2 bis 200	201 bis 20.000	> 20.000
außerhalb des Gebäudes	Grad 3	Grad 3	Grad 3
Bürobereiche	Grad 2	Grad 2	Grad 3
industriell genutzte Bereiche	Grad 3	Grad 3	Grad 3
Wohnungen	Grad 1	Grad 1	Grad 1
Wohnanlagen	Grad 2	Grad 2	Grad 3
Rechnerräume in Rechenzentren	Grad 2	Grad 2	Grad 3

Anmerkung: Hierbei handelt es sich um die Anzahl fest installierter Kabel multipliziert mit der Anzahl von Verseilelementen je Kabel. Die Zahl gibt die Gesamtanzahl aller Kabel wieder (Koaxialkabel, symmetrische Kabelpaare und Lichtwellenleiter).

Tabelle 39: Komplexitätsgrad im Betrieb (*Quelle:* EN 50174-1:2018, Tabelle 6)

Anzahl der verwalteten Anschlüsse	2 bis 100	101 bis 5.000	> 5.000
Bürobereiche	Grad 1	Grad 2	Grad 3
industriell genutzte Bereiche	Grad 1	Grad 2	Grad 3
Wohnungen	Grad 1	Grad 1	Grad 1
Wohnanlagen	Grad 1	Grad 2	Grad 3
Rechnerräume in Rechenzentren	Grad 2	Grad 3	Grad 3

Basierend auf dem Komplexitätsgrad gibt es Mindestanforderungen an die Installationsspezifikation und an den Qualitätsplan. So muss die technische Spezifikation in allen Fällen die ersten beiden Punkte Sicherheit und Betriebsverhalten und Konfiguration (s. Kapitel 6.2.3.2.2) enthalten. Für einen Komplexitätsgrad 2 oder 3 muss sie darüber hinaus die Punkte „Weitere Informationen und Umgebungsbedingungen“ enthalten.

Die Mindestanforderungen an die Inhalte eines Qualitätsplans, der auf dem Komplexitätsgrad der Installation beruht, sind in Tabelle 40 aufgeführt.

Tabelle 40: Mindestanforderungen an einen Qualitätsplan (*Quelle:* EN 50174-1:2018, Tabelle A.2)

Komplexitätsgrad der Installation	Qualitätsplan		
	1	2	3
100-%-Prüfung der Polarität von Verseilelementen	Ja	Ja	Ja
Behandlung von Prüfergebnissen im Grenzbereich	-	Ja	Ja
Behandlung von Ergebnissen nicht bestandener Prüfungen	Ja	Ja	Ja
Dokumentation von Prüfergebnissen	-	Ja	Ja

6.2.6 Beispiele für Qualitätspläne

6.2.6.1 Allgemeines

Das nationale Vorwort von DIN EN 50174-1 (VDE 0800-174-1) nennt Beispiele für unterschiedlich aufwendige Ansätze eines Qualitätsplans bezüglich der Abnahme (s. Tabelle 41).

In Abhängigkeit des Komplexitätsgrads könnte der Umfang der Prüfungen für die Abnahme der installierten Verkabelung wie in folgendem Beispiel definiert werden: Stufe 2 aus Tabelle 41 bei Komplexitätsgrad 1, Stufe 4 aus Tabelle 41 bei Komplexitätsgrad 4.

Tabelle 41: Übersicht Qualitätsplan Stufen 1 bis 4 (*Quelle:* MaPaCom® Seminare)

Qualitätsplan	Stufe 1	Stufe 2	Stufe 3	Stufe 4
Sicherstellung der Konformität durch	fachgerechte Installation: nach Komponentenansatz oder per Design	fachgerechte Installation nach Komponentenansatz oder per Design	fachgerechte Installation nach Komponentenansatz oder per Design	fachgerechte Installation nach Komponentenansatz oder per Design
Überprüfung auf	Durchgang, Verpolung und bei symmetrischer Verkabelung auf Kurzschluss	Durchgang, Verpolung und bei symmetrischer Verkabelung auf Kurzschluss	Durchgang, Verpolung und bei symmetrischer Verkabelung auf Kurzschluss	Durchgang, Verpolung und bei symmetrischer Verkabelung auf Kurzschluss
weitere Prüfungen	***keine***	***Stichproben mit vereinbartem Umfang bezüglich Anzahl und übertragungstechnischer Parameter***	***Rückflussdämpfung, Dämpfung, NEXT, PSNEXT, ELFEXT, PSELFEXT, ACR, PSACR, Schleifenwiderstand, Laufzeit, Laufzeitunterschied, bei LWL-Verkabelung: Dämpfung, Laufzeit***	***Rückflussdämpfung, Dämpfung, NEXT, PSNEXT, ELFEXT, PSELFEXT, ACR, PSACR, Schleifenwiderstand, Laufzeit, Laufzeitunterschied, bei LWL-Verkabelung: Dämpfung, Laufzeit***
Dokumentation	keine	Messergebnisse und Fehler werden dokumentiert	Messergebnisse und Fehler werden dokumentiert	Messergebnisse und Fehler werden dokumentiert
Fehlerbehandlung	Evtl. Fehler bei allen anderen Eigenschaften werden toleriert	Innerhalb festzulegender Toleranzen keine Nachbesserung	Innerhalb festzulegender Toleranzen keine Nachbesserung	100 % Nachbesserung

6.2.6.2 Beispiel A: Qualitätsplan Stufe 1

A1) Sicherstellung der Konformität durch fachgerechte Installation

- nach Komponentenansatz oder
- per Design.

A2) Nur Überprüfung auf Durchgang, Verpolung und bei symmetrischer Verkabelung auf Kurzschluss.

A3) Eventuelle Fehler bei allen anderen Eigenschaften werden toleriert.

6.2.6.3 Beispiel C: Qualitätsplan Stufe 3

C1) Sicherstellung der Konformität durch fachgerechte Installation

- nach Komponentenansatz oder
- per Design.

C2) Überprüfung auf Durchgang, Verpolung und bei symmetrischer Verkabelung auf Kurzschluss und ggf. Fehlerbeseitigung.

C3) Überprüfung der Übertragungseigenschaften bei symmetrischer Verkabelung (Rückflussdämpfung, Einfügedämpfung, NEXT, PSNEXT, ACR-N, ACR-F, PSACR-N, PSACR-F, Gleichstrom-Schleifenwiderstand, Laufzeit, Laufzeitunterschied, ggf. ANEXT und AACR-F), bei Lichtwellenleiterverkabelung (Dämpfung, Laufzeit) und der Länge an allen Strecken. Die Länge ist kein Ausschlusskriterium.

C4) Messergebnisse und Fehler werden dokumentiert. Behandlung von Messergebnissen innerhalb der Messgenauigkeit: Es wird empfohlen, korrekte Ergebnisse im Toleranzbereich (*engl.:* marginal pass) anzunehmen und fehlerhafte Ergebnisse im Toleranzbereich (*engl.:* marginal fail) abzulehnen.

C5) Innerhalb festzulegender Toleranzen keine Nachbesserung.

Ein noch anspruchsvollerer Qualitätsplan würde in C5) ohne Toleranz 100 % Nachbesserung fordern.

6.2.7 Mischen von Diensten

Das Mischen verschiedener Arten von Übertragungssystemen im selben Kabel bringt häufig wirtschaftliche Vorteile. Es werden Empfehlungen zum Mischen von Diensten in einem Kabel genauer erklärt. Beispielsweise wird hervorgehoben, dass nur symmetrische Übertragungssysteme zu verwenden sind, also keine koaxialen, wenn Dienste im selben Kabel gemischt werden, es sei denn, die einzelnen Paare sind geschirmt.

6.2.8 Polarität und Anschluss an Anschlussleisten

Die Norm enthält Informationen über die Aufrechterhaltung der Polarität bei Verwendung von Mehrfach-Lichtwellenleitern und über die Verbindungstechnik mit Duplexschnittstellen. So gibt es Ansichten von ausgekreuzten Rangierschnüren usw. Ferner werden Adapter für Mehrfasersteckverbinder mit ausgerichteten Codierungen vorgestellt und Adapterschnüre. Für die symmetrische Kupferverkabelung gibt es die Beziehungen zwischen den Stiften nach Normenreihe der Steckverbindung EN 60603-7 und den Kontakten von Anschlussleisten.

6.2.9 Brandverhalten von Kabeln

Hier wird die Euro-Klassen-Bezeichnung aufgeführt und deren zugrunde liegenden Normen (s. Kapitel 5.4.2.2 und 6.3.4.1). Mindestanforderung ist Klasse E_{ca} nach EN 13501-6.

6.3 EN 50174-2: Installationsplanung und Installationspraktiken in Gebäuden

6.3.1 Einleitung

EN 50174-2 enthält Festlegungen zur Planungs- und Installationsphase von informationstechnischen Kupfer- und LWL-Verkabelungen in Gebäuden. Dies beinhaltet auch die Planung und Bewertung von Kupfer-Verkabelungen für die Fernspeisung und Festlegungen über die erforderlichen Trennabstände zwischen informationstechnischer Kupferverkabelung und Stromversorgungsleitungen. Des Weiteren enthält die Norm Angaben zu Stromverteilungsanlagen und Blitzschutz sowie informative Hinweise zur elektromagnetischen Verträglichkeit.

Zum Anwenderkreis von EN 50174-2 gehören Endanwender, Planer, Entwickler, Errichter sowie insbesondere Installateure von informationstechnischer Verkabelung und Kommunikationskabelanlagen.

6.3.2 Anwendungs- und Geltungsbereich

Im Zusammenspiel mit der Normenreihe EN 50173 legt EN 50174-2 folgende wesentliche Aspekte informationstechnischer Verkabelung fest:

a) Installationsplanung und

b) Installationspraktiken.

Dabei enthält EN 50174-2 normative Festlegungen und informative Empfehlungen allgemeiner und gebäudespezifischer Art.

EN 50174-2 gilt für alle Arten informationstechnischer Verkabelung innerhalb von Gebäuden anwendungsneutraler Verkabelungsanlagen, die nach der Normenreihe EN 50173 ausgelegt sind. Sie geht ausführlich auf Überlegungen bezüglich einer zufriedenstellenden Installation und eines zufriedenstellenden Betriebs von informationstechnischer Verkabelung ein.

6.3.3 Konformität

Übereinstimmung der Verkabelungsinstallation mit EN 50174-2 ist dann gegeben, wenn alle allgemeinen und gebäudespezifischen normativen Anforderungen erfüllt sind. Der Potentialausgleich innerhalb eines Gebäudes muss EN 50310 entsprechen, Blitzschutzsysteme müssen EN 62305-4 genügen.

Bezüglich der elektrischen Sicherheit sind zudem lokale Vorschriften zu berücksichtigen.

6.3.4 Anforderungen an die Planung der Installation und an die Installationspraxis informationstechnischer Verkabelung

Die Planung der Installation von informationstechnischen Verkabelungen ist komplex und umfangreich. Eine sorgfältige Planung ist die Voraussetzung für eine reibungslose Implementierung der Kommunikationskabelanlage und vermeidet aufwendige Korrekturmaßnahmen.

Folgende Aspekte sind bei der Planung der Installation und bei der Installationspraxis von informationstechnischen Verkabelungen nach EN 50174-2 zu berücksichtigen:

6.3.4.1 Sicherheit

Sicherheitsrelevante Planungselemente und die darauf basierende Installationspraxis betreffen das Personal, die Niederspannungs-Stromversorgungsverkabelung (s. DIN VDE 0100 (VDE 0100)), die Lichtwellenleiterverkabelung (s. EN 60825-2), Übertragungs- und Anschlussgeräte, Halterungen, Kabel und Anschlusspunkte.

Es sei an dieser Stelle besonderes Augenmerk darauf gelegt, dass die Kabel, welche für eine permanente Verlegung im Gebäude vorgesehen sind, die gesetzlichen Anforderungen der Bauproduktenverordnung (BauPVO) 2011/305/EU erfüllen müssen. Hier ist das Brandverhalten im Hinblick auf die Brandausbreitung, Rauchgasentwicklung und Freisetzung toxischer Gase geregelt und in sogenannten Euroklassen klassifiziert. Tabelle 42 gibt Hinweise zur Auswahl von Kabeln mit den entsprechenden Eigenschaften in Abhängigkeit des Gebäudetyps und Gefährdungsrisikos.

Die zu wählende Mindest-Euro-Klasse ist in der Regel in nationalen oder örtlichen Vorschriften oder Normen festgelegt (s. Kapitel 5.4.2.2).

Nach dem Gebäudeeintritt von Außenkabeln müssen informationstechnische Kabel, die nicht den Anforderungen der Euro-Klasse E_{ca} nach EN 13501-6 oder den Anforderungen von EN 60332-1-2 entsprechen entweder:

a) in einer Übergabeeinrichtung angeschlossen werden, die sich außerhalb der äußeren Brandabschottung des Gebäudes befindet, oder

b) im Gebäude innerhalb von 2 m (wenn durch örtliche Bestimmungen kein anderer Abstand festgelegt ist) vom Eintrittspunkt der äußeren Brandabschottung fest angeschlossen werden, oder aber es wird eine beliebige Länge größer als 2 m innerhalb von Installationskanälen oder Elektroinstallationsrohren installiert, die als Brandabschottung in Übereinstimmung mit den örtlichen Brandschutzvorschriften anzusehen sind.

6.3.4.2 Dokumentation

Eine sorgsam und umfassend geplante Dokumentation der gesamten Installationsanlage erleichtert die Implementierung der Kommunikationsanlage, deren Inbetriebnahme und spätere Wartung erheblich. Sowohl in EN 50174-1 als auch in EN 50174-2 sind entsprechende Hinweise und Vorgaben gemacht.

6.3.4.3 Lagerung von Verkabelungskomponenten und Betriebsmittel

Verkabelungskomponenten und Betriebsmittel müssen entsprechend den Festlegungen des Herstellers/Lieferanten gelagert werden.

Die Verkabelungskomponenten müssen auf Lieferschäden untersucht werden. Die mit den Komponenten mitgelieferten Unterlagen müssen auf die Auftragsfestlegungen (Kaufvertrag) überprüft und aufbewahrt werden.

Tabelle 42: Empfehlung für die Verwendung von Kommunikationskabeln mit Brandverhalten gemäß Bauproduktenverordnung in Abhängigkeit des Gebäudetyps und Gefährdungsrisikos (*Quelle:* DIN EN 50174-2 (VDE 0800-174-2):2018-10, Tabelle NA.1)

Gebäudeklassen nach Musterbauordnung					
Gebäude	Beschreibung			Euroklassen	
				Gebäude (außer Fluchtweg)	Fluchtweg
1	Ein-/Zweifamilienhäuser, freistehend und freistehende land- oder forstwirtschaftlich genutzte Gebäude	bis 7 m hoch	mit gesamt 400 m^2 gleich 2 × 200 m^2	E_{ca}	
2	Ein-/Zweifamlienreihenhäuser	bis 7 m hoch	mit gesamt 400 m^2 gleich 2 × 200 m^2	E_{ca}	
3	Sonstige	bis 7 m hoch		E_{ca}	$B2_{ca}$
4		bis 13 m hoch	bis *n* × 400 m^2	D_{ca}	$B2_{ca}$
5	Sonstige	u. a. unterirdische Gebäude		$B2_{ca}$	$B2_{ca}$
Sonderbauten					
S1	Hochhäuser	höher als 22 m		D_{ca}	$B2_{ca}$
S2		höher 30 m		C_{ca}	$B2_{ca}$
S3	Großgebäude	mehr als 1.600 m^2 größtes Geschoss		C_{ca}	$B2_{ca}$
S4	Verkaufsstätten	größer 800 m^2		C_{ca}	$B2_{ca}$
S5	Büro/Verwaltung	Räume größer 400 m^2		C_{ca}	$B2_{ca}$
S6	Vielpersonennutzung	Räume mit mehr als 100 Personen		C_{ca}	$B2_{ca}$
S7	Versammlungsstätten	mehr als 200 Personen		C_{ca}	$B2_{ca}$
S8	Gaststätten/Hotels			C_{ca}	$B2_{ca}$
S9	Krankenhäuser/Heime			$B2_{ca}$	$B2_{ca}$
S10	Tageseinrichtungen für Kinder, behinderte und alte Menschen			$B2_{ca}$	$B2_{ca}$
S11	Schulen, Unis			C_{ca}	$B2_{ca}$
S12	Gefängnisse			C_{ca}	$B2_{ca}$
S14	Freizeit/Vergnügungsparks			C_{ca}	$B2_{ca}$
S16	Regallager mit Oberkante Ladegut höher 7,5 m			D_{ca}	$B2_{ca}$
S17	bauliche Anlagen für Lagerung von Stoffen mit erhöhter Brandgefahr			$B2_{ca}$	$B2_{ca}$
S18	Industrie			$B2_{ca}$	$B2_{ca}$
	Serverräume			$B2_{ca}$	$B2_{ca}$
	Straßentunnel			$B2_{ca}$	$B2_{ca}$
	Bahntunnel			$B2_{ca}$	$B2_{ca}$

6.3.4.4 Kabelwege, Kabelwegesysteme, Kabelführungssysteme und Halterungen

Hier geht es um eine Vielzahl von Vorgaben und Empfehlungen hinsichtlich der funktionsgerechten Auswahl und dem Einsatz von Kabelwegen (z. B. Kabelschächte, Doppelböden), Kabelwegsystemen (z. B. Installationskanäle), Kabelführungssystemen (z. B. Kabelrohre) und Halterungen mit dem Ziel die Kommunikationskabelanlage vor äußeren Belastungen und Beeinflussungen (z. B. Feuer, Feuchtigkeit, Druck, Zug, ...) zu schützen und damit das Risiko eines möglichen Ausfalls zu minimieren. Zu der Auswahl und Auslegung von Kabelwegen gehören auch gewünschte Redundanzen zur Maximierung der Verfügbarkeit, die leichte Zugänglichkeit und die Nichtbeeinträchtigung oder Nichtbehinderung anderer Gebäudefunktionen (z. B. Feuerlöschanlagen).

Bei den Kabelwegesystemen und Kabelführungssystemen stehen die geometrische und mechanische Spezifizierung im Vordergrund. In Verbindung mit der maximalen Stapelhöhe von Kabeln wird damit das Fassungsvermögen für Kabel geregelt.

Dabei ist der Füllungsgrad der Systeme so zu wählen, dass noch Reserven für Nachinstallationen möglich sind.

Metallische Kabelführungssysteme können gezielt das EMV-Verhalten der Kommunikationsanlagen (s. hierzu auch EN 50310) verbessern.

6.3.4.5 Kabelinstallation

Installationen von Kabeln müssen entsprechend den von den Herstellern/Lieferanten mitgelieferten Anweisungen erfolgen. Dies betrifft insbesondere die Einhaltung der maximalen Zug- und Querdruckfestigkeit und die Einhaltung des Mindestbiegeradius. Des Weiteren sind die Angaben zum Temperaturbereich während und nach der Installation zu berücksichtigen. Die Kabelinstallation muss in Übereinstimmung mit dem Installationsplan vorgenommen werden.

6.3.4.6 Verbinden und Anschließen von Kabeln

Kabel müssen entsprechend den Anweisungen des Herstellers/Lieferanten der Verbindungstechnik verbunden oder angeschlossen werden. Scharfe Biegungen (Knicke), die die Übertragungseigenschaften der Kabel beeinträchtigen würden, müssen vermieden werden.

Nach dem Verbinden und Anschließen müssen die Verseilelemente innerhalb der Halterung so angeordnet werden, dass der Zugang zu den einzelnen Steckverbindern, Verbindungen und Verseilelementen mit minimaler Störung der benachbarten Komponenten bei späterer Instandsetzung, Erweiterung oder Verlängerung der installierten Verkabelung möglich ist.

Die für symmetrische Verkabelung verwendete Verbindungstechnik muss so installiert werden, dass eine minimale Signalbeeinträchtigung auftritt, indem die Verdrillung der Aderpaare und Abstände zwischen Leitern bis möglichst nahe am mechanischen Anschlusspunkt beibehalten werden (ohne die ursprüngliche Verdrillung zu verändern). Des Weiteren darf nur möglichst wenig Kabelmantel entsprechend den Herstelleranweisungen entfernt werden.

Der Kabelschirm muss das Kabel über die gesamte Länge umschließen (ein lediglich durch den Ableitdraht hergestellter Schirmungskontakt hat bei hohen Frequenzen wenig Wirkung). Kabelschirme müssen an allen Anschlusspunkten angeschlossen werden, um die geforderte Wirkung des Kabelschirms an den Anschlüssen für die Verbindungstechnik aufrechtzuerhalten. Wenn für den Anschluss eines bestimmten Kabels keine Anweisungen des Herstellers/Lieferanten der Verbindungstechnik zur Verfügung stehen, ist zu beachten:

a) Der Montage von Verbindungselementen muss besondere Aufmerksamkeit geschenkt werden. Der Schirmkontakt muss entsprechend dem Prinzip des faradayschen Käfigs über 360° erfolgen.

b) Kabelschirme dürfen nicht als Zugentlastung genutzt werden.

Bei Lichtwellenleiterverkabelung ist zu beachten, dass die Verbindungen (Schmelz- oder mechanische Spleißverbindungen) und deren Zugentlastungsvorrichtungen innerhalb des Lichtwellenleiter-Führungssystems der Halterung befestigt und gestützt bzw. aufgehängt werden müssen. Innerhalb der Verbindungen müssen Schutz und Zugentlastung den Herstelleranweisungen entsprechen.

Die Kennzeichnung von Installationen muss so ausgeführt sein, dass die Polarität der Lichtwellenleiter-Verbindungen von mehr als einem Lichtwellenleiter bekannt ist und über die gesamte Installation beibehalten wird.

Die Endflächen der anzuschließenden Lichtwellenleiter müssen einer Sichtprüfung unterzogen werden, wie in EN 61300-3-35 festgelegt.

Rangierpaare müssen so gesichert werden, dass eine mechanische Beschädigung bei späterem Zugang vermieden wird.

6.3.4.7 Räume

Räume müssen bezüglich ihrer Dimensionierung und Lage an die Erfordernisse der Unterbringung technischer Ausstattungen oder Betriebsmittel, beispielsweise Kommunikationsschränke, ausgerichtet sein. Dabei gilt es auch, unter vorgesehenen unterschiedlichen Umgebungsbedingungen entsprechenden Schutz gegen äußere, schädliche Beeinflussungen, z. B. gegen Eindringen von Wasser oder Staub sicherzustellen. In Abhängigkeit der spezifischen Verwendung der Räume (als Übergaberäume, Räume für Zugangs- oder Diensteanbieter) sind individuelle Ausprägungen erforderlich.

6.3.4.8 Instandsetzungen

Die Installationsplanung sollte die Maßnahmen berücksichtigen, die nach einer Beschädigung von installierter Verkabelung anzuwenden sind. Zu Planungsoptionen, die die praktische Durchführung von Instandsetzungsmaßnahmen erleichtern, gehören:

a) die Bereitstellung von Ausfallsicherheit durch Redundanz in der Verkabelung;

b) die Auswahl von Kabelwegen und Kabelwegsystemen und/oder die Installation von Kabelüberlängen zur Vereinfachung des Instandsetzungsverlaufs;

c) die Unterteilung von fest installierter Verkabelung zur Einführung von Kabelabschnitten, um den Austausch dieser Abschnitte unter Berücksichtigung von vorhergesagten Zugangsbeschränkungen im Betrieb zu vereinfachen;

d) die Zuweisung von Leistungsreserven, um die gewählten Instandsetzungsmaßnahmen zu ermöglichen;

e) die Aufrechterhaltung der Diensteversorgung durch vorläufige Instandsetzungen, die der endgültigen Korrekturmaßnahme vorangehen.

Wo Beschädigungen vorkommen, schließen Korrekturmaßnahmen eine oder mehrere der folgenden Möglichkeiten ein:

- Instandsetzung der beschädigten Komponenten;
- Austausch der beschädigten Komponenten;
- Installation zusätzlicher Komponenten, um die benötigte Funktion zur Verfügung zu stellen.

Der Anwender sollte sicherstellen, dass Dokumentation vorhanden ist, die Notfallplanung, Verfahren zur Fehleranalyse und zur Einleitung, Überwachung und Aufzeichnung aller durchgeführten Instandsetzungen definiert.

6.3.4.9 Verkabelung zur Fernspeisung

Betriebsmittel zur Ferneinspeisung von Geräten, die informationstechnische Verkabelung nutzen, müssen EN 62368-3 entsprechen.

Die Hauptprobleme im Zusammenhang mit der Stromversorgung sind:

a) mit globaler Auswirkung: die entsprechende Zunahme der Übertragungsstreckendämpfung/Einfügedämpfung aufgrund der höheren Temperatur der installierten Kabel, die, sofern sie nicht durch eine Kürzung der installierten Kabellängen ausgeglichen wird, negative Auswirkungen auf das Verhältnis von Dämpfung zu Nebensprechen bzw. auf das leistungssummierte Verhältnis von Dämpfung zu Nebensprechen der Übertragungsstrecke hat (und zu einer höheren Bitfehlerrate des Systems führen kann);

b) mit lokaler Auswirkung: höhere Betriebstemperatur der Kabel, insbesondere wenn dabei die zugelassene Betriebstemperatur überschritten wird;

c) Schäden an den Kontakten der Verbindungstechnik: durch Herstellen und Trennen der Verbindung bei fließendem Versorgungsstrom.

In Verbindung mit CLC/TR 50174-99-1[15] gibt EN 50174-2 Hilfestellung bei der Planung und Bewertung der Verkabelung, der Kabel und Verbindungstechnik in Bezug auf die Auswirkungen wärmebedingter und elektrischer Effekte durch Fernspeisung (s. Tabelle 43).

[15] Siehe DIN EN 50174-2 Beiblatt 1 (VDE 0800-172-2 Beiblatt 1):2015

Tabelle 43: Angenäherte Temperaturerhöhung in Abhängigkeit des Kabeldurchmessers, des Leiterwiderstands, der Anzahl Kabel im Bündel und der Installationsbedingungen mit der Annahme acht Leiter mit je 0,5 A (s. Abb. 36) (*Quelle:* EN 50174-2:2018, Tabelle 5)

	Installationsbedingung E/F – mit Belüftung								
	Anzahl der Kabel *N*	**6**	**12**	**24**	**48**	**72**	**96**	**144**	**216**
Kabel *R* und *D*		ΔT (°C)							
0,095 Ω/m 0,005 m		3,0	5,0	7,0	11,0	15,0	18,0	24,0	32,5
0,075 Ω/m 0,007 m	$\Delta T \approx \left(0{,}8 \times N + \frac{0{,}0578 \times \sqrt{N}}{D}\right) \times R$	2,0	3,0	4,5	7,0	9,5	12,0	16,0	22,0
0,065 Ω/m 0,007 m		1,5	2,5	4,0	6,0	8,0	10,0	13,5	18,5

	Installationsbedingung C – Kabelrinne mit ungelochtem Boden								
	Anzahl der Kabel *N*	**6**	**12**	**24**	**48**	**72**	**96**	**144**	**216**
Kabel *R* und *D*		ΔT (°C)							
0,095 Ω/m 0,005 m		4,0	6,0	9,0	14,0	18,0	21,5	28,5	38,0
0,075 Ω/m 0,007 m	$\Delta T \approx \left(0{,}8 \times N + \frac{0{,}0772 \times \sqrt{N}}{D}\right) \times R$	2,5	3,5	5,5	8,5	11,5	14,0	18,5	25,0
0,065 Ω/m 0,007 m		2,0	3,0	4,5	7,0	9,5	11,5	15,5	21,0

	Installationsbedingung B – Elektroinstallationskanal/Elektroinstallationsrohr								
	Anzahl der Kabel *N*	**6**	**12**	**24**	**48**	**72**	**96**	**144**	**216**
Kabel *R* und *D*		ΔT (°C)							
0,095 Ω/m 0,005 m		6,0	9,0	13,0	19,5	25,0	29,5	38,0	**
0,075 Ω/m 0,007 m	$\Delta T \approx \left(0{,}8 \times N + \frac{0{,}12 \times \sqrt{N}}{D}\right) \times R$	3,5	5,0	7,5	12,0	15,0	18,5	24,0	32,0
0,065 Ω/m 0,007 m		2,8	4,0	6,0	9,5	12,5	15,0	19,5	26,0

	Installationsbedingung A – mit Isolierung								
	Anzahl der Kabel N	6	12	24	48	72	96	144	216
Kabel R und D		ΔT (°C)							
0,095 Ω/m 0,005 m		13,0	18,5	27,0	39,0	**	**	**	**
0,075 Ω/m 0,007 m	$\Delta T \approx \left(0,8 \times N + \frac{0,27 \times \sqrt{N}}{D}\right) \times R$	7,5	10,5	15,5	23,0	29,0	34,0	**	**
0,065 Ω/m 0,007 m		6,0	8,5	12,5	18,5	23,0	27,5	35,0	**

Anmerkung: ** gibt eine Temperatur über 60 °C an (bei Annahme einer Umgebungstemperatur von 20 °C), die eine unzulässige lokale Erwärmung darstellt.

6.3.5 Trennung zwischen metallener informationstechnischer Verkabelung und Stromversorgungsverkabelung

Bei den hier beschriebenen Trennanforderungen handelt es sich um Anforderungen im Zusammenhang mit elektromagnetischen Störungen zwischen einer bestimmten Stromversorgungsgruppe von Kabeln und informationstechnischen Kabeln. Die allgemeine Verringerung elektromagnetischer Störungen in Gebäuden wird hauptsächlich durch wirksame Potentialausgleichsnetze erreicht (s. EN 50310).

Die Anforderungen an die Trennung zwischen informationstechnischen Kabeln und Stromversorgungskabeln hängen von Folgendem ab:

a) von der elektromagnetischen Verträglichkeit des informationstechnischen Kabels, gemessen als:

- Kopplungsdämpfung bei geschirmten symmetrischen Kabeln;
- Unsymmetriedämpfung am nahem Ende (TCL) bei ungeschirmten symmetrischen Kabeln;
- Schirmdämpfung bei unsymmetrischen (koaxialen) Kabeln und Twinaxial-Kabeln;

b) vom Aufbau des Stromversorgungskabels;

c) von der Anzahl und der Art der über Stromversorgungskabel versorgten Stromkreise;

d) vom Vorhandensein von Trennstegen zwischen den informationstechnischen Kabeln und Stromversorgungskabeln.

Die Mindesttrennanforderung „*A*“ wird berechnet durch Multiplizieren des aus Tabelle 45 zu entnehmenden Mindesttrennabstands „*S*“ mit dem Faktor „*P*“ für die Stromversorgungsverkabelung aus Tabelle 46. Der aus Tabelle 45 erhaltene Wert von „*S*“ hängt von der Trennklasse des informationstechnischen Kabels in Tabelle 44 ab.

Tabelle 44: Trennklasse in Abhängigkeit der Kopplungsdämpfung, Unsymmetriedämpfung (TCL) bzw. Schirmdämpfung (*Quelle:* EN 50174-2:2018, Tabelle 7)

informationstechnisches Kabel			
geschirmt Kopplungsdämpfung bei 30 MHz bis 100 MHz dB	ungeschirmt TCL bei 30 MHz bis 100 MHz dB	koaxial/twinaxial Schirmdämpfung bei 30 MHz bis 100 MHz dB	Trennklasse
≥ 80 [a]	$\geq 70 - 10 \times \lg f$	≥ 85 [d]	d
≥ 55 [b]	$\geq 60 - 10 \times \lg f$	≥ 55	c
≥ 40	$\geq 50 - 10 \times \lg f$ [c]	≥ 40	b
< 40	$< 50 - 10 \times \lg f$	< 40	a

[a] Kabel nach EN 50288-4-1 und EN 50288-9-1 (EN 50173-1:2018, Kategorie 7 und Kategorie 7_A) entsprechen der Trennklasse „d".
[b] Kabel nach EN 50288-2-1, EN 50288-5-1 und EN 50288-10-1 (EN 50173-1:2018, Kategorie 5, 6 bzw. 6_A) entsprechen der Trennklasse „c". Diese Kabel können die Leistung der Trennklasse „d" liefern, vorausgesetzt, dass die zutreffenden Anforderungen an die Kopplungsdämpfung ebenfalls eingehalten werden.
[c] Kabel nach EN 50288-3-1, EN 50288-6-1 und EN 50288-11-1 (EN 50173-1:2018, Kategorie 5, 6 bzw. 6_A) entsprechen der Trennklasse „b". Diese Kabel können die Leistung der Trennklassen „c" oder „d" liefern, vorausgesetzt, dass die zutreffenden Anforderungen an die Erdungsymmetriedämpfung ebenfalls eingehalten werden.
[d] Kabel nach EN 50117-4-1 (EN 50173-1:2018, Kategorie RuK-K) entsprechen der Klasse „d".

Tabelle 45: Mindesttrennabstand „*S*" in Abhängigkeit der Trennklasse sowie der Beschaffenheit des Kabelkanals (*Quelle:* EN 50174-2:2018, Tabelle 8)

Trennklasse (aus Tabelle 44)	Trennung ohne elektromagnetische Trennwände	für informationstechnische Verkabelung oder Stromversorgungsleitungen verwendete Kabelkanäle (der festgelegte Trennabstand gilt zusätzlich zu der durch Trennstege/Trennwände realisierten Trennung)		
		offener metallener Kabelkanal [a]	Lochblech-Kabelkanal [b], [c]	massiver metallener Kabelkanal [d]
d	10 mm	8 mm	5 mm	0 mm
c	50 mm	38 mm	25 mm	0 mm
b	100 mm	75 mm	50 mm	0 mm
a	300 mm	225 mm	150 mm	0 mm

[a] Betriebsverhalten der Schirmung (0 MHz bis 100 MHz) äquivalent zu geschweißtem Stahlmaschenkorb mit der Maschengröße von 50 mm × 100 mm. Dieses Betriebsverhalten der Schirmung kann auch erzielt werden mit einer Stahlkabelwanne (Kabelbündel ohne Deckel) mit einer geringeren Wanddicke als 1,0 mm und/oder mehr als 20 % gleichmäßig gelochter Fläche.
[b] Betriebsverhalten der Schirmung (0 MHz bis 100 MHz) äquivalent zu einer Stahlkabelrinne (Elektroinstallationskanäle ohne Deckel) mit einer Wanddicke von mindestens 1,0 mm und höchstens 20 % gleichmäßig gelochter Fläche. Dieses Betriebsverhalten der Schirmung kann auch mit geschirmten Stromleitungen erzielt werden, die nicht die in Fußnote d festgelegten Leistungsmerkmale erfüllen.
[c] Die obere Oberfläche der installierten Kabel muss mindestens 10 mm unterhalb der Oberkante der Barriere liegen.
[d] Betriebsverhalten der Schirmung (0 MHz bis 100 MHz) äquivalent zu einem Stahl-Installationsrohr mit einer Wanddicke von 1,5 mm. Dem Werkstoffbetriebsverhalten des Elektroinstallationsrohrs liegt die Annahme zugrunde, dass das Produkt aus Permeabilität und Leitfähigkeit größer als 38 $H \cdot S/m^2$ ist. Edelstahl, Aluminium und nichtmagnetische Werkstoffe weisen dieses Betriebsverhalten nicht auf. Mit einer Wanddicke von 1,0 mm desselben Werkstoffs kann ein Wert $S = 0$ mm nicht realisiert werden.

Tabelle 46: Korrekturfaktor „P" in der Art und Anzahl der Stromkreise (*Quelle:* EN 50174-2:2018, Tabelle 9)

Art des Stromkreises [a, b, c]	Anzahl von Stromkreisen	Faktor für die Stromversorgungsleitungen P
20 A, 230 V, einphasig	1 bis 3	0,2
	4 bis 6	0,4
	7 bis 9	0,6
	10 bis 12	0,8
	13 bis 15	1,0
	16 bis 30	2
	31 bis 45	3
	46 bis 60	4
	61 bis 75	5
	> 75	6

[a] Dreiphasige Kabel müssen als drei einzelne einphasige Kabel behandelt werden.
[b] Mehr als 20 A müssen als Vielfaches von 20 A behandelt werden.
[c] Stromversorgungskabel für eine geringere Wechsel- oder Gleichspannung müssen auf Grundlage ihrer Stromstärkebemessung behandelt werden, d. h., ein Gleichstromkabel für 100 A/50 V entspricht fünf der 20-A-Kabel (P = 0,4).

Wenn die informationstechnische Verkabelung in der Nähe der angeführten elektromagnetischen Störquellen installiert wird, müssen die Trennanforderungen in Tabelle 47 eingehalten werden.

Tabelle 47: Trennanforderungen bei besonderen elektromagnetischen Störquellen (*Quelle:* EN 50174-2:2018, Tabelle 10)

Störquelle	Mindesttrennabstand mm
Leuchtstofflampen	130 [a]
Neonlampen	130 [a]
Quecksilberdampflampen	130 [a]
Hochleistungsentladungslampen	130 [a]
Lichtbogen-Schweißgeräte	800 [a]
Frequenz-Induktionsheizung	1.000 [a]
klinische Geräte	[b]
Funksender	[b]
Fernsehsender	[b]
Radar	[b]

[a] Die Mindesttrennabstände dürfen unter der Voraussetzung, dass geeignete Kabelführungssysteme verwendet werden oder der Produktlieferant entsprechende Zusicherungen gibt, verringert werden.
[b] Wenn keine entsprechenden Zusicherungen vorliegen, müssen die möglichen Störgrößen analysiert werden, z. B. Frequenzbereich, Oberschwingungen, Transienten, Bursts (Impulsbündel), übertragene Leistung.

6.3.6 Stromverteilungsanlagen und Blitzschutz

6.3.6.1 Stromverteilungsanlagen

Die unterschiedlichen Stromverteilungsanlagen (TN-S-, TN-C-S-, TN-C-, TT- und IT-System) sind in DIN VDE 0100-100 (VDE 0100-100) beschrieben (s. Kapitel 3.2). Hinsichtlich der EMV-Problematik darf ein PEN-Leiter, über den unsymmetrische Ströme sowie sich überlagernde harmonische Ströme und andere Störungen übertragen werden, nicht als geeignete Erdung angesehen werden. Zusätzlich müssen IT- und TT-Verteilungssysteme mehr Ausgleichsmaßnahmen, insbesondere bezüglich Überspannungen, aufweisen. Daher gilt:

a) Das TN-S-System muss verwendet werden (s. EN 50310). Ausnahmen bestehen aufgrund vorhandener Hochspannungs-Stromverteilungsanlagen, die als TT- oder IT-System ausgeführt sind, oder wo die Anwendung (z. B. Krankenhäuser) oder örtliche Bestimmungen einen hohen unterbrechungsfreien Versorgungsgrad erfordern.

b) Wenn ein PEN-Leiter in das Gebäude eintritt, muss er am ersten Anschlusspunkt in einen getrennten Neutralleiter (N) und einen Schutzleiter (PE) aufgeteilt werden.

Der Elektroinstallationsplaner und -entwickler findet in diesem Abschnitt des Weiteren zu berücksichtigende Punkte um zu verhindern, dass die Stromverteilungsanlage möglicherweise empfindliche Geräte beeinflusst.

6.3.6.2 Blitzschutz

Ein direkter Blitzeinschlag kann erhebliche physische Beschädigungen verursachen. Jedoch können auch indirekte Auswirkungen eines Naheinschlags oder eines Einschlags in die Leitungen (Stromversorgungs- und/oder Informationstechnikleitungen), die weitaus häufiger sind, Schäden verursachen, indem sie Stoßspannungen in die Stromversorgungskabel und die informationstechnischen Kabel induzieren. Die Wahrscheinlichkeit der Beschädigung sowohl bei direkten als auch bei indirekten Auswirkungen wird in EN 62305-2 erörtert.

Die Auswahl der Schutzmaßnahmen hängt eng zusammen mit dem Vergleich zwischen dem Schadensrisiko und dem vertretbaren Risiko, das von der Stoßspannungswahrscheinlichkeit und der elektromagnetischen Störempfindlichkeit der Betriebsmittel abhängt. Die Auswahl von Schutzmaßnahmen gegen Überspannungen, die durch Blitzschlag induziert werden, und die Installationsanforderungen an Überspannungsschutzgeräte müssen nach HD 60364-4-443 (d. h. DIN VDE 0100-443 (VDE 0100-443)), HD 60364-5-534 (d. h. DIN VDE 0100-534 (VDE 0100-534)) und den Normen der Reihe EN 61643 getroffen werden.

6.3.7 Spezifische Anforderungen

Abschließend befasst sich EN 50174-2 noch ausführlich mit den spezifischen Anforderungen und Hinweisen für Bürobereiche (Geschäftsgebäude), industriell genutzte Bereiche, Wohnungen, Räume in Rechenzentren und Verkabelung für verteilte Gebäudedienste, welche in Ergänzung zu den oben beschriebenen allgemeinen normativen Festlegungen und informativen Hinweisen zur Anwendung kommen.

6.4 EN 50174-3: Installationsplanung und Installationspraktiken im Freien

6.4.1 Inhalt

EN 50174-3 enthält Festlegungen zur Planungs- und Installationsphase von informationstechnischen Kupfer- und LWL-Verkabelungen im Außenbereich. Im Einzelnen wird hier Folgendes beschrieben und festgelegt:

- eine Anleitung zur richtigen Planung solcher Verkabelungsanlagen unter Berücksichtigung von
  - der Anwendung, den Diensten, die übertragen werden sollen,
  - der elektromagnetischen Umgebung,
  - der Gebäudeinfrastruktur (was an die Außeninstallation dann im Gebäude angebunden wird),
  - den Gebäudeeinrichtungen (wie sind Technikräume o. Ä. ausgestattet, in denen die Übergabe von der Außeninstallation zur Inneninstallation erfolgt),
- Installationsregeln (unter Berücksichtigung der gleichen Aspekte wie bei der Planung),
- anzuwendende Praktiken bei der Ausführung der Installation.

Im Einzelfall werden Festlegungen der EN 50174-3 auch auf Installationsorte zur Übergabe von der Außen- zur Innenverkabelung angewendet, d. h., abweichend vom Titel der EN 50174-3, der explizit auf Außeninstallationen hinweist, gelten einige Bestimmungen auch für den Innenbereich (Übergabepunkte, Technikräume für Hauseingangsverteiler u. Ä.). Solche Fälle sind in dem Dokument aber gut gekennzeichnet.

Zum Anwenderkreis von EN 50174-3 gehören Endanwender, Planer, Entwickler, Errichter sowie Installateure von informationstechnischer Verkabelung und Kommunikationskabelanlagen.

Praxistipp: Die EN 50174-3 ist recht umfangreich. Das erklärt sich auch dadurch, dass kommunikationstechnische Kabelanlagen im Außenbereich auf vielfältige, weitere, bereits installierte Verkabelungstrassen oder -Anlagen „treffen" können, z. B. Elektroversorgungsleitungen. Um späteren Problemen bei Installation und Betrieb von Kommunikationskabelanlagen im Außenbereich aus dem Weg zu gehen, ist einer umsichtigen Planung der Verkabelungsanlage im Außenbereich höchste Priorität einzuräumen.

6.4.2 Anwendungs- und Geltungsbereich

Im Zusammenspiel mit der EN 50173 legt EN 50174-3 folgende wesentliche Aspekte informationstechnischer Verkabelung fest:

a) Installationsplanung,

b) Installationspraktiken.

Abbildung 100 zeigt das breite Anwendungsgebiet, für das die Festlegungen von EN 50174-3 gelten.

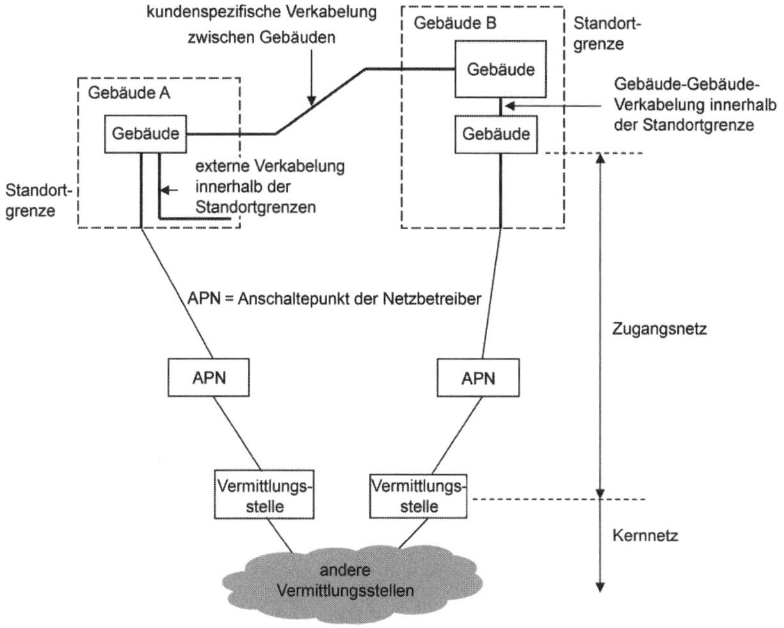

Abbildung 100: Beispiele für Bereiche, die von der EN 50174-3 abgedeckt werden (*Quelle:* EN 50174-3:2013, Bild 2)

In Anlehnung an EN 50173 liegt der Fokus von EN 50174-3 auf der Außenverkabelung von Standorten (abgeschlossene Grundstücke mit deren Gebäuden und der vorhandenen Infrastruktur). Wie man dem Bild entnehmen kann, geht es aber auch um die Außenverkabelung zwischen solchen Standorten und um Außenverkabelungen zur Versorgung einzelner Standorte. Somit geht es auch um Außenverkabelungen, die auf öffentlichen Flächen (Gemeinde, Kommunen, ...) bzw. auf Grundstücken Dritter zu errichten sind.

Damit wird auch die Brisanz der Thematik „Außenverkabelung“ deutlich. Planer und Errichter solcher Anlagen müssen sich auch mit Erfordernissen und Ansprüchen bereits verlegter Verkabelungen befassen und diese den einzelnen „Eigentümern“ (privat oder Unternehmen oder öffentliche Hand) und „Anbietern“ (Telekommunikationsunternehmen, private oder kommunale Anbieter von Versorgungsleistungen wie Strom, Wasser, Abwasser, Gas, Telekommunikation, Fernsehen oder Sonderdiensten) zuordnen. Nur so können sie rechtliche Fragen und Fragen zur Gültigkeit/Anwendung lokaler, anwendungs- oder branchenspezifischer oder übergeordneter Normen und Vorschriften richtig einordnen und beantworten.

6.4.3 Konformität

Übereinstimmung der Verkabelungsinstallation mit EN 50174-3 ist gegeben, wenn:

- die Planung der Kabel, Kabelwege, der u. U. genutzten Räume (Übergabepunkte) mit den jeweiligen Anforderungen übereinstimmen,

- Forderungen zu Sicherheit, Dokumentation, Planungen zur Instandsetzung und Verwaltung mit den jeweiligen Anforderungen übereinstimmen,
- die Installation in Bezug auf Installationspraxis, Sicherheit, Dokumentation, Kennzeichnung, Prüfung, Abnahme und Betrieb mit den jeweiligen Anforderungen übereinstimmt und
- gleichzeitig lokale Bestimmungen und i. A. übergeordnete Sicherheitsbestimmungen eingehalten werden.

Praxistipp: Sieht man sich den Katalog der zu erfüllenden Anforderungen zur Konformität genauer an, dann wird relativ schnell klar, dass man dazu erfahrene Planungs- und Installationsfirmen benötigt. Steht man als Grundstücks- oder Gebäudeeigentümer, als Nutzer oder Investor vor der Aufgabe, eine Kommunikationsverkabelung im Außenbereich zu errichten, sollte man zu allererst auf einen guten und erfahrenen Fachplaner zurückgreifen!

6.4.4 Anforderungen an die Planung der Installation informationstechnischer Verkabelungen im Freien

6.4.4.1 Allgemein

Die Planung der Installation von informationstechnischen Verkabelungen im Freien ist sehr komplex. Eine sorgfältige Planung ist nur möglich, wenn die Anforderungen der späteren Nutzer, örtliche Gegebenheiten, lokale Vorschriften und die Bestimmungen und Hinweise der EN 50174-3 sorgfältig beachtet und einbezogen werden. Eine entsprechende Expertise im Bereich der Planung von Außenverkabelungen ist unabdingbar. Die Autoren empfehlen das Dokument EN 50174-3 sorgfältig zu lesen, da es neben den normativen Vorgaben auch viele informative Hinweise liefert, die den Planungs- und Installationsprozess wirksam unterstützen können. Dieses Kapitel beleuchtet einige Aspekte bei der Außenverkabelung genauer. Es ist aber kein hinreichender Leitfaden für die Planung und Errichtung von Verkabelungen im Freien. Diese Aspekte sind:

6.4.4.2 Sicherheit

Sicherheitsrelevante Planungselemente und die darauf basierende Installationspraxis betreffen das Personal, die Niederspannungs-Stromversorgungsverkabelung (s. DIN VDE 0100 (VDE 0100)), die Lichtwellenleiterverkabelung (s. EN 60825-2), Übertragungs- und Anschlussgeräte, Halterungen, Kabel und Anschlusspunkte.

Bei allen Schritten zur Planung und Installation von Verkabelungen im Freien gilt: Personenschutz, also Schutz von Gesundheit und Leben von Personen, geht immer vor Funktionssicherheit der Anlage.

Um dies sicherzustellen, ist das an den Planungs- und Installationsprozessen beteiligte Personal zu schulen und muss profunde Kenntnisse haben von:

- der Lage und den Grenzen gefährlicher Bereiche;

  Beispiel: Bei Erdarbeiten zur Verlegung von Kabeln können Elektro- oder Gasleitungen gekreuzt werden. Vor Beginn der Arbeiten muss klar sein, wo solche Leitungen verlaufen.

- den Verfahren, die zur Arbeit in oder in der Nähe von gefährlichen Bereichen einzuhalten sind;

  Beispiel: Bei Erdarbeiten kann das z. B. zum Einsatz von Handschachtung anstelle schwerer Maschinen führen oder bei der Verlegung von Freileitungen zum Abstandhalten von bereits installierten Starkstromleitungen zwingen.
- Brandschutzmaßnahmen;

  Beispiel: Auch außerhalb von Gebäuden spielt Brandschutz oftmals eine wichtige Rolle. So wird zur Herstellung von Kabelmuffen häufig mit Brennern zum Verschmelzen von Muffe und Kabelmantel gearbeitet. Beim Einsatz von gelgefüllten Außenkabeln kann es bei unsachgemäßer Handhabung schnell zur Entflammung kommen. Solche Tatsachen müssen vor Beginn der Arbeiten bekannt sein und entsprechende Beachtung finden.
- den Fluchtwegen.

  Beispiel: Auch bei Arbeiten im Außenbereich müssen Fluchtwege, z. B. aus Schächten, bekannt und entsprechend gesichert sein.

6.4.4.3 Dokumentation

Die Dokumentation spielt bei der Planung und Errichtung von Kommunikationsverkabelung im Freien eine ganz besondere Rolle und umfasst zwei Aspekte. Zum einem müssen alle relevanten Informationen zu der zu errichtenden Verkabelungsanlage vorhanden sein. Das ist Ergebnis der Planungsprozesse bis hin zur Ausführungsplanung.

Zum anderen müssen aber auch alle relevanten Dokumentationen zu bereits installierten Anlagen und Trassen vorliegen, um die geforderte Sicherheit sicherzustellen und um eine ordnungsgemäße Installation, Inbetriebnahme und den Betrieb der Kabelanlage im Freien sicherzustellen. Da bereits installierte Anlagen, Trassen und Leitungen oftmals nur vom dazugehörigen Träger/Versorger/Eigentümer (z. B. einem Telekommunikationsanbieter oder dem städtischen Gasversorger) dokumentiert werden und es i. d. R. keine Pläne gibt, die **alle** Leitungen in der Erde oder in der Luft aufzeigen, ist die Beschaffung und Zusammenführung dieser Informationen eine Herausforderung. Im Rahmen der Planung oder auch von Genehmigungsverfahren ist diese Arbeit aber unerlässlich.

6.4.4.4 Kabelwege, Kabelwegsysteme, Kabelführungssysteme und Halterungen

Hier geht es um eine Vielzahl von Vorgaben und Empfehlungen hinsichtlich der funktionsgerechten Auswahl und dem Einsatz von Kabelwegen (z. B. Kabelschächte, Erd- oder Freileitungen), Kabelwegsystemen (z. B. Kabelpritschen, Kabelrohre), Kabelführungssystemen, Halterungen und weiterer installationstechnischer Materialien und Produkte.

Ziel dieses Aspekts ist zum einen, die Kommunikationskabelanlage vor äußeren Belastungen und Beeinflussungen (z. B. Feuer, Feuchtigkeit, Druck- und Zugbelastung aber auch Störungen durch EMV-Beeinflussungen u. v. m.) zu schützen und damit das Risiko eines möglichen Ausfalls zu minimieren.

Zum anderen geht es aber auch um die gemeinsame Nutzung von Kabelwegen und Trassen, wo es angebracht und machbar ist. Diese gemeinsame Nutzung kann den Aufwand für die Errichtung, den Betrieb und die Wartung der Außenverkabelung erheblich reduzieren. Voraussetzung dafür sind jedoch genaue Kenntnisse der technischen und lokalen bzw. gesetzlichen Bestimmungen zu Trassen, Kabelwegen, Kabeltrennung und Mindestabständen oder zusätzlichen Schutzmaßnahmen sowie Kennzeichnung und Dokumentation.

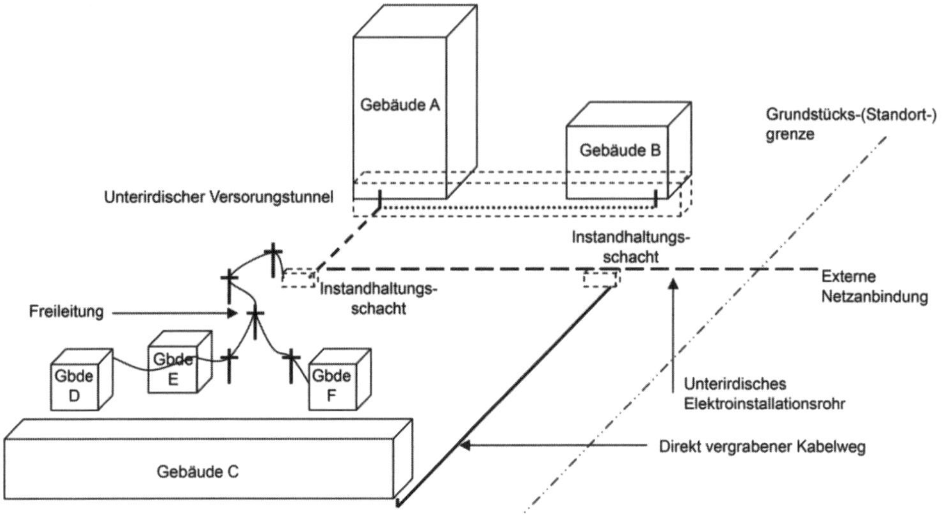

Abbildung 101: Beispiele für Bereiche, die von der EN 50174-3 abgedeckt werden (*Quelle:* EN 50174-3:2013, Bild 3)

Um die Komplexität (s. Abb. 101) bei der Planung von Installationen kommunikationstechnischer Verkabelungen im Freien zu „entschärfen", ist die EN 50174-3 in dem entsprechenden Kapitel sehr gut strukturiert und unterscheidet nach

- unterirdischen Kabelwegen:
  - o direkt vergrabene Kabel,
  - o Kabel im Elektroinstallationsrohr,
  - o Nutzung (oftmals bereits) bestehender Rohrinfrastrukturen,
- Kabelwegen unter Wasser,
- oberirdischen Kabelwegen (Freileitungen):
  - o Kabelwege, die gemeinsam mit Freileitungsinfrastrukturen zur Stromversorgung genutzt werden,
- Räumen und Strukturen:
  - o Instandhaltungsschächte und Handlöcher,
  - o Telekommunikationsschränke (das können im Außenbereich z. B. klassische Kabelverzweigerschränke (KVZ) sein, wie sie von der Deutschen Telekom überall in unserem Straßenbild zu finden sind),
  - o Hausübergabepunkte (HÜP).

Gerade bei metallischen Leitungen, z. B. Kommunikationskupferkabeln, oder bei Leitungen mit metallischen Mantelkonstruktionen spielt die Erdung und das Zusammenspiel von Kabeln und Kabelweg- und Kabelführungssystemen (umgangssprachlich: Verlegesystemen) und die u. U. notwendige Separierung voneinander eine besondere Rolle und wird entsprechend umfangreich erläutert. Das beinhaltet auch Fragen zum Blitz- und Überspannungsschutz.

Dabei gelten auch hier wieder beide Schutzaspekte: Personenschutz/Sicherheit und Funktionsschutz/Übertragungssicherheit. Beide Aspekte mit zusätzlichen Informationen zu gültigen Bestimmungen und Praxisbeispielen werden ausführlich beleuchtet.

Praxistipp: Wir empfehlen, die EN 50174-3 in diesen Teilen auch strikt nach Anwendungsfall/Problemgebiet zu lesen. Das Dokument ist so aufgebaut, dass sich z. B. alle Fragen in Verbindung mit direkt zu vergrabenen Erdkabeln auch leicht auffinden lassen.

Abschließend geht EN 50174-3 noch auf die Planung von Instandsetzung ein. In diesem Zusammenhang ein ganz wichtiger Aspekt, da gerade im Außenbereich der spätere Zugang zur Verkabelungsanlage nicht immer einfach möglich ist (z. B. bei der Erdverlegung von Kabeln und Muffen). Die richtige Anlage von Kabelwegen, aber auch die sinnvolle Errichtung redundanter Trassen oder Verteiler, hilft bei Betrieb und Wartung/Fehlerbehebung enorm.

6.4.5 Anforderungen an die Installationspraxis informationstechnischer Verkabelungen im Freien

6.4.5.1 Allgemein

Normative Festlegungen zur Installationspraxis von Außenverkabelungen und umfangreiche zusätzliche informative Hinweise sind in EN 50174-3, Abschnitt 5, exakt so gegliedert, wie der Abschnitt 4 zu Anforderungen an die Planung solcher Anlagen.

Zur Befolgung der normativen Vorgaben sind gute Produktkenntnisse aller Verkabelungskomponenten hilfreich bis erforderlich. Detaillierte Kenntnisse bei der Verarbeitung, sprich beim Einbau, der Installation und der Konfektionierung, sind notwendige Voraussetzung zur qualitätsgerechten Ausführung des Aufbaus der Kommunikationskabelanlage im Freien. Es ist also von den Verantwortlichen strikt darauf zu achten, dass beim eingesetzten Installationspersonal diese Kenntnisse bereits vorliegen bzw. durch entsprechende Schulungen kurzfristig vermittelt werden.

Verantwortliche sind in diesen Fällen Fachplaner (die ja i. A. auch die Ausschreibungen formulieren), Generalunternehmen bzw. Oberbauleiter, Bauleiter der eingesetzten Fachfirmen der verschiedenen Gewerke und Kolonnenführer oder Vorarbeiter, die ihre Mannschaft entsprechend instruieren und kontrollieren.

Praxistipp: Es reicht, gerade auch bei umfangreichen und komplexen Projekten nicht aus, die o. a. Hinweise als Anweisung an die nächste Ebene weiterzureichen. Ein sehr einfaches und probates Mittel lautet: Kontrolle. Das setzt natürlich wiederum entsprechende Kenntnisse über Abläufe und Gepflogenheiten auf Baustellen voraus, hilft aber frühzeitig Probleme zu erkennen und zu beheben.

Ein gewisser Sonderfall bei der Installation von Kommunikationskabelanlagen im Freien wird unter dem Stichwort: „Elektromagnetische Schirmung mit Hilfe von Kabelführungssystemen“

beschrieben. Hier macht man sich die elektrischen Eigenschaften von metallischen Kabelführungssystemen zu Nutze. Das funktioniert aber nur, wenn solche Kabelführungssysteme auch dementsprechend installiert werden. Wenn das Kabelführungssystem aus mehreren Teilstücken zusammengesetzt wird, muss das nach EN 50174-3 so geschehen,

- dass die Installation und Entnahme des Kabels ohne Risiko einer Beschädigung des Kabels möglich ist;
- dass keine scharfen Kanten und Ecken die in oder auf dem Führungssystem verlegte Verkabelung beschädigen können;
- dass die Errichtung von Brandschottungen nach den örtlichen Bestimmungen möglich ist;
- dass die relevanten äußeren Einflüsse bzw. Umgebungsbedingungen berücksichtigt werden – d. h. insbesondere:
  - o dass Kabelführungssysteme so installiert werden müssen, dass sichergestellt ist, dass sich kein Wasser oder andere flüssige Verunreinigungen sammeln können;
  - o dass erforderlichenfalls Abschnitte des Kabelführungssystems so miteinander verbunden werden müssen, dass das Eindringen von Gasen, Flüssigkeiten usw. verhindert wird.

Die Komplexität dieser Festlegungen wird hier am Beispiel der Verlegung von Kabelführungssystemen durch Brandschutzwände (Brandschottungen) besonders deutlich. Mechanische Anforderungen (Stabilität des Kabelführungssystems) müssen mit funktionellen Anforderungen (durchgängige, möglichst großflächige galvanische Verbindungen zur elektromagnetischen Schirmung) und letztlich mit Brandschutzanforderungen harmonieren (s. Abb. 102).

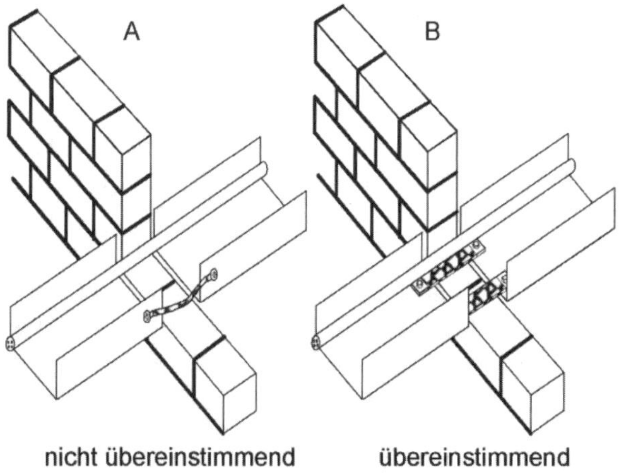

Abbildung 102: Unterbrechung metallischer Kabelführungssysteme an Brandschottungen (*Quelle:* EN 50174-3:2013, Bild 10)

6.4.5.2 Kabelinstallation

Installationen von Kabeln müssen entsprechend den von den Herstellern/Lieferanten mitgelieferten Anweisungen erfolgen. Dies betrifft insbesondere die Einhaltung der maximalen Zug- und Querdruckfestigkeit und die Einhaltung des Mindestbiegeradius. Des Weiteren sind die Angaben zum Temperaturbereich während und nach Installation zu berücksichtigen. Die Kabelinstallation muss in Übereinstimmung mit dem Installationsplan vorgenommen werden.

6.4.5.3 Verbinden und Anschließen von Kabeln

Kabel müssen entsprechend den Anweisungen des Herstellers/Lieferanten der Verbindungstechnik verbunden oder angeschlossen werden. Scharfe Biegungen (Knicke), die die Übertragungseigenschaften der Kabel beeinträchtigen würden, müssen vermieden werden.

Nach dem Verbinden und Anschließen müssen die Verseilelemente innerhalb der Halterung so angeordnet werden, dass der Zugang zu den einzelnen Steckverbindern, Verbindungen und Verseilelementen mit minimaler Störung der benachbarten Komponenten bei späterer Instandsetzung, Erweiterung oder Verlängerung der installierten Verkabelung möglich ist.

Die für symmetrische Verkabelung verwendete Verbindungstechnik muss so installiert werden, dass eine minimale Signalbeeinträchtigung auftritt, indem die Verdrillung der Aderpaare und Abstände zwischen Leitern bis möglichst nahe am mechanischen Anschlusspunkt beibehalten werden (ohne die ursprüngliche Verdrillung zu verändern). Des Weiteren darf nur möglichst wenig Kabelmantel entsprechend den Herstelleranweisungen entfernt werden.

Der Kabelschirm, falls vorhanden, muss das Kabel über die gesamte Länge umschließen (ein lediglich durch den Ableitdraht hergestellter Schirmungskontakt hat bei hohen Frequenzen wenig Wirkung). Kabelschirme müssen an allen Anschlusspunkten miteinander verbunden werden, um die geforderte Wirkung des Kabelschirms an den Anschlüssen für die Verbindungstechnik aufrechtzuerhalten. Wenn für den Anschluss eines bestimmten Kabels keine Anweisungen des Herstellers/Lieferanten der Verbindungstechnik zur Verfügung stehen, ist Folgendes zu beachten:

a) Der Montage von Verbindungselementen muss besondere Aufmerksamkeit geschenkt werden. Der Schirmkontakt muss entsprechend dem Prinzip des faradayschen Käfigs über 360° erfolgen.

b) Kabelschirme dürfen nicht als Zugentlastung genutzt werden.

Bei Lichtwellenleiterverkabelung ist zu beachten, dass die Verbindungen (Schmelzspleißverbindungen oder mechanische Spleißverbindungen) und deren Zugentlastungsvorrichtungen innerhalb des Lichtwellenleiter-Führungssystems der Halterung befestigt und gestützt bzw. aufgehängt werden müssen. Innerhalb der Verbindungen müssen Schutz und Zugentlastung den Herstelleranweisungen entsprechen. Die Kennzeichnung von Installationen muss so ausgeführt sein, dass die Polarität der Lichtwellenleiter-Verbindungen von mehr als einem Lichtwellenleiter bekannt ist und über die gesamte Installation beibehalten wird. Die Endflächen der anzuschließenden Lichtwellenleiter müssen einer Sichtprüfung unterzogen werden, wie in EN 61300-3-35 festgelegt. Rangierpaare müssen so gesichert werden, dass eine mechanische Beschädigung bei späterem Zugang vermieden wird.

Besonderes Augenmerk bei der Installation von Kabeln im Außenbereich ist auch dem Umgang/der Verarbeitung des Kabelmantels zu widmen. Außenkabel (egal ob Kupfer- oder LWL-Kabel) sind entsprechend ihrer vorgesehenen Verlegeart optimal aufgebaut. Dazu zählen neben den verwendeten Materialien auch mehrschichtige Mantelkonstruktionen, die aus Folien, Geweben, Kunststoffen und Metall bestehen können. Um den vielfältigen Umwelteinflüssen, wie

- Feuchtigkeit, Regen, Schnee, Eis, Schichtenwasser, bewegtem Wasser,
- extremen Temperaturen und Temperaturschwankungen,
- Sonnenlicht und UV-Strahlung,
- Erdbewegung, mechanischem Stress und Nagetierbefall
- bis hin zu Schrotkugelbeschuss (eine Standardforderung an die Robustheit von Außenverkabelungen z. B. in Skandinavien),

auch langfristig widerstehen zu können, ist ein „nahtloses" Verbinden der einzelnen Kabelmanteltypen notwendig. Oftmals kann das durch die eingesetzte Verbindungs- und Verteilertechnik realisiert werden. Manchmal sind aber auch Techniken wie Schweißen, Kleben, Verschmelzen bzw. Vergießen notwendig, um die gewünschte Verbindungsqualität zu erreichen.

Praxistipp: Die o. g. Techniken sind vielfach auch normativ beschrieben (s. auch Angaben in EN 50174-3). Oftmals hilft es aber auch weiter, bei den Herstellern von Kabeln, Verbindungs-und Verteilertechnik oder Kabelführungssystemen einfach nachzufragen, welche Produkte und Lösungen sie für diese komplizierten Installationsbereiche anbieten können. Da solche Produktportfolien recht erklärungsbedürftig sind und auch nicht beim Händler um die Ecke bezogen werden können, werden Informationen darüber auch nicht breit gestreut. Es ist erstaunlich, wie viele Produkte verfügbar und wie viel Spezialwissen bei den Herstellern abrufbereit ist. Das gilt insbesondere auch für deutsche Hersteller.

6.4.5.4 Räume

Räume müssen bezüglich ihrer Dimensionierung und Lage an die Erfordernisse der Unterbringung technischer Ausstattungen oder Betriebsmittel wie beispielsweise Kommunikationsschränke ausgerichtet sein. Dabei gilt es auch unter vorgesehenen, unterschiedlichen Umgebungsbedingungen entsprechenden Schutz gegen äußere, schädliche Beeinflussungen, z. B. gegen Eindringen von Wasser oder Staub sicherzustellen. In Abhängigkeit der spezifischen Verwendung der Räume (als Übergaberäume, Räume für Zugangs- oder Dienstanbieter) sind individuelle Ausprägungen erforderlich.

6.4.6 Trennung zwischen den verschieden Verkabelungen im Außenbereich

Da Kommunikationskabelanlagen im Freien mit einer Reihe von weiteren Kabelanlagen in Berührung kommen und auch die Kommunikationskabelanlagen selbst sehr heterogen aufgebaut sein können, ist eine entsprechende Trennung zwischen ihnen zur einwandfreien Funktionstüchtigkeit erforderlich. Gerade, wenn man den Gedanken der gemeinsamen Nutzung von Trassen bei der Verlegung von Kabeln berücksichtigen möchte, hört sich dieser Gedanke zunächst einmal kontraproduktiv an. Letztlich ist eine entsprechende Trennung von Verkabelungen (wie immer die dann auch aussehen mag) Voraussetzung, um unterschiedliche Verkabelungsanlagen dauerhaft störungsfrei mit- bzw. nebeneinander betreiben zu können. In der EN 50174-3 gibt es dazu detaillierte Aussagen in Bezug auf die

- Trennung von geschirmten und ungeschirmten Kabeln,
- Trennung von informationstechnischen Kabeln zu Stromversorgungsleitungen,
- Verbindung zu Erdungssystemen,
- Trennabstände zwischen informationstechnischer Verkabelung zu Freileitungen,
- Trennabstände in Bezug auf bestimmte Quellen elektromagnetischer Interferenz (bei Geräten von Kraftwerksanlagen oder elektrischer Beförderungsmittel),
- Trennabstände zu Radaraussendungen und Rundfunksendern.

Bei den hier beschriebenen Trennanforderungen handelt es sich um Anforderungen im Zusammenhang mit elektromagnetischen Störungen zwischen geschirmten und ungeschirmten Kabeln, die den übertragungstechnischen Anforderungen nach EN 50288 entsprechen.

Im Weiteren geht es um Trennanforderungen in Bezug auf Sicherheit informationstechnischer Kabel, die leitende Bestandteile enthalten (Achtung: das kann also auch LWL-Kabel mit Nagetierschutz/Stahlmantel betreffen), und auf Verkabelung zur Stromversorgung bei Betriebsspannungen bis 25 kV.

Beispiele für die Kalkulation von Grenzabständen sind in Tabelle 48 ersichtlich.

Tabelle 48: Beispiel von Grenzabständen zwischen verschiedenen Außeninstallationsverkabelungen (*Quelle:* EN 50174-3:2013, Tabelle 12)

Länge der betroffenen informationstechnischen Verkabelung	Leitfähigkeit des Erdbodens	Freileitungs-Stromversorgung		unterirdische Stromversorgung	
	Ωm	ländlich	städtisch	ländlich	städtisch
kurz (Zugangsnetze)	50	550 m	70 m	-	-
	500	1.700 m	100 m	-	-
	5.000	5.400 m	100 m	300 m	-
lang (Kernnetze)	50	1.200 m	500 m	300 m	20 m
	500	3.700 m	1.200 m	1.000 m	20 m
	5.000	12.000 m	2.400 m	3.100 m	20 m

6.4.7 Zusätzliche Installationspraktiken

Abschließend befasst sich EN 50174-3 noch ausführlich mit den spezifischen Anforderungen und Hinweisen für:

- Flughäfen,
- Standorte für Kerntechnik (Reaktoren usw.),
- Chemieanlagen und

- Eisenbahnen (ober- und unterirdisch).

Grundsätzlich ist richtig und verständlich, dass die EN 50174-3 versucht, alle diese Installationsumgebungen/Anwendungsgebiete in die Betrachtungen zu Planung und Installation einzubeziehen.

Praxistipp: Aus Sicht der Autoren dieses Buchs ist es aber sinnvoll, sich bei der Bearbeitung solcher **speziellen Anwendungsbereiche** auch über diese Fachgebiete der Thematik Planung und Installation anzunähern. Die Normenreihe EN 50174 kann all diese Spezialgebiete nicht vollständig abdecken. Aus unserer Erfahrung gibt es dort reichhaltige Erfahrungsschätze, die über Verbände, eigene Normen bzw. Vorschriften und Firmenschriften bzw. Firmenstandards sehr gut abgedeckt werden, auch wenn diese z. T. nationaler Natur oder von einzelnen Firmen geprägt sein können.

Somit stellt die EN 50174-3 eine Art „Leitnorm“ für die Installationsplanung und Installationspraktiken im Freien dar. Sie erhebt aber zu keinem Zeitpunkt den Anspruch, bestehende Bestimmungen und Regularien aus den spezifischen Anwendungsbereichen/Branchen zu ersetzen.

Die Anhänge von EN 50174-3 liefern weitere wertvolle Informationen zu verschiedenen Spezialthemen:

- elektromagnetische Verträglichkeit (EMV), Überspannungsschutz,
- Erdpotentialanstieg (Earth Potential Rise, EPR), Informationen zu Erdungsanlagen auch in Bezug auf heiße Zonen,
- Verantwortlichkeiten, eine Liste mit Zuordnungen zwischen technischen Themen und organisatorischen Projektverantwortlichen,
- inhaltliche Abweichungen zu den normativen Anforderungen der Norm, die in einzelnen CENELEC-Mitgliedsländern aufgrund nationaler Gesetze (sogenannte A-Abweichungen) gelten.

7 Grundlagen und Normen für die messtechnische Bewertung von Verkabelungssystemen

7.1 Einleitung

Kapitel 4.2.5 beschreibt, wie Konformität zu EN 50173-*x* bzw. ISO/IEC 11801-*x* erreicht werden kann. In welchem Umfang Messungen durchgeführt werden sollen, kann im Qualitätsplan nach EN 50174-1 definiert werden (s. auch Kapitel 6.2.4 und 6.2.6).

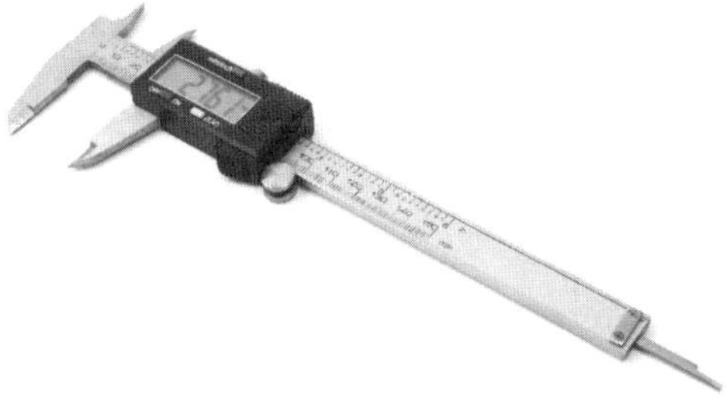

Obwohl heutzutage die Produkte vieler Hersteller eine sehr hohe Qualität aufweisen, ist eine Abnahmemessung sinnvoll, um die Konformität der Kommunikationskabelanlage zu bestätigen. Dies gilt sowohl für neue Installationen als auch für Erweiterungen und Modifizierungen. Die Abnahmemessung entscheidet über das „Bestanden" (PASS) oder „Fehlerhaft" (FAIL) einer Verkabelungsstrecke. Einer der Gründe ist, dass die Qualität einer Kommunikationskabelanlage nicht nur durch die Qualität der eingesetzten Komponenten, sondern auch durch die Qualität der Installationsarbeit maßgeblich beeinflusst wird. Eine Messung und Dokumentation der Verkabelung gibt allen Parteien eines Projekts, also dem Installateur oder Techniker, dem Planer und dem Benutzer, die Sicherheit, dass die Verkabelung einwandfrei nach Spezifikation installiert wurde und somit ein reibungsfreier Betrieb seitens der passiven Infrastruktur sichergestellt sein kann. Selbst bei vorkonfektionierter Verkabelung ist es ratsam, die Strecke nach dem Einziehen noch einmal nachzumessen, da beim Einziehvorgang Beschädigungen an Kabeln oder Buchsen entstehen können.

Im Folgenden werden die für die Feldabnahme erforderlichen Messparameter und Vorgänge erklärt. Da viele Messgeräte im Feld oft englische Begriffe verwenden, z. B. für den Parameter „Nahnebensprechdämpfung" das englische „Near End Crosstalk Loss" oder „NEXT", werden immer wieder auch die Bezüge zu den englischen Fachausdrücken hergestellt. Hierzu gibt es in der EN 50173, Tabelle „NA.1 – Abkürzungen Deutsch/Englisch" eine sehr gute und umfassende Zusammenstellung aller deutschen und englischen Parameter Namen und Abkürzungen (s. auch Anhang 2 in diesem Buch).

7.2 Abnahmemessung als Teil des Lastenhefts

Im Lastenheft für die Gebäudeinfrastruktur sollte eine Abnahmemessung im Qualitätsplan gefordert werden, um die Qualität des Produkts „installierte Verkabelung“ zu überprüfen und zu dokumentieren. So kann sichergestellt werden, dass der Endkunde die im Auftrag bestellten Leistungen erhält.

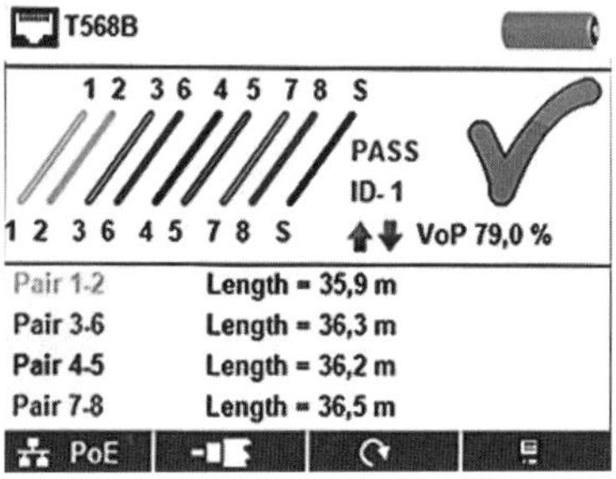

Abbildung 103: Ergebnis Verdrahtungstest (*Quelle:* Softing, 2018)

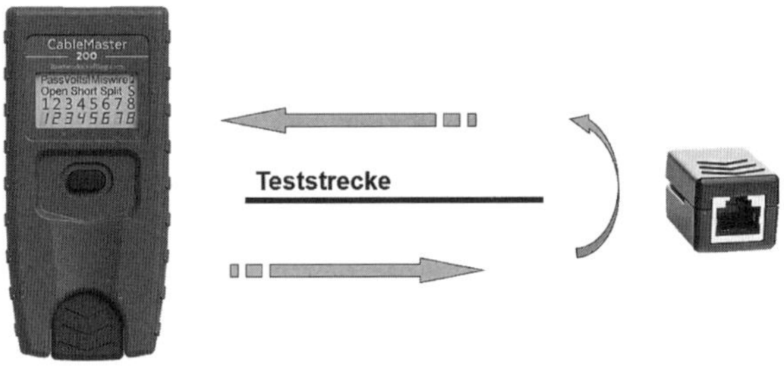

Abbildung 104: Verdrahtungstest (*Quelle:* Softing, 2018)

Die einfachste Art eines Tests ist die Überprüfung der Verdrahtung (s. Abb. 103 und 104):

Hierzu wird am einen Ende der Strecke ein sogenannter Verdrahtungstester und am anderen Ende dessen Endgerät verbunden. Dieser Test stellt nur sicher, dass die Adern 1:1 verbunden sind und ein elektrischer Kontakt hergestellt werden kann. Bessere Verdrahtungstester können auch die Länge der Strecke und Entfernung zum etwaigen Fehlerort bestimmen und alle Daten in einem Protokoll abspeichern. Der Verdrahtungstest lässt jedoch keinen Rückschluss auf die wirklichen Übertragungseigenschaften der Strecke zu, da dieser Test Effekte wie z. B. Einfügedämpfung oder Übersprechen nicht erkennt. Ein „OK“ eines Verdrahtungstesters stellt lediglich die richtige Zuordnung der Adern sicher, aber nicht, ob die elektrischen Übertagungseigenschaften der Strecke erfüllt sind; z. B. ob die Grenzwerte nach Klasse D erfüllt sind und somit 1 Gbit/s Ethernet Volllast über eine Strecke wirklich übertragen werden kann. Verdrahtungstester werden in der Praxis gerne für einen Schnelltest eingesetzt, um die gröbsten Installationsfehler zu finden, bevor die wirkliche Abnahme mit einem Messgerät (oft auch „Zertifizierer“ genannt) durchgeführt wird, oder auch bei der Fehlersuche, um festzustellen, ob die Verdrahtung einer Rangierschnur z. B. gerade oder gekreuzt ist.

Wenn eine Abnahmemessung der Übertragungsparameter nach einer der Übertragungsstreckenklassen von EN 50173-1 gefordert ist (z. B. Klasse E_A Verkabelungsstrecke, *engl.:* Permanent Link), reicht obiger Verdrahtungstest nicht aus. Hier muss ein sogenannter Zertifizierer oder oft auch schlicht Kabeltester genannt ans Werk. Zertifizierer messen den Verdrahtungsplan, Laufzeit und Laufzeitdifferenz sowie alle hochfrequenten (HF) Übertragungsparameter einer Strecke und bewerten diese nach den jeweiligen Übertragungsstreckenklassen von EN 50173-1. Die HF-Parameter werden nachfolgend kurz beschrieben. Bei Installationsfehlern sind moderne Zertifizierer auch in der Lage, den genauen Fehlerort zu bestimmen. Der Bediener kann an Hand der Messergebnisse auch feststellen, was mögliche Ursachen für den Installationsfehler waren. So kann mit einem Zertifizierer wertvolle Zeit bei der Fehlersuche eingespart werden. Je nach Übertragungsstreckenklasse können verschiedene HF-Parameter gefordert sein. Die Übertragungsstreckenklassen können bei handelsüblichen Zertifizierern eingestellt werden, die in der Lage sind, die betreffenden Tests automatisch durchzuführen.

Was muss am Messgerät eingestellt werden?

Vor einer Abnahmemessung sollte der genaue Umfang der Messung geklärt sein.

Wichtig ist, dass am Messgerät die richtige Methode und Grenzwerte ausgewählt werden. Oft werden z. B. versehentlich Messungen nach „EIA/TIA Kategorie 6A Permanent Link“ ausgeführt, nur weil Kat. 6_A auf den Kabeln und Buchsen steht. Hier sind zwei Aspekte zu beachten:

1) EIA/TIA ist eine rein amerikanische Norm und nicht identisch mit EN 50173-1.
2) Komponenteneigenschaften von Kabeln und Buchsen sind in Kategorien beschrieben, die komplette Verkabelung aber mit Übertragungsstreckenklassen nach EN 50173-1 (vgl. Kapitel 1.2.2). Eine Abnahmemessung nach EN 50173-1 muss immer nach einer derartigen Klasse erfolgen. Verbaut man z. B. Produkte der Kategorie 6_A, ist die korrekte Messung nach z. B. Klasse E_A durchzuführen.

Praxistipp: Vorbereitung der Abnahmemessung

Eine Abnahmemessung sollte, wenn möglich, vorbereitet werden, um dann die eigentliche Abnahme schnell und zügig durchführen zu können.

1) Sicherstellen, dass die richtigen Messmittel mit den richtigen Messadaptern zu Verfügung stehen werden.
2) Sicherstellen, dass die Techniker vor Ort geschult sind.
3) Sicherstellen, dass die Messmittel werkskalibriert sind (s. auch Kapitel 7.5.1) und dass genügend Verschleißteile wie Messadapter oder Kabel für das Projekt beschafft wurden.
4) Mustermessungen schon vor Beginn der Installation durchführen: Schon bevor die ersten Strecken installiert werden, empfiehlt es sich, einige Strecken in verschiedenen Längen (z. B. 10 m, 50 m und 90 m) als Muster zu konfektionieren und zu messen. Diese Strecken sollten von den Technikern hergestellt werden, die später auch vor Ort arbeiten.

Damit kann zum einen sichergestellt werden, dass das verwendete Material grundsätzlich den gewünschten Spezifikationen entspricht, und zum anderen, dass grundsätzlich erst einmal korrekt installiert wird. So kann vermieden werden, dass z. B. Techniker vor Ort 3000 Strecken fehlerhaft auflegen, weil beim Anlegen der Buchsen ein systematischer Fehler gemacht wird, z. B. zu weites Auflösen der Verdrillung der Aderpaare.

5) Bei größeren Projekten empfiehlt es sich, auch immer wieder zwischendurch stichpunktartige Messungen durchzuführen.

7.3 Normen

EN 50173-1 legt die Übertragungsstreckenklassen und deren Spezifikationen fest. Wie gemessen werden soll und welche Genauigkeiten gefordert werden, wird hier jedoch nicht direkt beschrieben; dazu verweist EN 50173-1 auf die einschlägigen Messtechnik-Normen. Bezüglich der Messungen der Übertragungseigenschaften der strukturierten Kupfer- und Lichtwellenleiter-Verkabelungen referenziert die EN 50173 die folgenden Normen:

Kupfermesstechnik:

- EN 61935-1: Messungen der Übertragungseigenschaften der Kupferverkabelung Prüfung der symmetrischen Kommunikationsverkabelung nach ISO/IEC 11801 - Teil 1: Installierte Verkabelung
  Diese Norm enthält für alle Installationsstrecken (*engl.:* Permanent Link) und Übertragungsstrecken (*engl.:* Channel) Messvorschriften zur Messung der Übertragungseigenschaften der horizontalen Kupferverkabelung für Labor- und Feldmesstechnik einschließlich der geforderten Genauigkeiten.
- EN 61935-2: Messung der Übertragungseigenschaften von Rangierschnüren. Spezifikation für die Prüfung der symmetrischen und koaxialen informationstechnischen Verkabelung – Teil 2: Schnüre nach ISO/IEC 11801 und verwandten Normen
  Diese Norm basiert auf EN 61935-1 und enthält alle Messvorschriften zum Messen der Übertragungseigenschaften von Patchkabeln für Labor- und Feldmesstechnik. Bemerkung: Die Normenreihe IEC 61935-2-21 bis -2-27 enthält „blank detail specifications“, d. h. eine Reihe von Vorgaben, wie ein Konfektionär eine Rangierschnur spezifiziert – es sind darin keine weiteren Messtechnikspezifikationen für eine Abnahmemessung enthalten.
- EN 61935-1-1: Optionale Messung des Transverse Conversion Loss und Equal Level Transverse Conversion Loss
  Diese Norm ist zum Zeitpunkt der Publikation noch nicht veröffentlicht.
- EN 61935-1-2: Optionale Messung der Widerstandsunsymmetrie.
  Diese Norm ist zum Zeitpunkt der Publikation noch nicht veröffentlicht.
- ISO/IEC 14763-4 (EN 50697): Messungen der Übertragungseigenschaften einer „Ende-zu-Ende“-Verkabelungsstrecke nach ISO/IEC TR 11801-9902.

Diese Art der Übertragungsstrecke wird vornehmlich im industriellen Umfeld genutzt da dort zur Bewertung der Übertragungsstrecke die am Ende befindlichen Stecker der Übertragungsstrecke mit einbezogen werden.

LWL-Messtechnik:

- ISO/IEC 14763-3: *Information technology – Implementation and operation of customer premises cabling – Part 3: Testing of optical fibre cabling*
  Lichtwellenleiter-Messtechnik für installierte Verkabelungen mittels Dämpfungsmessung und optischer Zeitbereichsreflektometrie (*engl.:* Optical Time Domain Reflectometer, OTDR). Da diese Norm auch Spezifikationen für Steckerdämpfungen speziell für Referenzstecker für die Messtechnik enthält, wird sie auch bei Abnahmemessungen verwendet. U. a. wird auch die Einkopplung des Lichts in die zu messende Strecke als „Encircled Flux" genau spezifiziert, um Messungenauigkeiten an Multimodefasern so gering wie möglich zu halten.
- EN 61300-3-35: Lichtwellenleiter – Verbindungselemente und passive Bauteile – Grundlegende Prüf- und Messverfahren – Teil 3-35: Untersuchungen und Messungen – Visuelle Inspektion von Lichtwellenleiter-Steckverbindern und Faser Stub-Transceivern
  Diese Norm spezifiziert die Steckerbegutachtung mittels eines Video-Mikroskops und legt Gut/Schlecht-Grenzwerte fest.
- IEC/TR 61282-15: *Technical Report: Fibre optic communication system design guides – Part 15: Cable plant and link – Testing multi-fibre optic cable plant terminated with MPO connectors*
  Dieser Technische Bericht enthält Empfehlungen für Messungen an MPO-Systemen.

7.4 Messfehler kennen und richtig handhaben

In der Messtechnik geht es immer wieder um das Thema *Messfehler verstehen* und natürlich auch Messfehler richtig handzuhaben und zu minimieren. Es macht z. B. keinen Sinn etwas zu messen, wenn die zu messende Größe kleiner oder ähnlich groß ist wie der Messfehler des Messgeräts.

Für Kupferverkabelungen gibt die EN 61935-1 klare Aussagen über die maximal zulässigen Messfehler für Messungen der Verkabelungsstrecke (*engl:* Permanent Link) und Übertragungsstrecke (*engl.:* Channel). Die Messfehler sind sowohl für jeden zu messenden Parameter als auch für eine Reihe interner Parameter der Geräte nach maximaler Messfrequenz in Stufen aufgeteilt. Für die Messung der Übertragungsstreckenklasse F_A benötigt man z. B. ein Messgerät mit Genauigkeitsstufe V (*engl.:* „Level V"), für eine Messung nach Klasse E_A wird Level IIIe benötigt. EN 61935-1 spezifiziert alle Messgenauigkeiten für die für den Kunden sichtbaren Parameter, z. B. Übersprechen, als auch für den Kunden nicht sichtbare geräteinterne Parameter. Die internen Parameter, z. B. das Eigenrauschen des Geräts, sind, obwohl nach außen hin für den Nutzer nicht sichtbar, dennoch sehr wichtig, da sie indirekt einen starken Einfluss auf die Messgenauigkeit haben.

Des Weiteren werden die Genauigkeitsstufen noch aufgeteilt in drei verschiedene Messmodi der Geräte: Permanent Link, Channel und Baseline. Permanent Link und Channel sind für die

Messtechnik im Feld von Bedeutung und werden in Kapitel 7.7 beschrieben. Die Baseline-Genauigkeit ist die Genauigkeit des Geräts ohne angeschlossene Adapter. Diese Genauigkeit hat jedoch im Feld keine Relevanz und muss z. B. nicht im Pflichtenheft angegeben werden.

Insgesamt gibt es in EN 61935-1:2009 fünf verschiedene Genauigkeitsstufen bis 1 GHz, jeweils für Permanent Link und Channel. In der nächsten Ausgabe EN 61935-1 (geplant für Ende 2019) werden noch zwei weitere Stufen bis 2 GHz hinzukommen.

Bei der Projektierung einer Verkabelung und für damit verbundene Abnahmemessung sollte daher auch Augenmerk daraufgelegt werden, eine Abnahmemessung mit einem Messgerät mit einer ausreichenden Genauigkeit zu spezifizieren.

Für Lichtwellenleiter-Messungen gibt die ISO/IEC 14763-3 Definitionen über die maximale Dämpfung verschiedener Steckergüten und Fasern, spezifiziert die Beschaffenheit der zu verwendenden Lichtquellen und gibt Grenzwerte für eine maximale Ungenauigkeit der Leistungsmesser vor. Eine klare Aussage über den maximal zulässigen Messfehler einer Permanent-Link- oder Channel-Messung gibt es jedoch nicht.

7.5 Einflüsse auf die Messgenauigkeit

Im Folgenden werden einige Faktoren beschrieben, die einen starken Einfluss auf die Messgenauigkeit jedes Messmittels haben.

7.5.1 Werkskalibrierung

Um Messfehler bestmöglich zu minimieren, sollte grundsätzlich darauf geachtet werden, dass alle Messmittel im vom Hersteller empfohlenen Zeitrahmen beim Hersteller neu kalibriert werden (sogenannte Werkskalibrierung). Falls ein Unternehmen nach ISO 9001 zertifiziert ist, **muss** sogar eine regelmäßige Werkskalibrierung der Messmittel durchgeführt werden. Obendrein können bei gerichtlichen Auseinandersetzungen Messergebnisse angezweifelt werden, wenn keine gültige Werkskalibrierung nachgewiesen werden kann. Dies kann zu sehr kostspieligen Nachmessungen und weiteren Folgekosten führen.

Praxistipp: Hat ein Unternehmen mehrere Messmittel, so empfiehlt es sich, dass ein Mitarbeiter des Unternehmens für die Messgeräte-Flotte und deren regelmäßige Kalibrierung verantwortlich ist. Oft ist dies ein Mitarbeiter aus der Abteilung Qualitätskontrolle oder Projektmanagement. Manche Hersteller bieten auch Serviceverträge für Messgeräte an. Ähnlich wie in der Automobilbranche ist meist Teil dieser Verträge, dass der Hersteller rechtzeitig an fällige Service-Termine erinnert.

7.5.2 Verschleiß

Jedes Messmittel ist mehr oder weniger Verschleiß ausgesetzt. Bei Kupfer- und Lichtwellenleiter-Messtechnik gilt dies besonders für die verwendeten Messkabel bzw. -buchsen. Jeder Benutzer eines Messgeräts muss regelmäßig auf Verschleiß achten, um so Messfehler wegen fehlerhafter Messkabel ausschließen zu können.

Praxistipp: Um den Verschleiß am Messgerät und Messkabeln zu kontrollieren, empfiehlt es sich, eine Referenzstrecke herzustellen. Jedes Messmittel sollte mit frischen Messkabeln gegen diese Referenz gemessen und die Messergebnisse als Referenzergebnisse abgespeichert werden. Immer wenn der Verdacht besteht, dass am Messgerät Verschleiß auftritt oder das Gerät defekt ist, kann nun einfach die Messung an der Referenzstrecke wiederholt werden. Treten Abweichungen auf, kann durch schrittweises Durchtauschen von Komponenten ermittelt werden, wo Verschleiß aufgetreten ist (Messbuchse, Messkabel, Messstecker).

Als Faustformel kann auch Folgendes verwendet werden: Ist über einige Strecken hinweg ein schleichendes „Schlechterwerden“ der Messergebnisse zu beobachten, so liegt es nahe, dass eine Komponente des Messmittels langsam aber sicher seine Lebensgrenze erreicht hat.

7.5.3 Aufwärmphase und Akklimatisieren

Die Messgenauigkeit jedes Messmittels ist vom Hersteller in der Regel in einem bestimmten Temperatur- und Luftfeuchte-Bereich angegeben. Wird dieser Bereich überschritten, so kann es zu unvorhersehbaren Ungenauigkeiten kommen. Besonders optische Messgeräte brauchen oft eine Aufwärmphase, bis sie stabil messen können. Nur dann sollte auch erst der Nullabgleich der Geräte durchgeführt werden.

Praxistipp: Im Winter kann es vorkommen, dass ein Gerät im Kofferraum eines PKW über Nacht gut durchfriert. Wenn man dieses Gerät dann morgens mit auf die Baustelle nimmt und gleich einschaltet, geht man zwei Risiken ein:

1) Wenn das Gerät auftaut, kann auf und im Gerät Kondenswasser entstehen. Dieses kann bei eingeschalteter Elektronik zu Beschädigungen der Geräte führen.
2) Falls das Gerät nicht wie in 1) beschädigt wird, misst man zumindest weit außerhalb der Spezifikationen des Geräts und muss mit größeren Abweichungen rechnen.

Man sollte daher Messgeräten genügend Zeit geben, sich zu akklimatisieren, ordentlich aufzutauen und trocken zu werden, bevor sie verwendet werden. Noch besser und Akku-schonender ist es, wenn das Gerät gar nicht erst über Nacht draußen einfrieren muss.

Ähnliches gilt auch für den Sommer. Wird ein Gerät im PKW in der prallen Sonne gut „gegrillt“, so sollte das Gerät genügend Zeit zum Abkühlen bekommen, bevor Messungen gemacht werden. Besser und Akku-schonender ist auch hier, das Gerät nicht extrem hohen Temperaturen auszusetzen.

7.5.4 „Schnüre“

In der Normung werden sowohl Rangierschnüre als auch Messkabel als „Schnüre“ bezeichnet, was der exakten Übersetzung des englischen „cords“ entspricht. Leider unterstreicht der Begriff „Schnüre“ nicht die notwendige Qualität, der ein Messkabel entsprechen muss, um die doch sehr anspruchsvollen Messgenauigkeiten einhalten zu können. Sowohl bei Kupfer-, als auch bei LWL-Messungen ist darauf zu achten, dass entsprechende Messkabel verwendet werden. Die einzige Ausnahme bildet bei Kupfermessungen die „Channel“-Messung, da bei dieser Messung die „Schnüre“ verwendet werden müssen, die an der Strecke verwendet werden.

7.6 Kupfermesstechnik – Genauigkeitsklassen

Für Messungen an strukturierter Gebäudeverkabelung sieht die EN 61935-1 Genauigkeitsklassen (*engl.:* Level) für Messungen an Kupferverkabelungen vor. Es ist zwingend notwendig, dass ein Messgerät der für die Messung notwendigen Genauigkeitsklasse entspricht, um eine Messung korrekt durchführen zu können. Die Hersteller von Feldmessgeräten geben in der Regel die Genauigkeitsklasse ihrer Messgeräte auf dem Datenblatt an. Die folgende Tabelle 49 listet alle bis dato definierten Genauigkeitsklassen und zeigt den Zusammenhang zu den jeweiligen Übertragungsstreckenklassen nach EN 50173-1.

Tabelle 49: Genauigkeitsklassen nach EN 61935-1 (*Quelle:* Cenelec, 2009)

Genauigkeitsklasse (Level)	Frequenzbereich [MHz]	Übertragungsstreckenklasse
II	1-100	D
III	1-250	E
IIIe	1-500	E_A
IV	1-600	F
V	1-1.000	F_A
VI (1)	1-2.000	I und II

(1): Die Genauigkeitsklasse VI ist noch nicht in der Ausgabe von 2015 enthalten und wird erst mit der neuesten Ausgabe (Erscheinungsdatum voraussichtlich Ende 2019) gültig werden.

„Sternchen-Messung"

Bei Messungen an Kupferverkabelungen sieht EN 61935-1 nicht nur „BESTANDEN" und „FEHLERHAFT" Messung vor, sondern auch „BESTANDEN *" und „FEHLERHAFT *".

Was hat es mit den Sternchen auf sich?

Oft werden die Sternchen-Messungen interpretiert als Messungen, bei denen der ermittelte Messwert näher an der Fehlerschwelle ist als die maximal zulässige Ungenauigkeit der betreffenden Genauigkeitsklasse es erlaubt. Das Messgerät kann also nicht mit Sicherheit bestimmen, ob eine Messung nun bestanden ist oder nicht.

Diese Interpretation ist fast richtig. Nach EN 61935-1 beziehen sich die „*"-Messungen auf die vom Hersteller angegebene Ungenauigkeit. Im schlimmsten Fall ist dies die maximal zulässige Ungenauigkeit nach Genauigkeitsklasse, in der Regel sind moderne Geräte allerdings wesentlich genauer als es die Norm fordert.

Abbildung 105 illustriert die „Sternchen"-Thematik anhand einer Messung der Nahnebensprechdämpfung (NEXT). Die Kurve (1) zeigt den NEXT-Grenzwert. Die Kurve (2) zeigt den Grenzwert für BESTANDEN*. Die Kurve (3) den Grenzwert für FEHLERHAFT*. Der Bereich (4) unter der Kurve (2) kann als sicher BESTANDEN gesehen werden. Der Bereich (5) oberhalb der Kurve (3) kann als sicher FEHLERHAFT gesehen werden.

Der Bereich zwischen Kurve (2) und (3) entspricht der Messunsicherheit des Messgeräts, fällt ein Messwert in diesen Bereich, kann das Messgerät nicht mehr mit Sicherheit ein „BESTANDEN“ oder „FEHLERHAFT“ angeben und markiert den Wert daher mit einem Sternchen „*“.

Wie mit „*“-Messungen umgegangen werden soll, muss im jeweiligen Projekt bestimmt werden. Es empfiehlt sich, dies vor Beginn eines Projekts im Qualitätsplan festzulegen (s. Kapitel 6.2.6).

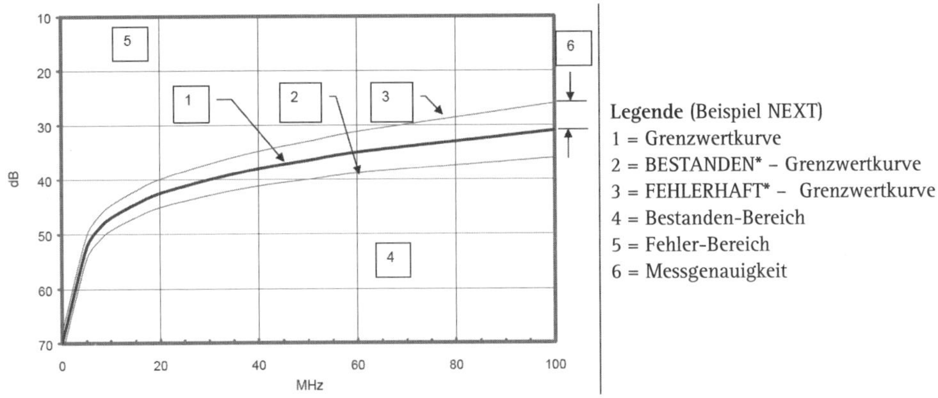

Abbildung 105: Diagramm Messunsicherheit (*Quelle:* EN 61935-1:2009, Bild 22)

7.7 Installations- und Übertragungsstrecke und Ende-zu-Ende-Verbindungsstrecke aus Messtechnik-Sicht in kurzen Worten erklärt

Die Installationsstrecke (*engl.:* Permanent Link), die Übertragungsstrecke (*engl.:* Channel) und Ende-zu-Ende-Verbindungsstrecke (EzE, *engl.:* End-to-End link, E2E) sind Verkabelungskonfigurationen – was muss hier bei der Messung beachtet werden?

Für den Zertifizierer ist wichtig, was in der Messung beinhaltet sein muss und was ausgeblendet werden muss. Diese Grenzen werden auch als Referenzebenen bezeichnet.

In Abbildung 106 sind diese als gestrichelte Linien aufgeführt.

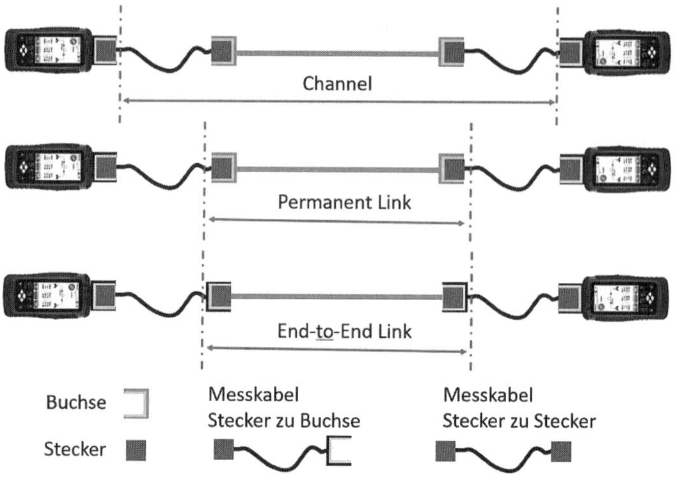

Abbildung 106: Messmethoden (*Quelle:* Softing, 2018)

7.7.1 Referenzebenen

Moderne Messgeräte legen die Referenzebene je nach Channel-, Permanent-Link- oder E2E-Messung entsprechend den Anforderungen der Normen. Wichtig ist hier, dass je nach Messart die unerwünschten Anteile, wie Adapter oder Teile der Messkabel, komplett aus der Messung ausgeblendet werden.

7.7.2 Übertragungsstrecke (*engl.*: Channel)

Bei der Channel-Messung muss die fest installierte Strecke inklusive aller Rangierschnüre gemessen werden.

Allerdings hat diese Vorschrift einen kleinen Haken. Die Stecker, mit welchen der Channel an das Messgerät angeschlossen wurde, d. h., der erste und letzte Stecker der Strecke dürfen nicht mitgemessen werden. Das Messgerät muss also den Messadapter inklusive Stecker des Rangierkabels aus der Messung ausblenden. Hintergrund dieser etwas sonderbar scheinenden Definition ist, dass bei der Messung einer Strecke Stecker und Buchsen nie in Isolation getrennt voneinander gemessen werden können, sondern dass ein Messgerät immer die Kombination aus Stecker und Buchse misst. Da aber beim Channel die Qualität der späteren Endgerätebuchse nicht bekannt ist, kann auch keine Aussage über die Übertragungsqualität des ersten und letzten Stecker-Buchse-Übergangs gemacht werden.

Eine weitere Eigenheit der Channel-Messung ist, dass diese mit den Rangierschnüren der jeweiligen Strecke ausgeführt werden muss. Die Rangierschnüre müssen nach der Messung vor Ort bleiben. Werden diese von der Strecke entfernt, ist die Messung nicht mehr gültig.

7.7.3 Installationsstrecke (*engl.*: Permanent Link)

Bei der Permanent-Link-Messung darf nur die fest installierte Strecke gemessen werden. D. h., die Messkabel müssen fast komplett aus der Messung ausgeblendet werden. Fast komplett, weil bei dieser Messart der Mess-Stecker am Ende des Messkabels in der Messung enthalten sein muss, damit die erste und letzte Buchse der Strecke mit gemessen werden.

Damit diese Messung bestmöglich reproduzierbar ist, werden bei EN 60603-7- (auch RJ45)-Systemen sogenannte „zentrierte" Messstecker verwendet. „Zentriert" bedeutet hier lediglich, dass die Messstecker eine wesentlich engere Spezifikation bzgl. Übersprechen haben als konventionelle 8-Kontaktstifte-Stecker. Die Definition für „zentrierte" Stecker gilt auch nur für EN-60603-7-Stecker, da diese besonders empfindlich auf Übersprechen reagieren.

7.7.4 EzE-Verbindungsstrecke (*engl.*: End-to-End link oder E2E link)

Aus messtechnischer Sicht wird die EzE-Messung praktisch wie eine Permanent-Link-Messung durchgeführt, d. h., die eigentliche Messung beginnt räumlich kurz vor der ersten Steckverbindung und endet kurz nach der letzten Steckverbindung. Der Unterschied liegt hier aus Messtechniksicht lediglich darin, dass die EzE-Strecke mit Steckern an den Enden ausgeführt ist und somit anstatt mit Messsteckern mit Messbuchsen gemessen werden muss. Wie beim Permanent Link muss der erste und letzte Stecker-Buchse-Übergang der Strecke in der Messung enthalten sein. Analog zum Permanent Link werden hier die Messbuchsen in der Messung enthalten und der Rest der Messkabel oder andere Hardware aus der Messung ausgeblendet.

7.8 Kurze Erklärung der Messparameter für Kupferverkabelungen

7.8.1 Referenz-Konformitätsprüfung der Übereinstimmung mit Referenzkomponenten und Prüfung der Übereinstimmung mit der Installation

EN 50173-1 unterscheidet zwischen zwei grundsätzlichen Test-Prozeduren (s. EN 50173-1:2018, Tabelle I.1 und Tabelle 13 in diesem Buch). Prüfung der Übereinstimmung mit Referenzkomponenten (*engl.:* „Reference Conformance Testing") ist eine Referenz-Messung an einem oder mehreren Mustern im Labor. Prüfung der Übereinstimmung mit der Installation (*engl.:* „Installation Conformance Testing") beschreibt die eigentliche Abnahme-Messung im Feld.

Für beide Prozeduren gibt es Aussagen, welche Parameter normativ vorgeschrieben sind, welche Parameter optional gemessen werden können und welche Parameter „informativ", also nur zur Information, sind. Normative Messungen müssen in der Regel zu 100 % durchgeführt werden mit der Ausnahme der Fremdnahnebensprechendämpfung (sogenanntes „Alien Crosstalk"). Da diese Messung äußerst aufwendig ist, muss hier auch im Feld nur eine Auswahl an Strecken gemessen werden.

Die Darstellung nach EN 61935-1 erfolgt bei frequenzabhängigen Messungen über den kompletten zu messenden Frequenzbereich. Moderne Geräte können diese Messungen wie NEXT und Rückflussdämpfung (Beschreibung der Parameter folgt) auch nutzen, um über den Zeitbereich eine Auflösung über die Länge der Strecke zu ermitteln und so den Ort von Störstellen entlang der Strecke zu ermitteln.

Im Folgenden werden alle Messparameter von EN 50173-1 beschrieben und Praxistipps gegeben. Alle Praxistipps gehen davon aus, dass den Spezifikationen entsprechendes Material verbaut wurde.

Praxistipp: Treten Fehler bei Messungen auf, muss grundsätzlich auch die Frage gestellt werden, ob das Material überhaupt tauglich war. Wird z. B. eine Mischung verschiedenster Kategorien verbaut, so bestimmt das schwächste Glied in der Kette die Klasse der Strecke. Das Beispiel in Tabelle 50 zeigt auf, was passiert, wenn man zwar sehr hochwertige Kabel verwendet, aber dann mit nicht so hochwertigen Buchsen und noch „schlechteren" Rangierkabeln arbeitet. Obwohl ein sehr hochwertiges 2000-MHz-Kabel verbaut wurde, ist in dem Beispiel nur eine Permanent-Link-Messung nach Klasse E möglich. Schließt man dann auch noch Kategorie 5e (TIA CAT5e) Patchkabel an, so „bremst" man den Kanal auf Klasse D und 1000 Mbit/s für Ethernet Anwendungen herunter.

Tabelle 50: Von der Komponente zur Strecke (*Quelle:* Softing, 2018)

Einzelkomponente	Stecker	Kabel	Stecker	Buchse	Kabel	Buchse	Stecker	Kabel	Stecker
Symbol									
Kategorie	5e	7_A	5e	6	8.2	6	5e	7_A	5e
Max Frequenz [MHz]	100	1000	100	250	2000	250	100	1000	100
Max Ethernet Geschw. [Mbit/s]	1000	1000	1000	1000 (5000)	40000	1000 (5000)	1000	1000	1000
Gebilde	Rangierschnur			Installierte Strecke = Permanent Link			Rangierschnur		
Symbol									
Max Kategorie / Klasse	Kategorie 5e			Klasse E			Kategorie 5e		
Max Frequenz [MHz]	100			250			100		
Max Ethernet Geschw. [Mbit/s]	1000			1000 (5000)			1000		
Gebilde	Übertragungsstrecke = Channel								
Symbol									
Max Klasse	D								
Max Frequenz [MHz]	100								
Max Ethernet Geschw. [Mbit/s]	1000								

7.8.2 Verdrahtungsplan (*engl.*: Wiremap)

Beim Verdrahtungsplan (s. Abb. 107) wird lediglich der Durchgang aller Adern dokumentiert. Der Verdrahtungsplan ist jedoch auch ein wichtiges Hilfsmittel bei der Fehlersuche, da oft zumindest ein Teil der Auflege-Fehler fataler Natur sind, z. B. unabsichtliche Kreuzungen von Adern, Kurzschlüsse oder fehlende Kontaktierungen.

Praxistipp:

1) Die meisten Verdrahtungsfehler sind an montierten Buchsen oder am Verteiler zu finden. Zertifizierer geben hier in der Regel eine Länge bis zum Fehlerort an, um Fehler schnell lokalisieren zu können.
2) „Split Pair"-Fehler (geteilte Paare) sind Fehler, bei denen der Wiremap eine 1:1-Verbindung darstellt, aber das Gerät dennoch einen Fehler meldet. Hier passierte auf beiden Seiten der Strecke die gleiche Vertauschung von zwei Adern. Die Kontakte von nahem und fernen Ende der Strecke sind zwar 1:1 verbunden, die Signale laufen jedoch nicht mehr über das korrekte Paar, sondern teilen sich über zwei Paare auf.
3) „AB-Mischung": Viele Produkte auf dem Markt können sowohl nach TIA 568A als auch nach TIA 568B aufgelegt werden und haben beide Farbschemata aufgedruckt. Sowohl TIA 568A und TIA 568B sind die beiden gängigen Belegungsschemas für RJ45-Steckverbinder und -buchsen. Wird nun die eine Seite der Strecke nach „A" aufgelegt und die andere Seite nach „B", so entsteht eine Kreuzung der Aderpaare 12 und 36.

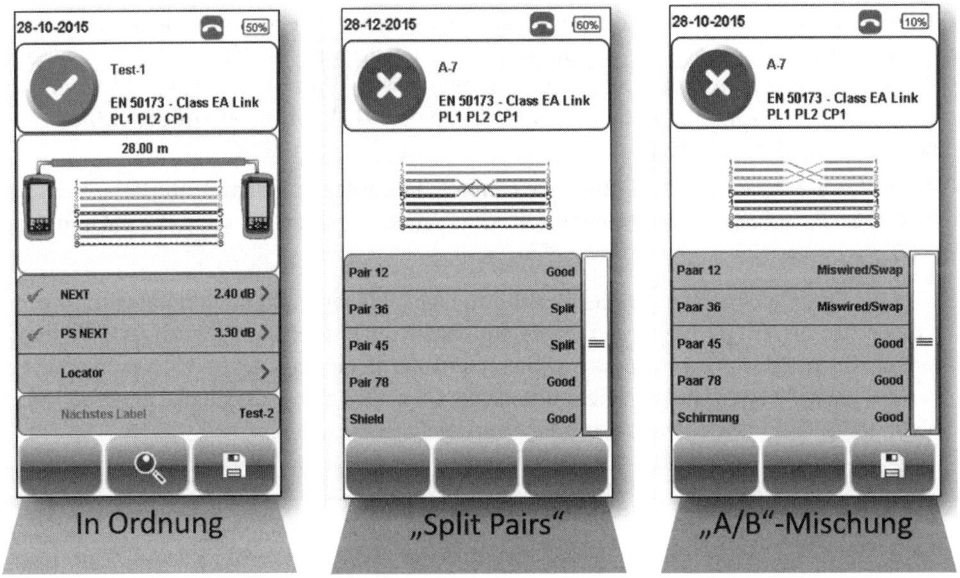

Abbildung 107: Beispiele für Verdrahtungsplan (*Quelle:* Softing, 2018)

7.8.3 Länge (*engl.*: Length)

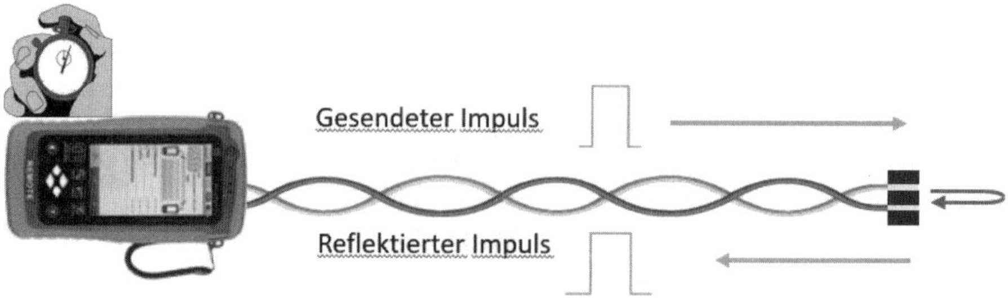

Abbildung 108: Längenmessung (*Quelle:* Softing, 2018)

Die Längenmessung ist eine informative Messung, sie hat also keine Fehlerschwelle (s. Abb. 108).

Die Länge wird elektrisch über die Signallaufzeit bestimmt. Hierzu muss die Signalausbreitungsgeschwindigkeit bzw. der Verkürzungsfaktor (*engl.:* Nominal Velocity of Propagation, NVP) des Kabels bekannt sein. Diese wird typischerweise in Prozent der Lichtgeschwindigkeit angegeben. Sehr „schnelle" Kabel haben z. B: einen NVP-Wert in der Größenordnung von etwa 80 % (vgl. Kapitel 5.3.1).

Oft wird bei der Längenmessung auch gleich noch die Laufzeit und Laufzeitdifferenz mit angegeben da diese Parameter messtechnisch voneinander abhängen (s. Kapitel 7.8.4 und 7.8.5)

Praxistipp:

1) Da die Paare eines Kabels in der Regel unterschiedliche Schlaglängen haben und somit die echte physische Länge der Paare unterschiedlich sein kann, wird als Kabellänge nach Norm immer das kürzeste gemessene Adernpaar angegeben. Die so gemessene „elektrische" Länge ist stets leicht unterschiedlich zur echten physikalischen und immer abhängig davon, wie genau der NVP-Wert angegeben wurde.
2) Oft wird der NVP-Wert eines Kabels auf dem Kabel aufgedruckt. Ist dieser nicht auf dem Kabel zu finden oder in einem Datenblatt vermerkt, muss dieser beim Hersteller nachgefragt werden. Alternativ bieten viele Messgeräte auf dem Markt auch die Möglichkeit, den NVP-Wert zu messen. Hierzu muss die Länge einer Strecke genau mit einem Maßband o. Ä. bestimmt werden. Diese Referenzlänge verwenden die Geräte dann, um den NVP-Wert zu berechnen. Die Länge der Referenzstrecke sollte hier nicht kürzer als mindestens 40 m sein.
3) Günstige Verdrahtungstester sind meist nicht in der Lage, Laufzeiten zu messen. Diese Geräteklasse bestimmt die Länge eines Kabels meist über eine Kapazitätsmessung. Hier muss die Kapazität der Kabel pro Meter angegeben werden, das Gerät errechnet aus der gemessenen Kapazität dann die Länge. Diese Messung ist ungenauer als die Laufzeitmessung und kann auch nur bedingt zur Fehlersuche verwendet werden, da mit dieser Methode keine Länge zu einem Kurzschluss gemessen werden kann.

7.8.4 Signallaufzeit (*engl.*: Delay)

Die Signallaufzeit (sowie die Laufzeitdifferenz, Kapitel 7.8.5) ist besonders wichtig für alle Übertragungsverfahren, die alle Paare benützen, da hier die Signale über alle Paare mehr oder weniger synchron laufen müssen. Gemessen wird die Signallaufzeit und Laufzeitdifferenz mittels Pulsen auf allen Adernpaaren.

Praxistipp: Fehler treten meist auf, wenn Strecken schlichtweg zu lang sind.

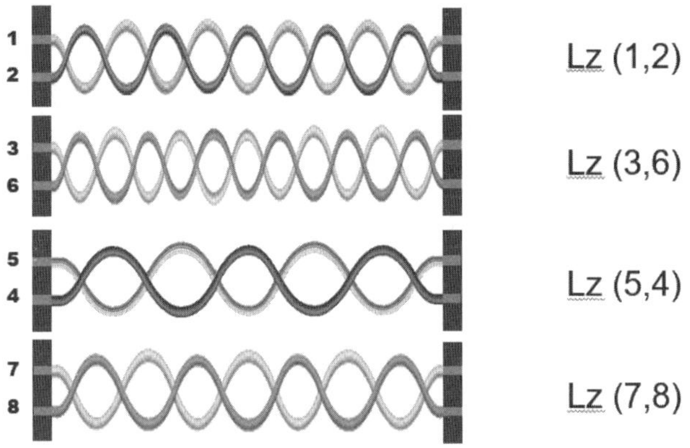

Abbildung 109: Signallaufzeit (*Quelle:* Softing, 2018)

7.8.5 Laufzeitdifferenz (*engl.*: Delay Skew)

Bei der Messung der Laufzeitdifferenz aller Paare wird das Adernpaar mit der kürzesten Laufzeit als Basis genommen und alle „langsameren" Paare gegen dieses Paar gemessen.

Bei vielen Geräten auf dem Markt werden Länge, Laufzeit und Laufzeitdifferenz in einer Messung angegeben, da alle drei Werte direkt voneinander abhängen.

Praxistipp: Fehler in der Laufzeitdifferenz treten meist bei sehr langen Strecken auf. Die Ursache hierfür ist der unterschiedliche Verdrillungsgrad, auch Schlaglänge genannt, der einzelnen Adernpaare. Unterschiedliche Schlaglängen sind nötig, damit möglichst wenig Übersprechen zwischen den Adernpaaren stattfindet. Je länger die Strecke ist, desto höher wird die Laufzeitdifferenz.

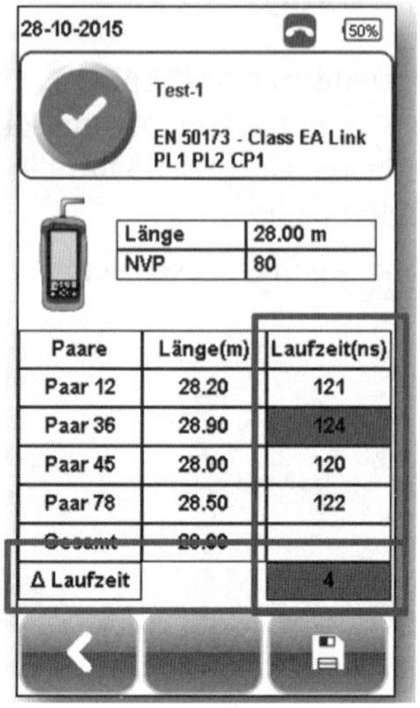

Abbildung 110: Laufzeit und Laufzeitdifferenz (*Quelle:* Softing, 2018)

7.8.6 Gleichstromwiderstand (*engl.*: DC Resistance)

Es gibt drei Arten der Widerstandsmessung.

Der Gleichstrom-Schleifenwiderstand (DC Loop Resistance) ist in EN 50173-1 ein fest vorgeschriebener Parameter.

Der Gleichstrom-Schleifenwiderstand wird von einem Ende der Verkabelung gemessen und wird paarweise angegeben.

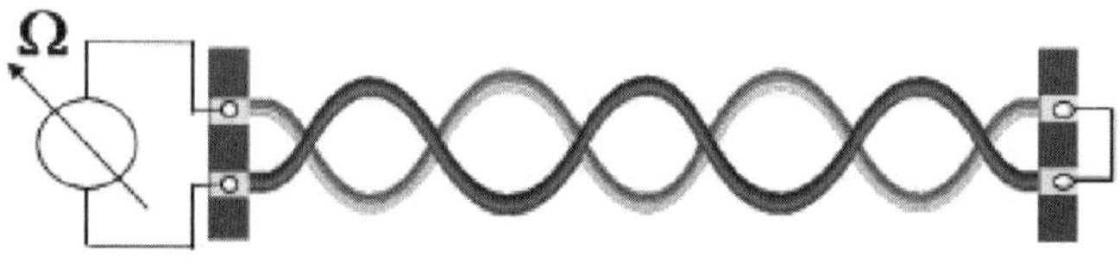

Abbildung 111: Messung Gleichstrom-Schleifenwiderstand (*Quelle:* Softing, 2018)

Der optionale Wert „Gleichstrom-Widerstandsunterschied zwischen Paaren" (DC-resistance unbalance pair-to-pair oder DCRU P2P) beschreibt den Unterschied der Schleifenwiderstände der 4 Paare zueinander (s. Abb. 112 oben).

Der optionale Wert „Gleichstrom-Widerstandsunterschied zwischen Leitern eines Paars" (DC-resistance unbalance oder DCRU) beschreibt den Unterschied der Widerstände der beiden Adern eines Paars (s. Abb. 112 unten).

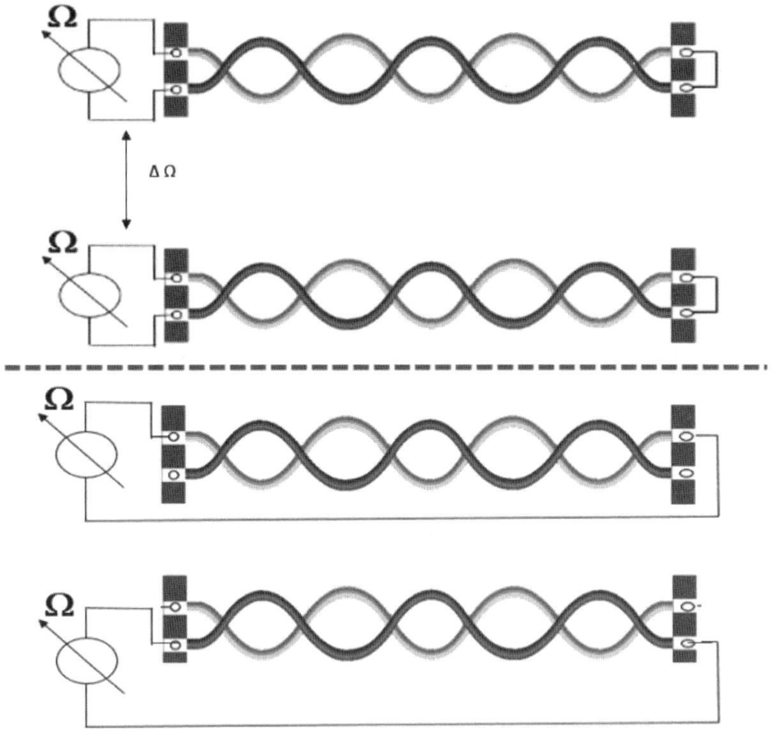

Abbildung 112: Gleichstrom-Widerstandsunterschied (*Quelle:* Softing, 2018)

Praxistipp: Widerstandsfehler treten meist an Übergängen auf. Wichtig beim Schleifenwiderstand ist, dass alle 4 Paare mehr oder weniger den gleichen Widerstand haben. Sind die Widerstandswerte zu hoch, so ist entweder die Strecke zu lang oder es liegt Verschleiß oder Korrosion an Verbindungen vor oder das Datenkabel ist beschädigt oder fehlerhaft. Weicht der Widerstand eines Paars um mehrere Ω von dem eines anderen Paars ab, so muss man davon ausgehen, dass entweder Verschleiß oder Korrosion an Steckverbindungen vorliegt oder das Datenkabel Probleme hat. Die optionalen Werte DCRU P2P und DCRU werden interessant werden, wenn neue PoE-Anwendungen bis 60 W bzw. 90 W auf den Markt kommen. Treten dann starke Widerstandsunterschiede auf, so könnten lokal an dieser Stelle – z. B. Steckverbindungen – Überhitzungen auftreten.

7.8.7 Einfügedämpfung (*engl.*: Insertion Loss)

Die Einfügedämpfung beschreibt die Signaldämpfung jedes Adernpaars. Dies ist die einzige HF-Messung, die nur einseitig durchgeführt wird, da die Einfügedämpfung typischerweise richtungsunabhängig ist (s. Abb. 113).

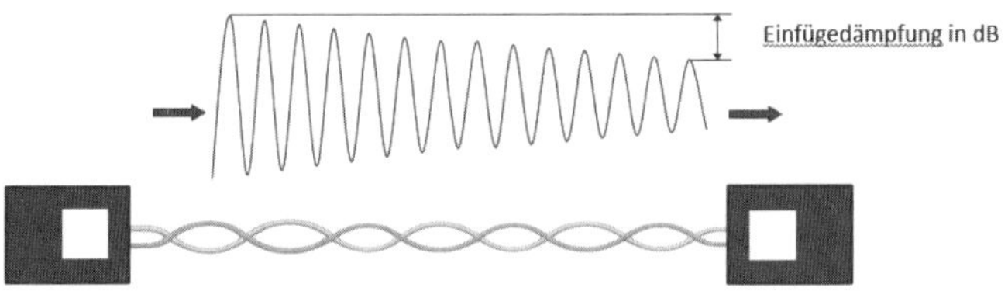

Abbildung 113: Einfügedämpfung (*Quelle:* Softing, 2018)

Praxistipp: Die meisten Fehler in der Einfügedämpfung werden schlicht durch zu lange Strecken erzeugt. Eine weitere Fehlerquelle ist Beschädigung der Kabel selbst.

Nach EN 50173-1 muss diese Messung über den gesamten Frequenzbereich dargestellt werden.

7.8.8 Paar-zu-Paar Nahnebensprechen (*engl.*: Near End Crosstalk Loss oder NEXT)

Wie schon der Name ausdrückt, wird bei dieser Messung das Übersprechen zwischen Adernpaaren gemessen.

Diese Messung wird paarweise für alle Adernpaar-Kombinationen von beiden Seiten ausgeführt. Sender und Empfänger sind bei dieser Messung auf derselben Seite.

Praxistipp: Dieser Parameter wird zum einen von der Qualität der verwendeten Stecker und Buchsen beeinflusst, zum anderen aber auch in hohem Maß von der Genauigkeit, mit welcher der Techniker z. B. die Buchsen an das Kabel anschlägt. Wird hier schlampig gearbeitet, wird schnell eine Messung eines Fehlers erzielt. Die Montageanweisungen des Herstellers sollten genaue Angaben bezüglich der Länge der Einzel-Adern und der maximal zulässigen unverdrillten Länge der Paare beinhalten. Diese Längen sind unbedingt einzuhalten, da diese direkten Einfluss auf die NEXT-Messung haben.

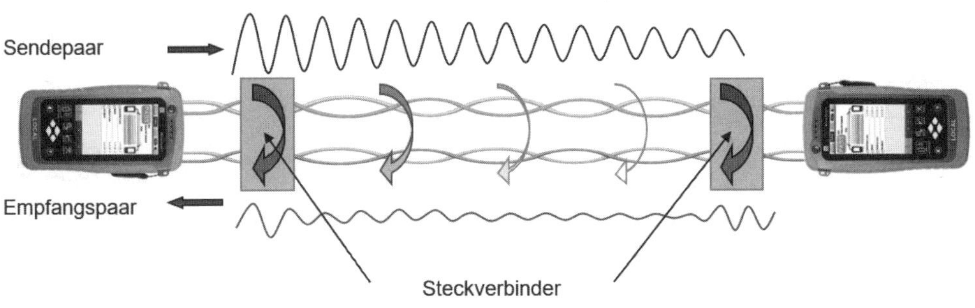

Abbildung 114: NEXT-Messung (*Quelle:* Softing, 2018)

Aktuelle Messgeräte verfügen über einen sogenannten NEXT-Locator oder auch TDNEXT (Time Domain Next) und können mit dieser Funktion Übersprechprobleme auf der Strecke lokalisieren und so helfen, Fehler schneller zu finden (s. Abb. 115).

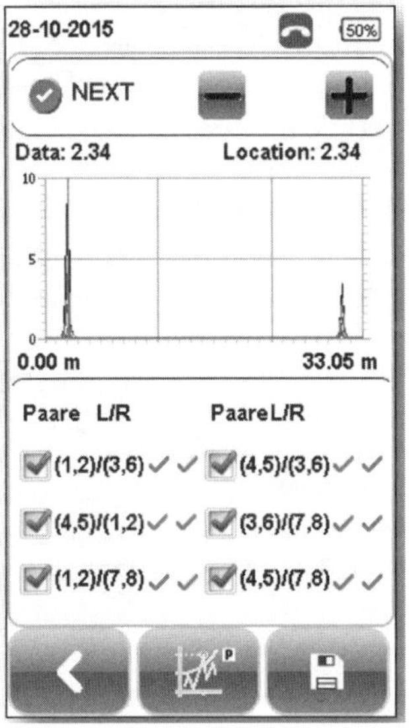

Abbildung 115: NEXT-Locator (*Quelle:* Softing, 2018)

7.8.9 Dämpfungs-Nahnebensprechdämpfungs-Verhältnis (*engl.*: ACR-N)

ACR-N ist der „Attenuation to Crosstalk Ratio at the Near End“ = Dämpfung zu Nahnebensprechdämpfungs-Verhältnis am nahen Ende.

Wobei „nahes Ende“ hier meint, dass Signaleinspeisung und Messung am selben Ende erfolgen. Diese Messung wird wie die NEXT-Messung an beiden Enden der Strecke durchgeführt. Es gibt also ACR-N-Werte sowohl am nahen als auch fernen Ende der Strecke!

Vereinfacht ausgedrückt gibt dies den Signal-Rausch-Abstand an einem Ende der Strecke wieder. Dieser Parameter wird nicht gemessen, sondern aus der Dämpfung und der Nahnebensprechdämpfung am einen Ende der Strecke berechnet (s. Abb. 116).

Was oft zur Verwirrungen führt ist, dass ACR-N an **beiden** Enden der Strecke gemessen wird.

Interessant ist hier auch, dass bei Übertragungsraten von 10 GBit/s je nach Frequenzpunkt ein negativer ACR-N-Schwellenwert vorliegen kann, was so viel bedeutet wie, dass das Signal kleiner als das Rauschen sein darf. Moderne 10-Gbit-NICs (Network Interface Cards) können auch noch aus dem durch Übersprechen hervorgerufen Rauschen ein gültiges Signal herausfiltern.

Praxistipp: Liegt ein Fehler bei ACR-N vor, dann liegt immer auch entweder ein Fehler bei der Dämpfung oder beim NEXT vor. Meistens ist das NEXT der „Übeltäter", da hier beim Auflegen nicht sorgfältig genug gearbeitet wurde. Werden die Fehler in den Ursprungsparametern behoben, so wird auch ACR-N fehlerfrei sein.

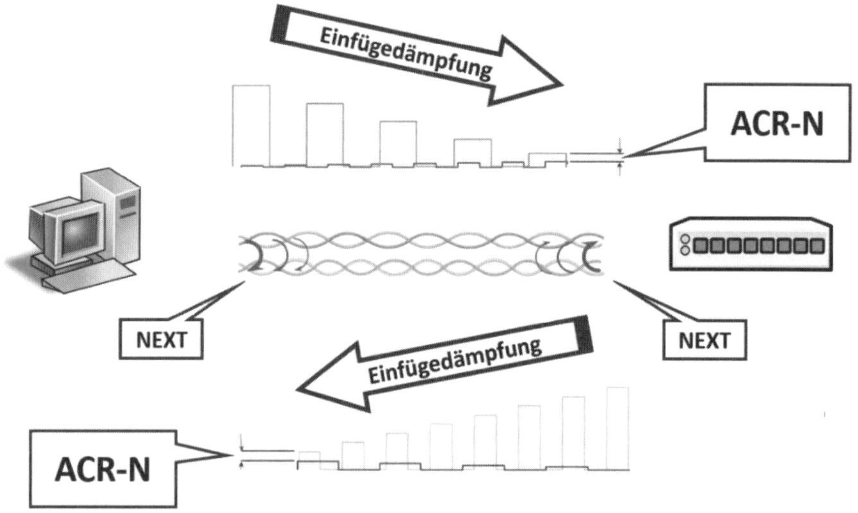

Abbildung 116: ACR-N (*Quelle:* Softing, 2018)

7.8.10 Rückflussdämpfung (*engl.*: Return loss)

Die Rückflussdämpfung beschreibt eine Messung von Reflexionen auf einem Adernpaar. Das Messgerät schickt ein Signal auf einem Adernpaar und misst auf demselben Adernpaar zurückkommende Reflexionen. Die Rückflussdämpfung wird für jedes Adernpaar von beiden Seiten aus gemessen (s. Abb. 117).

Praxistipp: Fehler in der Rückflussdämpfung werden durch Impedanzsprünge erzeugt. Diese können sowohl an Steckerübergängen als auch bei Beschädigung der Kabel selbst auftreten. Moderne Geräte verfügen über einen sogenannten „RL-Locator" oder auch TDRL-(Time

Domain ReturnLoss)-Funktion und können so Fehlerstellen über die Länge darstellen, um die Fehlersuche zu erleichtern.

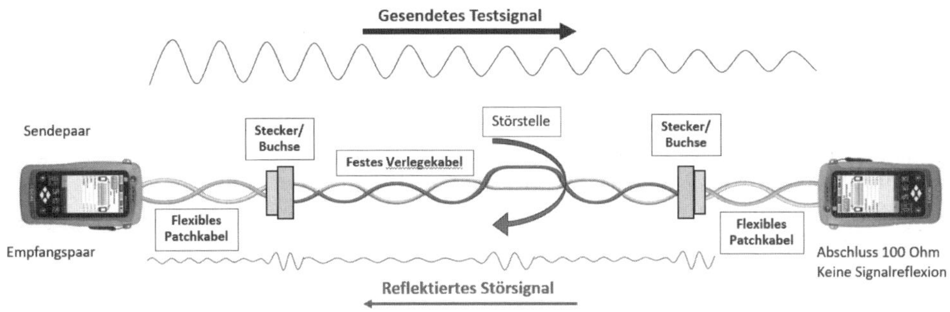

Abbildung 117: Messung der Rückflussdämpfung (*Quelle:* Softing, 2018)

7.8.11 Dämpfungs-Fernnebensprechdämpfungs-Verhältnis (*engl.*: ACR-F)

ACR-F ist der „Attenuation to Crosstalk Ratio at the Far End" = Dämpfung-zu-Übersprechen-Verhältnis am fernen Ende. „Am fernen Ende" bedeutet hier, dass ein Signal am einen Ende der Strecke eingespeist wird und am anderen Ende der Strecke gemessen wird. Auch diese Messung wird wieder beidseitig durchgeführt. Da bei dieser Messung die Dämpfung einen längenunabhängigen Vergleich der Messergebnisse und somit ein einfaches Gut-/Schlecht-Ergebnis der Messung unmöglich machen würde, wird bei dieser Messung die Dämpfung vom Messergebnis im Messgerät automatisch abgezogen (s. Abb. 118).

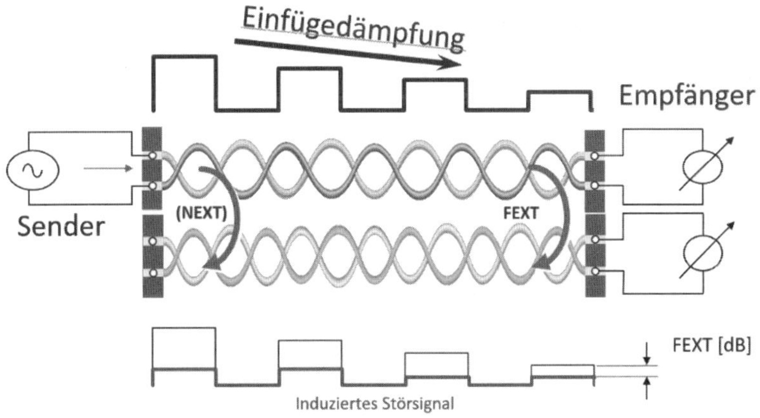

Abbildung 118: ACR-F Messung (*Quelle:* Softing, 2018)

Praxistipp: Fehler in der ACR-F-Messung gehen meist einher mit Fehlern im Übersprechen. Ursache ist auch hier meist schlechtes Auflegen oder fehlerhafte Komponenten. Eine weitere Fehlerursache können größere Unterschiede in der Dämpfung der einzelnen Adernpaare liegen, da diese Werte in die Berechnung des ACR-F mit einfließen.

7.8.12 Leistungssummierte Werte (*engl.*: Power Sum)

Power-Sum NEXT, Power-Sum ACR-N und Power-Sum ACR-F sind Berechnungen, die auf deren Ursprungswerten NEXT, ACR-N bzw ACR-F beruhen. Z. B. werden beim Power-Sum NEXT die ursprünglichen NEXT-Werte verwendet. Bei allen Power-Sum-Werten wird immer der Einfluss aller Adernpaar-Kombinationen auf ein Adernpaar berechnet. Dies ist wieder für die 4-paarigen Übertragungsverfahren, z. B. 1 Gbit/s Ethernet, wichtig.

Im folgenden Beispiel senden das erste, dritte und vierte Paar (Paare S) und das Messgerät zeichnet die Störungen auf dem zweiten Paar (Paar E) auf (s. Abb. 119).

Abbildung 119: Power Sum (*Quelle:* Softing, 2018)

Praxistipp: Liegt ein Fehler bei einem der Power-Sum-Werte vor, muss bei einem der Grundwerte ebenfalls ein Fehler vorliegen. Umgekehrt kann es aber oft vorkommen, dass einer der Grundwerte, z. B. NEXT einen Fehler aufweist, der jeweilige Power-Sum-Wert aber immer noch OK ist.

7.8.13 Unsymmetriedämpfung am nahem Ende (*engl.*: Transverse Conversion Loss oder TCL)

Die optionale Unsymmetriedämpfungsmessung beschreibt das Verhältnis zwischen Gleichtaktleistung zu Gegentaktleistung bei Einspeisung eines Gegentaktsignals (s. Abb. 120). Messung und Signaleinspeisung erfolgen hier wieder am selben Ende der Strecke. Die Messung wird beidseitig durchgeführt.

Diese Messung ist ähnlich der Rückflussdämpfungsmessung, nur wird bei der Rückflussdämpfungsmessung das Gegentaktsignal eingespeist und auch wieder das zurückkommende Gegentaktsignal gemessen.

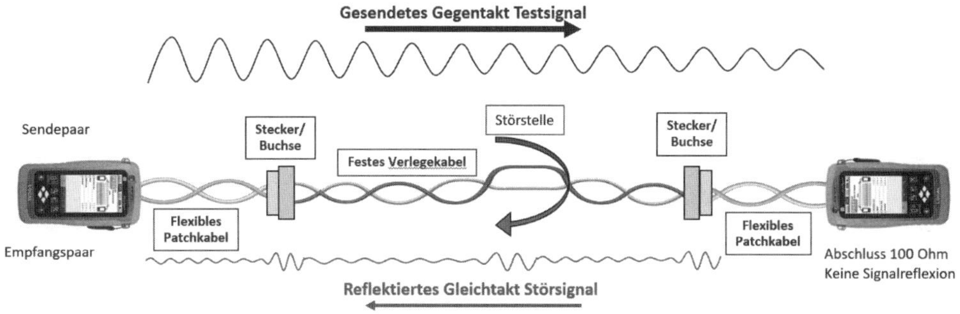

Abbildung 120: Messung der Unsymmetriedämpfung am nahen Ende (*Quelle:* Softing, 2018)

Praxistipp: Symmetrische Datenkabel sollten eine sehr gute Unsymmetriedämpfung aufweisen, d. h. ungewollte unsymmetrische Anteile eines Signals abdämpfen können. Liegen hier Fehler vor, liegt dies meist an fehlerhaftem Material. Diese Messung ist nur für ungeschirmte Verkabelungen vorgesehen.

7.8.14 Pegelgleiche Unsymmetriedämpfung am fernen Ende (*engl.*: Equal Level Transverse Conversion Transfer Loss)

Ähnlich wie ACR-F wird auch bei der ELTCTL-Messung an einem Ende der Strecke ein Signal eingespeist und am anderen Ende der Strecke eine Messung durchgeführt. In diesem Fall wird wieder das Verhältnis zwischen Gleichtaktleistung und Gegentaktleistung gemessen, nur wird dieses Mal das Signal am gegenüberliegenden Ende der Strecke eingespeist.

Praxistipp: Siehe Kapitel 7.8.13.

7.8.15 Fremdnahnebensprechendämpfung und verwandte Messungen (*engl.*: Alien Crosstalk, Exogenous Crosstalk oder AXT)

Unter dem allgemeinen Begriff Fremdnebensprechen versteht man das Übersprechen zwischen Datenstrecken, welches z. B. in Kabelbündeln oder auch Verteilerfeldern besonders bei ungeschirmter Verkabelung vorkommen kann. Hier wird eine Strecke als „gestörte“ Strecke gewählt. Alle anderen Strecken in der Nähe der gestörten Strecke werden als „Störer“ angesehen und gegen die „gestörte“ Strecke gemessen. EN 61935-1 enthält hierzu Vorgaben, wie viele „gestörte“ Strecken gewählt werden müssen und welche Strecken dann jeweils als „Störer“ hinzugenommen werden müssen.

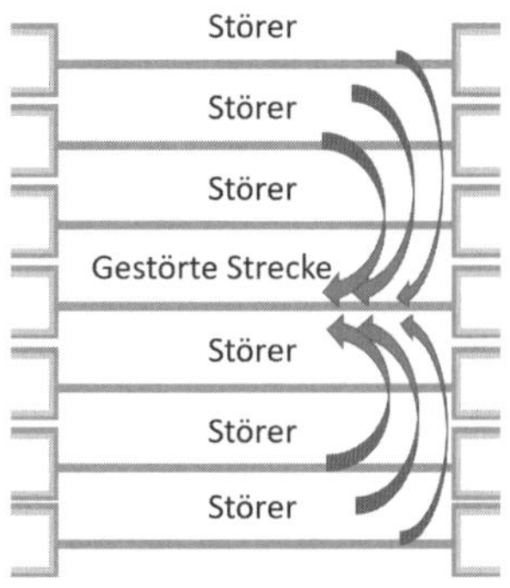

Abbildung 121: Alien Crosstalk (*Quelle:* Softing, 2018)

Unter den allgemeinen Begriff Fremdnebensprechen fallen die folgenden Messparameter:

- leistungssummierte Fremdnahnebensprechdämpfung – *engl.:* PSANEXT oder Power Sum alien near-end crosstalk loss
  Beschreibt das Übersprechen aller Adernpaare der „Störer" auf ein Adernpaar der „gestörten" Strecke am nahen Ende.
- Mittlere leistungssummierte Fremdnahnebensprechdämpfung – $PSANEXT_{mittel}$
  Beschreibt das gesamte Übersprechen aller „Störer" auf die „gestörte" Strecke am nahen Ende.
- Leistungssummiertes Dämpfungs-Fernnebensprechdämpfungs-Verhältnis – PSAACR-F
  Beschreibt das Übersprechen aller Adernpaare der „Störer" auf ein Adernpaar der „gestörten" Strecke am fernen Ende. Analog zu ACR-F sind hier Sender und Empfänger an unterschiedlichen Enden der Strecke.
- Mittleres Dämpfungs-Fernnebensprechdämpfungs-Verhältnis – $PSAACR\text{-}F_{mittel}$
  Beschreibt das gesamte Übersprechen aller „Störer" auf die „gestörte" Strecke am fernen Ende.

Wichtig sind folgende Punkte:

1) Das „Bestanden" oder „Nicht bestanden" bezüglich Alien Crosstalk bezieht sich nicht auf eine Strecke einer Anlage, sondern auf die gesamte Anlage. Besteht eine Strecke nicht, so ist die ganze Anlage durchgefallen.
2) Werden in einer Kabelanlage Strecken verschiedener Hersteller verwendet, so muss Alien Crosstalk für jedes dieser Produkte bestimmt werden. Auch hier gilt: Fällt eine Strecke mit einem Produkt durch, fällt die ganze Anlage durch.

Praxistipp: Die Alien-Crosstalk-Messungen erweisen sich im Feld als sehr schwierig, da sehr viele Einzelmessungen durchgeführt werden müssen (bis zu 16 Messungen an verschiedenen Störstrecken pro gemessener Strecke). Während eine normale Klasse-E_A-Messung nur wenige Sekunden dauert, so dauert die Alien-Crosstalk-Messung einer Strecke 5 min bis 10 min. Die Alien-Crosstalk-Messung muss **nicht** durchgeführt werden, wenn der Hersteller eine Bestätigung liefern kann, dass die Kopplungsdämpfung des gelieferten Verkabelungsmaterials die zusätzlich in der EN 50173-1 spezifizierten Anforderungen der jeweiligen Klasse entspricht. D. h, für geschirmte Verkabelungssysteme, die diese Anforderungen erfüllen, ist Alien Crosstalk per Design erfüllt.

Problematisch ist auch die Auswahl der Strecken. Die Norm gibt nur eine Anzahl vor; welche Strecken gewählt werden, liegt im Ermessen des Technikers.

Die Messung der Kopplungsdämpfung ist eine reine Labormessung und findet nach heutigem Stand der Technik keine Anwendung bei Abnahmemessungen im Feld. Die Kopplungsdämpfung ist ein Maß für die Störunempfindlichkeit der Verkabelung gegenüber externen elektromagnetischen Signalen.

7.9 Kurze Erklärung der Lichtwellenleiter-Messparameter

7.9.1 Sicherheitshinweise im Umgang mit Lichtwellenleitern und optischer Messtechnik

Nur geschultes Personal sollte Lichtwellenleiter handhaben, besonders wenn es um Konfektionierung von Steckern oder Spleißen von Fasern geht und sobald offene Faserenden oder offene Stecker oder Buchsen zugänglich sind. In diesen Fällen besteht bei unsachgemäßer Handhabung erhebliche Verletzungsgefahr.

Gleiches gilt für optische Messtechnik. Das Licht, welches für die Kommunikation über Lichtwellenleiter und für die meiste optische Messtechnik verwendet wird, befindet sich im für das menschliche Auge **nicht** sichtbaren Wellenlängenbereich. D. h., ein Nutzer kann nicht sehen, ob die Lichtquelle eines Messgeräts, eine Lichtwellenleiter-Strecke oder eine Netzwerkkomponente gerade in Betrieb ist oder nicht. Das verwendete Licht kann so leistungsstark sein, dass irreparable Schäden am Auge bis zur kompletten Blindheit entstehen können.

Daher müssen folgende Vorsichtsmaßnahmen bei Messungen eingehalten werden:

1) Vergewissern Sie sich, welche Lichtleistungen verwendet werden und tragen Sie ggf. eine geeignete Laser-Schutzbrille. Bei Messgeräten und Netzwerkkomponenten der Laserschutzklasse I muss keine Schutzbrille getragen werden, es sollten aber **trotzdem** die beiden nachfolgenden Punkte beachtet werden.
2) Sehen Sie **nie** direkt mit bloßem Auge in einen offenen Ausgang eines Messgeräts oder einer Netzwerkkomponente. Sie sollten immer annehmen, dass das Gerät eingeschaltet ist und Licht austritt. Für den Fall, dass Sie sich nicht sicher sind, ob ein Gerät oder eine Strecke aktiv ist, gibt es auf dem Markt technische Lösungen, um die optische Aktivität zu prüfen.
3) Um zu verhindern, dass versehentlich Licht austritt, sollten Sie Ein- und Ausgänge eines optischen Messgeräts oder Netzwerkkomponente nie ohne Schutzkappen offen liegen lassen. Denken Sie daran, dass versehentlich aus einem Gerät austretendes Licht auch an Oberflächen reflektiert werden kann und erst über Umwege Ihre Augen erreicht und dort Schaden anrichten könnte. Obendrein ist die Verwendung von Schutzkappen bei optischen Messgeräten auch aus Gründen der Sauberkeit unerlässlich.

Praxistipp: Ein wichtiger Punkt bei Messungen an Lichtwellenleitern ist Sauberkeit. Diese kann wie nachfolgend beschrieben mit modernen Geräten sogar begutachtet werden.

Im Feld werden hierzu auch oft tragbare Mikroskope eingesetzt. Hier wird unterschieden zwischen optischen Mikroskopen und Video-Mikroskopen. Optische Mikroskope verwenden klassische Optik-Bauteile, das menschliche Auge sieht direkt über Optik die Stecker-Oberflächen. Um die Augen zu schützen, sollten optische Mikroskope über geeignete Filter verfügen, um die nicht sichtbaren und eventuell schädlichen Lichtanteile herauszufiltern. Video-Mikroskope hingegen nehmen das Bild des Steckers elektronisch auf und übertragen das Bild auf Monitore. Da bei dieser Methode niemals das menschliche Auge eventuell unsichtbarem und gefährlichem Licht ausgesetzt ist, raten führende Hersteller aus Sicherheitsgründen zu der Verwendung von Video-Mikroskopen.

7.9.2 Grundsätzliches

Bei der Datenübertragung in lokalen Netzen und im Umfeld der EN 50173 spielen zwei optische Effekte eine Rolle bei Abnahmemessungen:

7.9.2.1 Rückstreuung: Rayleigh-Effekte

Feinste Inhomogenitäten und Verunreinigungen im Glas-Material führen dazu, dass auf der gesamten Strecke kontinuierlich kleinste Mengen Licht gestreut werden und somit am anderen Ende der Strecke nicht mehr ankommen. Dieser Effekt und die Lichtabsorption aufgrund von OH^--Ionen Verunreinigungen wird im Allgemeinen als Faserdämpfung bezeichnet (s. Abb. 122).

Abbildung 122: Rayleigh-Streuung (*Quelle:* Softing, 2018)

7.9.2.2 Reflexionen: Fresnel-Effekte

An Stoßstellen in der Strecke, z. B. erzeugt durch Steckverbindungen, treten Reflexionen auf. Ein mitunter nicht unbeträchtlicher Anteil der Lichtleistung kann hier reflektiert werden. Gemessen wird hier zum einen die optische Rückflussdämpfung (*engl.:* Optical Return Loss) und zum anderen die optische Dämpfung (*engl.:* Attenuation) einer Stoßstelle. Die optische Rückflussdämpfung wird aus dem Verhältnis zwischen reflektiertem und an der Stoßstelle ankommendem Licht berechnet (s. Abb. 123).

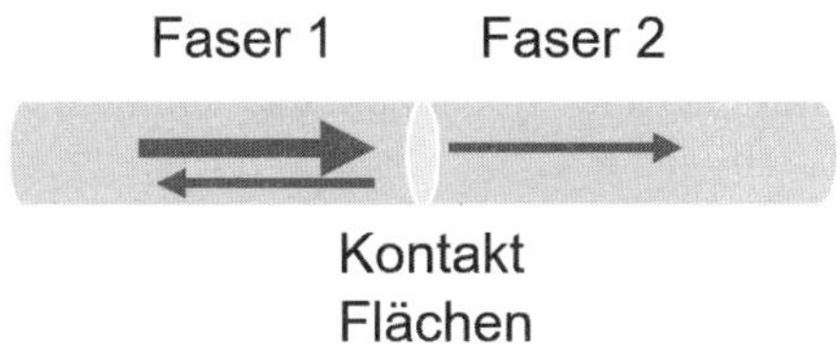

Abbildung 123: Fresnel-Effekte (*Quelle:* Softing, 2018)

7.9.3 Dämpfungsmessung (*engl.*: Attenuation oder Tier 1)

Die Dämpfungsmessung – oder auch Tier-1-Messung – beschreibt die Messung der Dämpfung über die gesamte Strecke. Die Messung wird oft in zwei Wellenlängen für Mehrmoden (850 nm und 1300 nm) und Einmoden (1310 nm und 1550 nm) durchgeführt. Hier fließen alle Dämpfungsanteile (Rayleight, Absorption und Fresnel) aller Komponenten der Strecke jeweils in einen Wert pro Wellenlänge zusammen. Ein Dämpfungsmess-Set besteht immer aus mindestens einer Lichtquelle und einem Leistungsmesser (s. Abb. 124).

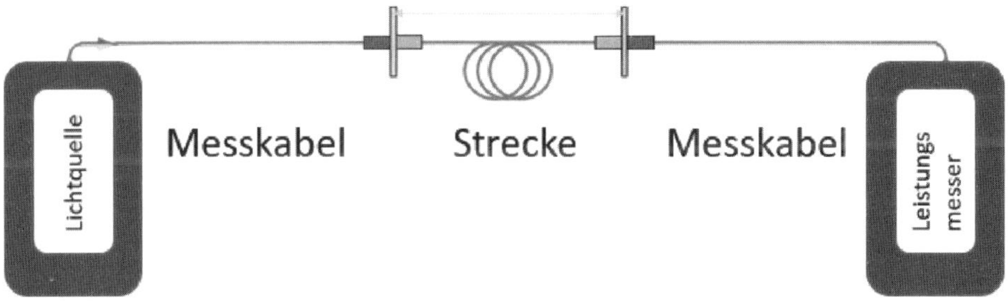

Abbildung 124: Dämpfungsmessung an Lichtwellenleiter (*Quelle:* Softing, 2018)

Die beiden Komponenten werden an den beiden Seiten einer Strecke angeschlossen. Die Lichtquelle koppelt definiertes Licht in die Strecke ein und der Leistungsmesser bestimmt die Lichtleistung, die an der anderen Seite der Strecke ankommt. Um eine Dämpfungsmessung zu erhalten, müssen beide Geräte aufeinander abgeglichen werden (s. hierzu „Nullabgleich" in Kapitel 7.9.4).

Da die Dämpfungsmessung nur ein Wert pro Wellenlänge ist, kann nicht bestimmt werden, welche der Komponenten der Strecke wie viel zur Dämpfung beitragen.

Einfache Dämpfungsmess-Sets können nur eine Faser messen. Komfortablere Geräte können die Dämpfungen beider Fasern einer Duplex-Strecke gleichzeitig messen und noch zusätzlich die Länge der Strecke bestimmen, was für die Dokumentation eines Projekts von großem Vorteil ist.

Wichtig bei Multimode-Messungen ist, dass die Lichtquellen der ISO/IEC 14763-3 entsprechen, d. h. sog. „Encircled-Flux"-Spezifikationen einhalten. „Encircled Flux" beschreibt sehr genau die Leistungsverteilung der Lichtquelle, um eine möglichst genaue und reproduzierbare Messung zu ermöglichen.

Oft messen moderne Geräte Dämpfung und Länge einer Strecke gleich auf den beiden Fasern einer Duplex-Strecke.

Abbildung 125 zeigt die Lichtverteilung einer 50-µm-Faser. Rot bedeutet hier viel Lichtleistung. Die Abbildung zeigt zum einen sehr schön die konzentrische Verteilung der Lichtleistung und zum anderen den gleichmäßigen Abfall der Lichtleistung von der Mitte der Faser nach außen. Abbildung 126 zeigt die Fehlerschwellen für die Verteilung der Lichtleistung über den Querschnitt.

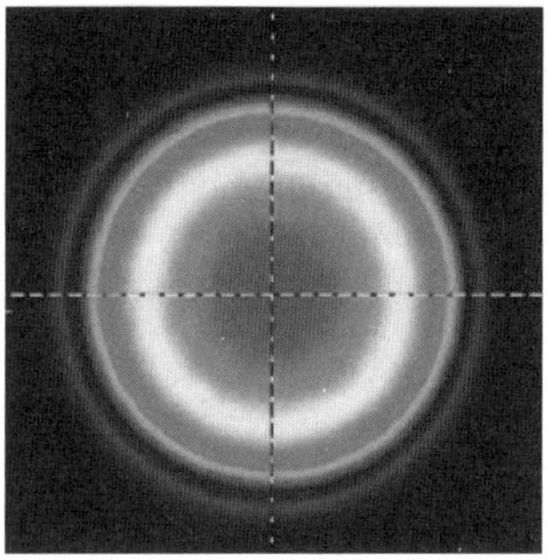

50-µm-Kern der MM-Faser

Abbildung 125: EF-kompatible Lichtquelle (*Quelle:* Softing, 2018)

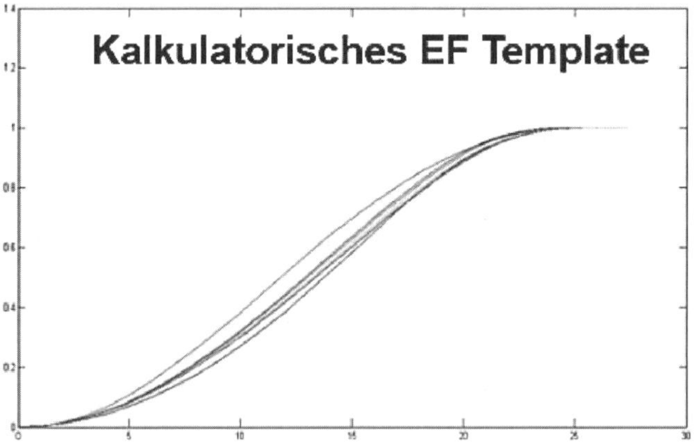

Abbildung 126: EF-Grenzwerte (*Quelle:* Softing, 2018)

Je nach Ausschreibung kann eine unidirektionale oder bidirektionale Messung gefordert sein. Unidirektional (nur eine Richtung) ergibt Sinn, wenn die Polarität der Duplex-Strecke schon bekannt ist, d. h., wenn bekannt ist, welche Faser in welcher Richtung verwendet wird. Die bidirektionale Messung ergibt Sinn, wenn die Polarität noch nicht festgelegt wurde und um Stecker-Ausrichtungsprobleme oder Kerndurchmesser-Probleme zu finden.

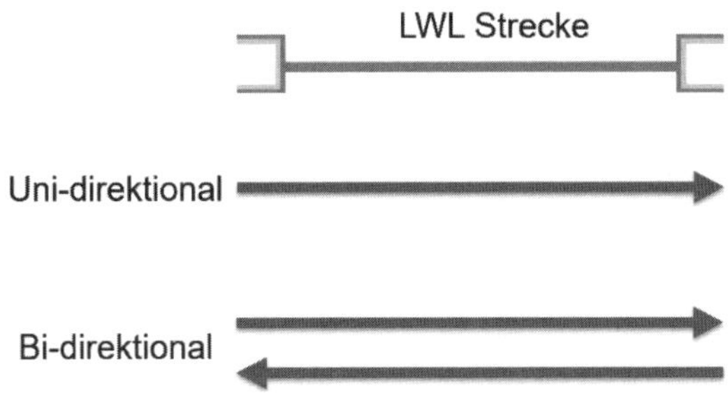

Abbildung 127: Uni- und Bi-direktionale Messung (*Quelle:* Softing, 2017)

Des Weiteren spielt bei der Dämpfungsmessung an Lichtwellenleitern auch die Nullabgleichsmethode eine große Rolle. Je nach verwendeter Steckergüte und Nullabgleichsmethode können die zu erwartenden Messschwankungen stark unterschiedlich sein und im schlimmsten Fall eine Messung ad absurdum führen, da der zu erwartende Messfehler bei Verwendung einer falschen Steckergüte größer sein kann als das erlaubte Dämpfungsbudget.

7.9.4 Nullabgleich

Jedes Dämpfungsmessgerät muss auf die verwendeten Messkabel abgeglichen werden, um eine genaue Dämpfungsmessung durchzuführen. Hierzu können die Lichtquelle und das Leistungsmessgerät auf zwei verschiedene Arten verbunden werden.

Bezugsverfahren mit einer Prüfschnur – „1-Jumper-Methode“

Bei der sogenannten „1-Jumper-Methode“ wird beim Nullabgleich die Lichtquelle und der Leistungsmesser mit nur einem Messkabel verbunden. Wichtig ist hier, dass die Verbindung zwischen Lichtquelle und Messkabel nach dem Nullabgleich nicht mehr geöffnet werden darf, da sonst der Nullabgleich nicht mehr gültig ist. Grund hierfür ist, dass die Einkopplung des Lichts von der Lichtquelle in die Faser sehr stark schwanken kann, wenn die Verbindung verändert wird. Zur späteren Messung einer Strecke wird dann meistens noch ein weiteres Messkabel an dem Leistungsmesser angeschlossen. Die Dämpfung dieses gesonderten Messkabels muss in einer separaten Messung dokumentiert werden.

Vorteil der „1-Jumper-Methode“ ist generell, dass der Nullabgleich geringe Toleranzen aufweist, da beim Nullabgleich nur ein Messkabel werdet wird. Nachteil dieser Methode ist, dass zur späteren Messung ein weiteres Messkabel verwendet werden muss, welches nicht im Nullabgleich enthalten war.

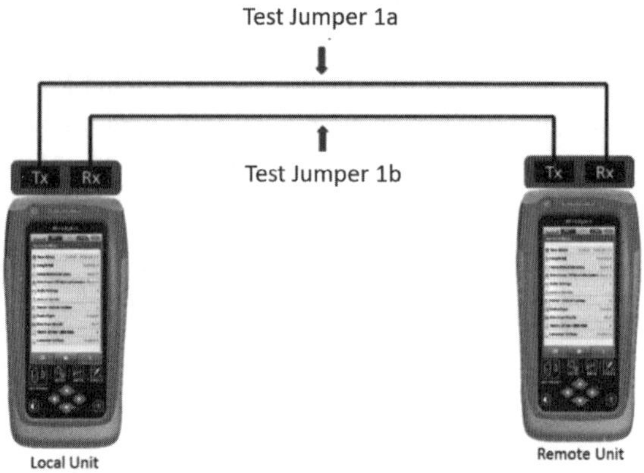

Abbildung 128: 1-Jumper-Methode (*Quelle:* Softing, 2018)

Bezugsverfahren mit drei Prüfschnüren – „3-Jumper-Methode"

Bei der sogenannten „3-Jumper-Methode" werden Lichtquelle und Leistungsmesser mit drei Messkabeln für den Nullabgleich verbunden. Zur späteren Messung der Strecke wird dann das mittlere Messkabel entfernt und gegen die zu messende Strecke ersetzt. Auch hier gilt, dass nach dem Nullabgleich das Messkabel nicht von der Lichtquelle entfernt werden darf.

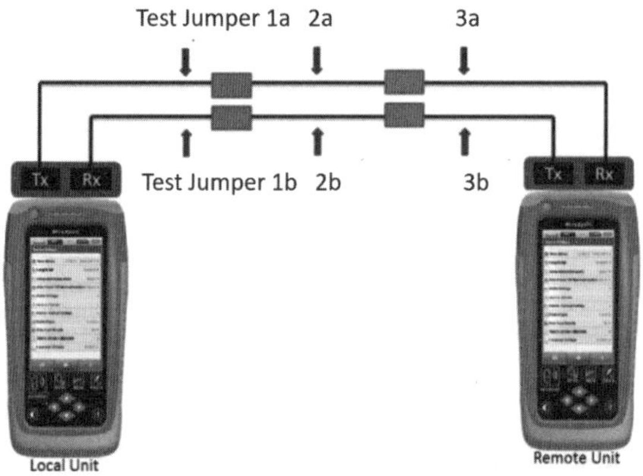

Abbildung 129: 3-Jumper-Methode (*Quelle:* Softing, 2018)

Vorteil der „3-Jumper-Methode" ist, dass beim Nullabgleich alle verwendeten Messkabel enthalten sind. Nachteil dieser Methode ist, dass die Toleranzen dieser Methode höher sind als bei der „1-Jumper-Methode", da beim Nullabgleich mehr Messkabel verwendet wurden.

Praxistipp: Nullabgleich

Bei Garantieprogrammen für Produkte führender Hersteller wird immer auch die Nullabgleichsmethode fest vorgeschrieben. Oft kommt es zu Problemen bei der Abnahme, weil Messungen aufgrund einer falschen Nullabgleichsmethode nicht anerkannt werden. Es muss daher genau darauf geachtet werden, welche Methode vorgeschrieben wurde.

Praxistipp: „0-dB-Messung“

Ein bekanntes Phänomen in der Lichtwellenleiter-Messtechnik ist die sogenannte „0-dB-Messung“ oder sogar Messergebnisse mit einer positiven Dämpfung, also quasi einer Verstärkung.

Wie kommen diese Messungen zustande?

Dieser Effekt wird manchmal bei sehr kurzen Strecken beobachtet. In dieser Konstellation ist schlichtweg die Messtoleranz durch den Nullabgleich größer gewesen als die Dämpfung der kurzen Strecke. Dies tritt häufiger beim Nullabgleich mit drei Messschnüren auf als beim Nullabgleich mit einer Messschnur, da letzterer wegen der geringeren Anzahl von Steckverbindungen beim Nullabgleich weniger Toleranzen hat. Dieser Effekt kann auch auftreten, wenn schadhafte oder verschmutze Messkabel beim Nullabgleich verwendet wurden.

Praxistipp: Messkabel

Messkabel müssen ISO/IEC 14763-3 entsprechen und mit Referenz-Steckern ausgestattet sein. Damit wird sichergestellt, dass die Messkabel einen möglichst geringen Messfehler zu der Messung beitragen. „Nicht-Referenz“-Rangierschnüre dürfen auf keinen Fall für Messungen verwendet werden, da diese viel zu hohe Toleranzen haben können.

7.9.5 OTDR-Messung – Tier 2

Bei der optischen Zeitbereichsreflektrometriemessung (*engl.:* Optical Time Domain Reflectometrie), kurz OTDR-Messung, befinden sich Lichtquelle und Empfänger am selben Faserende, Ausgang und Eingang des Messgeräts liegen auf der selben Buchse am Messgerät. Zusammen mit der Dämpfungsmessung bildet die OTDR-Messung die sogenannte Tier-2-Messung.

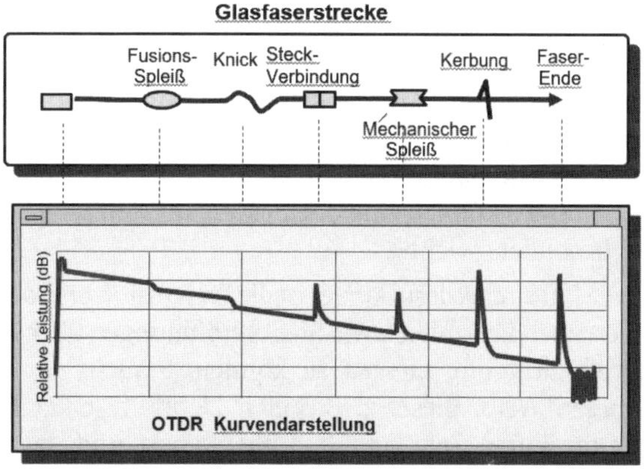

Abbildung 130: Beispiel OTDR-Messung (*Quelle:* Softing, 2018)

Die Lichtquelle des OTDR sendet sehr kurze und scharfe Lichtimpulse im Nanosekundenbereich in die Faser. Der Empfänger am selben Tor misst die Leistung des aus der Faser zurückkommendes Lichts und die Zeit, wann dieses Licht wieder zurückkommt (s. Abb. 131). Aus diesen Informationen kann das OTDR die genaue Position, Dämpfung und Reflexion von sogenannten „Ereignissen“ berechnen. Unter „Ereignis“ versteht man z. B. Steckverbindungen, Spleiße,

Splitter, Knicke und sogar die Dämpfung von Streckenabschnitten (s. Abb. 130). Moderne OTDR erkennen nicht nur Ereignisse, sondern können diese auch mit den korrekten Namen benennen, d. h. weisen eine Steckverbindung dann auch als solche auf dem Protokoll aus. Auf der einen Seite hat damit das OTDR einen klaren Vorteil gegenüber einer Dämpfungsmessung, da es einzelne Ereignisse auf der Strecke bewerten kann. Auf der anderen Seite kann ein OTDR allerdings die Gesamtdämpfung einer Strecke nicht genau ermitteln.

Da das OTDR immer nur eine einseitige Messung durchführt, muss von beiden Seiten der Strecke separat gemessen werden, wenn eine bidirektionale Messung vorgeschrieben ist. Die Messungen aus beiden Richtungen können entweder direkt am OTDR oder später am PC zusammengefasst und als Gesamtauswertung betrachtet werden.

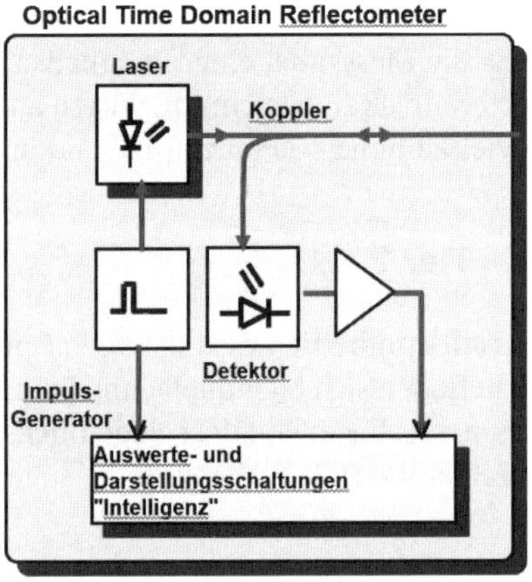

Abbildung 131: Schematischer Aufbau eines OTDRs (*Quelle:* Softing, 2018)

Praxistipp: Anders als bei Messungen an symmetrischen Kupferverkabelungen, wo die Messung einzelner Parameter fest normiert ist, gibt es bei OTDR-Messungen einigen Spielraum in puncto, was eingestellt werden kann und wie sich diese Einstellung dann auf das Messergebnis auswirkt. Falsche Einstellungen können eine OTDR-Messung komplett unbrauchbar machen. Vier Größen sind hier besonders wichtig:

1) Pulsbreite: Je kürzer die Pulsbreite, desto kürzer ist die Ereignistotzone, d. h., desto besser ist die Auflösung von reflektierenden Ereignissen wie Steckverbindungen über die Länge der Strecke. Um empfindlich und genau genug messen zu können, braucht ein OTDR einen extrem empfindlichen Empfänger. Wenn dieser z. B. einen Lichtblitz einer Reflexion empfängt, so ist der Empfänger für kurze Zeit komplett übersteuert und dadurch für kurze Zeit „blind". Das bedeutet, dass ein gewisser Mindestabstand zwischen zwei reflektierenden Ereignissen liegen muss, damit das OTDR z. B. zwei kurz aufeinander folgende Steckverbindungen auch wirklich getrennt erkennen kann. Wird die Pulslänge zu lang gewählt, „verschmelzen" diese beiden Ereignisse in der Messung zu einem Ereignis (s. Abb. 132). Zusätzlich zu der Ereignistotzone gibt es auch noch die Dämpfungstotzone. Analog zur Ereignistotzone gibt die Dämpfungstotzone den Mindestabstand an, der zwischen zwei Ereignissen liegen muss, um die Dämpfung der Ereignisse getrennt messen zu können. Sehr

gute OTDR haben Pulsbreiten von wenigen Nanosekunden und damit Ereignistotzonen von unter einem Meter und Dämpfungstotzonen von wenigen Metern. Dies ist gerade im LAN-Bereich notwendig, da dort häufig sehr kurze Strecken mit oft mehreren kurz aufeinander folgenden Verbindungen verbaut werden. Z. B. werden in Verteilerschänken oft kurze Rangierschnüre verwendet. Ein OTDR muss über sehr kurze Pulszeiten verfügen, um beide Steckverbindungen einer Rangierschnur getrennt voneinander messen zu können.

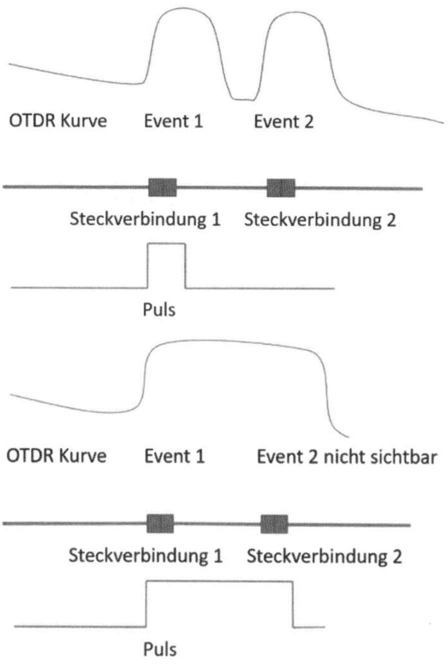

Abbildung 132: Beispiel OTDR-Pulsbreite

Kurze Pulsbreiten haben aber auch einen Nachteil, da ein sehr kurzer Puls auch nur sehr wenig Energie enthält. Wählt man einen zu kurzen Puls bei einer etwas längeren Strecke oder einer Strecke mit vielen schlechten Verbindungen, so kann das OTDR eventuell das Ende der Strecke gar nicht mehr „sehen", da die Energie des Lichtpulses schon irgendwo auf der Strecke durch Fehlstellen verbraucht wurde.

In der Praxis bedeutet dies, dass der Nutzer immer darauf achten muss, die minimale Pulsbreite zu finden, bei der die Strecke noch korrekt und komplett gemessen werden kann.

Oben genannte Totzonen haben auch einen Einfluss auf die Messkabel. Um sicherzustellen, dass der Empfänger nach dem ersten starken Lichtblitz, erzeugt durch den eigenen Messausgang, wieder empfangsbereit ist, müssen entsprechend lange Vorlauffasern eingesetzt werden. Ebenso muss eine Nachlauffaser verwendet werden, wenn man die letzte Steckverbindung der Strecke korrekt messen will. Hier gilt es, die Spezifikationen des OTDR-Herstellers abzufragen.

2) Mess-Zeit: In der Regel wird bei OTDR-Messungen eine Messdauer angegeben. Während dieser Zeit versucht das OTDR, möglichst viele Einzelmessungen durchzuführen, und mittelt dann das Ergebnis, um Störrauschen zu unterdrücken. Wählt man die Messdauer zu kurz, so kann es zu Fehlmessungen kommen, da die Messung noch zu viel Rauschen enthält.

3) Maximal zu erwartende Länge: Einem OTDR muss die maximal zu erwartende Länge oft vorgegeben werden. Dies hat Einfluss auf die maximale Anzahl der Messpunkte, da das OTDR immer eine fixe Anzahl von Messpunkten verwendet und diese über die zu erwartende maximale Länge aufteilt.

4) Dynamikbereich: Typischerweise wird der Dynamikbereich getrennt je Wellenlänge angegeben. Der Dynamikbereich ist kein Einstellparameter, sondern ein Maß für die Messempfindlichkeit eines OTDR. Hat das OTDR einen zu kleinen Dynamikbereich, so können längere Strecken oder auch kurze Strecken mit mehreren größeren Fehlstellen nicht oder nicht genau genug gemessen werden.

Moderne OTDR haben einen Automatik-Modus, können Strecken komplett eigenständig interpretieren und sind sogar in der Lage, eine Strecke mit allen Ereignissen als Blockschaltbild mit allen Messwerten darzustellen und obendrein die Strecke mit Pass/Fail gegen internationale Normen zu bewerten. Diese Eigenschaften machen Messungen mit derartigen OTDR wesentlich reproduzierbarer und für den Einsatz für den Nutzer wesentlich einfacher.

8 Praxisbeispiele

8.1 So werden Immobilien fit für die Zukunft[16]

8.1.1 Verkabelungskonzepte, die steigende Datenraten antizipieren

Die Verkabelung von Neu- und Umbauten von Büro- und Gewerbeimmobilien gehört zu den wichtigsten Gewerken, um ein Unternehmen beispielsweise für Industrie 4.0 und IoT (Internet of Things) fit zu machen. Sie muss sorgfältig durchdacht werden, damit betriebliche Arbeitsprozesse reibungslos ablaufen. Dazu gehört die durchgehende Planung und Dokumentation von Kabelwegen und Datenkabeln, der Verteilerstandorte und Anschlussdosen im gesamten Gebäude. Die Konzeption und Installation sollte nach den Normenreihen EN 50173 und EN 50174 ausgeführt werden.

Die Normenreihen EN 50173 und EN 50174 werden laufend überarbeitet und ergänzt, um den wachsenden Anforderungen an das Datennetzwerk Rechnung zu tragen. Denn: Aktuell werden in Netzwerken Anschlusskomponenten für 10 Gigabit Ethernet bis 600 MHz eingesetzt. Innovative Installationsfirmen sorgen dafür, dass sich die richtigen Experten aus allen Kompetenzbereichen zusammenfinden. So kann man mit einem innovativen Konzept schon bei der Ausarbeitung des Anforderungskatalogs mit messtechnischen Nachweisen der Leistungsfähigkeit und damit der korrekten, individuellen Verkabelung, Beschriftung und Dokumentation der Komponenten unterstützen.

8.1.2 Mit differenzierter Planung zum Erfolg

Die Verkabelungsinfrastruktur in der neuen Immobilie wurde klassisch und normgerecht in einen Primär-, Sekundär- und Tertiärbereich unterteilt. Im Primärbereich, vom Standortverteiler (SV) zum Gebäudeverteiler (GV), also vom Rechenzentrum oder Serverraum – dies ist der zentrale Ausgangspunkt eines Netzwerks – setzte man OS2-Singlemode-Lichtwellenleiterkabel ein, die vor Ort konfektioniert beziehungsweise gespleißt wurden, um die notwendige Datenübertragung über lange Wege sicherzustellen. Für eine möglichst hohe Ausfallsicherheit musste nicht nur das Kabelmanagement berücksichtigt werden, sondern auch der vorgeschriebene Brandschutz sowie die Integrität der Kabel.

Die Kundenanforderungen an den hohen Raumbedarf für Server- und Storage-Komponenten wurden mit Standverteilern in einer Einhausung zur effizienten Klimatisierung und Zutrittssicherung realisiert (s. Abb. 133). Wichtiger Punkt dabei war auch die Berücksichtigung des Potentialausgleichs, eingebettet in ein gewerkeübergreifendes EMV-Konzept.

---

[16] Autoren: Martin Kees (dtm Datentechnik Moll GmbH), Simon Federle (Konzept PR). Bildmaterial und Projekte ausgeführt von der dtm Datentechnik Moll GmbH im Jahr 2016/2017. Verfasser des Artikels Martin Kees, VdS anerkannter GIV-Sachkundiger, vertreten in der Normung beim DKE und zuständig bei der dtm Datentechnik Moll GmbH für Messtechnik und Qualitätskontrolle.

Abbildung 133: Blick in den Kaltgang der Einhausung im Rechenzentrum (*Quelle:* Datentechnik Moll, 2016-2017)

8.1.3 Der Gebäudeverteiler ist sternförmig mit allen Etagenverteilern verkabelt

Der Sekundärbereich ist die vertikale Verkabelung, der die Etagenverteiler (EV) (s. Abb. 134) eines Gebäudes mit dem Gebäudeverteiler (GV) verbindet. Sie wird auch als Steigbereichsverkabelung bezeichnet. Auch bei der Planung des Sekundärbereichs ist wichtig, zu berücksichtigen, dass die Verkabelung ausreichend gegen Beschädigung und im Brandfall geschützt ist. In diesem Bereich wurden in Summe 1.200 m Multimode-OM4-Glasfaserkabel zum schnellen Datentransfer verlegt. Es wurden sowohl Lichtwellenleiterkabel, die vor Ort konfektioniert wurden, als auch vorkonfektionierte Breakout-Kabel genutzt.

Abbildung 134: Gebäudeverteiler, rückseitige Kabelabgänge zu den Etagenverteilern (*Quelle:* Datentechnik Moll, 2016-2017)

Damit ist die Verbindung zukunftsfähig. De facto übertrifft sie aktuell die Kundenanforderungen an Bandbreite und Geschwindigkeit. Durch die Verwendung von Komponenten der höchsten Kategorie kann man bereits jetzt schon noch leistungsfähigere Übertragungssysteme, z. B. 25-Gbit-Ethernet, im Kupferumfeld einsetzen. Dazu zählen z. B. Kupferdatenkabel für Tertiärverkabelungen mit Bandbreiten bis zu 2.000 MHz sowie RJ45-kompatible Kat-8.1- und Kat.-8.2-Anschlusskomponenten, die auch bis zu 40 GBit/s über Kupfer realisieren können. Weitere Beispiele im LWL-Umfeld sind die ebenfalls neuen Mehrmoden-Lichtwellenleiter OM5, die durch sogenanntes Shortwave Wavelength Division Multiplexing (SWDM) eine höhere Bandbreite und damit mehr Übertragungsleistung bieten. Dabei lassen sich 40 GBit/s mit vier Wellenlängen à 10 GBit/s über jeweils eine Sende- und Empfangsfaser übertragen. Oder sogar 100 GBit/s durch 4-mal 25 GBit/s.

Der Etagenverteiler ist der zentrale Vermittlungspunkt für die ab hier üblicherweise verwendete Kupfer-Verkabelung auf der Etage und gleichzeitig der Standort von Netzwerkkomponenten (Switches) (s. Abb. 135). Hier kam eine solide Ausführung des Standverteilers in einem eigenen Netzwerkraum je Etage zum Einsatz, die eine hohe Portdichte an Cu-Anschüssen leistet. Das Kabelmanagement wurde durch Flachschellen (s. Abb. 136) kabelschonend und für PoE-Anwendungen gut umlüftet im Steigbereich realisiert. Auf den Kabelwegen wurde eine Bündelung mit Klettbändern ohne Kabelbinder umgesetzt (s. Abb. 137). Auf diese Weise wurde nicht nur eine stressfreie Kabelführung der Datenkabel erzielt, sondern vor allem eine hohe Ausfallsicherheit. Das gesamte Netzwerk wurde zudem in Form von CAD-Plänen dokumentiert und alle Datenkabel und Anschlusskomponenten beschriftet.

Abbildung 135: Rückseitige Verkabelung im Standverteiler mit Flachschellen im EV (*Quelle:* Datentechnik Moll, 2016-2017)

Abbildung 136: Rückseitige Verkabelung im Standverteiler mit Flachschellen im EV (*Quelle:* Datentechnik Moll, 2016-2017)

Abbildung 137: Kabelführung auf der Kabeltrasse mit Klettbändern (*Quelle:* Datentechnik Moll, 2016-2017)

Denn: Neben dem Kabelmanagement ist der Schutz der Kabel gegen Beschädigung zur Ausfallsicherheit nach den Installationsvorgaben der Normenreihe EN 50174-*x* ein vitaler Aspekt.

Mit der Neuinstallation der Netzwerkkabel wurden Datenkabel der Kategorie 7_A verbaut. Kat.-7_A-Kabel erreichen eine Bandbreite bis zu 1000 MHz. Die Ethernet-Datenübertragungsrate beträgt bis zu 10 Gigabit pro Sekunde (10 GBit/s) mit RJ45-Steckverbindern. Damit steht hohen Datenübertragungsraten nichts mehr im Wege. Zum Schutz vor EMV-Beeinflussung sind die Netzwerkkabel jeweils mit einem Gesamtschirm sowie jedes Adernpaar nochmals einzeln mit einer Folie abgeschirmt.

8.1.4 Teilnehmeranschluss (TA)

Die Verbindung von den EV zu den TA wird als Tertiärverkabelung verstanden. Hier kommen zwar hauptsächlich symmetrische Kupferkabel zum Einsatz, aber auch LWL-Verkabelungen bis zur Anschlussdose sind möglich. Unabhängig vom Kabeltyp wird immer eine sternförmige Verkabelung realisiert: Auch hier bleibt die Übertragungsleistung und Ausfallsicherheit im Fokus der Anforderungen. Es kommt eine hohe Anzahl an Datenkabeln zum Einsatz sowie Doppeldosen, die durch RJ45-Steckverbinder auch rückwärtskompatibel sind. Für die Anwendung von Remote-Powering (PoE) steigen die Installationsanforderungen (s. Abb. 138 und 140). Installationsvorgaben bezüglich der Strombelastung der Kabel und der dadurch bedingten Erwärmung der Kabel gibt die Normenreihe EN 50174. Dabei ist künftig eine Leistung von bis zu 90 Watt je Kabel möglich.

Abbildung 138: TA im Brüstungskanal (*Quelle:* Datentechnik Moll, 2016-2017)

Abbildung 139: TA als Aufputzdose (*Quelle:* Datentechnik Moll, 2016-2017)

Abbildung 140: Kabelführung zum Bodentank im Doppelboden (*Quelle:* Datentechnik Moll, 2016-2017)

Damit die Performance der neuen Infrastruktur allgemein die hoch gesteckten Erwartungen erfüllen kann, müssen alle Komponenten des Netzwerks dem neuesten Standard entsprechen. Ein zentrales Element des Datennetzwerks und damit Garant für hohe Qualität ist die Leistungsfähigkeit aller Netzwerkkomponenten, damit Endgeräte wie PC, Telefon, Drucker, Kameras, WLAN-Accesspoint oder Steuerungseinrichtungen für Smart Home ihre maximale Übertragungsleistung entfalten können. Voraussetzungen stecken jedoch auch in der Installation.

Führende Messtechniker in Unternehmen empfehlen, Mitarbeiter von Herstellern schulen und zertifizieren zu lassen. Damit die Komponenten auch das leisten können, für was sie entwickelt wurden, führt man zusätzlich eine 100-prozentige Prüfung aller LWL- und Cu-Verbindungen durch. D. h., sie werden mit modernster Messtechnik unter realen Bedingungen gemessen. Dadurch kann man die Verbindung sofort und störungsfrei herstellen.

8.2 Praxisbeispiel Industrieverkabelung

Nachfolgend wird eine durchgängige IP-basierte Infrastruktur zur Anbindung von Produktionsstandorten und Industrieanlagen an die strukturierte Verkabelung nach EN 50173 beschrieben.

8.2.1 Einleitung

Produktionsstandorte, Anlagen und Automationsinseln werden verstärkt mittels Ethernet-basierter Dienste versorgt. Mittels PCMA – Process Control, Monitoring und Automation, also Prozesssteuerung, Prozessüberwachung und Automatisierung – werden die verschiedenen notwendigen Funktionen in der Produktion und Logistik abgedeckt. Grundsätzlich wird PCMA über sogenannte Automatisierungsprofile realisiert, z. B. PROFINET. Im Zuge von Integrated Industry werden alle Prozesse verstärkt vernetzt. Das beinhaltet auch die Verbindung von PCMA mit der klassischen Firmen-IT, also z. B. mit SAP-Systemen.

Somit kann man feststellen, dass auch Produktions- und Logistikprozesse immer stärker von den klassischen IT Systemen beeinflusst werden.

Aber es gibt Unterschiede zwischen den IT-Anwendungen im Büro oder Rechenzentrum und denen in der Industrie, Produktion und Logistik, die dann auch Auswirkungen auf die Verkabelungsanlage haben. Die wesentlichen Unterschiede sind:

- Ausdehnung von Verkabelungsanlagen: Verkabelungsanlagen in der Industrie können gewaltige Dimensionen annehmen. Denkt man an Produktionshallen im Automobilbau oder an Flugzeugwerften wird das schnell klar. Hallen mit mehreren hundert Metern Länge sind keine Seltenheit. Oder auch Chemieanlagen, die oftmals über Quadratkilometer große Flächen verteilt sind. Aber auch normale Produktionsstätten können die Abmaße der in Büroumgebungen üblichen Trassenlängen schnell sprengen.

  Um diese Flächen kabeltechnisch zu erschließen, wurde für die Industrieverkabelung zwischen Etagenverteiler und Anschlussdose ein zusätzlicher Verteiler eingefügt - der Zwischenverteiler oder auch Intermediate Distributor.
- Umgebungsbedingungen: Verkabelungsanlagen in Produktionshallen, in Chemieanlagen oder in und an Maschinen sind grundsätzlich ganz anderen Umgebungsbedingungen ausgesetzt, als solche, die im geschützten Gebäude installiert sind. Diese z. T. extremen Umgebungsbedingungen lassen sich über die MICE-Spezifikationen gut beschreiben.
- Betriebssicherheit/Zuverlässigkeit: Verkabelungsanlagen in der Industrie ermöglichen PCMA. Fällt die Verkabelungsanlage auch nur für kurze Zeit aus oder erfüllt ihre Aufgabe nicht vollständig, werden Produktions- und Logistikprozesse empfindlich gestört oder gänzlich abgebrochen. Um das zu vermeiden, werden extrem hohe Anforderungen an die Zuverlässigkeit der Verkabelungsanlage gestellt.
- Determinismus: Zur Realisierung von komplexen Steuerungen in der Industrie wird oft eine Kommunikationstechnik benötigt, die ein verzögerungsfreies Reagieren ermöglicht. Die dazu notwendige Eigenschaft wird mit dem Begriff der Echtzeit beschrieben. Dazu kommt auch noch die Forderung des garantierten Befehlseingangs an einer Maschine oder Anlage. Diese „Empfangsgarantie" nennt man Determinismus. Echtzeit und Determinismus sind z. B. Voraussetzung zur Realisierung der Notaus-/Nothaltfunktion.

Abbildung 141: Industrievernetzung (*Quelle:* HARTING)

Viele Grundsätze bei der Planung und Errichtung der Verkabelungsanlage nach EN 50173 und EN 50174 in industriellen Umgebungen sind vergleichbar mit denen in Büroumgebungen. Deshalb wird im Weiteren auch nur auf den Aufbau der Verkabelungsanlage ab dem Zwischenverteiler eingegangen.

Praxistipp: Gutes Werkzeug ist alles! Für den Aufbau von Verkabelungsanlagen in der Industrie sollte der geübte Monteur immer gutes Werkzeug dabeihaben. Neben Kabelmesser und Seitenschneider sind auch Maulschlüssel von Vorteil, gerade um Kabelverschraubungen an Industriesteckverbindern oder Industrie-Anschlussdosen festzuziehen (s. Abb. 142).

Abbildung 142: Typisches Werkzeug für den Installateur von Verkabelungsanlagen im Industrieumfeld (*Quelle:* HARTING)

8.2.2 Der Zwischenverteiler

Verteiler im industriellen Umfeld werden nur z. T. in 19-Zoll-Ausführungen errichtet. Häufig kommen auch kleinere Stand- oder Wandverteiler zum Einsatz. Dabei wird je nach Umgebungsbedingung auf zusätzliche Dichtheit gegen Nässe oder Staub geachtet. Solche Verteiler sind oftmals schon vormontiert. Trotzdem muss bei der weiteren Montage auf den genauen Sitz der Dichtungen geachtet werden (s. Abb. 143 und 144).

Zur Sicherstellung der Betriebssicherheit dieser Verteiler in rauen Umgebungen ist der Anwender stets bestrebt, die Verteiler im laufenden Betrieb möglichst nicht öffnen zu müssen. Deshalb gibt es bei der Industrieverkabelung das Bauteil Wanddurchführung. Wanddurchführungen liefern IP65/67-geschützte Anschlüsse, die z. B. in Seitenwänden von Verteilern montiert werden und so als Prüf- und Monitoring-Schnittstelle dienen (s. Abb. 145).

Abbildung 143: Industrieverkabelung – Zwischenverteiler an einer Industiehallenwand (*Quelle*: HARTING)

Abbildung 144: Montage eines Verteilers (*Quelle:* HARTING)

Abbildung 145: Han-3A-Wanddurchführung RJ45 mit Schutzkappe (*Quelle:* HARTING)

Bei der Ausstattung der Verteiler im industriellen Umfeld kann auf 19-Zoll-Verteilerfelder zurückgegriffen werden. In einigen Fällen werden diese Verteilerfelder auch mit IP65/67-geschützten RJ45 mit PushPull-Variante 4 oder M12-Ports ausgestattet. Das liefert neben dem Schutz vor Staub und Feuchtigkeit auch eine erhöhte Stecksicherheit bei Schock und Vibration.

Da oftmals aber nicht so viele Ports im Zwischenverteiler benötigt werden und auch nicht überall 19-Zoll-Technik eingesetzt wird, werden häufig Hutschienenverteiler bevorzugt. Hutschienenverteiler liefern i. A. ein oder zwei RJ45-Ports, sind beliebig anreihbar und werden einfach auf die vorhandenen Hutschienen an geeigneter Stelle aufgerastet (s. Abb. 146).

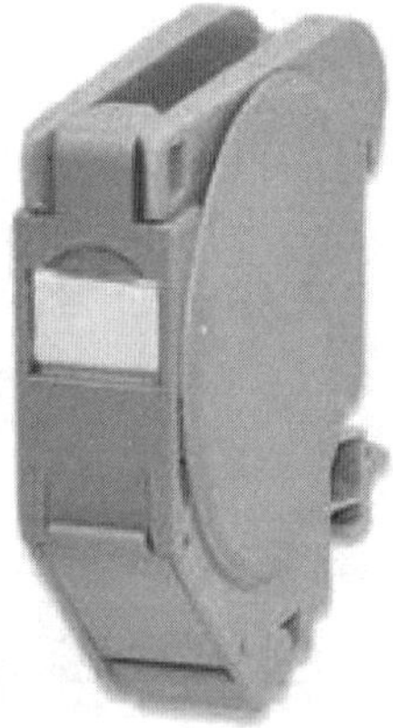

Abbildung 146: Beispiel für einen Hutschienenverteiler 1xRJ45 (*Quelle:* HARTING)

8.2.3 Kabeltrassierung und feldkonfektionierbare Steckverbinder

Industriell genutzte Flächen sind sehr stark beansprucht. Zum einen sind dort Anlagen und Maschinen aufgestellt, die mit den unterschiedlichsten Medien versorgt werden müssen. Dazu zählen neben Energie und Daten auch Wasser, Druckluft oder die Materialversorgung, um z. B. Kunststoffgranulat an die Spritzmaschinen zu transportieren. Außerdem werden diese Flächen zusätzlich auch mit leichtem und schwerem Gerät befahren. All das führt dazu, dass in der Industrie separate Versorgungstrassen errichtet werden, die sowohl oberirdisch oftmals in einigen Metern Höhe die Versorgungsleitungen aufnehmen oder in Unterflurkanälen geführt werden. Die Belegung dieser Trassen wird akribisch geplant und überwacht, um „Kollisionen" zwischen den unterschiedlichen Rohrleitungen und Kabeln zu vermeiden. Das ist aus Gründen der Betriebssicherheit und natürlich auch des Brandschutzes unerlässlich (s. Abb. 147).

In diese Infrastrukturen einzubringende Daten- und Kommunikationskabel müssen entsprechend spezifiziert und ausgewählt werden. Die Auswahl des richtigen Kabelmantels in PVC, PUR oder PE, mögliche zusätzliche mechanische Eigenschaften zu Torsions- oder Schleppkettenfähigkeit sind genauso zu beachten wie Temperaturbereiche, HF-Fähigkeit und eine durchgängige Schirmung.

Hier kommt eine weitere Besonderheit bei der Errichtung von Verkabelungsanlagen im Industrieumfeld zum Tragen – die „Vor-Ort-"oder auch Feldkonfektion. Dabei werden Steckverbinder für die Daten- und Energieübertragung direkt an das Kabel angeschlossen. Diese Steckverbinder gibt es als reine Datenstecker in RJ45- oder M12-Ausführung, aber auch als hybride Steckverbinder, wobei zusätzliche separate Kontakte zur Spannungsversorgung im Gehäuse untergebracht sind (s. Abb. 148).

Abbildung 147: Industrieverkabelung – Trassenführung (*Quelle:* HARTING)

Praxistipp: Bei der Feldkonfektion von Steckverbindern sollte man die Montagereihenfolge genauestens beachten. Industrietaugliche Steckverbinder besitzen häufig spezielle IP65/67-taugliche Gehäuse und Dichtelemente. Vergisst man z. B. eine Dichtung rechtzeitig auf das Kabel aufzuschieben, bleibt oftmals nur, den teilweise bereits montierten Steckverbinder abzuschneiden und mit der Installation von vorn zu beginnen.

Abbildung 148: Feldkonfektionierbarer RJ45-Steckverbinder in PushPull-Ausführung für IP65/67-Installationen ($M_3I_3C_3E_3$-Umgebungen) (*Quelle:* HARTING)

8.2.4 Die industrielle Datenanschlussdose – AO

Die industrielle Datenanschlussdose unterliegt i. A. besonderen Anforderungen, die wiederum durch die Installationsumgebung nach MICE bestimmt werden. Diese hohen Anforderungen haben zur Folge, dass AOs i. A. als stabile AP (Aufputz)-Box in Kunststoff oder Metall mit IP65/67 geschützten Anschlussports in PushPull-RJ45-Variante 4 oder M12 ausgeführt werden (s. Abb. 149). In Einzelfällen kann das Interface der AO auch von der Automationsinsel und dem dort vorherrschenden Automatisierungsprofil bestimmt werden. Dann kommt z. B. auch PushPull-RJ45 in Variante 14 (PROFINET) zum Einsatz.

Abbildung 149: Industrielle Anschlussdosen mit 2 x RJ45 in IP65/67 (*Quelle:* HARTING)

Wurde die Installation Norm-konform nach EN 50173-3 ausgeführt, kann sie auch – wie im Bürobereich – messtechnisch überprüft werden. Die zu messenden übertragungstechnischen Parameter sowie für den Ablauf der Messung sind für die Übertragungsstreckenklassen D (100 MHz), E (250 MHz) oder E_A (500 MHz) identisch mit denjenigen für den Bürobereich. Herausforderungen können aber die IP65/67-geschützten Anschlüsse in den AO darstellen, die entsprechend ausgeführte Prüfschnüre, z. B. mit M12-Steckern an den Enden, benötigen. Mittlerweile haben die Anbieter von Feldmessgeräten entsprechende Prüfschnüre (Testcords) im Portfolio (s. Abb. 150). Damit können dann auch Abnahmemessungen von Installationsstrecken in industrieller Umgebung schnell und korrekt durchgeführt werden.

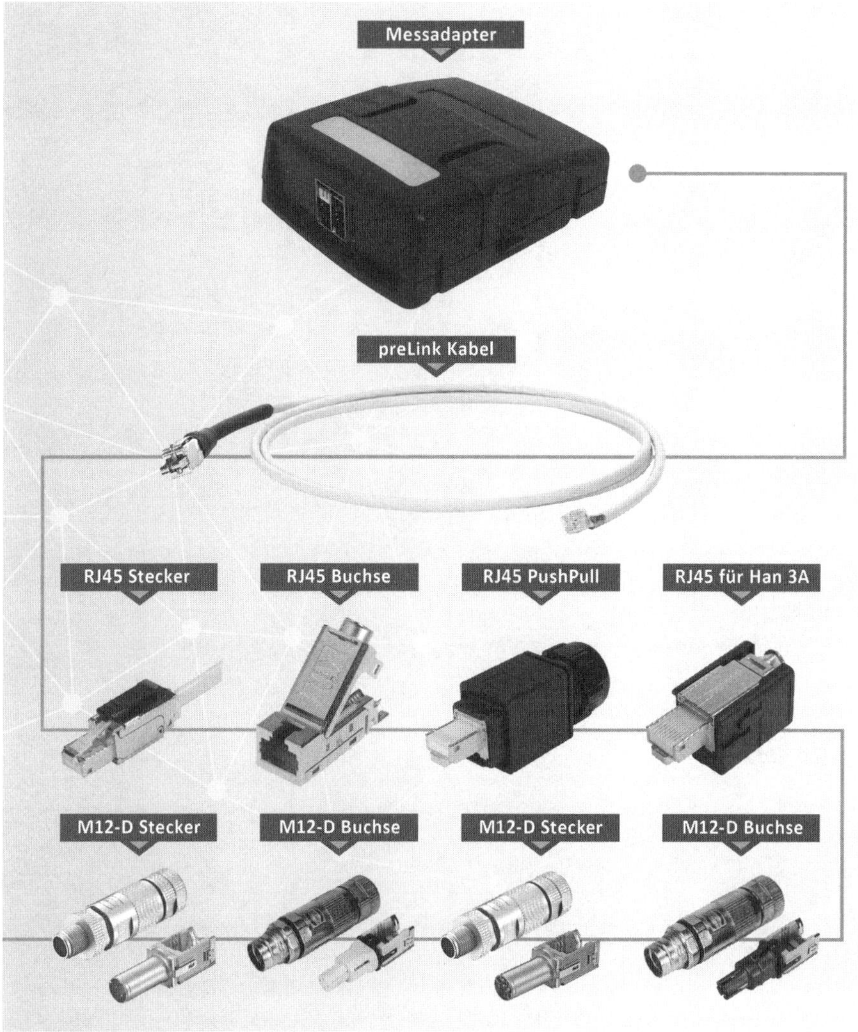

Abbildung 150: Softing-Messadapter auf Basis HARTING preLink® Steckverbinder

9 Ausblick

Mit der Publikation der neuesten Ausgabe der Normenreihen EN 50173 und ISO/IEC 11801 liegt das technologische Vermächtnis von drei Jahrzehnten informationstechnischer Gebäudeverkabelung vor.

Die damit erschlossenen, flächendeckenden Einsatzbereiche: Bürobereiche, industriell genutzte Bereiche, Wohnungen, Rechenzentrumsbereiche und Verteilte Gebäudedienste werden wohl in absehbarer Zeit keiner Erweiterung oder Änderung bedürfen.

Dagegen zeichnete sich bereits im Erstellungszeitraum dieses Buchs unter dem Namen SPE (Single Pair Ethernet) ein neue Übertragungstechnologie ab, die ihren Ursprung im automotiven Anwendungsbereich (z. B. PKW- und LKW-Verkabelung) hat und die, wie der Name bereits sagt, einpaarige symmetrische Übertagungsstrecken nutzt. Damit soll eine Ergänzung zu den bisher 4-paarigen symmetrischen Verkabelungssystemen stattfinden, insbesondere um die Megatrends Industrie 4.0 und Internet of Things (IoT) sicher und smart zu bedienen.

Zum Zeitpunkt der Publikation sind die normativen Arbeiten zur Spezifizierung von applikationsspezifischen und generischen, ein-paarigen, symmetrischen Übertagungsstrecken, inklusive erforderlicher Datenkabel und Steckverbinder in vollem Gange. Dabei ist die angestrebte Datenübertragungsrate zunächst auf 1 GBit/s begrenzt.

Zudem existieren vom BMWi geförderte Initiativen und Projekte mit dem Ziel, die übertragungstechnischen Grenzen der 4-paarigen, symmetrischen, geschirmten Kupferverkabelung von bisher 25 GBit/s bzw. 40 GBit/s auf 50 GBit/s und 100 GBit/s auszuweiten. Unter dem Titel „NG200“ (Next Generation Cabling 200) werden grundlegende Überlegungen und Arbeiten bezüglich 1- bis *n*-paarigen Kupferverkabelungen getätigt und in eine Matrix eingebettet, die den Zusammenhang zwischen Bandbreite, Reichweite, Signalisierung und Übertragungsraten bis sage und schreibe 200 GBit/s liefern soll.

Bezüglich der LWL-Technik sind Normprojekte in Beratung, welche unter Verwendung hochwertiger Multimode-LWL (OM5) Übertragungsraten von 200 GBit/s und 400 GBit/s über eine Entfernung von 100 m möglich machen sollen. Allerdings wird dies durch den Einsatz von Mehrfasertechnik, in vorliegendem Fall mittels 16 bzw. 32 LWL erkauft. Hierbei stemmt jeweils ein LWL-Paar eine Übertragungsrate von 25 GBit/s.

Übrigens lässt sich die Entwicklung der Ethernettechnologie kompakt in der eigens hierfür gegründeten Industriegemeinschaft „Ethernet Alliance“ ablesen (s. Abb. 151).

Wann es zu einer weiteren Ausgabe der Normenreihen EN 50173 und ISO/IEC 11801 kommen wird, steht wohl zur Zeit noch in den „informationstechnischen Sternen“.

Gespannt darf man aber jetzt schon auf den weiteren Wandel und Fortschritt in der Informationstechnik verbunden mit dem Vordringen der Digitalisierung sein. Und eines ist gewiss: Die „drahtgebundene“ Vernetzung wird weiterhin eine entscheidende Rolle für das informationstechnische Rückgrat und die Anbindung von kommunikationstechnischen Endgeräten und Endeinrichtungen spielen. Trotz zunehmender funkbasierter Kommunikationsgeräte u. a. in Verbindung mit der 5G-Technologie kann i. W. nur die Verkabelung nachhaltig – d. h. ohne Batterieeinsatz – Energie für Funknetzzugangspunkte, für Sensoren/ Aktoren und für weitere zahlreiche Endgräte aus dem IoT-Umfeld zur Verfügung stellen (wenn man von „energy-harvesting“ und Solarzellen absieht). Nur mit kabelgebundener Netzinfrastruktur lassen sich Informationen sicher, mit maximaler Verfügbarkeit und steigenden Datenraten übertragen.

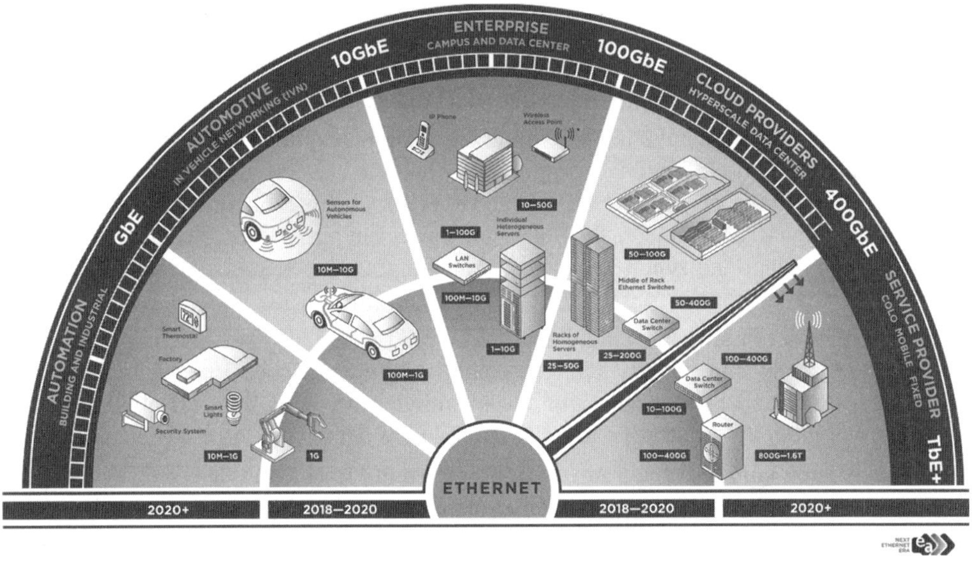

Abbildung 151: Ethernet Roadmap 2018 der Ethernet Alliance (*Quelle:* Ethernet Alliance, 2018)

Anhang 1 DIN-Preis Nutzen der Normung

Die in diesem Anhang unverändert reproduzierte Darstellung wurde im Jahr 2002 mit dem erstmalig vergebenen DIN-Preis „Nutzen der Normung“ ausgezeichnet.

Bewerbung um den DIN-Preis Nutzung der Normung mit ISO/ IEC 11801, EN 50173: Anwendungsneutrale Verkabelung für Gebäudekomplexe

Inhalt

Vorwort

Die internationale Norm ISO/IEC 11801 wurde von ISO/IEC JTC 1/SC 25 entwickelt. Obwohl es kein Vienna oder Dresden Agreement zwischen ISO/IEC JTC 1 und CENELEC gibt, geschah dies in so enger Abstimmung mit CLC TC 215, dass CENELEC die textlich nahezu identische EN 50173 gleichfalls 1995 veröffentlichte.

ISO/IEC 11801 fand Eingang in die Überarbeitung der entsprechenden US-amerikanischen Norm ANSI TIA/EIA 568A, wurde von zahlreichen Ländern übernommen und wird in noch mehr Ländern angewendet. So ist beispielsweise die japanische Norm JIS X 5150 eine wörtliche Übersetzung der ISO/IEC 11801. Standards Australia hat von seiner australischen Norm AS/NZS 3080-A, die mit ISO/IEC 11801 nahezu identisch ist, im Jahr 1999 Exemplare im Wert von einer Million australischer Dollar verkauft.

Kurzbeschreibung

ISO/IEC 11801 spezifiziert eine anwendungsneutrale Verkabelung für praktisch alle Übertragungsverfahren der Informations- und Telekommunikationstechnik, die in Bürogebäuden zur Anwendung kommen und die im folgenden kurz „Anwendungen“ genannt werden, dergestalt, dass die Verkabelung als langlebige Infrastruktur unabhängig davon errichtet werden kann, wie das Gebäude einmal tatsächlich genutzt wird.

Im Einzelnen spezifiziert die Norm:

- eine klare Struktur für die Verkabelung inklusive der Eckdaten, die der Architekt zur Planung der Räume für Verteiler, der Kabelkanäle und der Anordnung informationstechnischer Anschlüsse in den Räumen benötigt;
- die übertragungstechnischen Mindestleistungen, die eine Kabelanlage den Anwendungen zur Verfügung stellt;
- ein weltweit einheitliches Steckgesicht für symmetrische Kupferkabel und eines für Lichtwellenleiter am Arbeitsplatz (über dieses Steckgesicht werden die Endeinrichtungen an das Kommunikationsnetz angeschlossen);
- die Mindestleistungen, die das Material (Kabel, Stecker, Verteiler, Patch- und Anschlussschnüre) im installierten Zustand zu erbringen hat, wenn es für einen Kanal der Musterimplementation mit „maximaler“ Länge verwendet wird;
- die Mindestvoraussetzungen für eine wirtschaftliche Verwaltung der Verkabelungen;
- die Notwendigkeit, die für den Installationsort geltenden Sicherheits- und EMV-Regeln einzuhalten.

1 Wertung

1.1 Kosten-Nutzen-Vergleich

Bild 1 zeigt den idealisierten Vergleich zwischen dem Verlauf der gesamten Kosten für eine bedarfsgerechte und eine vorsorgliche Verkabelung. Eine bedarfsgerechte Kabelanlage wird, dem wandelnden Bedarf eines Bürogebäudes folgend, erweitert und geändert. Eine vorausschauende Vorverkabelung wird dem jeweiligen Anwenderbedürfnis durch einfaches Rangieren angepasst. (Idealisiert deshalb, weil Kostensprünge geglättet wurden: Diese sind bei der bedarfsgerechten Kabelanlage besonders groß, wenn Kabeltypen ersetzt werden.)

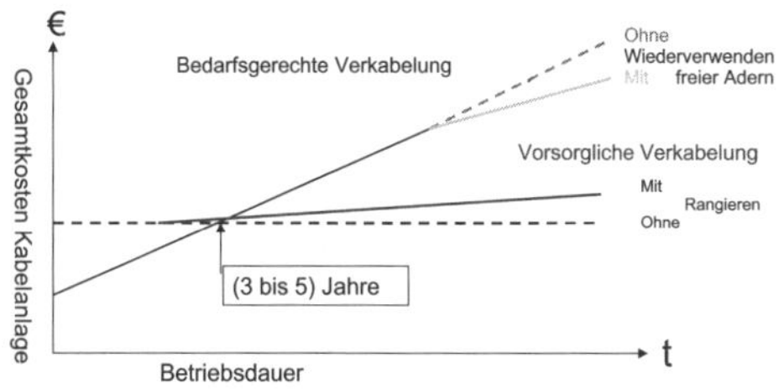

Abbildung 1: Kostenvergleich Verkabelungsstrategien (*Quelle:* A. Flatman, LAN Technologies)

Der Vergleich zeigt, dass die Verkabelung als Infrastruktur – abhängig von Nutzungsart und Umzugshäufigkeit – nach drei bis fünf Jahren billiger ist als eine bedarfsorientierte (Nach)verkabelung.

Folgende Faktoren tragen zu den Kostenvorteilen der strukturierten Verkabelung bei:

- Eine Vielzahl anwendungsspezifischer Kabelstrecken und das dafür verwendete Material werden durch einige wenige Übertragungskanäle ersetzt, die universell einsetzbar sind, und durch Komponenten, die in großen Mengen produziert werden.
- Reservekabel, die früher – wenn überhaupt zu verantworten – für jede einzelne Anwendung installiert werden mussten, können heute gepoolt werden, da sie für jede beliebige Anwendung genutzt werden können.
- Eine Vielzahl herstellerspezifischer Verkabelungssysteme wurde durch ein universelles System abgelöst, das allein über seine Leistungen und Schnittstellen definiert ist, so dass es von vielen im Wettbewerb angeboten wird.
- Die Verkabelung kann als Gebäudebestandteil bei der Errichtung des Gebäudes mitgeplant und erstellt werden, noch ehe die endgültige Nutzung des Gebäudes feststeht.
    - Damit lässt sich die Errichtung der Kabelanlage in eine Bauphase verlegen, in der die Montage relativ einfach und preiswert ist.
    - Das Gebäude gewinnt an Wert, lässt sich ggf. leichter und zu einem besseren Preis vermieten.
- Langfristig müssen weniger Kabel im Gebäude verlegt werden, um alle gewünschten Anwendungen abzudecken, d. h. Einsparung in Kabelmenge, Trassenraum, Trassenmaterial (Kanäle etc.), Brandlast, Kosten.
    - Umrangieren vorhandener Adern tritt an die Stelle der Installation neuer Kabel.
    - Störungen des laufenden Betriebes durch Baumaßnahmen entfallen.
    - Auf geänderte Anforderungen an die Verkabelung kann spontan reagiert werden. Der Anwender braucht weder auf Materiallieferungen noch Montageleistungen zu warten.
    - Es wird eine einzige Schnittstelle am „Wandanschluss“ für symmetrisches Kupfer und eine einzige für neue LWL-Verkabelungen festgelegt (für Erweiterungen von bereits bestehenden LWL-Anlagen ist noch eine zweite erlaubt). Dies erspart nicht nur Adapter und Anpassungskabel, sondern erleichtert auch den Anschluss des Laptops, wo immer er auf der Welt benötigt wird.

Diese Kostenvorteile kommen jedoch nur zum Tragen, wenn die Kabel, die heute verlegt werden, die Stecker, die heute installiert werden, den Ansprüchen von morgen voll gerecht werden.

Dies wird von der Norm dadurch sichergestellt, dass

- Übertragungskanäle und -strecken definiert werden, die auch den anspruchsvollsten Anwendungen gerecht werden;
- die von der Norm spezifizierten Kabelanlagen heute installiert, abgenommen und verrechnet werden können, auch wenn sie erst übermorgen zum Einsatz kommen;
- diese Kabelanlagen eine zukunftsträchtige Struktur aufweisen, und damit die Administration, die Anpassung an aktuelle Bedürfnisse, die Fehlerortung, und das Abschalten gestörter Netzzweige bei vollem Funktionserhalt der ungestörten Netzteile unterstützen;
- dasselbe Steckgesicht sich für praktisch alle Anwendungen durchgesetzt hat;
- das Material für diese Strecken in so großen Mengen nachgefragt wird, dass es heute günstiger angeboten wird, als dies für Komponenten geringerer Leistung vor Erscheinen der Norm der Fall war;
- neue Übertragungsverfahren sich an den Leistungen der genormten, strukturierten Verkabelung orientieren;
- die Norm sich in so hohem Maße durchgesetzt hat, dass auch die zu ihrer Implementierung benötigten Montageleistungen von zahllosen Firmen aller Größen weltweit angeboten werden;
- die Messgeräteindustrie heute Prüfgeräte anbietet, die sich an der Norm orientieren und es erlauben, installierte Kabelstrecken im Feld so einfach zu messen, dass nicht nur der Einkauf der Materialien, sondern auch ihre Montage im Wettbewerb erfolgen kann;
- die Herstellung von Komponenten der Verkabelung, die Errichtung der Kabelanlage und die Implementation eines darauf aufbauenden Kommunikationsnetzes so weit entkoppelt wurde, dass sie von verschiedenen Unternehmen jeweils im Wettbewerb angeboten werden können.

Tabelle 1 stellt die wesentlichen Verbesserungen, die die ISO/IEC 11801 dem Anwender gebracht hat, den Verhältnissen der früher üblichen, anwendungsspezifischen Verkabelungen gegenüber.

Tabelle 1: Kosten- und Nutzenverbesserung aus Sicht des Anwenders

Vorher / früher: Anwendungsspezifische Verkabelung,	Heute: Universelle Verkabelung nach ISO/IEC 11801
Systeme meist zugeschnitten auf nur genau einen Hersteller und dazu auch noch oft auf nur einen bestimmten Geräte-/Terminal-Typ, also nur eine Anwendung ➔Folge: Abhängigkeit des Nutzers => hohe Kosten	Hersteller- und systemunabhängig, z. T. ist eine Leitung sogar mehrfach nutzbar (mit „Cable sharing"), jede Form von Information ist übertragbar (von Telefonie über Daten bis hin zu Video und TV) ➔ Nutzer ist völlig frei in seinen Entscheidungen

Vorher / früher: **Anwendungsspezifische Verkabelung,**	**Heute:** **Universelle Verkabelung nach ISO/IEC 11801**
Entwicklung der Hersteller fand nur „innerhalb der eigenen Interessenlage" statt, Ziel der Hersteller: Kundenbindung über Infrastruktur schaffen ➔ Nachteile für Anwender: Abhängigkeit kostet Geld, weniger Flexibilität in der Auswahl eigentlich gewünschter Anwendungen, darauf aufbauender Hard- und Software. Daraus ergaben sich gewissermaßen Entwicklungshemmnisse für die Unternehmen.	Globale Entwicklung von untereinander kompatiblen Verkabelungskomponenten, sowie Geräten und Anwendungen, die diese nutzen, wurde möglich. Die physikalischen Strukturen der Kabelanlagen wurden erstmals klar definiert. Den Entwicklern von Übertragungsverfahren wird die übertragungstechnische Basis vorgegeben: Das Produktmanagement der Hersteller von Anwendungen kann auf weltweit in großer Zahl gleichartig installierte IT-Anschlüsse aufbauen. ➔ keine Abhängigkeiten zwischen Verkabelung und Anwendung. Damit freier Wettbewerb für Kabelanlagen und freie Auswahl von Anwendungen, ➔ schnelle Wechsel von Anwendungen ohne Zusatzkosten für Infrastruktur sind möglich geworden, ➔ EDV-Komponenten für den Nutzer sind dadurch wesentlich preiswerter, flexibler und leistungsfähiger geworden.
Geringe Bandbreite, vergleichsweise langsame Systeme, gezwungenermaßen mit einfachen Softwaremasken/-oberflächen.	Hohe Bandbreite. Entwicklung von Anwendungen mit weit höherer Verarbeitungsgeschwindigkeit und mit komfortableren Benutzeroberflächen wurden dadurch erst möglich (grafische Anwendungen etc.).
Auslegung der Kabelanlage meist nicht als flächendeckende Installation, sondern als auf „EDV-Arbeitsplätze" bezogener Flickenteppich.	Gemäß Normvorgabe flächendeckende Vorverkabelung nach Maßgabe der Größe und Möglichkeiten der Räume.
Als Folge davon: hohe bauliche Kosten bei jedem Umzug, jeder Änderung, viele einzelne Nachinstallationen. Bauwerke und ihre Bewohner „leiden" unter den ewigen Installationsarbeiten.	So gut wie keine Nachinstallationen. Bauliche Kosten entfallen dadurch ebenso wie Nutzungsausfälle infolge langwieriger Umrüst-/Nachrüstarbeiten. Letztlich werden die Bauwerke insgesamt geschont, ebenso wie die Nerven.
Kostenbeispiel mit herkömmlicher Verkabelung: (z. B. Terminalverkabelung) (*am Beispiel des Preisniveaus von etwa 1985-1993*) EDV-Anschluss je Arbeitsplatz: ca. 250 € - 120 €	Kostenbeispiel mit heutiger strukturierter IT-Verkabelung: *(Preisniveau von 1993 bis heute...)* universeller IT-Anschluss, Link-Klasse D: ca. 100 € - 200 €
Üblicher Nutzungszeitraum: 2-4 Jahre	Möglicher Nutzungszeitraum: 10 Jahre (eher länger!)

Vorher / früher: Anwendungsspezifische Verkabelung,	Heute: Universelle Verkabelung nach ISO/IEC 11801
Subjektiv vergleichende Hochrechnung der Kosten auf 10 Jahre einer damaligen „EDV-Versorgung" je Arbeitsplatz: ca. 400 € - 1.100 €	Subjektiv vergleichende Hochrechnung der Kosten auf 10 Jahre einer IT-Versorgung heutiger Form je Arbeitsplatz: ca. 120 € - 250 €
Berücksichtigt sind dabei: - übliche System- und damit Kabelwechsel, - Nachinstallationskosten für Einzelanschlüsse, - bauliche Kosten, - Nutzungsausfälle bei Umrüstung/Nachinstallation.	➔ Berücksichtigt sind dabei dieselben Aspekte wie nebenstehend aufgeführt.
Hinzu addiert werden müssen hier eigentlich noch die Kosten für die vergleichsweise teurere Hardwarebeschaffung infolge Herstellerabhängigkeit.	➔ Dieser Negativ-Posten entfällt hier gänzlich...
Gesamtkosten am Beispiel einer Firma mit 100 Arbeitsplätzen / 10 Jahre: 40.000 € - 110.000 €	Gesamtkosten am Beispiel einer Firma mit 100 Arbeitsplätzen / 10 Jahre: 12.000 € - 25.000 €

An dieser Stelle soll hervorgehoben werden, dass die USA mit der Entwicklung einer nationalen Verkabelungsnorm begonnen hatten, während das damalige IEC TC 83 noch um die Genehmigung eines Normprojekts für eine universelle Verkabelung kämpfte. Der Ansatz der USA bewegte sich jedoch in den traditionellen Bahnen und ersetzte lediglich eine unbekannte Zahl **anwendungs**spezifischer Verkabelungen durch drei Typen ursprünglich **hersteller**spezifischer und **z. T. strukturierter** Verkabelungen, die auf mehr oder weniger große Anwendungsgruppen fokussiert waren. Dies lässt sich wohl damit erklären, dass ein US-amerikanisches Normgremium schlecht in den Markt eingreifen kann und, solange dieser nicht weiß, was er will, eine Lösung bevorzugen darf, auch wenn sie besonders fortschrittlich ist. In dieser Situation kommt es vor, dass US-amerikanische Firmen nicht unglücklich sind, wenn andere in einem internationales Gremium den Fortschritt vorantreiben.

Es waren die Beiträge der Europäer, die mit Unterstützung Australiens und Japans zu einer universellen Verkabelung und zu den folgenden, weit über die Verkabelung hinaus reichenden Konsequenzen führten:

- Auf Seiten der Hersteller von IT-Systemen wurde die Neuentwicklung von Geräten kalkulierbar, da nun ein ausreichend großer und berechenbarer (!) Park installierter Kabelanlagen mit bekannter Leistung gegeben war. Unzählige (Millionen?) Arbeitsplätze wurden dadurch weltweit geschaffen. Diese positive Entwicklung reicht unseres Erachtens auch bis in die Softwareindustrie hinein. Diese konnte letztlich nur durch die globale Einführung von ISO/IEC 11801 und die sich dadurch verbreiternde Basis von Software-Nutzern - an jedem Arbeitsplatz ein Terminal - ihren Markt und ihr Angebot in der bekannten Weise ausdehnen.
- Ein nicht zu unterschätzender Kostenvorteil für die Nutzer ergibt sich aus dem globalen Wettbewerb, den die ISO/IEC-Norm schuf. Dieser erstreckte sich letztlich auch auf die aktiven Komponenten, die auf die Verkabelung aufsetzen, und wäre ohne eine „Gleichschaltung" der Infrastruktur durch ISO/IEC 11801 nicht möglich gewesen.
- Übergreifende Systeme (Internet/Intranet etc.) haben sich in ihrer heutigen Tiefe und Dominanz nur dadurch etabliert, dass sie dank ISO/IEC 11801 immer preiswerter wurden.

Wenn man so will, ist die heutige, allgegenwärtige IT-Präsenz in den Unternehmen nicht zuletzt durch die Einführung von DIN EN 50173 und ISO/IEC 11801 erreicht worden.

- Hohe Synergien im Unternehmen wurden auch bei gravierenden Strukturänderungen, z. B. bei Zusammenlegungen, Änderungen etc. durch unternehmensweit, ja weltweit (!) einheitliche IT-Infrastrukturen erst möglich und kalkulierbar!
- Die Transaktionskosten bei der Errichtung von Kabelanlagen wurde gesenkt durch:
  - klare Leistungskriterien für die Kabelanlage und ihre Subsysteme und Komponenten;
  - genormte Prüfverfahren für installierte Kabelstrecken und entsprechende Feldmessgeräte.
- Auch die Kosten für den Betrieb von Datennetzen sanken:
  - die Administration ist spezifiziert;
  - klare Leistungsvorgaben für Strecken und Kanäle beschleunigen die Fehlersuche in einem Datennetz, erleichtern es, den „Schuldigen" zu finden, so dass auch Haftungsfragen mit überschaubarem Aufwand geklärt werden können.

1.2 Innovationswirkung

Die Norm hat die Entwicklung symmetrischer Kupferkabel und die dazu passenden Verbindungstechniken in einer Weise vorangetrieben, die zu Beginn der Normentwicklung nicht für möglich gehalten wurde.

1990 waren symmetrische Kabel mit einer vernünftigen Übertragungsleistung bis ca. 1 MHz Bandbreite allgemein erhältlich. Mit Erscheinen der Norm 1995 waren Kabel und Verbindungstechnik bis 100 MHz definiert und im Wettbewerb mit der Leistung erhältlich, die für normgemäße Übertragungskanäle von mindestens 100 m benötigt wurden.

Schon vor Erscheinen der 2. Auflage von ISO/IEC 11801 - die in diesem Jahr erwartet wird - sind Komponenten erhältlich, die diese Entfernung bei 600 MHz schaffen. Das Erstaunliche dabei ist, dass es sogar für diese hohe Frequenz gelungen ist, eine Lösung zu finden, die mit dem Steckgesicht des für darunterliegende Frequenzen alleinig verwendeten Steckverbinders nach IEC 60603-7 kompatibel ist. Dabei ist zu berücksichtigen, dass dieser Steckverbinder ursprünglich für den billigen Anschlag von Flachkabeln entwickelt wurde, also für niedere Frequenzen.

Der Verkabelungsstandard hat dazu geführt, dass die Verkabelungskomponenten (Kabel, Verbindungstechnik, Anschluss- und Rangierschnüre) als Massenprodukte hergestellt werden. Nur hierdurch wird die sog. Prozesssicherheit in der Herstellung derart gesteigert, dass auch für Hochleistungskomponenten eine homogene Qualität erreicht wird. Als Folge dieser hohen und gleichbleibenden Qualität wiederum kann der Prüfaufwand für die installierte Verkabelung nennenswert gemindert werden. In der ISO/IEC 11801 wird deshalb in der Prüftabelle für Abnahmemessungen nur noch die sogenannte Betriebsfähigkeit als Nachweis gefordert (d. h. Bruch, Berührung der Übertragungskreise). Weitergehende Prüfungen sind nur nötig, wenn Zweifel an der fachgerechten Installation bestehen.

Die Entwickler von In-house-Übertragungsverfahren haben die unproduktive und kundenfeindliche Spezifikation anwendungsspezifischer Kabel und Stecker aufgegeben und verlassen sich darauf, dass sie die benötigte Übertragungsleisten an jedem beliebigen Arbeitsplatz und mit dem immer gleichen Steckgesicht vorfinden.

Die Messgeräteindustrie bietet „Hand-helds“, mit denen sich alle nötigen und auch einige unnötige Übertragungsparameter der Übertragungsstrecke einfach messen und dokumentieren lassen.

Zu diesem Erfolg hat die von dem internationalen Normgremium verfolgte Strategie wesentlich beigetragen.

Neben dem vor allem in den USA üblichen „component up approach“ verfolgt das internationale Normgremium, das unter deutscher Leitung steht und von deutschen Experten entscheidende Beiträge erhält, auch den „black box approach“.

Bei ersterem wird angenommen, dass eine Übertragungsstrecke dann die nötige Leistung erbringt, wenn Komponenten mit definierten Leistungen unter Einhaltung von Längenrestriktionen fachgerecht zusammengebaut werden.

Der zweite Ansatz erlaubt beliebiges Material und macht keinerlei Vorgaben für seine Installation, solange die geforderte Mindestleistung des Übertragungskanals eingehalten wird.

Es ist unschwer zu sehen, dass der „black-box approach“ den Wettbewerb in besonders hohem Maße fördert, da er

- getrennte Märkte für Kabel, Stecker, Montage- und Prüfleistungen schafft und
- neben dem Preiswettbewerb auch den innovations- und geschäftsfördernden Ideenwettbewerb begünstigt.

Inzwischen hat sich der „black-box approach“ derart bewährt, dass die USA ihn in ihre nationale Norm aufgenommen haben.

An dieser Stelle sei der Hinweis auf die Veröffentlichung eines deutschen Normentwurfs für Kabelanlagen mit 600 MHz Bandbreite aus dem Jahr 1996 erlaubt. Er hat die europäische und internationale Normung wesentlich vorangetrieben. Darüber hinaus nutzten Hersteller anderer Länder, die ihrem dortigen Wettbewerb so weit voraus waren, dass keine Aussicht auf eine entsprechende nationale Norm bestand, den deutschen Normentwurf, um ihre Produkte zu vermarkten und die Normung von Kabelanlagen mit noch höherer Leistung auf internationaler Ebene zu unterstützen.

1.3 Sicherheitsrelevanz

Die betriebswirtschaftlichen Risiken des Errichters eines Bürogebäudes sind mit der breiten Akzeptanz der strukturierten und saturierten Vorverkabelung für alle IT-Anwendungen drastisch gesunken. Der Eigentümer eines normgemäß verkabelten Bürogebäudes kann sicher sein, dass dieses ohne weitere Installationsarbeiten vermietbar ist sowie bei Mieterwechsel ohne langwierige Neuverkabelung und damit verbundene Ausfallzeiten sofort weiter vermietet werden kann.

- Der Errichter einer Kabelanlage kann an Hand objektiver Messwerte nachweisen, dass eine von ihm errichtete Kabelanlage die geforderten Übertragungsleistungen erbringt.

- Der Installateur von Übertragungseinrichtungen kann sich darauf verlassen, dass der Übertragungskanal zwischen seinen Geräten eine wohldefinierte Mindestleistung erbringt, so dass er sein Gewerk auf einer sicheren Basis aufbauen kann.
- Der Standard trägt letztlich so wesentlich zur Planungssicherheit aller Beteiligten an der Errichtung, Verwaltung und Nutzung von Gebäuden (Hersteller von Komponenten und Anwendungsprodukten; Bauherren, Planern, Errichtern, und Benutzern) bei, dass heute weltweit wohl kaum mehr ein Bürogebäude errichtet wird, das nicht nach ISO/IEC 11801 oder einem seiner Derivate verkabelt wird.

Auf die höhere Betriebssicherheit von Kommunikationsnetzen, die auf einer strukturierten Verkabelung aufbauen, wurde bereits in der Einleitung hingewiesen. Eine Folge dieser höheren Betriebssicherheit war die Möglichkeit, diesen Netzen auch Anwendungen anzuvertrauen, für die eine hohe Zuverlässigkeit des Netzes erforderlich ist. Damit wurde der Absatz normgemäßer Kabelanlagen weiter gefördert.

Je größer die Abstrahlung eines Systems ist, um so leichter ist es abzuhören. Parallel zur Stärke der Abstrahlung verhält sich die Einstrahlung der Energie, die zur Störung eines Systems führen kann. Beide Eigenschaften haben Auswirkungen auf die Vertraulichkeit und Verlässlichkeit der in einem Netz transportierten Nachrichten und wirken sich – in Abhängigkeit vom Nachrichteninhalt und seinen Empfängern – direkt auf die Sicherheit aus. Bis zum Erscheinen der ISO/IEC 11801 wurde dieser Zusammenhang vielfach verdrängt. Mit der Einführung der Kopplungsdämpfung als Maß für die elektromagnetischen Eigenschaften, die auf geschirmte und ungeschirmte Verkabelungskomponenten angewandt werden kann, wird der Anwender auf die Bedeutung der elektromagnetischen Verträglichkeit (EMV) hingewiesen, werden die Entwickler von Komponenten der Verkabelung und der Übertragungsverfahren gezwungen, sich diesem Problem zu stellen.

Eine universell einsetzbare Kabelanlage benötigt letztlich weit weniger Kabel als eine ständig geänderte und erweiterte, in der nicht mehr benutzte Kabel liegen bleiben und Reservekabel installiert werden, die nur für eine einzige Anwendung verwendet werden können. Damit stellt die universelle Kabelanlage eine weit geringere Brandlast dar als die früheren Kabelsammlungen.

1.4 Umweltrelevanz

Obwohl bei einer strukturierten und saturierten Verkabelung alle potenziellen Arbeitsplätze von Anfang an mit Anschlüssen für Endeinrichtungen verkabelt werden, ergeben sich letztlich geringere Mengen an verlegten Kabeln und damit geringere Brandlasten, kleinerer Materialverbrauch und weniger Raumbedarf.

Dies ist damit begründet, dass

- ein und dasselbe Kabel für beliebige Anwendungen genutzt werden kann.
- damit können Reservekabel entfallen.
- damit werden Kabel wiederverwendet, anstelle dass bei einem Wechsel der Anwendung die Kabelkanäle mit weiteren Kabeln zugestopft werden oder bestenfalls die „alten" Kabel auf dem Müll landen.

- die Norm erlaubt es, nicht zuletzt wegen des erbitterten Widerstandes Deutschlands gegen eine ausufernde Installation ungenutzter Paare, mit einem Kabel von 4 Paaren zwei Anschlussstecker zu bedienen. In der 2. Ausgabe wird sogar eine Möglichkeit geschaffen, mit einem vierpaarigen Kabel bis zu vier Anwendungen gleichzeitig zu bedienen.

1.5 Verbraucherrelevanz

Auf die weitreichenden Vorteile für den Anwender wurde bereits in Tabelle 1 eingegangen.

Darüber hinaus hat der mobile Anwender dadurch ungemein gewonnen, dass er mit jedem Jahr, in dem die Norm angewandt wird, mehr Plätze auf der Welt findet, an denen er seinen PC mit demselben Anschlusskabel und ohne Adapter in die IT-Steckdose stecken kann.

Bild 2 zeigt die im Laufe der Jahre auf den Markt gekommenen In-Haus Übertragungsverfahren und die sich daraus ergebende Entwicklung der maximalen Übertragungsraten. Bis ca. 1993 brachten diese Verfahren vielfach noch neue Kabel mit. Seit der Inhalt der ISO/IEC 11801 relativ stabil war, d. h. seit ca. 1993, haben die Entwickler neuer Übertragungsverfahren auf die in ISO/IEC 11801 definierten Kanäle aufgebaut und auf die Spezifikation eigener Kabel verzichtet. Trotzdem wäre es vermessen, den Anstieg der Übertragungsraten seit 1995 der Verkabelungsnorm zuzuschreiben. Diese hat „lediglich" dazu beigetragen, dass neue, schnellere Verfahren eine raschere und größere Verbreitung fanden. Dank der gesteigerten Wirtschaftlichkeit hoher Übertragungsraten wurden nicht nur Spitzenarbeitsplätze mit schnellen Leitungen versorgt und kamen damit frühzeitig in den Genuss kürzerer Antwortzeiten. Wer je die verheerenden Wirkungen langer Antwortzeiten auf die Psyche des Benutzers erlebt hat, wird daher den Beitrag der ISO/IEC 11801 zur Zufriedenheit der Anwender und letztlich zur Arbeitsproduktivität nicht unterschätzen.

In die Darstellung der Geschwindigkeitsentwicklung von Bild 2 sind in Bild 3 die zeitliche Entwicklung der Preise und Verbreitung von zwei Porttypen eingetragen. Dabei zeigt sich nicht nur, dass diese Portpreise stark sanken, sondern auch, dass die Typ-1-Verkabelung mit der Klasse-D-Verkabelung nicht mithalten konnte und letztlich vom Markt verschwand. Genauso erging es dem hier nicht näher betrachteten koaxialen Kabel, das in ISO/IEC 11801 gar nicht mehr genannt ist.

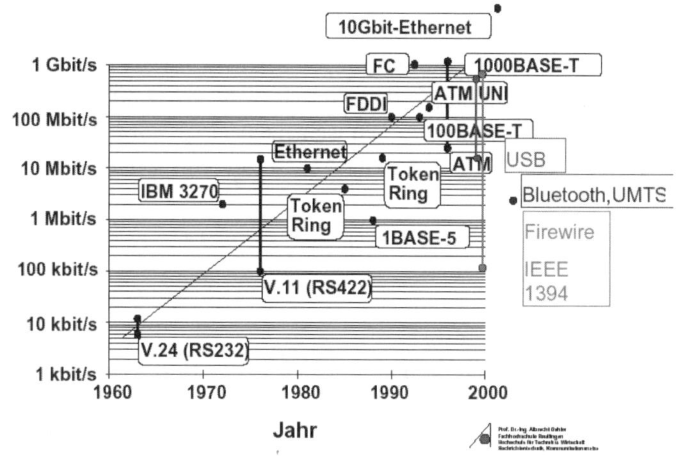

Bild 2 Zeitliche Entwicklung maximaler Übertragungsraten (*Quelle:* A. Oehler, FH Reutlingen)

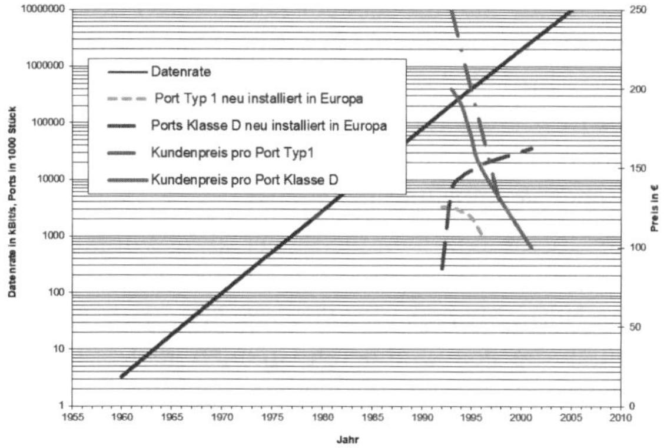

Bild 3 Entwicklung von Portpreisen und -absatz
(*Quelle:* v. Pattay auf Basis der Daten von BSRIA, Dätwyler, Mehringer, Oehler)

ISO/IEC 11801 hat auf das koaxiale Kabel nicht zuletzt wegen seines Platzverbrauchs und aufgrund der Überlegung verzichtet, dass eine moderne Kabelanlage sternförmig aufgebaut sein muss, da nur diese Struktur Administration und Fehlerortung ausreichend unterstützt. Diese Überlegungen wurden vom Markt geteilt und der Vorteil dieses Kabels, mehrere Anwender auf einer Linie aufzufädeln und damit Platz und Brandlast zu sparen, wurde von den o. g. Nachteilen und der mangelnden Normung überkompensiert. Heute ist es praktisch ausgestorben. Abbildung 3 zeigt deutlich, wie der Klasse-D-Port den Typ 1 zuerst zwang, billiger zu werden, dass dies aber nicht ausreichte, um sein Leben signifikant zu verlängern.

Bild 3 vermag die höhere Nutzungsdauer der Klasse-D-Verkabelung gegenüber den früheren, anwendungsabhängigen Kabelanlagen nicht darzustellen. Dieser Vorteil muss daher verbal unterstrichen werden.

Der Anwender kann sich heute darauf verlassen, dass ausschreibende Ingenieure, Materiallieferanten und Installateure mit seinem Wunsch nach einer normgemäßen Verkabelung nach Klasse D, bald auch E oder F, umgehen können und eine Leistung hoher und gleichbleibender Qualität erbringen.

2 Ausblick

In der zur Verabschiedung verteilten zweiten Ausgabe der ISO/IEC 11801 wird auch eine erste Lösung für ein Problem spezifiziert, das erst durch die Liberalisierung der Telekommunikation entstanden ist. Die wiederholte oder konkurrierende Errichtung von Kabelanlagen, die von außen kommend ein Grundstück versorgen, durch verschiedene, unabhängige Netzbetreiber ist störend und unwirtschaftlich. Daher werden in einem ersten Schritt eine neutrale Vorverrohrung des Zugangsbereiches spezifiziert. Vielleicht sind die Carrier später bereit, die bewährten Prinzipien der ISO/IEC 11801 auch für die Kabelanlagen „in der Straße“ zu nutzen.

Nach dem Erfolg der ISO/IEC 11801 im Bürogebäude sollen ihre Prinzipien auch auf Wohnungen, Home Offices, kleine Betriebsstätten und Industrieanlagen angewandt werden. Dazu laufen Arbeiten an einer Norm für Kabelanlagen für Home and small office / home office (SOHO) und ein Proposal for New Work für Industriekabelanlagen. Der Entwurf für SOHO, ISO/IEC 15018, hat bereits dazu geführt, dass die Fernsehindustrie über neue Netzkonzepte und die Nutzung symmetrischer Verkabelung nachdenkt.

Es hat sich gezeigt, dass ein „black box approach“, der klare Vorgaben macht, ohne die Implementationsfreiheit einzuschränken, nicht nur den Preis-, sondern auch den Lösungswettbewerb fördert und eine Norm überaus attraktiv machen kann. Es ist zu hoffen, dass dieses Beispiel jene unterstützt, die sich in anderen Gremien als ISO/IEC JTC 1/SC 25 und CLC TC 215 um die Entwicklung attraktiver und zukunftsprägender Normen bemühen.

Die Sturheit, mit der einige Experten bei ISO/IEC JTC 1/SC 25 auf die Bedeutung der elektromagnetischen Verträglichkeit und die dabei zu beachtenden physikalischen Gesetze hinweisen, wird langfristig zu einem Interessenausgleich zwischen Kabelanlagen und Anwendungen führen, der in den Normen spezifiziert ist und dem Anwender hilft, die letztlich bei ihm liegende Verantwortung für die EMV seriös zu kalkulieren und zu tragen.

Dipl. Ing. Paul Gregor, NEXANS Deutschland AG & Co.

Max Hauber, Elektro Mehringer GmbH

Prof. Dr.-Ing. Albrecht Oehler; FHS Reutlingen

Dr.-Ing. Walter v. Pattay, Siemens AG

Manfred Patzke, Dätwyler Kabel+Systeme GmbH

Anhang 2 Fachwörterliste

Die in diesem Buch verwendeten Fachwörter sind hier alphabetisch sortiert in Deutsch/Englisch sowie Englisch/Deutsch zusammengestellt.

Deutsch	Englisch
Automationsinsel	Automation island
Bereichsverteiler	Zone distributor
Dämpfung	Attenuation
Dämpfungs-Fernnebensprechdämpfungs-Verhältnis	Attenuation to crosstalk ratio at the far-end
Dämpfungs-Nahnebensprechdämpfungs-Verhältnis	Attenuation to crosstalk ratio at the near end
Diensteanschluss	Service Outlet
Dienstekonzentrationspunkt	Service Distribution Point
Diensteverteiler	Service Distributor
Einfügungsdämpfung	Insertion loss
Ende-zu-Ende-Verbindungsstrecke	End-to-end-link
Etagenverteiler	Floor Distributor
Funkzugangspunkt	Wireless Access Point
Gebäudeverteiler	Building Distributor
Geräteanschluss	Equipment Outlet
Gleichstrom-Schleifenwiderstand	DC loop resistance
Gleichstromwiderstand	DC resistance
Hauptverteiler	Main Distributor
Hausübergabepunkt	Building Entrance Facility
Industrielle Datenanschlussdose	Automation outlet
Industrieller Zwischenverteiler	Industrial Intermediate Distributor
Informationstechnischer Anschluss	Telecommunications Outlet
Installationsstrecke	Permanent link
Länge	Length
Laufzeitunterschied	Delay skew
Lokaler Verteilpunkt	Local Distribution Point
Bündelader (-kabel)	Loose tube fibre (cable)
Nahnebensprechdämpfung	Near End Cross Talk Loss
Netzschnittstelle	Network Interface
Optisches Zeitbereichsreflektometer	Optical Time Domain Reflector
Pegelgleiche Unsymmetriedämpfung am fernen Ende	Equal level transverse conversion transfer loss

Deutsch	Englisch
Rückflussdämpfung	Return loss
Sammelpunkt	Consolidation Point
Laufzeit	Propagation delay
Standortverteiler	Campus Distributor
Übertragungsstrecke	Channel
Unsymmetriedämpfung am nahen Ende	Transverse Conversion Loss
Verdrahtungsplan	Wiremap
Verkabelungsstrecke	Link
Verkürzungsfaktor	Nominal velocity of propagation
Wanddurchführung	Bulkhead connection
Ergebnis im Toleranzbereich	Marginal result
Zwischenverteiler	Intermediate Distributor

Englisch	Deutsch
attenuation	Dämpfung
Attenuation to crosstalk ratio at the far-end	Dämpfungs-Fernnebensprechdämpfungs-Verhältnis
Attenuation to crosstalk ratio at the near end	Dämpfungs-Nahnebensprechdämpfungs-Verhältnis
Automation island	Automationsinsel
Automation outlet	Industrielle Datenanschlussdose
Building Distributor	Gebäudeverteiler
Building Entrance Facility	Hausübergabepunkt
Bulkhead connection	Wanddurchführung
Campus Distributor	Standortverteiler
Channel	Übertragungsstrecke
Consolidation Point	Sammelpunkt
DC loop resistance	Gleichstrom-Schleifenwiderstand
DC resistance	Gleichstromwiderstand
delay skew	Laufzeitunterschied
End-to-end-link	Ende-zu-Ende-Verbindungsstrecke
Equal level transverse conversion transfer loss	Pegelgleiche Unsymmetriedämpfung am fernen Ende
Equipment Outlet	Geräteanschluss
Floor Distributor	Etagenverteiler
Industrial Intermediate Distributor	Industrieller Zwischenverteiler
Insertion loss	Einfügungsdämpfung
Intermediate Distributor	Zwischenverteiler
Length	Länge
Link	Verkabelungsstrecke
Local Distribution Point	Lokaler Verteilpunkt

Englisch	Deutsch
Loose tube fibre (cable)	Bündelader (-kabel)
Main Distributor	Hauptverteiler
Marginal result	Ergebnis im Toleranzbereich
Near End Cross Talk Loss	Nahnebensprechdämpfung
Network Interface	Netzschnittstelle
Nominal velocity of propagation	Verkürzungsfaktor
Optical Time Domain Reflector	Optisches Zeitbereichsreflektometer
Permanent link	Installationsstrecke
Propagation delay	Laufzeit
Return loss	Rückflussdämpfung
Service Distribution Point	Dienstekonzentrationspunkt
Service Distributor	Diensteverteiler
Service Outlet	Diensteanschluss
Telecommunications Outlet	Informationstechnischer Anschluss
Transverse Conversion Loss	Unsymmetriedämpfung am nahen Ende
Wireless Access Point	Funkzugangspunkt
Wiremap	Verdrahtungsplan
Zone distributor	Bereichsverteiler

Anhang 3 Abkürzungen

Die in diesem Buch verwendeten Abkürzungen sind hier alphabetisch sortiert in Deutsch/Englisch sowie Englisch/Deutsch zusammengestellt.

Deutsch		Englisch	
AACR-F	Dämpfungs-Fremdfernnebensprech-dämpfungs-Verhältnis	AACR-F	Attenuation to alien (exogenous) cross-talk ratio at the far-end
ACR-F	Dämpfungs-Fernnebensprechdämpfungs-Verhältnis	ACR-F	Attenuation to crosstalk ratio at the far-end
ACR-N	Dämpfungs-Nahnebensprechdämpfungs-Verhältnis	ACR-N	Attenuation to crosstalk ratio at the near-end
AI	Automationsinsel	AI	Automation Island
ANEXT	Fremdnahnebensprechdämpfung	ANEXT	Alien (exogenous) near-end crosstalk loss
AO	Industrielle Datenanschlussdose	AO	Automation Outlet
APC	Abgewinkelte Kontaktfläche	APC	Angled physical contact
ASG	(Anwendungsspezifische) Übertragungseinrichtung	EQP	Transmission equipment
BV	Bereichsverteiler	ZD	Zone distributor
DA	Diensteanschluss	SO	Service Outlet
DKP	Dienstekonzentrationspunkt	SCP	Service Concentration Point
DV	Diensteverteiler	SD	Service Distributor
EE	Endeinrichtung, Endgerät	TE	Terminal Equipment
ELTCTL	Pegelgleiche Unsymmetriedämpfung am fernen Ende	ELTCTL	Equal level transverse conversion transfer loss
EMV	Elektromagnetische Verträglichkeit	EMC	Electromagnetic compatibility
ENS	Schnittstelle zum externen Netz	ENI	External network interface
EV	Etagenverteiler	FD	Floor distributor
EzE	Ende-zu-Ende	E2E	End-to-end
GA	Geräteanschluss	EO	Equipment outlet
GS	Geräteschnittstelle	EI	Equipment interface
GV	Gebäudeverteiler	BD	Building distributor
HÜP	Hausübergabepunkt	BEF	Building Entrance Facility
HV	Hauptverteiler	MD	Main distributor
IL	Einfügungsdämpfung	IL	Insertion loss
IuK	Informations- und Kommunikationstechnik	ICT	Information and Communication Technologies

Deutsch		Englisch	
IZV	Industrieller Zwischenverteiler	IID	Industrial Intermediate Distributor
LVP	Lokaler Verteilpunkt	LDP	Local distribution point
LWL	Lichtwellenleiter	FO	Optical fibre
MICE	Mechanisch, Eindringen, klimatisch und chemisch, Umgebung	MICE	Mechanical, Ingress, Climatic and chemical, Environmental
NEXT	Nahnebensprechdämpfung	NEXT	Near-end crosstalk loss
NS	Netzschnittstelle	NI	Network interface
PCMA	Prozesssteuerung-, -überwachung und -automation	PCMA	Process Control, Monitoring and Automation
PS	Prüfschnittstelle	TI	Test interface
PSAACR- F	Leistungssummiertes Dämpfungs-Fremdfernnebensprechdämpfungs-Verhältnis	PSAACR- F	Power sum attenuation to alien (exogenous) crosstalk ratio at the far-end
PSACR-F	Leistungssummiertes Dämpfungs-Fernnebensprechdämpfungs-Verhältnis	PSACR-F	Power sum attenuation to crosstalk ratio at the far-end
PSACR-N	Leistungssummiertes Dämpfungs-Nahnebensprechdämpfungs-Verhältnis	PSACR-N	Power sum attenuation to crosstalk ratio at the near-end
PSANEXT	Leistungssummierte Fremd-Nahnebensprechdämpfung	PSANEXT	Power sum alien (exogenous) near-end crosstalk loss
PSNEXT	Leistungssummierte Nahnebensprechdämpfung	PSNEXT	Power sum near-end crosstalk loss
PWV	Primärer Wohnungsverteiler	PHD	Primary Home Distributor
RA	Rundfunkanschluss	BO	Broadcast Outlet
RL	Rückflussdämpfung	RL	Return loss
RuK	Rundfunk- und Kommunikationstechnik	BCT	Broadcast and Communications Technologies
SP	Sammelpunkt	CP	Consolidation Point
SV	Standortverteiler	CD	Campus distributor
SWV	Sekundärer Wohnungsverteiler	SHD	Secondary Home Distributor
TA	Informationstechnischer Anschluss	TO	Telecommunications Outlet
TCL	Unsymmetriedämpfung am nahen Ende	TCL	Transverse conversion loss
V	Verbindung	C	Connection
WD	Wanddurchführung	BC	Bulkhead connection
ZV	Zwischenverteiler	ID	Intermediate distributor

Englisch		Deutsch	
AACR-F	Attenuation to alien (exogenous) crosstalk ratio at the far-end	AACR-F	Dämpfungs-Fremdfernnebensprechdämpfungs-Verhältnis
ACR-F	Attenuation to crosstalk ratio at the far-end	ACR-F	Dämpfungs-Fernnebensprechdämpfungs-Verhältnis
ACR-N	Attenuation to crosstalk ratio at the near-end	ACR-N	Dämpfungs-Nahnebensprechdämpfungs-Verhältnis
AI	Automation Island	AI	Automationsinsel
ANEXT	Alien (exogenous) near-end crosstalk loss	ANEXT	Fremdnahnebensprechdämpfung
AO	Automation Outlet	AO	Industrielle Datenanschlussdose
APC	Angled physical contact	APC	Abgewinkelte Kontaktfläche
BC	Bulkhead connection	WD	Wanddurchführung
BCT	Broadcast and Communications Technologies	RuK	Rundfunk- und Kommunikationstechnik
BD	Building distributor	GV	Gebäudeverteiler
BEF	Building Entrance Facility	HÜP	Hausübergabepunkt
BO	Broadcast Outlet	RA	Rundfunkanschluss
[C]	Connection	[V]	Verbindung
CD	Campus distributor	SV	Standortverteiler
CP	Consolidation Point	SP	Sammelpunkt
E2E	End-to-end	EzE	Ende-zu-Ende
EI	Equipment interface	GS	Geräteschnittstelle
ELTCTL	Equal level transverse conversion transfer loss	ELTCTL	Pegelgleiche Unsymmetriedämpfung am fernen Ende
EMC	Electromagnetic compatibility	EMV	Elektromagnetische Verträglichkeit
ENI	External network interface	ENS	Schnittstelle zum externen Netz
EO	Equipment outlet	GA	Geräteanschluss
EQP	Transmission equipment	ASG	(Anwendungsspezifische) Übertragungseinrichtung
FD	Floor distributor	EV	Etagenverteiler
FO	Optical fibre	LWL	Lichtwellenleiter
ICT	Information and Communication Technologies	IuK	Informations- und Kommunikationstechnik
ID	Intermediate distributor	ZV	Zwischenverteiler
IID	Industrial Intermediate Distributor	IZV	Industrieller Zwischenverteiler
IL	Insertion loss	IL	Einfügungsdämpfung
LDP	Local distribution point	LVP	Lokaler Verteilpunkt
MD	Main distributor	HV	Hauptverteiler

Englisch		Deutsch	
MICE	Mechanical, Ingress, Climatic and chemical, Environmental	MICE	Mechanisch, Eindringen, klimatisch und chemisch, Umgebung
NEXT	Near-end crosstalk loss	NEXT	Nahnebensprechdämpfung
NI	Network interface	NS	Netzschnittstelle
PCMA	Process Control, Monitoring and Automation	PCMA	Prozesssteuerung-, -überwachung und -automation
PHD	Primary Home Distributor	PWV	Primärer Wohnungsverteiler
PSAACR-F	Power sum attenuation to alien (exogenous) crosstalk ratio at the far-end	PSAACR-F	leistungssummiertes Dämpfungs-Fremdfernnebensprechdämpfungs-Verhältnis
PSACR-F	Power sum attenuation to crosstalk ratio at the far-end	PSACR-F	Leistungssummiertes Dämpfungs-Fernnebensprechdämpfungs-Verhältnis
PSACR-N	Power sum attenuation to crosstalk ratio at the near-end	PSACR-N	Leistungssummiertes Dämpfungs-Nahnebensprechdämpfungs-Verhältnis
PSANEXT	Power sum alien (exogenous) near-end crosstalk loss	PSANEXT	Leistungssummierte Fremd-Nahnebensprechdämpfung
PSNEXT	Power sum near-end crosstalk loss	PSNEXT	Leistungssummierte Nahnebensprechdämpfung
RL	Return loss	RL	Rückflussdämpfung
SCP	Service Concentration Point	DKP	Dienstekonzentrationspunkt
SD	Service Distributor	DV	Diensteverteiler
SHD	Secondary Home Distributor	SWV	Sekundärer Wohnungsverteiler
SO	Service Outlet	DA	Diensteanschluss
TCL	Transverse conversion loss	TCL	Unsymmetriedämpfung am nahen Ende
TE	Terminal Equipment	EE	Endeinrichtung, Endgerät
TI	Test interface	PS	Prüfschnittstelle
TO	Telecommunications Outlet	TA	Informationstechnischer Anschluss
ZD	Zone distributor	BV	Bereichsverteiler

Literaturverzeichnis

Normen

Hinweis: Sofern für den Kontext erforderlich, werden die deutschen Normen der in diesem Buch genannten IEC- bzw. CENELEC-Normen datiert angegeben, um die Eineindeutigkeit der Referenz zum Zeitpunkt der Veröffentlichung dieses Buchs sicherzustellen (s. auch Kapitel 2.3).

DIN EN 50173-1 (VDE 0800-173-1):2018-10, *Informationstechnik – Anwendungsneutrale Kommunikationskabelanlagen – Teil 1: Allgemeine Anforderungen*

DIN EN 50173-2 (VDE 0800-173-2):2018-10, *Informationstechnik – Anwendungsneutrale Kommunikationskabelanlagen – Teil 2: Bürobereiche*

DIN EN 50173-3 (VDE 0800-173-3):2018-10, *Informationstechnik – Anwendungsneutrale Kommunikationskabelanlagen – Teil 3: Industriell genutzte Bereiche*

DIN EN 50173-4 (VDE 0800-173-4):2018-10, *Informationstechnik – Anwendungsneutrale Kommunikationskabelanlagen – Teil 4: Wohnungen*

DIN EN 50173-5 (VDE 0800-173-5):2018-10, *Informationstechnik – Anwendungsneutrale Kommunikationskabelanlagen – Teil 5: Rechenzentrumsbereiche*

DIN EN 50173-6 (VDE 0800-173-6):2018-10, *Informationstechnik – Anwendungsneutrale Kommunikationskabelanlagen – Teil 6: Verteilte Gebäudedienste*

DIN EN 50174-1 (VDE 0800-174-1):2018-10, *Informationstechnik – Installation von Kommunikationsverkabelung – Teil 1: Installationsspezifikation und Qualitätssicherung, Informationstechnik*

DIN EN 50174-2 (VDE 0800-174-2):2018-10, *Informationstechnik – Installation von Kommunikationsverkabelung – Teil 2: Installationsplanung und Installationspraktiken in Gebäuden*

DIN EN 50174-2 Beiblatt 1 (VDE 0800-174-2 Beiblatt 1):2015-09, *Informationstechnik – Installation von Kommunikationsverkabelung – Teil 2: Installationsplanung und Installationspraktiken in Gebäuden – Beiblatt 1: Fernspeisung; Deutsche Fassung CLC/TR 50174-99-1:2015*

DIN EN 50174-3 (VDE 0800-174-3):2017-11, *Informationstechnik – Installation von Kommunikationsverkabelung – Teil 3: Installationsplanung und Installationspraktiken im Freien; Deutsche Fassung EN 50174-3:2013 + A1:2017*

DIN EN 50288-2-1 (VDE 0819-2-1), *Mehradrige metallische Daten- und Kontrollkabel für analoge und digitale Übertragung – Teil 2-1: Rahmenspezifikation für geschirmte Kabel bis 100 MHz – Kabel für den Horizontal- und Steigbereich*

DIN EN 50288-2-2 (VDE 0819-2-2), *Mehradrige metallische Daten- und Kontrollkabel für analoge und digitale Übertragung – Teil 2-2: Rahmenspezifikation für geschirmte Kabel bis 100 MHz – Geräteanschlusskabel und Schaltkabel*

DIN EN 50288-3-1 (VDE 0819-3-1), *Mehradrige metallische Daten- und Kontrollkabel für analoge und digitale Übertragung – Teil 3-1: Rahmenspezifikation für ungeschirmte Kabel bis 100 MHz – Kabel für den Horizontal- und Steigbereich*

DIN EN 50288-3-2 (VDE 0819-3-2), *Mehradrige metallische Daten- und Kontrollkabel für analoge und digitale Übertragung – Teil 3-2: Rahmenspezifikation für ungeschirmte Kabel bis 100 MHz – Geräteanschlusskabel und Schaltkabel*

DIN EN 50288-4-1 (VDE 0819-4-1), *Mehradrige metallische Daten- und Kontrollkabel für analoge und digitale Übertragung – Teil 4-1: Rahmenspezifikation für geschirmte Kabel bis 600 MHz – Kabel für den Horizontal- und Steigbereich*

DIN EN 50288-4-2 (VDE 0819-4-2), *Mehradrige metallische Daten- und Kontrollkabel für analoge und digitale Übertragung – Teil 4-2: Rahmenspezifikation für geschirmte Kabel bis 600 MHz – Geräteanschlusskabel und Schaltkabel*

DIN EN 50288-5-1 (VDE 0819-5-1), *Mehradrige metallische Daten- und Kontrollkabel für analoge und digitale Übertragung – Teil 5-1: Rahmenspezifikation für geschirmte Kabel bis 250 MHz – Kabel für den Horizontal- und Steigbereich*

DIN EN 50288-5-2 (VDE 0819-5-2), *Mehradrige metallische Daten- und Kontrollkabel für analoge und digitale Übertragung – Teil 5-2: Rahmenspezifikation für geschirmte Kabel bis 250 MHz – Geräteanschlusskabel und Schaltkabel*

DIN EN 50288-6-1 (VDE 0819-6-1), *Mehradrige metallische Daten- und Kontrollkabel für analoge und digitale Übertragung – Teil 6-1: Rahmenspezifikation für ungeschirmte Kabel bis 250 MHz – Kabel für den Horizontal- und Steigbereich*

DIN EN 50288-6-2 (VDE 0819-6-2), *Mehradrige metallische Daten- und Kontrollkabel für analoge und digitale Übertragung – Teil 6-2: Rahmenspezifikation für ungeschirmte Kabel bis 250 MHz – Geräteanschlusskabel und Schaltkabel*

DIN EN 50288-9-1 (VDE 0819-9-1), *Mehradrige metallische Daten- und Kontrollkabel für analoge und digitale Übertragung – Teil 9-1: Rahmenspezifikation für geschirmte Kabel bis 1000 MHz - Kabel für den Horizontal- und Steigbereich*

DIN EN 50288-9-2 (VDE 0819-9-2), *Mehradrige metallische Daten- und Kontrollkabel für analoge und digitale Kommunikation – Teil 9-2: Rahmenspezifikation für geschirmte Kabel von 1 MHz bis 1000 MHz für Geräteanschlusskabel, Schaltkabel und Anwendungen für Rechenzentren*

DIN EN 50288-10-1 (VDE 0819-10-1), *Mehradrige metallische Daten- und Kontrollkabel für analoge und digitale Übertragung – Teil 10-1: Rahmenspezifikation für Kabel bis 500 MHz - Kabel für den Horizontal- und Steigbereich*

DIN EN 50288-10-2 (VDE 0819-10-2), *Mehradrige metallische Daten- und Kontrollkabel für analoge und digitale Kommunikation – Teil 10-2: Rahmenspezifikation für geschirmte Kabel von 1 MHz bis 500 MHz für Geräteanschlusskabel, Schaltkabel und Anwendungen für Rechenzentren*

DIN EN 50288-11-1 (VDE 0819-11-1), *Mehradrige metallische Daten- und Kontrollkabel für analoge und digitale Übertragung – Teil 11-1: Rahmenspezifikation für ungeschirmte Kabel bis 500 MHz – Kabel für den Horizontal- und Steigbereich*

DIN EN 50288-11-2 (VDE 0819-11-2), *Mehradrige metallische Daten- und Kontrollkabel für analoge und digitale Kommunikation – Teil 11-2: Rahmenspezifikation für ungeschirmte Kabel von 1 MHz bis 500 MHz für Geräteanschlusskabel, Schaltkabel und Anwendungen für Rechenzentren*

DIN EN 50288-12-1 (VDE 0819-12-1), *Mehradrige metallische Daten- und Kontrollkabel für analoge und digitale Übertragung – Teil 12-1: Rahmenspezifikation für geschirmte Kabel für Frequenzen von 1 MHz bis 2000 MHz – Kabel für Horizontal- und Steigbereich*

DIN EN 50310 (VDE 0800-2-310):2011-05, *Anwendung von Maßnahmen für Erdung und Potentialausgleich in Gebäuden mit Einrichtungen der Informationstechnik (Deutsche Fassung EN 50310:2010)* – **ersetzt durch:**

DIN EN 50310 (VDE 0800-2-310):2017-02, *Telekommunikationstechnische Potentialausgleichsanlagen für Gebäude und andere Strukturen (Deutsche Fassung EN 50310:2016)*

DIN EN 50346, *Informationstechnik - Installation von Kommunikationsverkabelung - Prüfen installierter Verkabelung; Deutsche Fassung EN 50346:2002 + A1:2007 + A2:2009, mit CD-ROM*

DIN EN 50667, *Informationstechnik - Systeme für automatisiertes Infrastruktur-Management (AIM) – Anforderungen, Schnittstellen und Anwendungen; Deutsche Fassung EN 50667:2016*

DIN EN 60603-7 (VDE 0687-603-7):2012-08, *Steckverbinder für elektronische Einrichtungen – Teil 7: Bauartspezifikation für ungeschirmte freie und feste Steckverbinder, 8polig (IEC 60603-7:2008 + A1:2011); Deutsche Fassung EN 60603-7:2009 + A1:2011*

DIN EN 60603-7-2 (VDE 0687-603-7-2), *Steckverbinder für elektronische Einrichtungen – Teil 7-2: Bauartspezifikation für ungeschirmte freie und feste Steckverbinder, 8-polig, für Datenübertragungen bis 100 MHz*

DIN EN 60603-7-3, *Steckverbinder für elektronische Einrichtungen – Teil 7-3: Bauartspezifikation für geschirmte freie und feste Steckverbinder, 8-polig, für Datenübertragungen bis 100 MHz*

DIN EN 60603-7-4 (VDE 0687-603-7-4), *Steckverbinder für elektronische Einrichtungen – Teil 7-4: Bauartspezifikation für ungeschirmte freie und feste Steckverbinder, 8-polig, für Datenübertragungen bis 250 MHz*

DIN EN 60603-7-5 (VDE 0687-603-7-5), *Steckverbinder für elektronische Einrichtungen – Teil 7-5: Bauartspezifikation für geschirmte freie und feste Steckverbinder, 8-polig, für Datenübertragungen bis 250 MHz*

DIN EN 60603-7-7 (VDE 0687-603-7-7), *Steckverbinder für elektronische Einrichtungen – Teil 7-7: Bauartspezifikation für geschirmte freie und feste Steckverbinder, 8-polig, für Datenübertragungen bis 600 MHz*

DIN EN 60603-7-41 (VDE 0687-603-7-41*)*, *Steckverbinder für elektronische Einrichtungen – Teil 7-41: Bauartspezifikation für ungeschirmte freie und feste Steckverbinder, 8-polig, für Datenübertragungen bis 500 MHz*

DIN EN 60603-7-51 (VDE 0687-603-7-51), *Steckverbinder für elektronische Einrichtungen – Teil 7-51: Bauartspezifikation für geschirmte freie und feste Steckverbinder, 8-polig, für Datenübertragungen bis 500 MHz*

DIN EN 60603-7-71 (VDE 0687-603-7-71), *Steckverbinder für elektronische Einrichtungen – Teil 7-71: Bauartspezifikation für geschirmte freie und feste Steckverbinder, 8-polig, für Datenübertragungen bis 1000 MHz*

DIN EN 60603-7-81 (VDE 0687-603-7-81), *Steckverbinder für elektronische Einrichtungen – Teil 7-81: Bauartspezifikation für geschirmte freie und feste Steckverbinder, 8-polig, für Datenübertragungen bis 2000 MHz*

DIN EN 60603-7-82 (VDE 0687-603-7-82), *Steckverbinder für elektronische Einrichtungen – Teil 7-82: Bauartspezifikation für geschirmte freie und feste Steckverbinder, 8-polig, 12 Kontakte für Datenübertragungen bis 2000 MHz*

DIN EN 60825-2 (VDE 0837-2):2011-06, *Sicherheit von Lasereinrichtungen - Teil 2: Sicherheit von Lichtwellenleiter-Kommunikationssystemen (LWLKS) (IEC 60825-2:2004 + A1:2006 + A2:2010); Deutsche Fassung EN 60825-2:2004 + A1:2007 + A2:2010*

DIN EN 61076-2-101, *Steckverbinder für elektronische Einrichtungen – Teil 2-101: Rundsteckverbinder – Bauartspezifikation für Rundsteckverbinder M8 mit Schraub- oder Rastverriegelung und M12 mit Schraubverriegelung für Niederspannungsanwendungen*

DIN EN 61076-2-109, *Steckverbinder für elektronische Einrichtungen - Produktanforderungen – Teil 2-109: Rundsteckverbinder – Bauartspezifikation für Steckverbinder M 12 × 1 mit Schraubverriegelung für Datenübertragungen bis 500 MHz*

DIN EN 61076-3-104, *Steckverbinder für elektronische Einrichtungen – Teil 3-104: Rechteckige Steckverbinder – Bauartspezifikation für geschirmte freie und feste Steckverbinder, 8-polig, für Datenübertragungen bis 1000 MHz*

DIN EN 61076-3-106, *Steckverbinder für elektronische Einrichtungen – Produktanforderungen – Teil 3-106: Rechteckige Steckverbinder – Bauartspezifikation für Schutzgehäuse für die Anwendung mit 8-poligen geschirmten und ungeschirmten Steckverbindern für industrielle Umgebungen zur Aufnahme der Schnittstelle der Reihe IEC 60603-7*

DIN EN 61076-3-110, *Steckverbinder für elektronische Einrichtungen – Produktanforderungen – Teil 3-110: Rechteckige Steckverbinder – Bauartspezifikation für geschirmte freie und feste Steckverbinder für Datenübertragungen bis 1000 MHz*

DIN EN 61169-2, *Hochfrequenz-Steckverbinder – Teil 2: Rahmenspezifikation – Koaxiale Hochfrequenzsteckverbinder Typ 9,52*

DIN EN 61169-24, *Hochfrequenz-Steckverbinder – Teil 24: Rahmenspezifikation – Koaxiale Hochfrequenzsteckverbinder mit Schraubkupplung, vorzugsweise für den Einsatz in 75 Ohm Kabelverteilnetzen (Typ F)*

DIN EN 61300-3-35, *Lichtwellenleiter - Verbindungselemente und passive Bauteile - Grundlegende Prüf- und Messverfahren - Teil 3-35: Untersuchungen und Messungen - Visuelle Inspektion von Lichtwellenleiter-Steckverbindern und Faser Stub-Transceivern*

DIN EN 61643 (VDE 0845) (alle Teile), *Überspannungsschutzgeräte für Niederspannung*

DIN EN 61754-20:2013-07, *Lichtwellenleiter – Verbindungselemente und passive Bauteile – Steckgesichter von Lichtwellenleiter-Steckverbindern – Teil 20: Steckverbinderfamilie der Bauart LC (IEC 61754-20:2012); Deutsche Fassung EN 61754-20:2012*

DIN EN 61935-1 (VDE 0819-935-1):2010-07, *Spezifikation für die Prüfung der symmetrischen und koaxialen informationstechnischen Verkabelung – Teil 1: Installierte symmetrische Verkabelung nach der Normenreihe EN 50173 (IEC 61935-1:2009, modifiziert)*

DIN EN 61935-2 (VDE 0819-935-2), *Spezifikation für die Prüfung der symmetrischen und koaxialen informationstechnischen Verkabelung – Teil 2: Schnüre nach ISO/IEC 11801 und entsprechenden Normen*

DIN EN 62305-2 (VDE 0185-305-2):2013-02, *Blitzschutz – Teil 2: Risiko-Management (IEC 62305-2:2010, modifiziert); Deutsche Fassung EN 62305-2:2012*

DIN EN 62305-3 (VDE 0185-305-3):2011-10, *Blitzschutz – Teil 3: Schutz von baulichen Anlagen und Personen (IEC 62305-3:2010, modifiziert); Deutsche Fassung EN 62305-3:2011*

DIN EN 62305-4 (VDE 0185-305-4):2011-10, *Blitzschutz – Teil 4: Elektrische und elektronische Systeme in baulichen Anlagen, (IEC 62305-4:2010, modifiziert); Deutsche Fassung EN 62305-4:2011*

DIN ISO/IEC 14763-3 (VDE 0800-763-3), *Informationstechnik – Errichtung und Betrieb von Standortverkabelung – Teil 3: Messung von Lichtwellenleiterverkabelung*

DIN VDE 0100 (VDE 0100) (alle Teile), *Errichten von Niederspannungsanlagen (IEC 60364); Deutsche Übernahme HD 60364*

DIN VDE 0100-443 (VDE 0100-443), *Errichten von Niederspannungsanlagen - Teil 4-44: Schutzmaßnahmen - Schutz bei Störspannungen und elektromagnetischen Störgrößen - Abschnitt 443: Schutz bei transienten Überspannungen infolge atmosphärischer Einflüsse oder von Schaltvorgängen, (IEC 60364-4-44:2007/A1:2015, modifiziert); Deutsche Übernahme HD 60364-4-443:2016*

DIN VDE 0100-534 (VDE 0100-534), *Errichten von Niederspannungsanlagen - Teil 5-53: Auswahl und Errichtung elektrischer Betriebsmittel - Trennen, Schalten und Steuern - Abschnitt 534: Überspannungs-Schutzeinrichtungen (SPDs) (IEC 60364-5-53:2001/A2:2015, modifiziert); Deutsche Übernahme HD 60364-5-534:2016*

DIN VDE 0800-173-100 (VDE 0800-173-100):2019-06, *Informationstechnik - Anwendungsneutrale Kommunikationskabelanlagen - Teil 100: Festlegung von Lichtwellenleiter-Übertragungsstreckenklassen*

IEC 61156-9, *Multicore and symmetrical pair/quad cables for digital communications - Part 9: Cables for channels with transmission characteristics up to 2 GHz - Sectional specification*

IEC 61156-10, *Multicore and symmetrical pair/quad cables for digital communications - Part 10: Cables for cords with transmission characteristics up to 2 GHz - Sectional specification*

IEC TR 61282-15, *Fibre optic communication system design guides - Part 15: Cable plant and link - Testing multi-fibre optic cable plant terminated with MPO connectors*

IEC 61935-1-2, *Specification for the testing of balanced and coaxial information technology cabling - Part 1-2: Installed balanced cabling as specified in ISO/IEC 11801 - Additional requirements for measurement of resistance unbalance with field test instrumentation*

ISO/IEC TR 11801-9902, *Information technology - Generic cabling for customer premises - Part 9902: End-to-end link model and requirements*

ISO/IEC 14763-4 (EN 50697), *Information technology - Measurement of end-to-end (E2E) links*[17]

ISO/IEC TS 29125, *Information technology - Telecommunications cabling requirements for remote powering of terminal equipment*

ISO/IEC/IEEE 8802-3, *Information technology - Telecommunications and information exchange between systems - Local and metropolitan area networks - Specific requirements - Part 3: Standard for Ethernet*

ISO/IEC/IEEE 8802-11, *Information technology - Telecommunications and information exchange between systems - Local and metropolitan area networks - Specific requirements - Part 11: Wireless LAN medium access control (MAC) and physical layer (PHY) specifications*

[17] Übernahme als DIN EN 50697 in Vorbereitung

Sonstiges

von Pattay, Walter: Die technologischen Ursachen für die wachsende Bedeutung internationaler Normen und die ordnungspolitischen Herausforderungen für ihre Durchsetzung in der Telekommunikation. expert verlag GmbH, Malmsheim, 1993, ISBN 3-8169-3990-2

CEN/CENELEC Geschäftsordnung Teil 2: Gemeinsame Regeln für die Normungsarbeit *https://boss.cenelec.eu/reference%20material/RefDocs/Pages/default.aspx*

ZVEI (Zentralverband Elektrotechnik- und Elektronikindustrie e. V.): White Paper Brandschutzkabel. 4. Auflage, Okt. 2016

Shannon, C. E.: A Mathematical Theory of Communication. Bell System Technical Journal, Vol. 27, S. 379–423, 623–656, Juli, Oktober, 1948

Rupprecht, Werner: Einführung in die Theorie der kognitiven Kommunikation. Wie Sprache, Information, Energie, Internet, Gehirn und Geist zusammenhängen. Springer Vieweg, 2014, ISBN 978-3-658-05497-7

BMWi (Bundesministerium für Wirtschaft und Energie): Digitale Strategie 2025

Abbildungsverzeichnis

Tabellenverzeichnis

Stichwortverzeichnis

I

K

L

U

V

W

Z

Gesund, schlank und fit mit der ketogenen Ernährung

Dr. Heinz Reinwald

»... von Tausenden von kranken Menschen, deren Not ich kennenlernte, (wusste) nicht einer, warum er krank geworden war und weshalb seine Krankheit nicht weichen wollte, (dies) zeigt den erstaunlichen Mangel an Lebens- und Gesundheitskunde der Menschen unserer Zeit bis hinauf in die gebildeten und gelehrten Stände. Meine Erfahrungen und Forschungen als diätetischer Arzt haben mich gelehrt, daß die ungeordnete Ernährung heute der furchtbarste, aber unsichtbarste Feind der zivilisierten Menschheit ist. Rückschauend in mein Leben muss ich indessen eingestehen, daß weder ich noch selbst die offizielle medizinische Wissenschaft... die wahren Ursachen der internen und konstitutionellen Krankheiten genügend kannten. Wir ermangelten der Kenntnisse in wichtigen Problemen des Lebens, z.B. in der Ernährung, in den Beziehungen von Körper und Gesundheit zu den kosmischen Strahlungen (zum Sonnenlicht)... Der Schwerpunkt unseres Wissens von den Krankheitsursachen lag damals in der Bakteriologie, wogegen das Problem der Widerstandskraft oder natürlichen Immunität gegen Infekte seiner Lösung noch harrte. Daher war auch die Heilbehandlung dieser Krankheiten nur eine symptomatische, keine ursächliche.«

Dr. med. Max Bircher-Benner
Ordnungsgesetze des Lebens, London 1938

Inhaltsverzeichnis

Vorwort

Was versteht man eigentlich unter ketogener Ernährung? Diese Frage bekomme ich häufig zu hören. Einige meiner Kollegen waren sogar der Meinung, ich sollte mir einen verständlicheren Namen für mein Ernährungsprogramm einfallen lassen. Ich sträubte mich dagegen. Nicht nur, weil ich auf viele Jahre der erfolgreichen Anwendung dieser Ernährungsform in meiner Praxis zurückblicken kann, sondern auch und vor allem, weil ich der Meinung bin, daß die Jahrzehnte lang auf Zucker und Kohlenhydrate ausgerichtete Verprägung der Bevölkerung einen vollständigen Reset benötigt, d.h. sie muss quasi »gelöscht« und neu programmiert werden. Es ist mehr als an der Zeit, dass die Menschen wieder zu einer artgerechten Ernährung und so zu mehr Gesundheit und einem gesteigerten Wohlbefinden zurückfinden. Die Jahrzehnte lange Fehlinformation und Fehlprägung durch gezielt gestreute Ernährungslügen wie die Herz-Fett-Hypothese, oder jene vom erhöhten Cholesterin durch tierische Nahrungsfette in Verbindung mit der offiziellen Ernährungspyramide und dem dort empfohlenen sehr hohen Anteil an Kohlenhydraten, haben seit ihrer Einführung zu katastrophalen gesundheitlichen Fehlentwicklungen geführt. Ers jüngst wurde der Skandal aufgedeckt, dass die Zuckerindustrie Jahrzehnte lang Studien manipulativ gefördert hat, die Fett in Mikßkredit brachten und Zucker und Kohlenhydrate als gesund darstellten. Es ist daher höchste Zeit, dass diese betrügerischen Fehlinformationen richtiggestellt werden.

Der Begriff Ketonkörper beschreibt im Grunde nichts anderes als die drei Energiemoleküle Azeton, Azetoazetat und ß-Hydroxibuttersäure, wie sie im Zuge eines erhöhten Fettstoffwechsels entstehen, vergleichbar mit Glukose, dem Energiemolekül, das über den Abbau von Kohlenhydraten aus dem Zuckerstoffwechsel entsteht. Der Begriff der Ketonkörper, davon bin ich überzeugt, wird eines Tages so fest in den Köpfen der Menschen verankert sein wie Traubenzucker oder die Begriffe Vitamine und Mineralien. Doch solange in den Köpfen, vor allem der Mediziner, dieses veraltete Wissen eingekerbt ist und gebetsmühlenartig wiedergegeben wird, ist noch sehr viel Aufklärungsarbeit zu leisten. Aber kann man es ihnen verdenken, wenn selbst die Lehrbücher der Biochemie zum Thema Ketonstoffwechsel falsches berichten? Bereits vor Jahren hat einer der letzten noch lebenden Schüler des Biochemikers und Nobelpreisträgers Hans Krebs, Dr. Richard Veech, treffend formuliert: »*Ärzte haben Angst vor der Ketose. Sie sind immer besorgt um die diabetische Ketoazidose. Aber Ketose ist ein normaler physiologischer Zustand. Ich würde sogar sagen, daß es der Normalzustand des Menschen ist. Es ist nicht normal, einen McDonalds und einen Delikatessenladen an jeder Ecke zu haben. Es ist normal, Hunger zu haben.*« Nun muss natürlich niemand hungern, nur um in den erhöhten Fettstoffwechsel zu kommen, hier ist auch Veech noch zu sehr in der alten Vorstellung vom Hungerstoffwechsel verhaftet, auf die die Forschung zu den Ketonkörpern hauptsächlich zurückzuführen ist. Es genügt vollkommen, Kohlenhydrate und Zucker auf ein niedriges Niveau zu reduzieren und vielleicht noch die Bewegungsleistung zu erhöhen, um unseren Fettstoffwechsel anzukurbeln und damit eine Produktion der Ketonkörper zu erreichen.

In den Vereinigten Staaten ist inzwischen jeder zweite Suchbegriff bei Google zum Thema Ernährung mit den Begriffen *ketogen* oder *Ketone* besetzt. Während hier in Deutschland der größte Teil der Mediziner noch immer nicht in der Lage ist, zwischen einer ernährungsphysiologischen Ketose und dem pathologischen Fall einer Ketoazidose zu unterscheiden, rollt der Zug jenseits des Teiches unaufhaltsam in Richtung ketogene, d.h. den Fettstoffwechsel aktivierende Ernährung. Das Pentagon finanziert mit Millionen von Dollar die Forschung der Militärs zu diesem Thema. Man hat herausgefunden, dass sich die kognitiven Leistungen der Soldaten verbessern, sobald sie auf eine ketogene, zucker- und kohlenhydratarme Ernährung umstellen

und das Gehirn Ketonkörper als bevorzugte Energiequelle gegenüber Glukose verwendet. Spätestens mit dem auf einer wahren Geschichte beruhenden Spielfilm um einen an Epilepsie erkrankten Jungen mit Meryl Streep gegen Ende der 1990er Jahre – *First Do No Harm* – ist das Thema ketogene Ernährung in den USA in aller Munde. Der Film wurde 1999 auch in Deutschland bei RTL unter dem Titel *Solange es Hoffnung gibt* gesendet. Innerhalb von vier Wochen war der Junge Charlie Abrahams aufgrund der ketogenen Diät anfallsfrei und konnte nach Jahren des Leidens auch seine Medikamente absetzen. Entstanden ist aus diesem realen Märchen die weltweit größte Stiftung für epileptische Kinder: die Charlie Foundation. Sie ist inzwischen in mehr als fünfzig Ländern der Erde vertreten. Die Forschungsarbeiten zur ketogenen Ernährung sind seit dieser Zeit sprunghaft angestiegen und umfassen inzwischen nicht mehr nur Epilepsy, sondern neben anderen neurologischen Erkrankungen auch Diabetes und Krebs. Selbst die Publikationsflut für Laien ist im angelsächsischen Raum inzwischen nahezu unüberschaubar. Diese Lücke gilt es in Deutschland zu schließen. Und vor allem gilt es, diese Ernährungsform aus der therapeutischen Ecke der Krebsbehandlung oder der Anwendung bei Anfallsleiden herauszuholen. Es handelt sich bei der ketogenen Ernährung um nichts geringeres als um unsere artgerechte, unsere urspünglichste Ernährungsform.

Dass dieses, an den Laien gerichtete Buch entstanden ist, verdanke ich vor allem dem unermüdlichen Anstoßen meines lieben Freundes Alexander Glogg vom Quantisana Gesundheitszentrum in der Schweiz. Er hat mich und unsere Grafik-Fee, Mirjam Schuster, die großartiges in kürzester Zeit geleistet hat, wie ein Sklavenhalter hineingetrieben. Aber, wie ich denke, am Ende erfolgreich. Ihnen, liebe Leser und Leserinnen wünsche ich viel Vergnügen bei der Lektüre.

KAPITEL 1

Gesund, schlank und fit!

»Du bist, was du isst!«

Gesund, schlank und fit - aber wie?

Eine wichtige Frage für uns alle. Um diese zu beantworten, müssen wir zunächst ergründen, worin die Ursachen für die rasant steigende Zahl an chronischen Erkrankungen wie Diabetes, Allergien und Alzheimer oder die zunehmende Fettleibigkeit liegen. Ein Phänomen, das sich in diesem Ausmaß erst in den letzten 50 Jahren entwickelt hat, so dass genetische Gründe dafür ausscheiden.

Verantwortlich dafür sind m. E. vor allem vier Gründe:

- **Lebensstil** – geprägt durch zucker- und kohlenhydratreiche Ernährung, häufig kombiniert mit Fast Food, falschen Billigölen und Bewegungsmangel.

- **Umweltgifte** – wie z.B. Schwermetalle, Chlorkohlenwasserstoffverbindungen in Lösungsmitteln, Pestiziden oder Azorfarbstoffe, die wir durch Luft, Wasser, Kleidung oder moderne Pflege- und Reinigungsmittel sowie nicht zuletzt durch unsere Nahrung aufnehmen.

- **Emotionaler Stress** – durch unser Berufsleben, unseren immer schneller werdenden Rhythmus sowie schnelllebigeren Alltag. Stichwort: »digitaler« Stress; sprich wieder mal durch unseren Lebensstil.

- **Elektromagnetische Störfelder** – dazu gehören z.B. Erdgitterstrahlungen, Wasseradern, Elektrosmog durch Mobiltelefone etc..

Aber wie schaffen wir es diesen Einflüssen entgegenzuwirken? Unsere Ernährung ist zweifellos von großer Bedeutung. Sie spielt eine entscheidende Rolle, wenn es um unsere Gesundheit, unsere Figur aber eben auch um unser Äußeres – z. B. eine Haut ohne Akne – geht: *»Du bist, was Du isst«*, pflegte schon Paracelsus, der berühmte Schweizer Arzt aus dem Mittelalter, zu sagen. Dies trifft heute, angesichts des Überflusses, mehr zu denn je. Ernähren wir uns über lange Zeit falsch, werden wir unweigerlich krank.

Eine weitere tragende Säule unserer Gesundheit ist die Entgiftung. Gifte, die wir zu uns nehmen und nicht ausgeschieden werden, weil wir zu viel Stress, zu wenig Bewegung oder zu wenig Nährstoffe haben, um wichtige Stoffwechselprozesse aufrechtzuerhalten, werden in unserem Körper gespeichert. Deswegen ist eine konsequente Unterstützung und Entlastung unseres körpereigenen Entgiftungssystems genauso wichtig und sollte so selbstverständlich sein, wie das tägliche Zähneputzen, das Händewaschen oder das Duschen. Wir putzen unsere Zähne, um die Mundhöhle von zu starkem Bakterienbelag und Ablagerungen zu befreien. Wir waschen uns die Hände und Duschen uns als äußere Form der Körperhygiene. Das gleiche aber sollte auch für unsere »Innenräume« gelten. Regelmäßige Entgiftung unserer Gewebe, insbesondere über die Reinigung des Darms, hilft Ihnen, sich diesem Ziel zu nähern.

Der nächste wichtige Punkt auf unserer Liste ist Bewegung. Schon die Großmutter wusste es: *»wer rastet, der rostet«*. Durch unseren vorwiegend sitzenden Lebensstil sind wir in unserem Alltag nicht mehr ausreichend körperlich aktiv und müssen auf andere Weise für Ausgleich sorgen. Wir haben eine zu geringe Anregung unseres Kreislaufssystem und der Lymphe für die Zufuhr von Nähr- und Sauerstoff sowie für den Abtransport von Schadstoffen usw.. Ohne ausreichend Bewegung haben wir zu wenig Schweißbildung, was zur einer Minderausscheidung von Giften führt. Doch auch ein Zuviel an Sport ist nicht gesund. Im Grunde pendeln wir zwischen zwei Extremen: Couch-Potatoe und Hochleistungssport. Das ist in meinen Augen ein Verlust der Mitte.

Zu guter Letzt dürfen wir nicht außer Acht lassen, dass auch emotionale Ausgeglichenheit zum Abbau von Stress und eine gehörige Portion des wohl wichtigsten »Medikaments« – nämlich der Liebe – tragende Säulen unserer Gesundheit sind. Sie sorgen für ein im wahrsten Sinne des Wortes strahlendes Aussehen. Achten wir jedoch bereits auf alle vorher genannten Punkte, dann hilft es uns auch, ausgeglichener zu sein. Wir können das zwar nicht immer selbst beeinflussen, da oft äußere Umstände eine dominierende Rolle dabei spielen. Aber eine gesunde Ernährung, Entgiftung und Bewegung helfen uns dabei, auch emotional gefestigter durch den Alltag zu kommen.

Was aber ist nun die »richtige« Ernährung? Wie finden wir den Weg zur »richtigen« Ernährung? Wir können z.B. der Werbung glauben, dass die neuerdings mit Vitaminen angereicherten Industrieprodukte gesund sind, oder dass dieses neue Fast-Food Produkt alles enthält, was wir für eine gesunde Ernährung brauchen. Oder wir glauben diversen Frauenmagazinen und fangen jede Woche eine neue Diät an, immer mit dem Versprechen, dass diese auf der Basis der neuesten ernährungswissenschaftlichen Erkenntnisse entwickelt worden ist. Am Ende stehen wir frustriert da und wissen doch nicht, was wir angesichts der sich widersprechenden Botschaften tun sollen.

Haben Sie schon einmal darüber nachgedacht, dass nicht wenige Unternehmen der Nahrungsmittelindustrie durch übermäßige Zugabe

Die fünf Basics

- Liebe und emotionale Ausgeglichenheit
- »Richtige« Ernährung
- Entgiftung
- Bewegung
- Positive Gedanken

Greifen Sie bei der Lust auf Süßes lieber zu Obst als zu ungesunden Backwaren. Doch auch bei Obst bitte in Maßen. Wählen Sie die alten Obstsorten mit weniger Zuckeranteil – mehr als 30 g Fruchtzucker am Tag sollen es keinesfalls sein.

von Zucker und künstlichen Aromen Ihr Lustempfinden auf Süßes gezielt in die Irre führt?

Die entstehende Fehlprägung unseres Geschmacks, bspw. die Prägung unseres Gehirns auf zuckerreiche Nahrung, führt zu einer zerstörerischen Spirale für unseren Organismus. So wie Spiel- und Rauschgiftsucht Menschen zerstören können, kann es auch die »Sucht« nach Zucker. Noch nicht allzu lange wissen wir, dass dies auch für die Wirkung von opioid-ähnlichen Substanzen gilt wie sie im Weizen vorkommen: die sogenannten Exorphine. Der Name Exorphin stammt aus der Ähnlichkeit mit den vom Körper selbst erzeugten Opioiden, den Endorphinen – was soviel bedeutet wie »im Innern oder vom Körper selbst erzeugtes Opioid« – die z.B. bei der Schmerzunterdrückung ausgeschüttet werden. Exorphine werden wie Endorphine an den Opioidrezeptoren unseres Gehirns wirksam und fördern unser Suchtverhalten nach dem Motto: *»Nudeln machen glücklich«*. Es sind also nicht nur Allergien auslösende Proteine wie Gluten oder andere Substanzen in Pflanzen, wie z.B. die von der Pflanze freigesetzten Schutzstoffe zur Abwehr von Fressfeinden (Trypsinhemmer oder Goitrogene), die unsere Proteinverdauung stören, unsere Schilddrüsenfunktion hemmen oder unsere Darmschleimhäute schädigen (Zöliakie), sondern auch und gerade Sucht erzeugende Stoffe wie Exorphine.

Immer wieder kommen Zuhörer nach meinen Vorträgen frustriert über derartige Zusammenhänge zu mir und sagen: *»Ja, da darf man ja gar nichts mehr essen...«* Als ob Fleisch, Fisch, Geflügel, Eier, Butter, Kokos- und Olivenöl oder Gemüse, Salate und Kräuter *»nichts zu essen«* wären. Das Gegenteil ist der Fall, wenn Sie sich die Rezepte meines Stoffwechselprogramms am Ende dieses Büchleins ansehen. Alles leckere und feine Gerichte – aber scheinbar geht ohne das krankmachende Suchtmittel Zucker kaum mehr etwas. Der Back-Wahn ist ausgebrochen, und wie es scheint, immer und überall.

Die Forderung nach Verzicht auf das Überflüssige und Ungesunde erscheint für viele Menschen als Ding der Unmöglichkeit. Das ist vergleichbar mit der Forderung nach Reformen in unserem Land. Alle erkennen die Notwendigkeit, aber keiner ist bereit etwas dafür zu tun. Dabei ist Gesundheit ein sehr erstrebenswertes Gut. In solchen Momenten wird dann auch deutlich, wie sehr beim Verzehr von Nahrung die Genusssucht und die Gewohnheiten unserer Wohlstandsgesellschaft im Vordergrund stehen. Auffallend: während der Kriegsjahre des 1. und 2. Weltkrieges und mit der Verknappung des Nahrungsangebots sind die chronischen Erkrankungen rapide gesunken, allen voran Diabetes.

Mit dem Überfluss unserer Konsumgesellschaft ist es der Nahrungsmittelindustrie nach dem letzten Krieg gelungen, unseren Geschmack enorm zu beeinflussen und zu degenerieren, sehr zu Lasten unserer Gesundheit. Damit aber stehen wir erst am Anfang. Unser Lebensstil trägt das Übrige dazu bei: Lust und Genuss werden mit Orgien von Schokolade und Zucker sowie einer Unzahl an künstlichen Aromen gleichgesetzt. Nicht mehr Lebensqualität, sondern Quantität und Geschwindigkeit sind die Zeichen der Zeit. Fast-Food, aufputschende Soft-Drinks, Alko-Pops und Nikotin, von den härteren Drogen ganz zu schweigen, zählen inzwischen fast zu den Hauptnahrungs- und Genussmittel unserer Teenies. Fast Food und Instant-Gerichte haben das »Zu-Hause-kochen« abgelöst.

Den Rest lebendiger Nahrung vernichtet die Massentierhaltung, die Pasteurisierung oder die Mikrowelle. Hinzu kommt, daß ganze Heerscharen von Lebensmittelchemikern auf Hochtouren daran arbeiten, uns gezielt mit Unrat zu verführen. Seit der Entschlüsselung unserer Geschmacksrezeptoren ist man in der Lage, Früchte vorzutäuschen, wo gar keine sind, Fleisch vorzutäuschen wo keines ist. Wir leben zum Teil in einer vollkommen künstlichen Ernährungswelt. Der bekannte britische Fernsehkoch James Oliver hat bereits 2011 in seiner Sendung *»Food Revolution«* aufgedeckt, was in den US-Burgern von Fastfood-Ketten landet, nämlich minderwertiges Rindfleisch, das sonst im Hundefutter steckt (wo es eigentlich auch nicht hingehört). Mit Hilfe von Ammoniumhydroxid und Fett wird es wieder genießbar gemacht. Das Produkt, das daraus entsteht bezeichnete Oliver als *»Pink Slime«*

(rosa Schleim). Die US-Behörden erlaubten bis dato einen Anteil dieser ekelerregenden Mischung von bis zu 15 % im Endprodukt zur Streckung von Fleisch. 2012 gewann Oliver in einem weltweit aufsehenerregenden Gerichtsprozess gegen die internationale Fast-Food-Kette McDonalds, daß diese rosa Schleimmasse nicht mehr als Fleisch bezeichnet werden darf – aber das ist nur die Spitze des Eisbergs.

Wir sind die erste Generation in der Geschichte der Menschheit, die mit über 500 Chemikalien, künstlichen Aromen und Geschmacksverstärkern wie Glutamat in der Nahrung fertig werden muss. Der Leiter der Gruppe Foodwatch, Thilo Bode, schreibt in seinem Buch *Die Essens Fälscher*, dass sich die Nahrungsmittelindustrie »am Rande der Körperverletzung bewegt«. Seit Juli 2010 müssen Packungen mit bestimmten Zusatz- und Farbstoffen den Warnhinweis enthalten, dass sie zu Verhaltensstörungen und Hyperaktivität führen können. Bei den Gummibärchen sind zumindest die Farbstoffe schon verschwunden, nachdem man festgestellt hat, dass Kinder durch die übermäßige Zufuhr von Zucker und künstlichen Zusatzstoffen das Aufmerksamkeitsdefizit-Syndrom (ADHS) bekommen können. Plötzlich sind die Bärchen farblos – ist Ihnen das schon aufgefallen? Nein, denn kaum jemand spricht laut darüber. Doch wenn wir aus dieser Ernährungsfalle – die im Grunde auf Dauer eine Krankheitsfalle ist – wieder zurück zu einem natürlichen und gesunden Geschmacksempfinden und Essverhalten kommen wollen, ist ein grundsätzliches Umdenken erforderlich. Denn

es betrifft nahezu alle Bereiche unserer Gesellschaft: Landwirtschaft, Logistik, Handel, Regionalkultur versus Globalkultur und nicht zuletzt natürlich die Veränderung unseres Lebensstils. Wir müssen uns alle auch an die eigene Nase fassen.

Über Jahrzehnte antrainierte Essgewohnheiten sind sehr stark. Sie überlagern instinktives Essverhalten. Tiere verweigern genmanipulierte Nahrung und bevorzugen instinktiv Biokost – nicht aber der Mensch, schon zweimal nicht angesichts der Geschmack- und Lockstoffe der modernen Alchemisten. Unsere Mütter – fehlgeleitet wie die Kinder durch die Werbeaussagen der Industrie und falschen Ernährungsratschlägen seitens der öffentlichen Institutionen, die es eigentlich besser wissen müssten – haben uns früh an eine Ernährung gewöhnt, die die Esstradition unserer Kultur widerspiegelt, und der wir uns nur sehr schwer entziehen können. Hinzu kommt: Bereits die gefühlte Angst vor Hunger oder die Forderung auf Verzicht stellen ein großes Hindernis dar. Eine Veränderung von Ernährungsgewohnheiten, selbst für wenige Wochen, erscheint für viele weitaus schlimmer als manches chronische Leiden.

Wir können aber auch den aktuellen gesellschaftlichen Gesundheitstrends folgen und uns vegan oder streng vegetarisch ernähren. Angesichts der katastrophalen Zustände in der Massentierhaltung und der massiven Verwendung von Antibiotika ein ethisch durchaus nachvollziehbarer Trend. Nur führt dies leider ebenfalls in eine Ernährungsfalle. Der Mensch benötigt zur Versorgung seines großen Gehirns und anderer Gewebe vor allem tierische Nährstoffe. Folsäure, Eisen, Zink, Vitamin B12 und Docosahexaensäuren sind neben ausreichend Protein Nährstoffe, die bei Veganern Mangelware sind.

Sie sehen, es ist ein weites Feld mit vielen unterschiedlichen Aspekten. Die Frage nach der richtigen Ernährung erfordert deshalb, dass wir uns zunächst mit den Grundlagen der Ernährungslehre beschäftigen. Bei Lichte betrachtet befinden wir uns einer äußerst misslichen Lage: auf der einen Seite leben wir im Überfluss und und auf der anderen sind wir zugleich in weiten Teilen mangelernährt.

KAPITEL 2

Makro- und Mikronährstoffe im Fokus

Makro- und Mikronährstoffe im Fokus

Die Ernährungswissenschaft unterscheidet zunächst ganz allgemein zwischen den sogenannten **Makronährstoffen**:

- Eiweiß
- Kohlenhydrate
- Fette

und den **Mikronährstoffen**:

- Vitamine
- Mineralstoffe (z.B. Kalzium, Magnesium, Kalium)
- Spurenelemente

Wie das Wort *makro* aus dem Griechischen schon zum Ausdruck bringt, sind die ersten drei Nährstoffklassen die »großen« Brocken, von denen wir auch größere Mengen essen. Sie sind die Hauptnahrungsbestandteile, aus denen auch unser Körper besteht. Eiweiße oder Proteine machen dabei ca. 44 % des Trockengewichts des menschlichen Körpers aus, bei den Fetten sind es immerhin noch 36 %. Die restliche Trockenmasse besteht aus Mineralien... das ist die Asche, die übrig bleibt, falls wir uns dafür entscheiden, nach unserem Tod verbrannt zu werden.

Zucker wird in Form von Glykogen in unserem Körper gespeichert. Je nachdem, ob wir regelmäßig Sport betreiben, oder es vorziehen als »Couch-Potatoe« herumzuliegen, werden ca. 400–600 g Glykogen in unserer Leber, den Nieren und unseren Muskeln gespeichert. Glukose ist eine für den Körper verwertbare Form von Zucker. Sie ist in zahlreichen Zucker-Protein-Verbindungen enthalten und zahlreichen Abläufen in und an der Zelle beteiligt. Ein Blick auf die Energieausbeute zeigt, dass Zucker im Grunde zu vernachlässigen ist. Das Energiereservoir an Zucker ist im Vergleich zum Fett verschwindend gering. Es stehen uns lediglich zwischen 1.600 und 2.400 kcal aus Glykogen zur Verfügung, während wir je nach Gewicht immerhin zwischen 80.000 und 140.000 kcal oder mehr aus Fettenergie an Vorrat haben. Dies bedeutet: Unser Zuckervorrat beträgt lediglich 1,7–2 % unseres gesamten Energiespeichers. Beide Speicher, der kleine Zucker-Tank und der große Fett-Tank, versorgen unseren Körper mit dem jeweils angeforderten »Treibstoff«. Wenn es jetzt darum geht das Gewicht zu reduzieren oder sportliche Aktivitäten zu betreiben, auf welchen Energiespeicher wird unser Körper wohl zurückgreifen? Normalerweise auf den Fettstoffwechsel, vorausgesetzt wir lassen das zu und schieben nicht ständig Zucker nach.

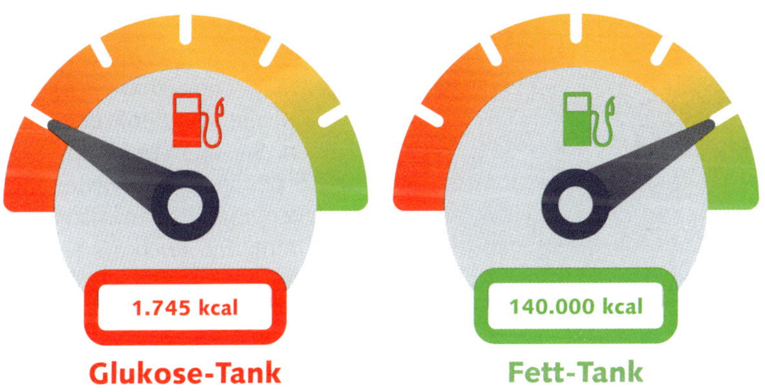

KAPITEL 3

Wasser – das oft vergessene Element

»Je reiner und hochwertiger das Wasser ist – z.B. energiereiches Osmose-Wasser – desto besser können die Schadstoffe gebunden und abtransportiert werden. Vergleichen Sie das Wasser einfach mit einem Container der Müllabfuhr, dieser verlässt morgens die Deponie auch nicht halbvoll.«

Wasser – Basis allen Lebens

Zu den Makronährstoffen gehören aber nicht nur die Kohlenhydrate, Fette und Proteine, sondern auch das oft vergessene, gleichwohl außerordentlich bedeutsame Element Wasser. Obwohl wir aus Wasser keinen direkten Nährwert beziehen, ist es quantitativ und qualitativ der wichtigste Bestandteil unseres Organismus. Bei Männern beträgt dieser etwa 60 % und bei Frauen etwa 55 % des Lebendgewichts.

Wasser ist an allen Nährstoffverarbeitungsvorgängen in unserem Körper beteiligt. Es dient wie das Blut, das bis zu 95 % aus Wasser besteht, dem Transport von Sauerstoff und Nährstoffen zu den Organen und Zellen. Wasser sorgt auch für den Abtransport der aus den Stoffwechselprozessen resultierenden Abfälle. Es dient sowohl der Zuleitung als auch der Entsorgung, sprich der körpereigenen Entgiftung.

Wir machen uns über das Reinigungs- und Lösungsmittel Wasser viel zu wenig Gedanken, obwohl es das wichtigste stoffwechselaktive Medium unseres Körpers ist. Wasser ist von größter Bedeutung für unser Wohlergehen. Zwei Drittel unseres Gesamtkörperwassers sind in den Zellen. Das restliche Drittel befindet sich in den Zellzwischenräumen. Bereits bei einem Flüssigkeitsverlust von nur 8 % kann es zu schwerwiegenden Erkrankungen kommen.

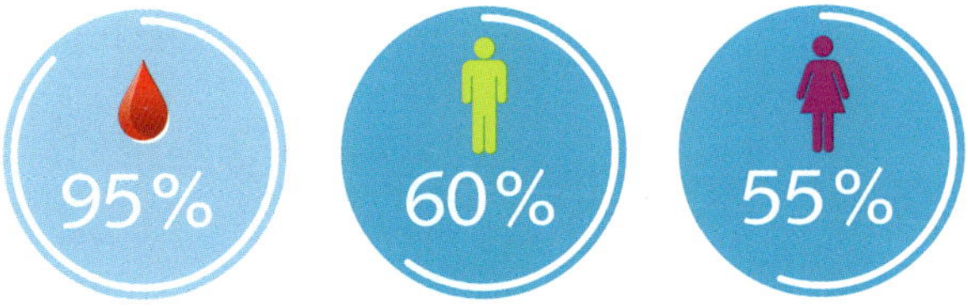

Sieht man sich neuere Forschungen zum Thema Wasser an, dann kommt man aus dem Staunen kaum mehr heraus. Der Physiker und Wasserforscher Wilfried Hacheney spricht es deutlich aus: *»Ein ehrlicher Wissenschaftler müsste zugeben, dass er nicht weiß, was Wasser ist. Es ist weder physikalisch noch mit chemischen Mitteln der gängigen Wissenschaft erklärbar. Es folgt keinem ihrer Gesetze. Wasser ist eine naturwissenschaftliche Unmöglichkeit.«*

Zusammen mit russischen Wissenschaftlern hat Gerhard A. Pollack, Professor für Biomedical Engineering an der Universität von Washington in seinem Forschungslabor erst jüngst eines dieser unerklärbaren Geheimnisse um Wasser lüften können. Neben den bisher bekannten unterschiedlichen Ordnungszuständen des Wassers – fest, flüssig, gasförmig – entdeckten sie einen vierten Ordnungszustand, der nicht nur viele der bisherigen Anomalien, sondern auch die Wirkung von energetisiertem Wasser erklären könnte. In diesem vierten Zustand, den Pollack als die sogenannte *»Exclusive Zone«* (EZ) oder Ausschlusszone bezeichnet, scheint sich das Wasser auf fast schon mysteriöse Weise zu verhalten. Die Moleküle des flüssigen Wassers beginnen sich plötzlich in einem hexagonalen Kristallgitter anzuordnen – einem Sechsfachgitter oder einer Doppel-Helix wie die geometrische Struktur von Bienenwaben.

Bei näherer Untersuchung des EZ-Wassers stellten die verblüfften Wissenschaftler fest, dass es sich dabei um eine Art flüssiges Eis handelt, eine bislang unentdeckte Zwischenform zwischen flüssigem und gefrorenem Zustand. Wasser durchläuft diesen hohen Ordnungsgrad demnach immer dann, wenn es friert oder wenn Eis schmilzt. Es formiert sich in dieser Zone aber nicht nur als beständiger und stärker geordnet, sondern scheint sich auch in einer gewissen Art zu reinigen. Mehr noch: es zeigt völlig andere Eigenschaften als in den drei anderen Ordnungszuständen von Wasser. Dazu gehören z.B. eine veränderte Viskosität (Fließeigenschaft) und eine ausgeprägte Fähigkeit, Infrarotlicht zu absorbieren. Wurde Wasser Licht entzogen, konnte sich kein hexagonales EZ-Wasser bilden. Anders bei der Bestrahlung mit Sonnenlicht. Hier erweiterte sich der Ordnungsgrad um das Dreifache und das Wasser war sogar in der Lage, das Sonnenlicht als wabenförmige Kristallgitter zu speichern – es war physikalisch betrachtet »energetisiert«. Man bekommt bei diesen Ausführungen eine leise Ahnung davon, warum sich ein Sonnenbad in Maßen genossen so gut anfühlt. Unser Körperwasser wird nachgerade mit der Energie der Sonne aufgeladen – von der Vitamin-D-Bildung einmal ganz abgesehen.

In seinem erst 2014 in deutscher Sprache erschienen Buch »*Wasser – viel mehr als H_2O*« betont Pollack vor allem die gesundheitliche Bedeutung eines hohen EZ-Wasser-Anteils für lebende Organismen. Es kommt vor allem in sauberen Gletscherquellen, in Wässern aus tiefen Quellen oder in verwirbeltem Wasser vor. In seinem Buch schreibt er:

»Wir wissen heute, dass die meisten Makromoleküle ohne das EZ-Wasser zusammenbrechen und ausfällen würden – sie könnten nicht einwandfrei funktionieren. Nun beruhen viele Krankheiten anerkannter Weise auf Funktionsstörungen von Proteinen oder deren Regulierungssystemen. In einem solchen Protein-zentrierten Netzwerk kann eine Funktionsstörung durch zwei Komponenten entstehen: durch das Protein selbst oder das EZ-Wasser, welches das Protein umhüllt.«

Doch Pollack und seine Kollegen entdeckten noch mehr: Das hochgeordnete und energiereiche EZ-Wasser hatte nicht nur die Fähigkeit, Sonnenlicht zu speichern, sondern auch einen veränderten elektrischen Widerstand, einen veränderten pH-Wert sowie eine deutlich negative Ladung. Der Potentialunterschied zwischen EZ-Wasser und normalem Wasser war so hoch, dass er elektrisch nutzbar gemacht werden kann und wie eine kleine Batterie funktioniert. Negativ geladene Energie aus Sonnenlicht. Was bedeutet das, wenn Wasser oder eine Nährstoffsubstanz eine minus geladene (Anion) Energie aufweist? Es hat eine höhere Bindungsfähigkeit zu plus geladenen (Kation) Stoffen wie Schadsubstanzen.

Auch Mikropektine, die wir zur Bindung von unerwünschten Stoffen verwenden, sind minus geladen. Und sie sind klein genug, um in den Blutstrom und in die Zelle zu gelangen. Viele Schadstoffe haben eine positive Ladung, d.h. Substanzen mit einer negativen Ladung können positiv geladene Substanzen wie z.B. Schwermetalle oder ander Noxen binden und helfen, diese aus dem Körper auszuschleusen.

Und genau dies stellen wir auch fest, wenn wir speziell gefiltertes und energetisiertes Wasser trinken: die körpereigene Entgiftung wird angeregt und unterstützt. Das kann durchaus zu heftigen Mobilisationskrisen führen, wenn diese Stoffe aus den Geweben gelöst werden, ohne dass sie ausreichend durch körpereigene Substanzen gebunden werden können, weil dem Organismus wichtige Metabolite zur Pufferung fehlen. Deshalb ist es ratsam, solche Prozesse mit Nährstoffen aus der Natur zu unterstützen. Es ist bekannt, dass selbst Schimpansen-Mütter ihren Jungen Kräuter zur Unterstützung bei Parasitenbelastung geben, denn auch

Grundsätzlich gilt: je besser die Wasserqualität desto besser funktioniert die körpereigene Entgiftung.

da sind es vor allem die Toxine aus dem Stoffwechselprozess von Parasiten und Bakterien, die gebunden und zur Ausscheidung gebracht werden müssen. Mehr davon später im Programmteil Kapitel 11 – dr.reinwald metabolic regulation®.

Wasser besitzt Ordnung stiftende Qualitäten, wenn es unter bestimmten Voraussetzungen gewonnen, gereinigt und behandelt sowie über Schwingungen informiert wird. Unter energetischen Gesichtspunkten ist unser Trinkwasser leider alles andere als lebendig. Das zeigen nicht zuletzt die Forschungen des Japaners Masaru Emoto oder Ergebnisse von Maßnahmen zur Wasserbelebung in Altenheimen in Österreich. Man hat dort mit Hilfe energetischer Belebungsmaßnahmen erreicht, die Verkeimung im Wasser vollständig zu reduzieren – ein bislang in hiesigen Krankenhäusern, Heimen oder Privathaushalten und Unternehmen völlig ungenutztes Potential – trotz der gemachten guten Erfahrungen.

Unser »chemisch« angeblich reines Wasser in den Städten ist, unter Einbeziehung von Substanzen, die durch das Raster der behördlichen Analysen fallen, alles andere als rein. Rückstände von Schmerzmitteln oder Hormonen aus dem Verbrauch der Anti-Baby-Pille, ja sogar Kontrastmittel aus der ärztlichen Diagnostik führen die Liste der im Trinkwasser enthaltenen Substanzen an, ohne das sie auf dem Bildschirm der Behörden zur Beurteilung der Wasserqualität auftauchten. Pestizide, Herbizide und neuerdings das hochgifte Breitbandherbizid Glyphosat sind ebenfalls vertreten. Im März 2015 warnte die Krebsforschungsagentur der Weltgesundheitsorganisation (WHO) sogar die Öffentlichkeit: Glyphosat wird als *»wahrscheinlich krebserzeugend beim Menschen«* eingestuft. Der Agentur zufolge gibt es genügend stichhaltige Hinweise auf genotoxische Wirkungen – d.h. Schädigungen des Erbguts, die krebserzeugende Prozesse auslösen können. Den Dosis-abhängigen Beschwichtigungsversuchen der Behörden widerspricht die Agentur der WHO. Die beobachteten genotoxischen Wirkungen könnten *»auch bei niedrigsten Dosen«* eintreten.

Wir trinken also in aller Regel nicht nur Wasser von minderer Qualität, sondern zudem auch noch zu wenig. Viele glauben, mit der Einnahme von Softdrinks oder anderen Genußgetränken ihrem Flüssigkeitshaushalt Genüge zu tun. Als Flüssigkeiten im Sinne unseres Wasserhaushalts aber zählen nur Frucht- und Gemüsesäfte oder -brühen sowie klare Suppen und natürlich reines und energiereiches Wasser.

Was aber bedeutet das für unser Thema »Richtige Ernährung« respektive unser Stoffwechselprogramm? Es bedeutet, dass der Organismus die Zellen mit gereinigtem und lebendigem Wasser besser durchspülen und auf diese Weise auch Stoffwechselabbaugifte besser abtransportieren kann. Eine ausreichende Flüssigkeitszufuhr mit gutem Wasser wirkt zudem der altersbedingt zunehmenden Dehydrierung und ihren Folgen entgegen. Achten Sie also immer darauf, eine energiereiche und saubere Wasserqualität sicherzustellen und genügend zu trinken.

KAPITEL 4

Zucker – der unbekannte Feind

Zucker – der unbekannte Feind

»In meinen Vorträgen und persönlichen Gesprächen stelle ich immer wieder fest, dass viele Menschen nicht wissen, was Kohlenhydrate oder Proteine sind und in welchen Lebensmitteln sie vorkommen, ganz anders als bei Fett.«

Die Auswirkungen von Zucker auf unseren Körper sind weitestgehend unbekannt. Sie reichen von Übersäuerung, Karies oder Diabetes bis hin zur Fettleber und das – wie Studien in den USA offenbaren – bereits bei 14-jährigen! Viele wissen zwar, dass zu viel Zucker schädlich für die Zähne ist oder im Alter zu Diabetes führen kann. Kaum jemand aber ist sich darüber im Klaren, dass unser Organismus alle Kohlenhydrate in Glukose (Traubenzucker) aufspaltet und diese im Blut landen. Und zu den Kohlenhydraten zählen eben vor allem unsere Hauptnahrungsmittel: Nudeln, Kartoffeln, Reis, Brot. Auch Obst liefert neben wertvollen Mikronährstoffen in erster Linie Zucker. Beim Verzehr von Früchten wird neben Glukose auch noch Fruktose (Fruchtzucker) freigesetzt. Kohlenhydrate, die für die meisten von uns den Hauptbestandteil einer Mahlzeit ausmachen, die sog. Sättigungsbeilage, sind also nichts anderes als komplexe Zuckerverbindungen, die in unserem Körper in Glukose und Fruktose umgewandelt werden.

»Dann haben wir wenigstens genügend Energie.« werden jetzt viele sagen. So einfach ist das aber leider nicht. In unserem Blut zirkuliert im Normalfall die Menge eines Würfelzuckers in Form von Glukose zur

Versorgung der Gewebe. Essen wir einen Donut oder Faschingskrapfen verzehnfachen wir diese Menge auf einen Schlag. Nicht nur bei der rasant zunehmenden Zahl der Diabetiker, sondern auch bei einer großen Zahl an Menschen, die sich bereits im vor-diabetischen Stadium befinden, ist zeitweise bis zum Vierzigfachen des Normalwertes an Zucker im Blut.

Machen Sie einen Test: Befüllen Sie ein Glas mit 100 ml Wasser. Geben Sie 5 Stück Würfelzucker hinein. Rühren Sie solange, bis sich der Zucker aufgelöst hat. Stecken Sie jetzt ihren Finger rein und streichen sie die Flüssigkeit auf Ihre Handoberfläche. Lassen sie das Zuckerwasser auf der Haut antrocknen. Sie werden sehen, es klebt fast wie Leim. Und je gesättigter, d.h. je mehr Zucker im Wasser ist, desto stärker pappt es.

Genau das Gleiche passiert in unserem Körper. Eine Katastrophe, die der Körper versucht zu verhindern, indem er Glukose sofort als Energie verbrennt. Fehlt unserem Körper ausreichend Bewegung und sind die relativ kleinen Zuckerspeicher voll, wird der nicht verbrannte Zucker in Speicherfett umgebaut.

»Richtig! Wir werden nicht allein fett, weil wir zu viel Fett essen – das tun wir zusätzlich in Form von versteckten billigen Pflanzenfetten in Keksen und Backwaren – sondern in erster Linie, weil unser Körper den überschüssigen Zucker in Speicherfett umwandelt«

Die lebensbedrohliche Überflutung unserer Blutstrombahnen mit Zucker muss sofort beseitigt werden. Um dies zu bewerkstelligen, wird verstärkt Insulin – unser »Zucker-Wegräum-Hormon« – ausgeschüttet. Eine fatale Situation. Weder für Fette noch für Proteine hat der Organismus ein ähnlich kompliziertes Regelsystem wie bei Zucker, den er aufgrund seiner Gefährlichkeit sofort wegschaffen muss. Durch unsere kohlenhydrat- und zuckerreiche Ernährung sind die Zellen unbarmherzig einem permanent überhöhten Insulinspiegel ausgesetzt. Er ist die hormonelle Antwort des Körpers auf die nicht enden wollende Zufuhr an Zucker.

Durch die kontinuierliche Aufnahme von raffiniertem Zucker, zu vielen Kohlenhydraten und Softdrinks sind unsere Zellen gezwungen, sich anzupassen. Sie verringern im Fett- und Muskelgewebe die Anzahl der an der Zelloberfläche befindlichen Andockstellen für Insulin bzw. stellen sich »taub«.

»Das ist, als würde sich die Zelle die Ohren zuhalten, um das vom Insulin verursachte „Anklopfen“ nicht mehr zu hören. Sie macht dann in einigen Bereichen einfach die „Tür“ für Zucker nicht mehr auf.«

Wir haben dann Energiemangel trotz eines hohen Blutzuckerspiegels. Fachleute sprechen in solch einem Fall von einer Insulinresistenz. Diese aber führt wiederum zu einer permanenten Überlastung der Bauchspeicheldrüse. Als Dirigent des hormonellen Orchesters der Zuckerregulierung schickt sie immer noch mehr »schreiende Insulinarbeiter« ins Feld. Damit erhöht die Bauchspeicheldrüse mit dem ansteigenden Insulin den »Lärmpegel« für die Zellen mit dem Ziel, dass diese die gefährliche Zuckerüberlast aus dem Blut endlich aufnehmen. Einen Stoff, den sie in dieser Menge aus »Angst« vor noch mehr Schaden eigentlich gar nicht wollen – und das trotz Energiemangel. Eine paradoxe Situation.

Der US-amerikanische Hormonforscher Dr. Gerald Reavens hat diese Situation als Syndrom X bezeichnet. Das ist keine Krankheit an sich, aber eine Disposition, die die Grundlage für zahlreiche chronische Erkrankungen bildet. Syndrom X bedeutet Insulinresistenz mit kompensierender Überfunktion der Bauchspeicheldrüse, d.h. die Bauchspeicheldrüse versucht krampfhaft und mit enormen Kraftaufwand diese bedrohliche Situation mit immer mehr Insulin auszugleichen. Zwar schützt sich unser Organismus auf diese Weise vor dem gefährlichen Zucker zumindest das Fett- und Muskelgewebe. Aber der Preis für diesen Schutz ist hoch, sehr hoch. Denn zum einen ist die Insulinmenge im Blut ständig erhöht, während gleichzeitig die ständige Insulinproduktion die Bauchspeicheldrüse erschöpft. Außerdem werden Fett- und Muskelgewebe in ihren Funktionen eingeschränkt, was besonders für das an der Hormonproduktion beteiligte Fettgewebe sehr ungünstig ist. Zum anderen aber sind die nicht insulinresistenten Gewebe – also jene, die sich nicht durch das »Taubwerden« oder Verringern der Andockstellen schützen können – einer permanenten Überzuckerung ausgesetzt. Die langfristigen Folgen kennen viele bei den Symptomen der Zuckerkranken: offene Beine, Erblindung, Störungen der peripheren Nervengewebe usw.. Nun ist aber Insulin nicht nur für die Einschleusung von Zucker in die Zellen verantwortlich, sondern auch ein Wachstum förderndes Hormon. Das kann in der Folge und über die Jahre zu schleichenden Entzündungsreaktionen, ja sogar zu Krebs führen.

Alle Welt, allen voran ein Großteil der sogenannten Fachwelt, glaubt an die vermeintliche »Bevorzugung« von Zucker als primären Brennstoff für die Zellen. Dies hat unglücklicherweise dazu geführt, dass Zucker als der bevorzugte Treibstoff für die Gewebe, vor allem aber für das Gehirn gesehen wird. In den Lehrbüchern der Biochemie und den Fachbüchern der Medizin lesen wir, dass sich unser Gehirn ausschließlich von Glukose ernährt. Zwar verbraucht es mehr als 25 % unserer zur Verfügung stehenden Gesamtenergie, und das bei einem Anteil von lediglich 2 % unseres Körpergewichts. Aber die Behauptung, es ernähre sich ausschließlich von Zucker, ist schlicht und ergreifend falsch!

Angeblich kann es erst nach längeren Hungerperioden auf die energiereichen Moleküle aus dem Fettstoffwechsel, die sogenannten Ketonkörper, umstellen. Aber das ist ebenfalls falsch! Eine ernährungsbedingte Ketose – d.h. die Umstellung des Stoffwechsels auf Fett als Energielieferant – erreicht man auch durch das Weglassen von Kohlenhydraten und Einfachzuckern und noch besser bzw. schneller in Verbindung mit mehr Bewegung.

Das alles wissen wir, dank der Forschungsarbeiten zum Ketonstoffwechsel von Dr. George F. Cahill Jr., bereits seit Ende der sechziger Jahre. Unglücklicherweise wurde uns dieses Wissen aufgrund der finanziellen Interessen von mächtigen, weltweit agierenden Lebensmittelkonzernen vorenthalten. Eine Verbreitung der Erkenntnisse über die Bedeutung der Fette und Ketonkörper für die Gehirnernährung hätte die Verkaufszahlen von kohlenhydrat-basiertem Fast-Food und Billigzuckerprodukten nachhaltig beeinträchtigt. Der allseits sichtbare Back-Wahn sowie der ungeheuer hohe Zucker- und Softdrink-Konsum wäre auf der Grundlage dieses Wissens sicherlich nicht so explodiert. Bedenken Sie: Zur Mitte des 19. Jahrhunderts hat ein durchschnittlicher US-Amerikaner noch ca. 8 Kilogramm Zucker pro Jahr verzehrt, davor war es noch erheblich weniger. Heute sind es im Schnitt ganze 68 Kilogramm pro Person und Jahr.

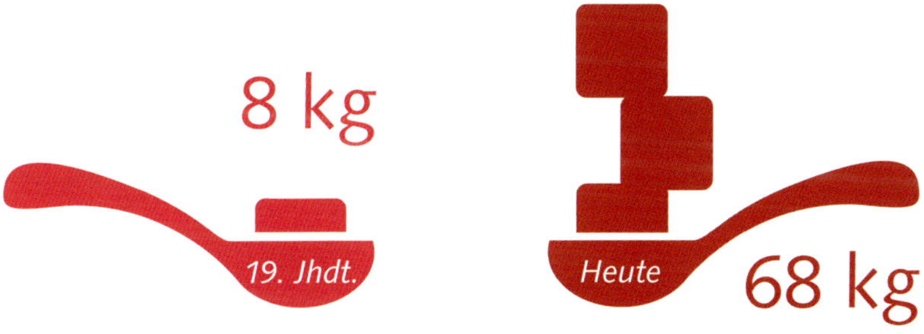

»Zucker als primären und ausschließlichen Brennstoff für unser Gehirn zu betrachten ist wie der Witz vom Betrunkenen, der seinen verlorenen Schlüssel unter der Laterne sucht. Als ein Passant ihn fragt, ob er den Schlüssel hier verloren hätte, antwortete er mit Nein. Aber warum, fragte der Passant, suchen Sie dann hier? ... Na, weil hier Licht ist!«

Das ist das 8,5-fache! Vielleicht noch drastischer: In einer einzigen Dose Limo ist oft mehr Zucker zugesetzt als die meisten Leute noch vor ein paar hundert Jahren, d.h. vor 1900 und dem Aufstieg der Zuckerindustrie, im ganzen Jahr verbraucht haben. Ein durchschnittliches, 5 Jahre altes Kind verzehrt heute pro Jahr das Äquivalent seines eigenen Körpergewichts in Zucker (The Telegraph, 11. Januar 2016)

Damit die Zucker- und Fettlüge zumindest zu einer logisch nachvollziehbaren Aussage wird, wurden aus der falschen Behauptung – unser Gehirn sei ausschließlich von Traubenzucker (Glukose) abhängig – konsequenterweise auch die falschen Schlussfolgerungen gezogen. Es ist ein Irrglaube, dass Zucker im Blut als erstes abgebaut wird, weil er der bevorzugte Treibstoff ist. Richtig ist: Unser Körper baut Zucker als erstes wegen seiner Gefährlichkeit ab, um sich zu schützen und weil Glukose am schnellsten für eine kurzfristige »Anschubfinanzierung« etwa in Stresssituationen zur Verfügung steht. Wegen der Gefahr, die von einem zu hohen Blutzuckerspiegel ausgeht, hat unser Körper sich eine Methode einfallen lassen, Zucker schnellstmöglich und effizient zu beseitigen, respektive schnell und effizient in der Not zu nutzen. Der **qualitativ und quantitativ wichtigste Treibstoff** aber ist das nicht sehr populäre **Fett** bzw. einige aus der Fettverbrennung entstehenden energiereiche Moleküle: die **Ketonkörper**.

Das Wort *keton* leitet sich vom althochdeutschen Wort »Aketon« ab, einem der drei Ketonkörper aus dem Fettstoffwechsel. Die anderen beiden sind Azetoazetat und Beta-Hydroxybuttersäure. Sie haben Azeton vielleicht schon einmal im Zusammenhang mit Nagellackentfernern gehört. Azeton riecht genauso und man riecht es in den ersten Tagen der Stoffwechselumstellung aus dem Mund von Menschen, die fasten. Durch den niedrigen Blutzuckerspiegel wird der Fettstoffwechsel verstärkt und die Produktion der Ketonkörper erhöht. Der Geruch verschwindet aber nach ein paar Tagen der Anpassung. Während also **Glukose die Energiemoleküle für die Zuckerverbrennung** sind, sind die **Fettsäuren und die Ketonkörper die Energiemoleküle aus der Fettverbrennung**.

Am einfachsten kann man sich diese Vorgänge vor Augen führen, indem man sie mit unseren modernen Hybridmotoren aus der Automobilindustrie vergleicht. Zu einem Teil werden sie mit Benzin und zum anderen mit Strom betrieben. Steht man an der Ampel, geht der Motor aus. Tritt man aufs Gas, dann springt der Motor an und der erste Anschub für den schnellen Geschwindigkeitsanstieg erfolgt durch die Versorgung mit Benzin – das entspricht der Zuckerverbrennung. Dann aber übernimmt leise schnurrend und reibungslos die elektrische Versorgung den Antrieb – das entspricht der Fettverbrennung.

Die Rolle des Zuckers im Blut ist klar: schnelle Verfügbarkeit, aber nur über einen kurzen Zeitraum. Der Tank ist klein. Dann übernimmt im Normalfall der Fettstoffwechsel die Energieversorgung: ausdauernd, nachhaltig und effizient, und zu alledem noch »umweltschonend«, d.h. mit besserer Sauerstoffausnutzung und mit weniger »Verschmutzung« in Form oxidativer Schäden (Freie Radikale) als dies bei der Verbrennung von Glukose der Fall ist.

Aber wie sieht es denn in Wirklichkeit mit unserer Energiegewinnung aus? Wir haben einen Hybridmotor, nutzen ihn aber nicht. Schlimmer noch. Der permanent zu hohe Zuckerspiegel im Blut verhindert sogar den Zugriff auf die großen Tankreserven unseres Speicherfetts. Wir befüllen laufend unseren »Zuckertank«. Und zu allem Übel erfolgt dann auch der Übergang vom Zucker- in den Fett- und Ketonstoffwechsel nicht mehr reibungslos. Wir sind sozusagen im Zuckergefängnis eingesperrt und können nur sehr schwer an unsere Fettreserven als Energiequelle. Das Fatale: wir werden dadurch dick und krank.

Energiemangel und Übersäuerung

Die permanente Überlastung unseres Körpers mit Zucker und anderen Schadstoffen aus Stoffwechselabbauprozessen und Umweltgiften sowie deren Ablagerungen in den Geweben ist aber, wie wir gesehen haben, nicht nur eine Frage der Energiegewinnung. Eine solche Überlastung kann auf Dauer zu nachhaltigen Schädigungen des Organismus führen, nicht nur zu Insulinresistenz. Schleichende Prozesse wie Bindegewebsübersäuerungen oder regionale Übersäuerung von Geweben sowie Blocken der Proteinbiosynthese oder in den Zentren katalytischer Enzyme durch Schwermetalle sind weitere mögliche Folgen.

Bereits die Existenz einer latenten Übersäuerung wird von großen Teilen der Schulmedizin nach wie vor geleugnet, da diese nur in den Kriterien der akuten Azidose zu denken pflegt, d.h. der lebensbedrohlichen Absenkung des Blut-pH-Wertes. In der Naturheilkunde sieht man das von jeher anders und differenzierter. Betrachten wir die Stoffwechselgeschehnisse bei Krebs. Die Zellen setzen hohe Säureanteile im umliegenden Gewebe frei und überfordern die Pufferkapazitäten lokal. In abgeschwächter Form gilt dies auch für andere Gewebebereiche, deren Ausgleichsmöglichkeiten durch unsere Fehlernährung, durch Umweltgifte oder Stress eingeschränkt werden.

Bei einer latenten Übersäuerung, wie die Naturheilkunde es kennt, liegt der Blut-pH-Wert zwar noch im Toleranzbereich, ist aber bereits leicht zum Sauren hin verschoben. Aber – und das ist das wichtige – bei einer gleichzeitig verminderten Kapazität des Körpers, weiter anfallende Säuren zu puffern und auszugleichen. Es geht demnach um die Erschöpfung der Pufferkapazität, nicht um den absoluten pH-Verlauf. Da Säuren immer auch auf natürliche Weise entstehen, bspw. durch die Bewegung unserer Muskeln, d.h. nicht nur durch Nahrung, Toxine oder Stress, führt die permanente Überlastung der Puffersysteme in Bindegewebe,

»In der Alternativmedizin gilt die Übersäuerung des Körpers als Hauptursache von Orangenhaut. Eine Entsäuerung bei Cellulite soll entsprechend Abhilfe schaffen und dabei helfen, die ungeliebten Dellen loszuwerden.«

Blut und Körperzellen zunächst zu höheren Mineralstoffverlusten, die tunlichst durch eine mineralstoffreiche Kost und genügend Flüssigkeit ausgeglichen werden sollten. Allein die körpereigenen Puffersysteme im Blut oder im Knochengewebe reichen hierfür aber auf Dauer nicht aus.

Sehr häufig muss ich mich selbst in Fachkreisen mit der Aussage auseinandersetzen, dass auch Eiweiße zu Übersäuerung führen und daher vermieden oder sparsam eingesetzt werden sollten. Das ist aber nur die halbe Wahrheit, denn erstens würden wir uns mit Eiweißentzug einen Bärendienst erweisen (Proteinmangel). Und zweitens entstehen beim Abbau von Eiweiß keine Säuren, sondern zunächst einmal hoch zellgiftige Basen, die sofort neutralisiert werden müssen, damit sie kein Unheil anrichten. Und wie ätzend auch Laugen sein können, weiß jeder, der mal versehentlich Seife in die Augen bekommen hat.

Die beim Abbau von Protein entstehende Base heißt Ammoniak. Es ist ein stark riechendes, stechendes und giftiges Gas. Kommt man damit in Berührung, reizt es zu Tränen. Im Blut ist es an andere Substanzen gebunden. Wenn man in einen Kuhstall geht, dann riecht man den Ammoniakgehalt in der Luft. Wie passt das aber zu der Aussage, dass Eiweiß säuert, wenn es dem Körper zunächst darum geht, uns vor dieser giftig-alkalischen Last zu schützen. Die Lösung dieses Rätsels liegt in einem genaueren Blick auf die Stoffwechselvorgänge bei der Entsorgung von Ammoniak, der durch die Leber in wasserlöslichen Harnstoff umgewandelt werden muss, damit ihn die Nieren entsorgen können.

Beim Umwandlungsprozess von Ammoniak in Harnstoff geschieht etwas Besonderes. Bei der Harnstoffbiosynthese, wie die Mediziner diesen Vorgang der Ammoiniakbeseitigung in der Leber nennen, wird, gleichzeitig und zu gleichen Anteilen wie Ammoniak, unser wichtigster Blutpuffer zur Säure-Basen-Regulation verbraucht: Bicarbonat. Das ist der Stoff, der u.a. auch im Backpulver enthalten ist, damit der Kuchen besser aufgeht oder den Sie vielleicht schon mal in der Apotheke gegen zu viel Magensäure gekauft haben (was allerdings auf Dauer nicht zu empfehlen ist). Bicarbonat übernimmt mehr als zwei Drittel der gesamten Pufferleistung im Blut. Wird deshalb zu viel Nahrungsprotein gegessen – oder aber durch zu viel Stress, Krankheit oder Leistungssport permanent zu viel körpereigenes Eiweiß abgebaut – dann muss nicht nur der daraus entstehende Ammoniak abgebaut werden, sondern es wird im gleichen Verhältnis Bicarbonat verbraucht. Vereinfacht ausgedrückt: Proteinabbau verbraucht unsere Pufferkapazitäten und kann zu einer Verlustazidose führen, wie das der Schweizer Arzt John van Limburg Stirum in seinem Buch zur modernen Säure-Basen-Medizin formuliert hat.

Erste deutliche Anzeichen solcher schleichenden Prozesse im Hintergrund sind u.a. die Verschlechterung des Stofftransports und der Fließeigenschaften des Blutes (Viskosität) sowie eine damit verbundene schlechtere Sauerstoffversorgung der Zellen – Symptome sind u.a. ständige Müdigkeit. Auch die zunehmende Steifigkeit der Blutgefäßwände durch Ablagerungen und natürlich die Verschlackung von Binde- und Fettgewebe durch abgelagerte, nicht ausgeschiedene Neutralsalze oder schädliche Protein-Zucker-Verbindungen, den sogenannten AGE's (Advanced Glycation-End-Products), weil es nicht ausreichend alkalisch durchfluted wird, können langfristig Folge solcher Störungen in der Stoffwechselregulation sein. Manch hartgesottener Draufgänger und Held, der so die vielen Exzesse seines alltäglichen Lebens über einen langen Zeitraum »aushält«, tut dies nur, weil ein großer Teil der Fühligkeit seiner ins Bindegewebe reichenden Nervenenden bereits im fortwährenden »Säurebad« verlorengegangen ist. Erst der große Keulenschlag durch einen Herzinfarkt- oder Schlaganfall führt ihm dann schmerzlich vor Augen, dass da in seiner Lebensführung etwas schiefgelaufen sein muss.

Ein bisher wenig beachtetes Problem ist die durch Säuren und Toxine verursachte Schädigung von Nervenenden und deren Verbindungsstellen, den Synapsen sowie den die Nervenzellen umgebenden Myelinscheiden. Die Myelinscheide muss man sich als eine Art »Isolierkabel« für Neuronen vorstellen. Sie besteht zu etwa 25 % aus Aminosäuren und zu 75 % aus Fettsäuren. Ähnlich wie ein Isolierkabel den Kupferdraht im Innern schützt, ummantelt und schützt die Myelinscheide die Nerven. Sie bietet so einen gewissen Schutz für das empfindliche Nervensystem gegenüber den Angriffen von Freien Radikalen und Säuren (oxidativer Stress). Ist der Stress zu hoch oder der Nachschub an aufbauenden und zur Reparatur erforderlichen Nährstoffen nicht ausreichend, kommt es zur Schädigung dieser Myelinschichten. Eine solche Schädigung oder den Abbau der Schutzschicht bezeichnet man als Demyelinisation.

Wichtige Botenstoffe, wie bspw. die Neurotransmitter Dopamin, Serotonin und Noradrenalin, können aufgrund von unausgeglichenen pH-Milieus ihre Funktion nur noch unzureichend oder am Ende gar nicht mehr erfüllen. Durch anhaltenden oxidativen Stress kommt es außerdem zu einer Depolarisierung der Zellmembran, so dass die Natrium- oder Kalziumregulierung nicht mehr richtig funktioniert. Das Regelsystem der Neurotransmitter, die unsere Gedanken und unsere Motorik steuern, schaukelt sich entweder zum dauernden »Blitzlichtgewitter« hoch oder erlahmt. Bei Kindern kann das entweder zum Hans-Guck-in-die-Luft führen, wenn die Aktivitätsschwelle der Neuronen sinkt, oder zum Zappelphilipp, wenn die Aktivität überdreht. Mediziner nennen es dann Hypo- oder Hyperaktivität mit Aufmerksamkeitsdefizitsyndrom, kurz ADS. Das Aufmerksamkeitsdefizitsyndrom ist das Ergebnis einer schwerwiegenden Fehlentwicklung: falsche, mangelhafte Ernährung, vor allem aber zu viel Zucker, zu wenig Bewegung sowie häuslicher und schulischer Stress. Erschwerend kommen die häufig in Impfstoffen enthaltenen Adjuvantien (wie z.B. Thiomersal) hinzu. Durch Bakterien kann anorganisches Quecksilber aus Impfstoofen in organisches Quecksilber umgewandelt werden (Methylisierung) und sich in fettreichem Gewebe wie z.B. des Gehirns ablagern.

Darmstörungen und parasitäre Entgleisungen sind oft wichtige Frühindikatoren einer solchen Entwicklung. Die Auswirkungen bei Kindern sind fatal. So steigt der Adrenalinspiegel bei Kindern nach einem Stück Kuchen zehn Mal höher als bei Erwachsenen. Die Symptome von ADS – neben dem bekannten Zappeln oder oder einer gewissen Verträumtheit – sind hinreichend bekannt: Störungen des Arbeitsgedächtnisses, Blockierung der Merkfähigkeit, mangelnde Planfähigkeit, Muskelschwäche, Müdigkeit sowie nachhaltige Konzentrationsstörungen in Verbindung mit starken Stimmungsschwankungen.

Kommt zu Fehl- und Mangelernährung, Bewegungsmangel und Stress auch noch Wassermangel hinzu – wie er durch das Trinkverbot während des Unterrichts an unseren Schulen oft vorprogrammiert ist – so lassen Lernblockaden nicht lange auf sich warten. Die sinnvolle Antwort auf die schulmedizinische Ritalingabe bei ADHS-Kindern sowie die Verringerung von Sport- und Musikunterricht an den Schulen muss daher lauten: reichlich Bewegung, mehr Musik, weniger Zucker, Überwindung von Nährstoffdefiziten, gezielte Unterstützung der körpereigenen Entgiftung, Parasitenbehandlung und vor allem gesundes Wasser statt zuckerhaltige Softdrinks und Fruchtsäfte.

Wie weit solche Schädigungen durch »simple« körperchemische Prozesse bereits Neugeborene über Vorschädigungen im Mutterleib betreffen zeigen Studien, in denen man herausgefunden hat, daß komplexe Störungen des Säure-Basen-Stoffwechsels eben nicht nur im Erwachsenenalter, sondern bereits in frühem Kindesalter anzutreffen sind. Die große Zahl an Kindern mit Neurodermitis oder anderen Ausscheidungserkrankungen bis hin zu Kindern mit bereits vorhandenen Strukturschäden zeugen von den enormen Belastungen, welche das Ungeborene schon im Mutterleib durch die genannten Stressfaktoren (Ernährung, Umweltgifte, Strahlenbelastung und mütterlichen Stress) erfährt. Bereits leichte Formen der Übersäuerung beeinträchtigen das Wachstum von Frühgeborenen. In einer 1993 angefertigten Studie an der Pädiatrischen Klinik in Dortmund wurde bei 170 Säuglingen der Urin-pH-Wert bestimmt. 52 Säuglinge davon mit über 1,5 kg Körpergewicht und 25 Säuglinge mit unter 1,5 kg Körpergewicht zeigten an zwei aufeinanderfolgenden Tagen Urin-pH-Werte unter pH 5,4. Daraufhin wurde eine Gruppe während 7 Tagen mit basischen Mineralsalzen oral therapiert. Die Kontrollgruppe ohne basische Zusatzernährung und mit pH unter 5,4 zeigte dabei einen deutlichen Rückgang der Gewichtszunahme, im Gegensatz zur Kontrollgruppe jener Säuglinge, die mit basischen Zusatzstoffen versorgt wurden.

ADS

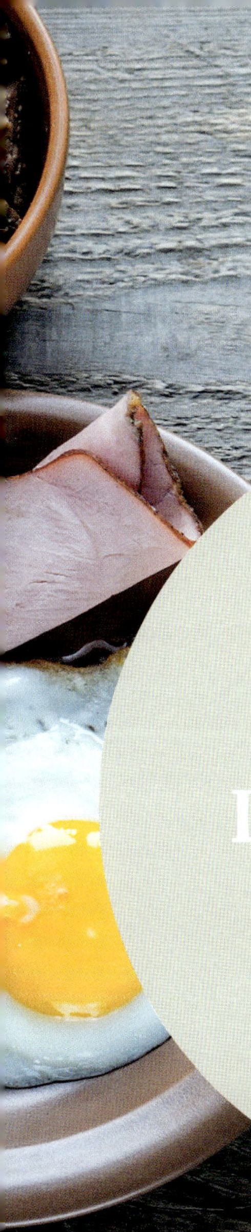

KAPITEL 5

Die besondere Rolle der Eiweiße

Die besondere Rolle der Eiweiße

Sehen wir uns eine andere Makronährstoffklasse etwas genauer an: die Eiweiße. Der aus dem griechischen stammende Begriff dafür ist Protein, abgeleitet von *proteus*, was soviel bedeutet wie: »das was am Anfang steht«. Wir haben diesen Wortstamm auch in dem Begriff Prototyp – dem Vorab-Exemplar, dem ersten Modell einer Serienfertigung in der Automobilindustrie.

Wie diese Vorsilbe selbst bereits deutlich macht, stellen die Proteine die wichtigste Nährstoffklasse für die menschliche Ernährung dar. Der Name ist Programm: er verweist auf die überragende Bedeutung, die Proteine für die menschliche Ernährung haben.

Proteine, respektive ihre kleinsten Bauteile, die Aminosäuren, sind für sehr viele lebensnotwendigen Prozesse in unserem Körper verantwortlich. Sie bilden die Bausteine für alle Gewebe wie Muskeln und andere Organe, Blut, Hormonen, Enzymen sowie zahlreichen Proteinverbindungen, darunter u.a. auch das vielfach bereits erwähnte Hormon Insulin. Beim Aufbau neuer Zellen sind sie beteiligt an starken Knochen, gesunden Haaren und Zähnen oder Nägeln. Zwölf der zwanzig von unserem Genpool gesteuerten Aminosäuren produziert der Körper selbst, acht davon aber muss er durch die Nahrung in Form von Protein zuführen. Daher werden diese acht auch als die lebensnotwendigen oder essentiellen Aminosäuren bezeichnet.

Essen wir zu wenig Protein oder schlechte Qualität, dann können sich zahlreiche Proteinmangelsymptome zeigen wie Ödeme, Gelenkschwellungen, die Neigung zu Blutergüssen, Müdigkeit, spröde Nägel, schlechte Wundheilung und vieles mehr. Proteinmangel kann auch durch einen erhöhten Bedarf etwa bei Krankheit oder während einer Schwangerschaft auftreten – ähnlich wie bei einem Leistungssportler, der im Wettkampf und im Training mehr Energie und Proteine verbraucht, weil sich dadurch die Stoffwechselvorgänge beschleunigen bzw. erhöhen. Sogar Herz- und Kreislauferkrankungen oder Nieren- und Leberprobleme können ihre Ursache in einem Mangel an diesem lebensnotwendigen Baustein haben.

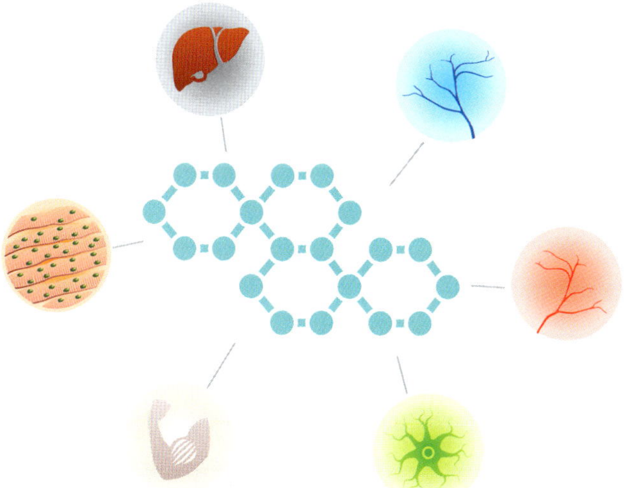

»Aber was sind nun Eiweiße genau? Wo sind sie drin? Oft höre ich dann gerade noch als Antwort: im Fleisch! Richtig, aber das greift natürlich zu kurz.«

Proteine werden zunächst einmal aufgeteilt in tierische und pflanzliche Nahrungsproteine, d.h. sie stecken in vielen Lebensmitteln. Allerdings in unterschiedlicher Qualität.

Die tierischen Eiweißquellen:

- Fisch
- Fleisch von Rindern, Schweinen oder Geflügel
- Hühnerei
- Milch
- Käse
- Joghurt, Kefir etc.

Die pflanzlichen Eiweißquellen:

- Algen wie Chlorella (>60%) oder Spirulina (ca. 57%)
- Soja (ca. 36%)
- Hülsenfrüchte oder Leguminosen(ca. 26%)
- Weizen (ca. 14%)
- Kartoffeln (ca. 2%)
- In ähnlich geringen Mengen auch in manchen Gemüsen

Vom Nährwert unterscheiden sich die beiden Eiweißarten allerdings sehr stark. Pflanzliche sind gegenüber den tierischen Proteinen vom Proteinnährwert als für die menschliche Eiweißversorgung geringwertiger einzustufen – eine Ausnahme bei den tierischen Proteinquellen bilden Milch, Käse und Molke – die ebenfalls einen geringeren Proteinnährwert haben als Fleisch oder Fisch.

Bei den pflanzlichen Proteinen beträgt der Eiweißnährwert in etwa die Hälfte dessen, was Fleisch, Fisch und Geflügel pro Gramm liefern. Zudem ist der Anteil der Proteinmenge in Pflanzen geringer. Das ist übrigens ein Grund dafür, weshalb man bestimmte Getreideprodukte mit Proteinen anreichert. Ein fataler Fehler, denn damit müssen auch mehr giftige Abbauprodukte entsorgt werden. Das wiederum belastet unsere Leber und Nieren.

Verdauung und geringer Nährwert sind aber noch nicht alles. Bei der Spaltung von Proteinen werden die einzelnen Bausteine, die Aminosäuren, freigesetzt. Ein großer Teil von ihnen muss abgebaut und verbrannt werden. Werden diese Aminosäuren aufgespalten, dann entsteht auf der einen Seite ein für unsere Zellen giftiger Stoffwechselabfall (Ammoniak) – auf der anderen wieder mal Zucker. Der Stickstoffabfall, wie ihn Fachleute bezeichnen, muss aufwendig über die Leber in den wasserlöslichen Harnstoff umgewandelt und über die Nieren entsorgt werden. Sie haben vielleicht schon mal einen Menschen gesehen, der zu viel Harnstoff anreichert, weil er ihn nicht mehr ausscheiden kann. Vielleicht, weil er keine gut funktionierenden Nieren oder eine Nierenentzündung hat. Die Haut dieser Menschen hat die Farbe von Milchkaffee. Sie sehen krank aus und sind es natürlich auch. Therapeuten erkennen dann sofort über die Antlitzdiagnose, dass etwas mit dem Abbau von Stickstoffabfall nicht stimmt.

»Um mit pflanzlichen Proteinen unseren täglichen Proteinbedarf zu decken müsste man bspw. mehrere Kilo Bohnen essen. Machen Sie das mal. Ich garantiere Ihnen, dass Ihr Beliebtheitsgrad bei Ihren Mitmenschen rapide sinkt, weil Ihre Verdauungsprobleme damit für alle riech- und hörbar werden. Das ist auch der Grund, warum manche Menschen mit Chlorella Probleme haben, wenn sie z.B. eine Entgiftungskur damit einleiten ... Blähungen sind die Folge.«

Der bei der Spaltung von Aminosäuren über die Glukoneogenese erzeugte Zucker hingegen wird verbrannt oder in Speicherfett umgewandelt. Und hier schließt sich der Teufelskreis wieder: aus Kohlenhydraten und Einfachzuckern überfüttern wir uns mit Glukose, also genau jenem Treibstoff, der sofort beseitigt werden muss, damit er keinen Schaden anrichten kann. Und aus Proteinen baut unser Körper zum Teil ebenfalls Zucker. Und je minderwertiger der Proteinnährwert desto höher ist der Zuckeranteil. Pflanzliche Proteine liefern nicht nur einen geringeren Proteinnährwert, sondern auch noch einen höheren Anteil an giftigen Abfällen und Zucker. Reichert man Weizen- oder Roggenbrot mit zusätzlichen Eiweißen an, dann haben wir den doppelten Schaden: höherer Proteinanteil bei schlechtem Nährwert mit entsprechend mehr Abbaugiften und Glukose. Proteinangereichertes Brot ist also eine sehr dumme Idee.

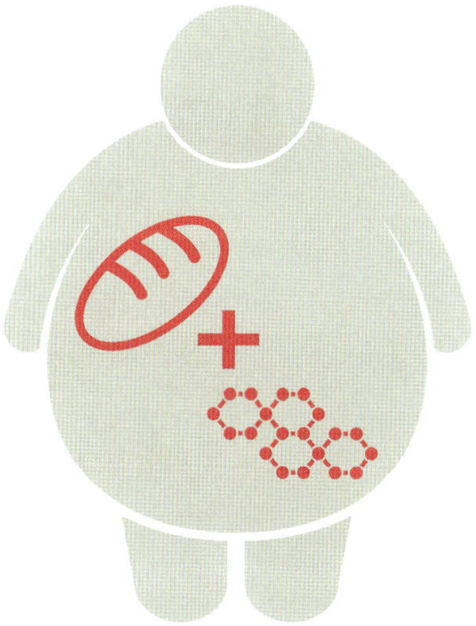

In der rechts abgebildeten Tabelle sehen wir an den blauen Flächen deutlich den Proteinnährwert der jeweiligen Proteinquellen. Der Proteinnährwert wird dargestellt mit dem Fachbegriff »NAV« für Netto-Aminosäuren-Verwertbarkeit. Je höher dieser in den blauen Flächen abgebildete Wert ist desto höher ist der Proteinnährwert einer Eiweißquelle und umgekehrt. Die grüne Fläche kennzeichnet den Anteil des Stoffwechselabfalls (SA: Ammoniak, Harnsäure) der jeweiligen Proteinquelle sowie die aus dem Abbau von Aminosäuren resultierende Energie. Ist der Anteil des Abfalls niedrig, dann ist der Proteinnährwert hoch. Energie und Abfall zusammen sind immer gleich groß, d.h. 100%. Essen Sie also Eiweiß aus Fleisch, Fisch und Geflügel, dann haben Sie einen höheren Proteinnährwert als aus Milch, Molke, Soja oder anderen pflanzlichen Proteinquellen und entsprechend fällt weniger zellgiftiger Ammoniak an, den Leber und Nieren entsorgen müssen.

Der oberste Querbalken mit dem höchsten Proteinnährwert und der geringsten Menge an Stoffwechselabfall (SA) kennzeichnet die Werte von MyAMINO®. MyAMINO® ist ein für den Menschen optimale Aminosäurenprofil. Es ist aus den acht, für die menschliche Proteinernährung lebensnotwendigen Aminosäuren zusammengesetzt. Es ist das für die menschliche Proteinernährung optimale Profil, welches das Verhältnis von Aufbauwert zu Abbaugiften anbetrifft. Im Vergleich zu allen anderen Nahrungsproteinen weltweit hat MyAMINO® den höchsten Proteinnährwert mit dem geringsten Abfall.

Warum sind Eiweiße so wichtig? So wichtig, dass sie »am Anfang stehen« und unser Organismus sogar den Abbau des zellgiftigen Abfalls in Kauf nimmt – im Gegensatz zu Fetten, die keinen giftigen Stoffwechselabfall erzeugen. Darüber habe ich am Anfang dieses Kapitels schon etwas erzählt. Aber hinter den Proteinen stecken noch mehr Geheimnisse. Der Nobelpreisträger Arthur Kronberg hat während seiner Verleihung im Jahre 1959 einen wunderbaren Satz von sich gegeben, der im Grunde alles auf den Punkt bringt: *»Zweie müssen sein, wenn das Leben glücken soll: Proteine und Nukleinsäuren«.* Ohne die

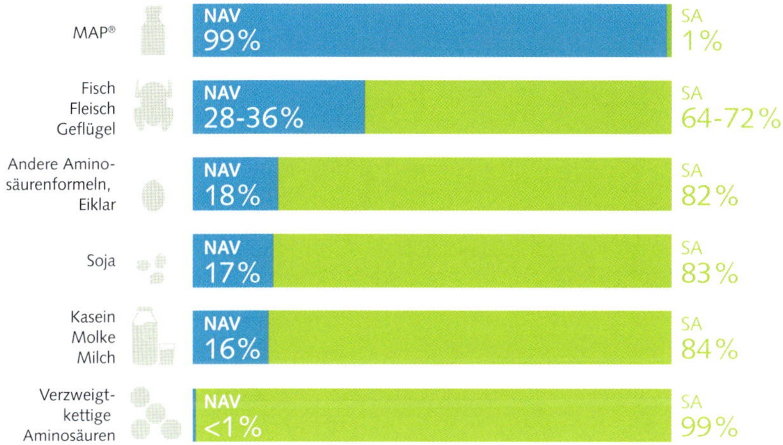

beiden ist also kein Leben möglich. Während die Nukleinsäuren das Gerüst für unsere Erbsubstanz oder DNS bilden, sind die Eiweiße als die »Dramaturgen« des Lebens für alles andere da. Ein Teil der Proteine und seine Grundbausteine, die Aminosäuren, bilden die aktiven, durch die Gene gesteuerten und codierten Fundamente des Lebens. Sie spielen qualitativ und quantitativ gesehen eine wesentlich wichtigere Rolle als Kohlenhydrate, die im Grunde ernährungsphysiologisch überhaupt nicht erforderlich sind da der Körper Zucker aus verschiedenen Quellen selbst herstellen kann.

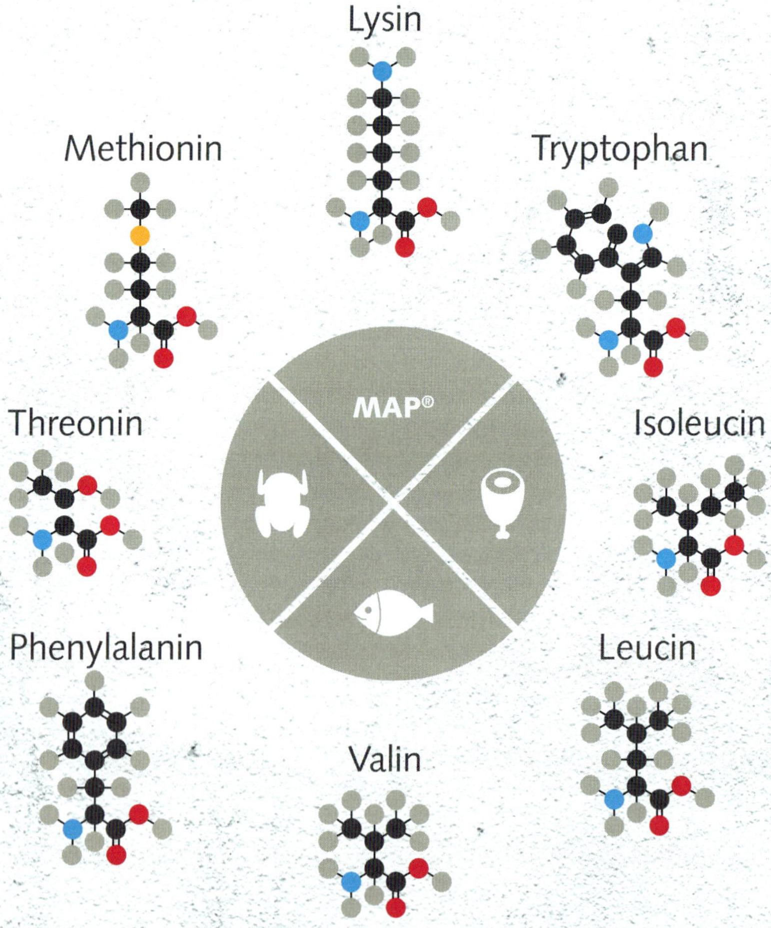
Lysin
Methionin
Tryptophan
MAP®
Threonin
Isoleucin
Phenylalanin
Leucin
Valin

In der Literatur werden zwanzig proteinogene oder sog. kodierte Aminosäuren von den nicht kodierten unterschieden. Diese über den vorprogrammierten DNS-RNS-Code gesteuerten kodierten Aminosäuren entwickeln sich über Polymerbildung zu längeren Aminosäureketten, sprich Proteinen. Sie werden so zu kleinen biologischen Arbeitsrobotern, die alle lebendigen Prozesse aufbauen und steuern. Proteine sind damit bedeutende »Informationsträger«, ebenso wie Nukleinsäuren, die Bausteine der DNS. Zwölf der zwanzig kodierten sind nicht-essentiell, acht sind essentiell und müssen über unsere Ernährung zugeführt werden. Aus diesen acht essentiellen Aminosäuren kann unser Körper dann alle anderen nicht-essentiellen bauen.

*Proteine sind Quelle und
Taktgeber für alles Lebendige.*

Über die Gene bestimmen Proteine den Aufbau und die Bildung aller Gewebe in unserem Körper. Eiweiße geben nicht nur die Signale für das Was, Wie und Wo in unserem Organismus. Sie bilden zugleich das »Mauerwerk« für unsere Muskeln, aber auch für die Zellen der Schleimhaut, der Haut, den Haaren, den Fuß- und Fingernägeln und unseren inneren Organen. Eiweiße sind die Grundlagen der Hormone oder Neurotransmitter und Botenstoffen für unser Gehirn. Auch als Bausteine für unsere Immunabwehr bilden sie das Fundament. Sie sind nicht einfach nur Nährstoffe zur Energiebereitstellung, die Zucker oder Abfall liefern. Sie sind Träger von Informationen.

Der Biologe Prof. Dr. Raubenheimer spricht in seiner Forschung von einer Protein-Hierarchie, der Vorrangstellung von Eiweiß-Hunger in der Ernährung von Säugetieren, ja sogar von Insekten. Raubenheimer hat es in zahlreichen Tierversuchen nachgewiesen. Der Proteinhunger steht immer im

Vordergrund. Stehen uns keine reichhaltigen Proteinquellen als Nahrung zur Verfügung, versuchen wir den Proteinmangel durch minderwertige Proteine aus pflanzlichen Quellen zu decken. Die Folge: wir essen dadurch zu viele Kohlenhydrate und damit wieder einmal zu viel Zucker. Dabei werden wir fett und haben zugleich einen verringeren kalorischen Grundumsatz wegen der abnehmenden Muskelmasse. Raubenheimer spricht in diesem Zusammenhang vom Protein-Hebel-Effekt des Dickwerdens. Hier wird es besonders deutlich: Dicksein ist der Schrei des Körpers nach Nahrung – nach richtiger Nahrung.

Aus diesen Erkenntnissen läßt sich erschließen, dass die Qualität des Proteins von essentieller Wichtigkeit ist. In optimalen Proteinquellen kommen die acht lebenswichtigen Aminosäuren in einem speziellen, humanspezifischen Verhältnis vor, weshalb man auch von einem humanen Aminosäureprofil sprechen kann. Die acht essentiellen Aminosäuren können von unseren Körpern nicht selbst hergestellt werden. Wir müssen sie, ganz ähnlich dem Vitamin C, das Primaten nicht mehr selbst herstellen können, über die Nahrung zuführen.

Die Qualität dieses Profils der acht essentiellen Aminosäuren und ihr Verhältnis zueinander bestimmen den Nährwert von Eiweißen wie ich es in der vergleichenden Tabelle für Eiweiße gezeigt habe. Und hier schneiden die pflanzlichen Proteine leider schlecht ab – ob es uns gefällt oder nicht. Wir benötigen wesentlich mehr pflanzliche als tierische Proteine aus Fleisch oder Fisch, um einen vergleichbaren Proteinnährwert zu erreichen, d.h. damit unseren Proteinbedarf zu decken. Wir sehen ebenfalls, dass unser Körper in diesem Fall wesentlich mehr Stoffwechselabfall aus dem Proteinabbau bewältigen muss. Dies belastet Leber und Nieren, welche für die »Entsorgung« von Ammoniak zuständig sind. Unsere Verdauung wird ebenfalls in Mitleidenschaft gezogen und mittelbar über diese auch das Herz- und Kreislaufsystem. Trotz dieser Tatsache hören wir oft, dass pflanzliche Proteine gesünder und hochwertiger sind als tierische Nahrungseiweiße. Das widerspricht jeglicher ernährungswissenschaftlicher Grundlagenforschung.

Wie wichtig eine gute Proteinversorgung mit ausreichender Bewegung für den Muskel- und Knochenaufbau ist zeigen auf beeindruckende Weise die folgenden Bilder. Wir sehen Magnetresonanzaufnahmen der Oberschenkel von Männern unterschiedlichen Alters mit unterschiedlichem Lebens-und Ernährungsstil. Die Aufnahmen zeigen einmal einen überwiegend sitzenden Zeitgenossen mit Bewegungs- und Proteinmangel. Und zum anderen zwei sportlich sehr aktive Männer sehr unterschiedlichen Alters mit ausreichendem Proteinkonsum.

Abbildung (1) zeigt die Oberschenkel eines 40-jährigen Triathleten. Wir sehen sehr deutlich die schlanke, durchtrainierte Muskulatur und die geringe Fettschicht des Unterhautgewebes. Der Mann besitzt außerdem eine gesunde Knochendichte.

Abbildung (2) ist der Oberschenkelquerschnitt eines ebenfalls schlanken aber bereits älteren, 74-jährigen Mannes. Dieser hat sich wenig bewegt und ist ganz offensichtlich unzureichend mit Protein versorgt, oder

40-jähriger Triathlet

Ausreichender Proteinkonsum · Hohe Bewegungsleistung

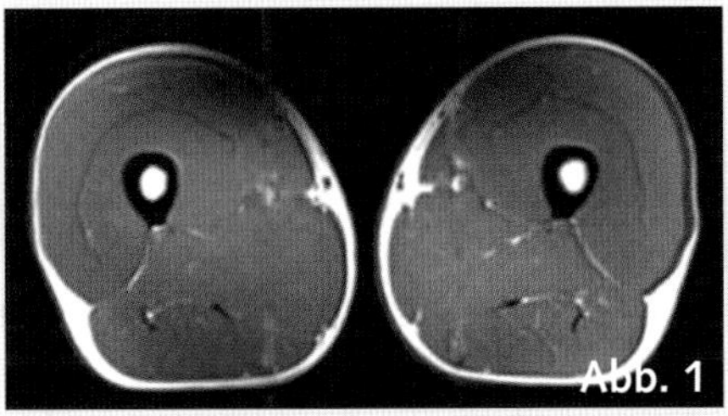

74-jähriger mit wenig Bewegung

Unzureichender Proteinkonsum · Zu wenig Bewegung

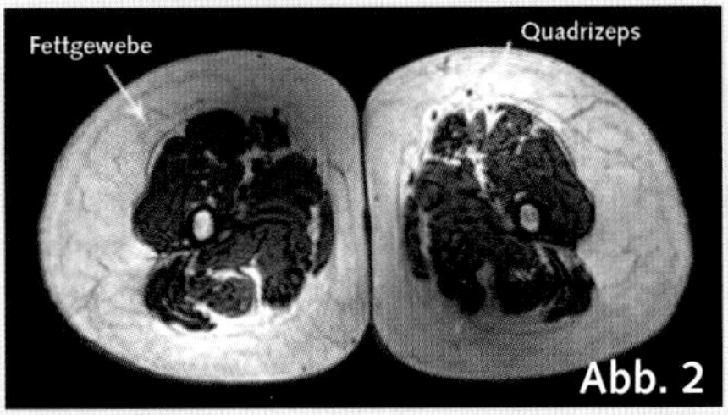

er hat eine schlechte Proteinverdauung und damit -verwertung. Selbst für Laien ist erkennbar, dass die Körperfettverteilung, d.h. das Verhältnis von Magermasse zu Fett, sehr ungünstig ist. Der augenscheinlich schlanke Mann ist innerlich völlig verfettet. Sogar die verbleibende Muskelmasse ist von Fettadern durchzogen und sieht aus wie das marmorierte Fleisch eines Kobe-Rindes. Ebenfalls lässt die Knochendichte sehr zu wünschen übrig. Wir erkennen sofort, dass dieser Mann unter Osteoporose leidet. Anstelle einer dicken und dichten weißen Masse des Knochens sieht man einen eher gräulich-dünnen, porös wirkenden Kern.

Wir dürfen das Älterwerden jedoch nicht als Entschuldigung benutzen und Krankheit und Siechtum als unweigerliche Folge des Alterungsprozesses akzeptieren. Unser Körper ist mit 74 Jahren sicherlich nicht mehr so leistungsfähig wie der eines Zwanzigjährigen. Aber dies bedeutet noch lange nicht, dass es auch gesundheitlich bergab gehen muss oder dass man eine solche Fettverteilung hat. Das ist Fett-Pudding aber keine Muskulatur.

Abbildung (3) zeigt uns einen weiteren 70-jährigen. Im Gegensatz zum vorherigen Probanten, ist es ein sportlich sehr aktiver Mann. Er ernährt sich zudem mit 1,2–1,5 g/Eiweiß pro Kilogramm Körpergewicht. Wir sehen sehr deutlich die magere Muskulatur und die dünne Unterhautfettschicht ähnlich dem 40-jährigen Sportler von Abbildung (1). Wenn wir uns die Abbildung genau ansehen, erkennen wir, dass die Knochen sogar noch etwas dicker sind als beim jüngeren Kollegen. Dieser Mann hat über die Jahre seiner sportlichen Aktivität eine hohe Knochendichte aufgebaut und erhalten.

70-jähriger Triathlet

Ausreichender Proteinkonsum · Hohe Bewegungsleistung

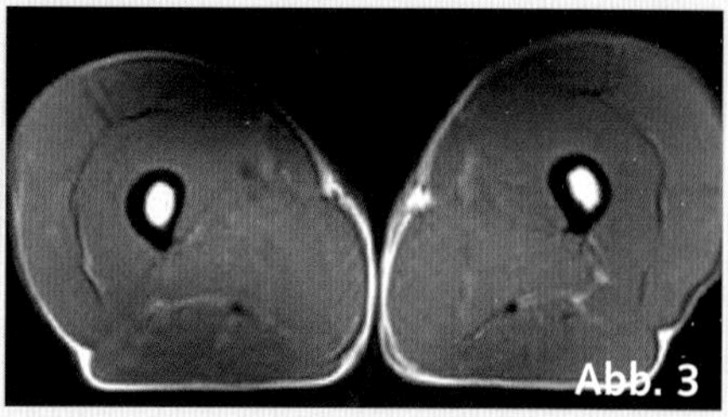

»Zweie müssen sein, wenn das Leben glücken soll:
Proteine und Nukleinsäuren.«

Arthur Kornburg
aus Anlass seiner Nobelpreisverleihung 1959

Die offiziellen Ernährungsvorgaben in Sachen Protein sind unzureichend!

Bewegungsmangel sowie Fehl- und Mangelernährung sind nicht nur unter älteren Menschen weit verbreitet, auch jüngere Menschen sind immer häufiger davon betroffen. Eine kürzlich veröffentlichte Studie über das Gesundheitsverhalten von Auszubildenden im Auftrag der AOK zeigt, dass mehr als ein Viertel der jungen Leute keinen oder kaum Sport betreiben und fast 50 % einer schlechten Ernährung zusprechen. 36 % der Auszubildenden leiden unter Müdigkeit, Mattigkeit und Erschöpfung und 15 % fühlen sich lustlos und ausgebrannt. (FAZ: 07.9.2015)

Trotz solcher Zahlen streiten immer noch viele Mediziner in Deutschland eine breitere Fehl- und Mangelernährung als Ursache dieser Entwicklungen ab. Wen wundern solche Meinungen, wenn doch das Fach Ernährungsmedizin im Ausbildungskatalog der humanmedizinischen Ausbildung lediglich eine Randerscheinung ist. Prof. Dr. med. Löser, Facharzt für Innere Medizin und international renommierter Ernährungsmediziner kritisiert dies in seinem Buch »*Unter- und Mangelernährung*« von 2011 mit deutlichen Worten: »*Man wird Facharzt in Deutschland, ohne jemals etwas von Ernährungsmedizin gehört zu haben. …Unter-/Mangelernährung ist sehr häufig und vor dem Hintergrund der bekannten demographischen Entwicklungen mit immer älteren Mitbürgern eine deutlich zunehmende „Volkskrankheit" und Unter-/Mangelernährung hat wissenschaftlich eindrucksvoll belegte medizinische, ökonomische, soziale und gesundheitspolitische Konsequenzen, die wir uns in Zukunft allein schon rein vor dem Hintergrund der immer knapper werdenden Ressourcen aus betriebs- und volkswirtschaftlicher Sicht nicht mehr leisten können zu ignorieren.*«

Noch deutlicher wird die Fehl- und Mangelernährung von älteren Menschen in Kranken- oder Pflegeheimen. Liegt sie bei unabhängig lebenden, gesunden Senioren im häuslichen Bereich bei 10 %, so steigt sie laut Prof. Dr. Löser zufolge in Pflegeheimen auf 50–80 % an. Unter- bzw. Fehl- und Mangelernährung ist deshalb aus Sicht des Ernährungsmediziners ein »*hochrelevanter, unabhängiger klinischer Risikofaktor mit signifikanten Einflüssen auf die Infektionsrate …Immunkompetenz, allgemeine Komplikationsrate, Morbidität, Prognose, Lebensqualität und definitiv auch auf die Sterblichkeit der betroffenen Personen.*«

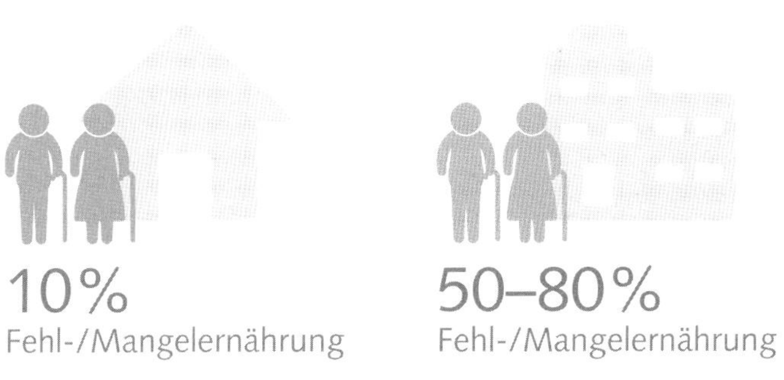

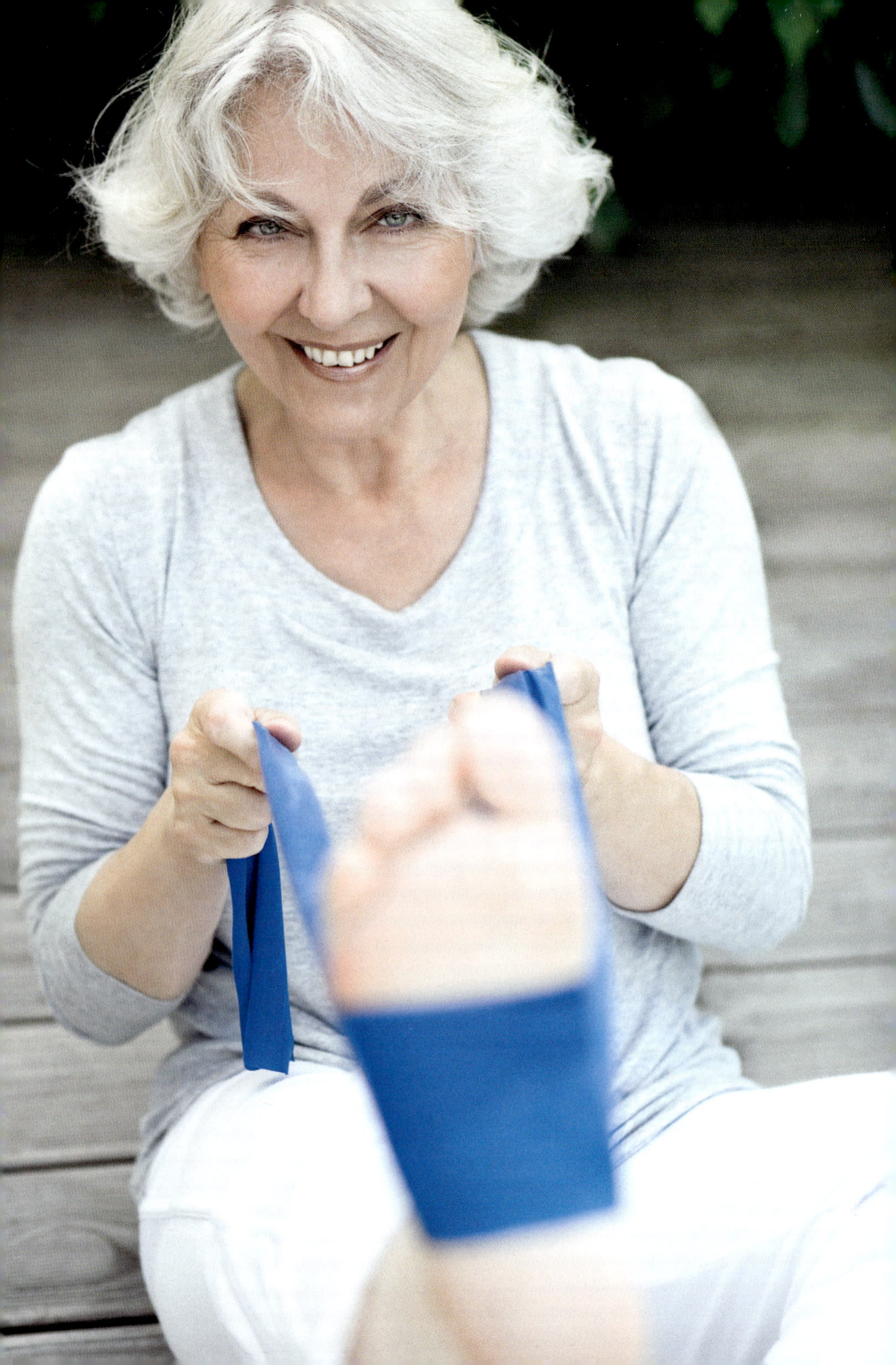

Die Rufe nach gesünderer Ernährung und die Forderung, veraltete Ernährungsrichtlinien auf den Prüfstand zu stellen werden angesichts der zunehmenden Studien zu diesem Thema immer lauter. Gerade der Proteinbedarf älterer Menschen sollte ganz offensichtlich höher sein, als die von offizieller Seite empfohlenen 0,8 g pro Kilogramm Körpergewicht. Zu diesem Ergebnis kommen der Klinikdirektor der Universitätsklinik für Altersmedizin in Oldenburg, Dr. Jürgen M. Bauer und seine Kollegin, die Ernährungswissenschaftlerin Dr. Rebecca Diekmann. In der Schweizer Zeitschrift für Ernährungsmedizin haben sie 2013 einen Artikel über den Proteinbedarf älterer Menschen veröffentlicht. Darin fordern die beiden Wissenschaftler eine auf den individuellen Bedarf älterer Menschen zugeschnittene deutlich höhere Proteinzufuhr. Die Forderung der beiden ist eine kleine Revolution, da sie die international gebräuchlichen Richtlinien zur Einnahmeempfehlung für die tägliche Zufuhr von Nahrungsprotein infrage stellt und als eindeutig zu niedrig deklariert. Die behördlichen Richtlinien (RDA) würden, so Diekmann und Bauer, *»keinen Bezug zum Erhalt von Funktionalität (aufweisen). … Die aktuelle Studienlage belegt, dass ein höherer täglicher Proteinkonsum für den Erhalt beziehungsweise die Wiedergewinnung von Muskelmasse und -funktion von Nutzen ist.«*

Alle gemachten Aussagen, wissenschaftlich belegt, decken sich mit meinen Erfahrungen, die ich in den letzten 17 Jahren Ernährungsberatung und in meiner therapeutischen Praxis, gemacht habe. In vielen Fällen konnten angeblich altersbedingte Beschwerden durch eine gezielte Bewegungs- und Ernährungstherapie erheblich verbessert werden.

KAPITEL 6

Das Märchen vom bösen Fett

Das Märchen vom bösen Fett

Wir wissen jetzt schon einiges über Ernährung. Wir haben neue, ja revolutionäre, Erkenntnisse kennengelernt. Würden diese Erkenntnisse mit den kommerziellen Interessen der Lebensmittelindustrie übereinstimmen, wären sie schon längst in aller Munde. Wie aber steht es um's Fett, dem dritten Makronährstoff im Bunde?

Mal ehrlich: Wer von uns empfindet schon etwas Positives bei dem Wort Fett? Vom Schimpfwort bis zum Ekel – da ist alles drin, was wir als schlecht empfinden. Aus der Werbung und den offiziellen Empfehlungen, etwa von der Deutschen Gesellschaft für Ernährung oder von den meisten Ärzten erfahren wir, dass wir uns fettarm ernähren sollen. Die »guten« pflanzlichen Öle oder Margarine schützen uns davor, dick zu werden und sollen unser Herz-Kreislauf-System schonen und das »böse« Cholesterin in Schach halten. Man empfiehlt uns, fünfmal täglich Obst und Gemüse, 4–5 Portionen Getreide, Brot, Nudeln, Reis oder Kartoffeln zu essen. Die Empfehlungen für aktive Menschen und Kinder sind sogar noch höher. Milch und Milchprodukte sollen fettarm sein. Der Energieprozentanteil an Kohlenhydraten, im Grunde alles Zucker, soll laut dieser Empfehlung bei 60 % liegen. In den 1970er Jahren waren es sogar 70 %. Aus Fett hingegen sollen wir nur maximal 30 % der Energie beziehen, und noch dazu aus pflanzlichen, keinesfalls aus tierischen Fetten. Mehr als ein Ei am Tag gilt wegen des Cholesterinanteils ebenfalls als ungesund.

»Man fasst sich an den Kopf – das ist ein unglaublicher Unsinn. US-amerikanische Ernährungsempfehlungen gehen sogar noch weiter und empfehlen bis zu 7 Portionen Getreide und teilweise nur 6–8 Energieprozente aus tierischen Fetten. Als wären wir tagein, tagaus fressende Wiederkäuer.«

Diese Empfehlungen bedeuten allein für die Verdauung, dass unsere Bauchspeicheldrüse überhaupt nicht mehr zur Ruhe kommen kann. Fett ist mit 9 kcal/g mehr als doppelt so kalorienreich wie Kohlenhydrate (4 kcal/g). Die Folge ist, dass der Kohlenhydratanteil überproportional steigen muss, wenn nahezu kein Fett mehr gegessen werden darf. Und vergleichen Sie mal einen Joghurt ohne Fett mit einem fetten. Der fettarme enthält bis zu 180 % mehr Zucker als ein super fetter schmackhafter griechischer Joghurt.

Das ist purer Wahnsinn! Diese Empfehlungen sind in höchstem Maße gesundheitsschädlich. Fett ist nicht nur der wichtigste Energielieferant, er ist einer der wichtigsten Makronährstoffe für die Zellerneuerung neben Protein. Alle Zellmembranen enthalten Fette und Cholesterin als elementaren Baustein. Sie haben Schutz- und Stützfunktion. Und noch mehr: Fettsäuren in den Zellmembranen – die Bestandteile der Fette – dienen auch als Signalmoleküle zur Steuerung etwa von Hormonen und Neurotransmittern.

»Solche Signalmoleküle sind vergleichbar mit dem Öffnen ihres Autos mittels Ihres Schlüssels: Piep – offen! Das funktioniert nur über Signalleiter und da ist Fett ganz vorne mit dabei. Nicht von ungefähr ist Fett in der Nahrung ein wichtiger Geschmacksträger.«

Wir haben eigens für Fett entwickelte Geschmacksnerven auf der Zunge. Ein Wildbret, das nicht mit Speck gespickt ist, gilt als ungenießbar. Und eine Berner Platte mit magerem Fleisch ist so unvorstellbar und so wenig genießbar wie ein Glas Bier ohne Schaumkrone. Sprechen Sie doch mal mit Ihren Großeltern. Die werden Ihnen etwas ganz anderes erzählen in Bezug auf Fett. Vom schmackhaften, mit Fett durchwachsenem Kesselfleisch, der leckeren Blutwurst oder einer mit Fettkruste versehenen Schweinshaxe. Am besten noch mit Bier übergossen. Butteraugen auf der Suppe waren ein Statussymbol für wohlhabende Leute. Wir sehen in leuchtende Augen, wenn sie von solchen Speisen reden.

Die Inuit in Alaska haben das fette Fleisch bevorzugt und das magere den Hunden zum Fraß vorgeworfen. Wie kommt es also, dass wir heute alles was fett ist und mit Fett in Verbindung steht mit so unangenehmen Gedanken verknüpfen? Wie kommt es, dass wir rachitische Magermodels wie sie uns Heidi Klum anbietet zumindest scheinbar gegenüber kurvigen Frauen bevorzugen? Vor allem Frauen tun dies, weil sie den unsäglichen Modevorgaben folgen. Die Männer werden, was die Sicht auf das andere Geschlecht anbetrifft, unbewusst von ihrem Sexualtrieb beeinflusst. Sie bevorzugen in der Mehrheit die kurvigeren Modelle – nicht nur bei Autos. Und das ist auch gut so, denn Kurven und Fett bedeuten Fruchtbarkeit und gesunde, natürlich fette Babys.

Ursache für die Umkehrung der ursprünglichen Ernährungsweisen unserer Vorväter sind die Marketingstrategien des US-amerikanischen Landwirtschaftsministeriums. Sie haben die traditionelle Ernährungslehre mit ihren hohen Anteilen an tierischer Nahrung und Fetten quasi von den Füßen auf den Kopf gestellt. Seit den 1970er Jahren propagiert man diese Irrlehre, ohne wissenschaftlich ausreichende Beweise. Hintergrund dafür ist die Profitabilität der industriell hergestellten Lebensmittel, allen voran billiges Getreide und billige pflanzliche Öle. Die Lobbyisten der großen Konzerne haben hierbei einen enormen Einfluss und bestimmen in vielen Fällen, was kommuniziert werden darf und was nicht. Einmal in der Welt, wird eine tausend Mal wiederholte Lüge immer mehr zur unumstößlichen Wahrheit. Mit Hilfe zahlreicher zweifelhafter Studien und permanenter Wiederholung werden Un- und Halbwahrheiten fest in unseren – und noch viel wichtiger – in den Köpfen der Ärzte verankert. Wir alle kennen den Spruch: »Traue keiner Statistik, die du nicht selbst gefälscht hast«.

Systematisch wurde über eine vermeintlich ursächliche Verbindung zwischen tierischen Fetten und Herzerkrankungen ein Klima der Angst

»Wussten Sie, dass menschliche Babys einen relativ gesehen höheren Fettanteil als Geburtsgewicht haben als Babys von Meerschweinchen, Sattelrobben oder Seelöwen? Menschliche Babys brauchen das Fett zur Entwicklung ihres großen Gehirns.«

vor Fetten erzeugt. Ziel war es, den Marktanteil von Zucker, Margarine und billigen Pflanzenölen zu erhöhen und als die angeblich gesündere Alternative anzupreisen, während die wirklich gesunden tierischen Fette oder etwa Kokosöl aus Lateinamerika aus Konkurrenzgründen gezielt schlecht geredet wurden. Das alles hat man dann noch über großzügig finanzierte Studien »wissenschaftlich« untermauert.

Die Amerikanische Gesellschaft für Herzkrankheiten (AHA) wurde bereits 1948 mit jährlich 7 Millionen Dollar von Procter & Gamble. unterstützt. Procter & Gamble sorgte dafür, dass die einstmals kleine Organisation auf nationaler Basis [illegible]eren konnte. Ein genialer Marketingschachzug – für ein Budget, welches dem heutigen Geldwert von ca. 70 Millionen Dollar entspricht, holte man sich die »wissenschaftliche« Bestätigung, dass Margarine und billige pflanzliche Öle gesünder seien als tierische Fette oder die der Konkurrenten aus den Tropen.

»Die Folgen dieses verantwortungs- und skrupellosen Irrsinns: seit Einführung der US-amerikanischen Ernährungspyramide vor ca. 50 Jahren erleben wir eine pandemische Steigerung der Fettleibigkeit, Diabetes, ja sogar Gehirnerkrankungen und Krebs.«

Aus der Werbung erfahren wir z.B.: *»Leinöl hat mehr Omega-3-Fettsäuren als Fischöl«*. Also esst besser Leinöl. Nicht, dass Leinöl schlecht wäre. Im Gegenteil – es kann dazu beitragen, unser schlechtes Omega-6/Omega-3-Fettsäuren-Verhältnis (ω-6-FS/ω-3-FS) zu verbessern, was chronischen Entzündungen vorbeugt. In den Industrieländern beträgt das Verhältnis 20:1, teilweise sogar bis zu 50:1 in den USA. Ω-6-FS sind entzündungsfördernd, während ω-3-FS entzündungshemmend wirken. Wir benötigen beide Fettsäuren, allerdings in einem Verhältnis von maximal 4:1.

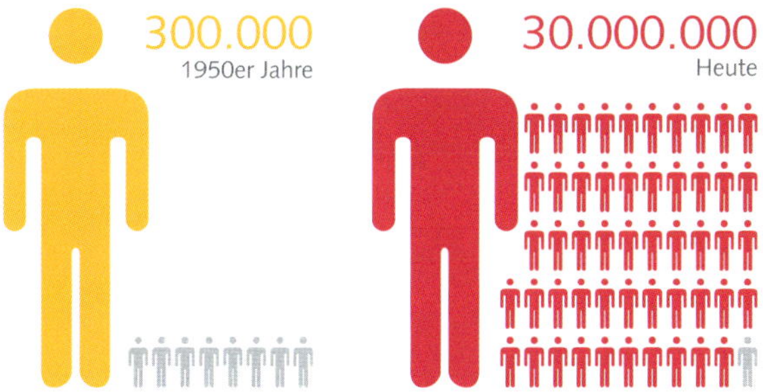

Aber auch unser Gehirn benötigt ω-3-FS. Und unser Gehirn unterscheidet leider sehr genau zwischen den tierischen ω-3-FS mit 22 und den pflanzlichen ω-3-FS mit nur 18 Kohlenstoffverbindungen. Pflanzliche ω-3-FS-Quellen sind nur zu einem sehr geringen Prozentsatz bioverfügbar. Unser Gehirn, das große Mengen davon braucht, kann pflanzliche ω-3-FS also kaum nutzen. Und deshalb ist Fischöl für unser Gehirn die bessere Wahl als Leinöl. Nicht die Menge, die Qualität ist entscheidend!

Leider wurden diese Ernährungsvorgaben auch in Europa übernommen, mit fürchterlichen Folgen für die Gesundheit der Menschen. Um nur ein Beispiel zu nennen: In den 1950er Jahren waren noch dreihunderttausend klinisch bekannte Allergiker in Deutschland, inzwischen sind es dreißig Millionen. Hierbei sprechen wir nur von den Allergien, neurologische Erkrankungen sind dabei noch nicht berücksichtigt.

Doch ganz langsam wird die Gemeinschaft derer, die diesen Vorgaben gegenüber eine kritische Einstellung haben größer. Bereits 2002 schrieb der Journalist Gary Taubes im New York Times Magazine doppeldeutig – »*Was, wenn alles eine fette Lüge war?*«

Viele der bisherigen und jahrzehntelang allgemeingültigen Ernährungsempfehlungen von offizieller Seite brechen wie ein Kartenhaus in sich zusammen. Die offiziellen Ernährungsempfehlungen, denen Millionen von Ärzten und noch mehr Patienten gefolgt sind, stellen

sich gar als »*ein dicker Irrtum*« (DER STERN/Deutschland) heraus. In Bild der Wissenschaft schrieb Dr. Irene Meichsner von der »*Mär vom ungesunden Fett... Hinter den vielen Ratschlägen der Ernährungswissenschaftler stecken keine Erkenntnisse, sondern nur Vorurteile*«, so die Wissenschaftsjournalistin. Heute wissen wir: konkreter Betrug und manipulierte Studien, denen auch die Ärzte aufgesessen sind.

Die US-amerikanische Wissenschaftsjournalistin Tina Teicholz hat 2014 eine beeindruckendes Buch vorgelegt: »*The Big FAT Surprise ... Die große FETTE Überraschung. Warum Butter, Fleisch und Käse zu einer gesunden Ernährung gehören*«. Die darin gemachten Enthüllungen über die Praktiken der Lebensmittelindustrie, Hand in Hand mit den US-amerikanischen Behörden und Hütern der Gesundheit wie die American Heart Association sind beklemmend. Besonders, wenn man als Therapeut das Leid der Menschen erlebt, die diesen Lügen aufgesessen sind. Die aktuelle Neuauflage wurde bislang als bestes Buch des Jahres 2015 gekürt.

Schweden hat inzwischen als erstes Land offiziell reagiert. Die empfohlene Ernährungspyramide mit dem hohen Kohlenhydratanteil wurde verworfen, die Anzahl der empfohlenen Mahlzeiten verringert und der niedrige Fettkonsum zugunsten tierischer Fette geändert. Ein Trend der sich auch in anderen Ländern fortsetzt. So fordern Schweizer Wissenschaftler inzwischen immer lauter eine Umkehr: Schweizer sollen fetter essen, mehr Eier, Butter und Käse. Der Ernährungsmediziner und Professor Michael Ristow an der ETH Zürich macht nicht die Fette, sondern direkt die kohlenhydratreiche Ernährung für das Herzinfarktrisiko verantwortlich. Diese Mahnung wurde bereits in den 1960er Jahren durch Prof. John Yudkin von der Universität London ausgesprochen. In seinem Buch »*Pur, weiß und tödlich*«, das erst jüngst wieder in einer deutschsprachigen Neuauflage erschienen ist, hat er auf die gesundheitlichen Gefahren hingewiesen, die von dieser, aus seiner Sicht »toxischen« Substanz, ausgehen. Leider ohne Wirkung.

In der NZZ am Sonntag betont Michael Ristow: »*Der Körper verbrennt Fette effizienter als Kohlenhydrate, so dass Kohlenhydrate eher zu einer Gewichtszunahme führen... die Anreicherung des Speiseplans mit Kohlenhydraten hat*«, so der Autor weiter, »*erst zu gegenwärtigen Epidemie von Fettleibigkeit geführt.*«

Selbst beim Schreckgespenst für Herzpatienten, dem bösen Cholesterin, hat man längst Entwarnung gegeben. Dies geschieht ohne große Aufmerksamkeit in der Öffentlichkeit. Nur wenige realisieren es, weil es um dieses Thema in den Medien sehr still geworden ist. Kein Trost für die Millionen Menschen die dadurch Schäden davon getragen haben. Im 6. Schweizerischen Ernährungsbericht von 2012 heißt es dezent: »*Aus wissenschaftlicher Sicht kann keine konkrete Beschränkung der Zufuhr von Cholesterin in mg/Tag empfohlen werden.*« Und im Online-Blog der NZZ schreibt Atlant Bieri inzwischen: »*Der Verzicht auf tierisches Fett in der Ernährung hat der Gesundheit von Millionen von Menschen mehr geschadet als genützt.*«

Auch die Medien, die jahrzehntelang diese Botschaften verbreitet und gestärkt haben, verändern ihre Haltung. »*Esst Butter! Wissenschaftler haben Fett als Feind gebrandmarkt. Warum sie falsch lagen*«, heißt der rebellische Leitartikel des jungen Brian Walsh im Time Magazin vom Juni 2014. Es ist eben jenes Magazin, das die Ernährungslüge in den 1960er Jahren aufs Podest gehoben hat. Junge unabhängige Journalisten bringen sie jetzt zu Fall. Lebensmittelkonzerne haben Wissenschaftler dafür bezahlt, Studien zu erstellen mit dem Ziel, Argumente für ihre Produkte zu finden. Alles was unsere Vorfahren noch wussten und richtig machten wurde plötzlich für falsch erklärt.

Es ist die Ernährungsweise unserer Urahnen, die es mit der Paleo- oder Steinzeitdiät wieder zu entdecken gilt. Und wie schon der Name sagt, handelt es sich um unsere Ernährungsweise als Jäger und Sammler mit einer hohen Bewegungsleistung, bevor diese den Ackerbau erfunden und Getreide, Reis, Mais oder Kartoffeln zu ihren Hauptnahrungsmitteln gemacht haben.

Im Mittelpunkt der modernen Paleo-Ernährung stehen natürliche und möglichst unbehandelte Lebensmittel:

- Fleisch aus Freilandhaltung und biologischer Fütterung
- Fangfisch (kein Farmfisch)
- stärkearme Gemüse
- frisches Obst (moderat, möglichst aus alten zuckerärmeren Sorten)
- Nüsse und Samen
- gesunde und gerade auch tierische Fette wie Butter
- fermentierte Lebensmittel

Das sind Lebensmittel, wie sie unsere Großmütter noch vor 60 Jahren verwendet haben. Sie haben der Gesundheit nicht geschadet, wie es Billigöle mit einem hohen Anteil an Omega-6-Fettsäuren, Fast-Food oder die großen Mengen an Auszugsmehlen und Zucker tun, die wir heute verzehren. Zur erweiterten Form der Paleo-Ernährung zählen aber auch ein paar »modernere« und sehr gesunde Lebensmittel wie fermentierte Milchprodukte (Joghurt, Kefir etc.) oder solche, die aus biologischer Tierhaltung stammen (z.B. frische Milch vom Bauern).

»Die vor mehr als 8.000 Jahren entdeckte Fermentierung ist eine der großen Errungenschaften und ein wichtiger Teil meines Ernährungskonzepts zur Erhaltung der Darmgesundheit. Da die Pflege unserer „guten" Bakterien dabei eine wichtige Rolle spielt, sind fermentierte, d.h. „lebendige" Nahrungsmittel ein wichtiger Baustein.«

Das Problem sind nicht tierische Produkte an sich, sondern die Art ihrer Erzeugung: skrupellose und dem Tier jede Würde nehmende Mast- und Massentierhaltung; nicht artgerechte Fütterung (z.B. Mais für Rinder), die Hormon- und Antibiotikaüberfrachtung, mit der wir nicht nur die Tiere quälen, sondern auch unsere Gesundheit bedrohen.

Wie ich weiter oben schon ausgeführt habe, benötigen wir strenggenommen, d.h. aus ernährungsphysiologischer Sicht betrachtet, weder Kohlenhydrate noch Zucker. Die Inuit in Alaska haben das über Jahrtausende bewiesen und überwiegend von Fett und Fleisch bzw. Fisch gelebt. Und bis zur »Zivilisierung« durch westliche Eindringlinge gab es dort weder Krebs noch andere chronische Erkrankungen. Beindruckend aufgezeigt hat das der Polarforscher Vilhjálmur Stefánsson in seinem 1953 erschienenen Buch: *»Krebs – eine Krankheit der Zivilisation«*. Der Körper ist zweifellos auch ohne, bzw. mit nur einem geringen Anteil an Kohlenhydraten in der Lage, die für die wenigen, allein von Glukose abhängigen Gewebe erforderlichen Zucker vollständig selbst herzustellen. Das macht er aus bestimmten, zuckerhaltigen Aminosäuren, aus Milchsäure wie sie die Muskelarbeit hervorbringt, sowie aus einem Abkömmling des Fettstoffwechsels, dem Zuckeralkohol Glycerol. Richtig! Unser Körper kann sogar aus Fett Zucker herstellen. Nicht viel, aber zusammen mit den beiden anderen Quellen völlig ausreichend zur Versorgung der wenigen, ausschließlich von Zucker abhängigen Gewebe wie z.B. den roten Blutkörperchen.

Diese Einsichten stellen die Lehrbücher auf den Kopf. Aber Achtung! Dies bedeutet nicht, dass wir überhaupt keine Kohlenhydrate, kein Obst oder andere zuckerhaltige Lebensmittel mehr essen dürfen. Es heißt lediglich, dass wir gerade von dem Nährstoff, den wir am wenigsten benötigen, bei weitem am meisten essen. Uns sogar förmlich damit überfressen, noch dazu ohne, dass eine entsprechende Bewegungsleistung gegenüberstünde, die zumindest einen Teil der Zuckerüberfrachtung auffangen könnte.

Die Botschaft lautet vereinfacht und auf den Nenner gebracht: wir sollten mit dem Nährstoff, welchen wir für unsere Ernährung am wenigsten brauchen, auch am sparsamsten umgehen und entsprechend weniger davon essen. Im Grunde folgt die neue Bewegung der Paleo-Ernährung genau diesem ursprünglichen menschlichen Ernährungsmuster. Und immer mehr Menschen, vor allem junge, folgen ihr.

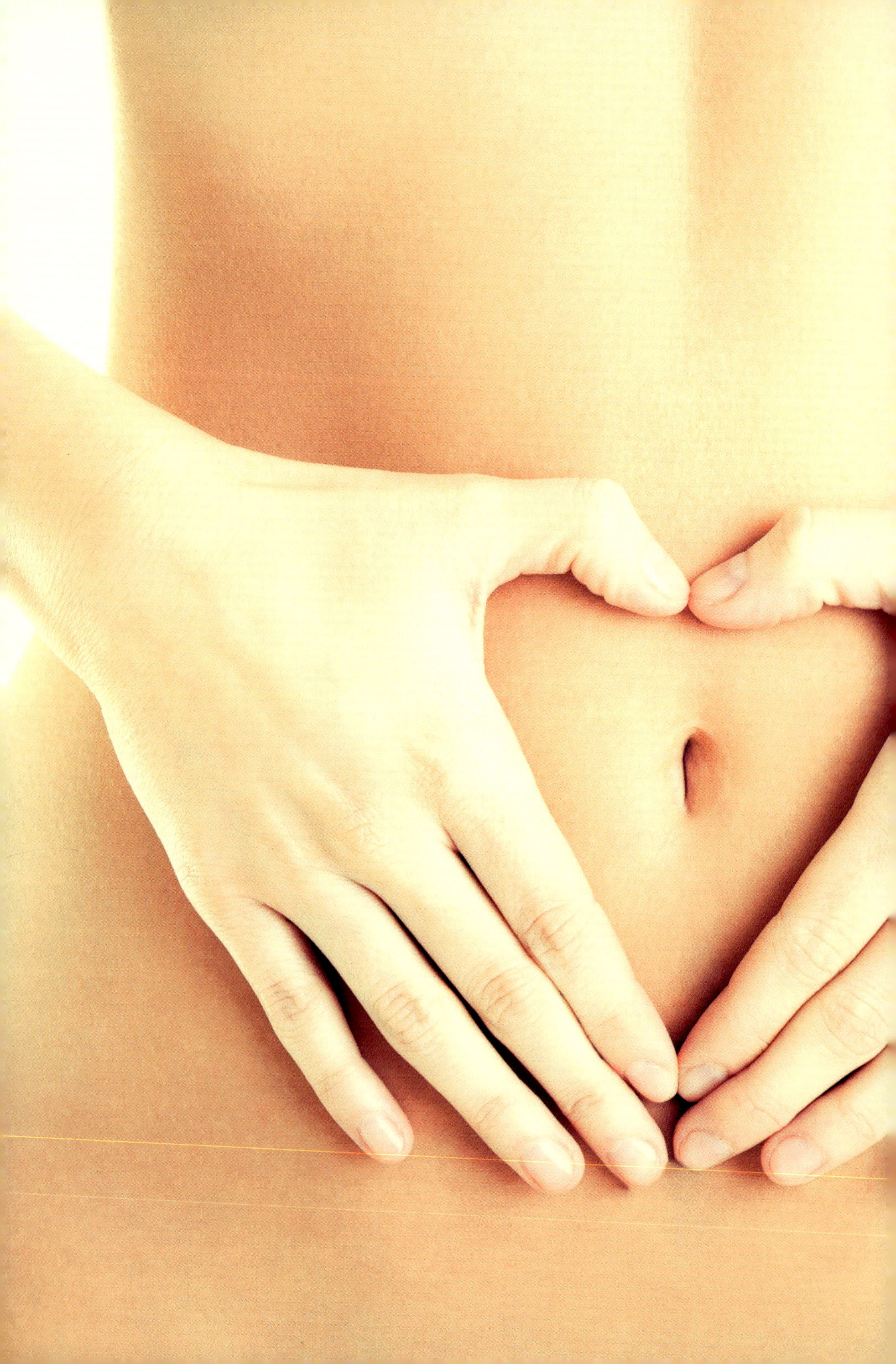

KAPITEL 7

Liebe deinen Darm

Liebe deinen Darm

»Alle Krankheiten beginnen im Darm.«
Hippokrates, Arzt in der griechischen Antike, ca. 500 vor Christus

Jetzt wissen wir bereits ein ganzes Stück mehr über die drei Makronährstoffe und ihre Bedeutung für unsere Ernährung. Und wir kennen die wichtigsten Ernährungslügen der letzten Jahre: die Märchen von den ungesunden Fetten und den gesunden Kohlenhydraten, der »wissenschaftlich fundierte« Aberglaube, dass unser Gehirn nur Glukose verwerten bzw. nur in Notzeiten auf Ketone zurückgreifen kann sowie die falsche Empfehlung seitens offizieller Vorgaben, dass wir nur 0,8 g Protein pro Kilogramm Körpergewicht benötigen, gleichgültig in welcher Lebenssituation wir uns befinden. Eine ganze Menge Unwahrheiten, nicht wahr?

Um unsere Grundlagenkenntnisse abzurunden, werfen wir nun einen genauen Blick auf ein äußerst wichtiges Organ. Es sorgt dafür, dass die beiden Nährstoffklassen – die Makro- und Mikronährstoffe – auch richtig verdaut und aufgenommen und die unverdaulichen Teile wieder ausgeschieden werden. Dieses Organ ist der Verdauungsapparat, insbesondere der Magen (unsere Mitte) und das letzte Glied in der Kette, der Dickdarm.

Nicht nur bei antiken Ärzten galt die Verdauungskraft des Magens und der Darm als Ausgangspunkt für viele Erkrankungen. Im Volksmund ist die Erkenntnis von der großen Bedeutung unserer Verdauung fest verankert. Der russische Biologe und Nobelpreisträger Ilya Mechnikov hat zum Ende des 19. Jahrhunderts sogar den Satz geprägt: *»Der Tod sitzt im Darm«*. Die noch junge Wissenschaft der Bakteriologie genoss in jener Zeit unter Forschern große Popularität. Mechnikov war dabei der Erste, der auf die besondere Bedeutung des Milieus von Bakterien in unserem Darm aufmerksam gemacht hat – und er hat auch die Probiotika im Kefir entdeckt. Er ging aufgrund dieser neuen Einsichten daher noch ein Stück weiter als Hippokrates. Und er sollte Recht behalten.

Hunderte von Billionen von Bakterien besiedeln uns. Nicht nur im Darm sind sie sehr zahlreich, auch auf unserer Haut siedeln unzählige von ihnen. Bislang wurden sie von der Medizin als die Feinde in unserem Körper wahrgenommen, die es zu bekämpfen galt. Aber für die meisten von ihnen ist das Gegenteil der Fall: sie haben außerordentlich wichtige Funktionen. Sie regulieren Entzündungen zur Abwehr von Infekten und sind wesentlicher Teil unseres Immunsystems. Sie produzieren Enzyme, Botenstoffe und Proteine, die wiederum unsere Fresszellen aktivieren. Sie kontrollieren unsere Fähigkeit, Nährstoffe aufzunehmen und produzieren sogar eigene, für uns als Wirt bestimmte Mikronährstoffe, z.B. Vitamine. Die Mikroben in unserem Darm, die wir in ihrer Gesamtheit als Mikrobiota bezeichnen, steuern sogar den Appetit, die Stoffwechselgesundheit und unser Gewicht. Sie tragen nicht nur entscheidend zu unserer Gesundheit bei, sie sind auch wesentlich an Wachstumsprozessen beteiligt. Winzige unsichtbare Kreaturen, so groß in der Zahl, dass sie unsere Zellen in unserem Körper um das Zehnfache übersteigen.

»Halten Sie sich diesen Gedanken einmal bewusst vor Augen: Man entdeckt plötzlich ein "neues" Organ, das die letzten 5.000 Jahre Medizingeschichte nicht bekannt war und sich als außerordentlich bedeutsam für unsere Gesundheit entpuppt. Und man stelle sich so etwas nur einmal beim Herzen vor – bislang unbekannt – ungeheuerlich! Genauso aber verhält es sich mit diesem "Bakterienhaufen".«

Allein die bislang bekannten etwa 10.000 Spezies an Mikroben übersteigen mit ihren mehr als 8 Millionen Genen das menschliche Genom, unsere Erbsubstanz, um ein Vielfaches. Wissenschaftler bezeichnen die Gesamtheit des Genpools unseres Bakterienmilieus bereits als eine Art eigenes Organ. Sie nennen es **Mikrobiom**. Mechnikov hätte gejubelt.

Neuere Forschungen zeigen nicht nur die überragende Bedeutung des Mikrobioms für unser Wachstum oder unsere allgemeine Gesundheit, sondern auch für die Gesunderhaltung unseres Gehirns. Die gleichen Botenstoffe, die im Gehirn zahlreiche Vorgänge steuern, finden sich auch in unserem Darm. Mehr noch: im Darm wird die Verfügbarkeit dieser Neurotransmitter – wie etwa das Glückshormon Serotonin – sogar gesteuert. Wenn Sie jetzt denken, das sei schon alles – dann irren Sie!

Die Darm-Gehirn-Achse ist durch die Aktivitäten der Mikroben enorm ausgeprägt. Sie kommunizieren über Signalstoffe mit dem Gehirn. So sind Mikroben etwa in der Lage, das Gehirn, unsere Stimmung und unser Verhalten zu beeinflussen. Bei der Transplantation von Mikroben in Mäusen hat man festgestellt, dass durch die Verpflanzung des Mikrobioms von risikobereiten Mäusen in den Körper von risikoscheuen, eher ängstlichen Mäusen, diese plötzlich aktiv wurden. Sie waren bereit, höhere Risiken einzugehen. Ein deutlicher Hinweis dafür, dass das Bakterienmilieu in unserem Darm unser Verhalten steuert. Wissenschaftler an der Karolinska Universität in Schweden haben darüber hinaus eine sensationelle Entdeckung gemacht. Sie haben herausgefunden, dass das Fehlen dieses Mikrobioms bei Mäusen zu Gehirnentzündungen führt, wenn beispielsweise gehirntoxische Substanzen zugeführt werden. Dies war bei der Kontrollgruppe, also bei jenen Mäusen mit intaktem Darmmilieu, nicht der Fall – trotz der Zufuhr von Giften.

Ein sensationeller Befund, welcher besagt, dass unsere Bakterien im Darm die Durchlässigkeit unserer Blut-Hirn-Schranke kontrollieren. Unser Gehirn wird durch ein intaktes Bakterinmilieu vor Giften geschützt. Dies belegt: die Geschehnisse in unserem Darm sind nicht nur wesentlich an der Steuerung der körpereigenen Entgiftung und hormonellen Homöostase beteiligt, sondern bestimmen zu weiten Teilen auch die Geschehnisse in unserem Gehirn.

»Schon lange ist mir in meiner Therapeutentätigkeit aufgefallen, dass es niemals bei meinen Patienten eine Depression gab, ohne dass nicht zugleich eine Darmerkrankung vorgelegen hätte.

Die Schutzfunktion, die ein gesunder Darm mit Hilfe eines gesunden Mikrobioms für eine intakte Blut-Hirn-Schranke und damit für unsere Gehirngesundheit hat, ist von allergrößter Bedeutung.«

Diese Zusammenhänge sind in ihren Grundlagen von Wissenschaftlern wie Mechnikov schon zu Anfang des vorigen Jahrhunderts festgestellt und publiziert worden. Das Studium des Darms in Zusammenhang mit Ernährungsgewohnheiten wurde jedoch von der etablierten Medizin als »unwissenschaftlich« lächerlich gemacht und abgelehnt. Jüngste Untersuchungen in England haben ergeben, dass der Tod durch Gehirnerkrankungen seit 1979 bei Männern um 66 %, bei Frauen sogar um unfassbare 99 % gestiegen ist. Die rasante Zunahme an chronischen Erkrankungen, Fettleibigkeit, Diabetes und Krebs macht demnach bei unserem wichtigsten Organ, unserem Gehirn, keine Ausnahme.

Es ist wahrlich nicht verwegen, einen zeitlichen und inhaltichen Zusammenhang zwischen diesen Ereignissen herzustellen. Seit der Einführung der unseligen Ernährungspyramide sehen wir eine starke Zunahme dieser Erkrankungen. *»Tod durch die Ernährungspyramide«* heißt denn auch das Buch von Denise Minger, einer streitbaren jungen US-Amerikanerin. Falsche Ernährung, Medikamenten- und Antibiotikamißbrauch, zu viel emotionaler Stress und Umweltgifte können die Darmflora zum Schlechten verändern. Unsere westliche Ernährungsweise hat einen sehr geringen Anteil an pflanzlichen Faser- und Ballaststoffen und einen zu hohen Kohlenhydrat- und Zuckeranteil. Wir »hungern« mit dieser Ernährung im Grunde unser Mikrobiom aus und begünstigen den Wildwuchs schädlicher Mikroben. Dies führt unweigerlich zu einem ungünstigen Darmmilieu – einer sogenannten Dysbiose, einem bakteriellen Ungleichgewicht –.und damit zu einer Störung des gesamten Stoffwechselgleichgewichts.

Offizielle Ernährungspyramide mit bis zu 60% Kohlenhydraten

Das Gleiche kann passieren, wenn wir Proteine aufgrund einer verminderten Magenkraft schlecht verdauen. Schlecht oder unverdaut in den Dünn- und Dickdarm weitergeschoben werden sie dort zwangsläufig zum Futter eiweißhungriger Bakterien. Und diese vermehren sich dann überproportional. Es ist alles eine Frage des Futterangebots. Die Veränderung der Darmflora führt auf Dauer zur Verringerung der Schutzfunktion der Darmschleimhaut. Diese sollte von den »guten« Mikroben besiedelt sein. Das Ergebnis ist häufig eine »perforierte« Darmwand – ein sogenannter Leaky Gut. In solch einem Fall durchdringen große Eiweißmoleküle die verletzte Wand und gelangen, zusammen mit Giften, in den Blutstrom. Dort werden sie als Fremdkörper von unserem Immunsystem erkannt und angegriffen, so dass es zu allergischen Reaktionen und Autoimmunerkrankungen kommen kann. Ein bakterielles Ungleichgewicht und der Wildwuchs der »falschen« Mikroben beeinflusst aber auch unsere Gehirngesundheit, unsere Stimmung und damit unser Verhalten.

Spiegelt man die Erkenntnisse des Zusammenspiels zwischen Darm und Hirn im Licht der Zunahme an neurologischen Erkrankungen wie Demenz, Alzheimer, Multiple Sklerose, Parkinson sowie anderen chronischen Krankheiten in den letzten Jahrzehnten – dann eröffnen sich über die Gesunderhaltung unseres Darms mithilfe einer gesunden Ernährung aber auch völlig neue Perspektiven. Wir müssen uns lediglich die Gründe dafür ins Bewusstsein rufen und klug handeln. Dies betrifft unmittelbar unser Essverhalten. Wir dürfen nicht jedem Werbeversprechen der Lebensmittelkonzerne blind hinterherlaufen. Die Stärkung der Verdauungskraft des Magens und die Darmgesundheit – und damit im Grunde unsere Ernährung, zusammen mit einer regelmäßig durchgeführten, konsequenten Entgiftung sowie ausreichend Bewegung – nehmen eine zentrale Stellung bei der Gesunderhaltung unseres Körpers ein. Langsam beginnen wir zu verstehen, was Hippokrates vor mehr als 2.500 Jahren meinte, als er sagte: *»Lass deine Nahrung deine Medizin und deine Medizin deine Nahrung sein«*.

KAPITEL 8

Die Heilkraft der Lust

Die Heilkraft der Lust

Optimisten leben länger! Und fröhliche Menschen sind im Durchschnitt gesünder. Dagegen sind Dauerskeptiker, Pessimisten und Griesgrämer oder stark mit negativem Stress belastete Menschen häufiger krank und altern schneller. Eine positive und lebensbejahende Einstellung ist für die Gesundheit förderlich. Dies ist eine allseits bekannte Tatsache. Die Lebenskünstler dieser Welt wussten es schon immer.

Nun aber ist es amtlich: Zur Heilkraft der Bewegung kommt die Heilkraft der Lust: Liebe, Lachen, Musik – sofern sie als angenehm empfunden wird – ein ausgewogenes Sexualleben und ein entspanntes sowie genussreich-balanciertes und möglichst stressfreies Leben tragen

wesentlich zur Gesundheit und zu einem langen Leben bei. Es gibt inzwischen sogar Lach-Seminare. Studien haben die Wirksamkeit u.a. von Lach-Seminaren bei chronisch Kranken nachweisen können, wenn die Probanden täglich gezielt eine Stunde zum Lachen angeregt wurden.

Lust ist der Gesundheit förderlich: das ist nachweisbar. Bereits ein als angenehm empfundener Duft regt das Immunsystem an. Die Aromatherapie hat hier ihre Wurzeln. Gesteuert wird das Ganze über das geruchsabhängige Informationssystem der Nasenschleimhäute. Der Riechnerv führt direkt ins limbische System unseres Gehirns, das unsere Emotionen und Triebe steuert. Bei angenehmen Düften erhöht sich der Gehalt der Immunglobuline (Antikörper) im Speichel um ein Vielfaches. Sind wir glücklich, zufrieden oder gar verliebt, hebt das nicht nur die Stimmung, sondern steigert auch die Immunabwehr. Umgekehrt nehmen Abwehrkräfte ab, wenn wir unangenehmes (z.B. Zigarettenrauch) riechen oder erleben müssen.

Eine depressive Stimmung steht aber – wie wir bereits dem Kapitel *»Liebe Deinen Darm«* erfahren haben – in der Regel in Verbindung mit einer Entgleisung des Bakterienmilieus im Darm. Und Schuld daran sind unsere bereits genannten wichtigsten Stressfaktoren: Fehl- und Mangelernährung, Toxin- und Strahlenbelastung sowie natürlich emotionaler Stress. Das Mikrobiom reagiert auf Stress innerhalb kürzester Zeit. Entsprechend kann ein gesundes Mikrobenmilieu, d.h. die ausgewogene Gesamtheit gesunder Bakterienstämme, Stress für eine gewisse Zeit puffern und unser Verhalten und unsere Stimmung positiv beeinflussen. Umgekehrt kann eine Dysbiose, eine Fehlbesiedelung im Darm, dies auch auf negative Weise tun, indem sie bspw. die Serotoninproduktion abschwächt. Die verminderte Produktion dieses sog. »Glückshormons« im Darm, dass u.a. für die Muskelbewegung der Entleerung (Peristaltik) benötigt wird, kann daher sehr leicht zu Verstopfungen und auch zu Depressionen führen.

Wie wir im Eingangskapitel gesehen haben, kann ein Zuviel an Lust aber auch ins Gegenteil kippen bzw. direkt über Darmbakterien und ihren spezifischen Nährstoffbedarf beeinflusst sein. Lust entgleist und

wird zur Sucht. Wir erleben das ja allenthalben über unsere von Zucker- und Cerealien-Orgien geprägte Ernährungsweise. Andererseits bedeutet dies aber auch, dass wir mit einer gesunden Ernährung und einer konsequenten Entgiftung auch seelische Belastungen besser abfedern können.

Der Zusammenhang zwischen positiver Lebenseinstellung und einer durchschnittlich höheren Lebenserwartung konnte lange Zeit von Medizinern nur beobachtet werden. Inzwischen sind die Gründe dafür auf molekularbiologischer Ebene wissenschaftlich weitgehend erforscht. Es kam erstaunliches zu Tage. An den Endabschnitten der sogenannten Chromosomen, einer Molekülgruppe, die unsere Gene oder Erbinformationen enthalten, hat man eine Art »Wurmfortsatz« entdeckt. Die Wissenschaftler haben diesen »Wurmfortsatz« *Telomere* getauft, was zu deutsch »Endteil« heißt und von den griechischen Worten *télos* (Ende) und *méros* (Teil) abstammt. Während die Chromosomen quasi die übergeordnete Organisationsstruktur unserer DNS (Erbsubstanz) bilden, schützt dieser winzige »Wurmfortsatz« unsere Zellen vor dem Zelltod. Allerdings werden die *Telomere* mit jeder Zellteilung kürzer. Je schneller sich eine Zelle teilt desto schneller verkürzen sich deshalb ihre *Telomere* und umso schneller stirbt die Zelle. Zellteilungsgeschwindigkeit und Länge dieser *Telomere* können demnach als eine Art Gradmesser für das mögliche Alter der Zelle betrachtet werden.

Doch halt! Wäre das auch in den Keimzellen so, in denen die Weitergabe der Erbinformation stattfindet, würde dies die Fortpflanzung gefährden. Um dies zu verhindern, stellt unser Körper ein Enzym zur Verfügung, dem man sinnigerweise den Namen *Telomerase* gegeben hat. Das Enzym ist in bestimmten Zellen wie der Keimzelle, den häufig sich teilenden Stammzellen (z.B. im Knochenmark) und den Immunzellen in der Lage, diese Verkürzung zu verhindern bzw. diese »Wurmfortsätze« wieder zu verlängern. Hier klingt ein Hauch von Unsterblichkeit durch. Es ist sozusagen eine Art Lebensverlängerungs-Enzym für Zellen. Leider ist dieses Enzym auch in den meisten, vor allem den sich schnell teilenden Krebszellen aktiv und schützt diese vor dem Zelltod, es schafft ihnen, wie den Keimzellen, die zur Befruchtung dienen, so etwas wie ewiges Leben.

Und das Ganze hat wiederum sehr viel mit unserer Ernährung zu tun. Die Aktivität dieses Enzyms ist nämlich, wie die aller Enzyme, vom pH-Milieu, der Giftbelastung im Zell- und Bindegewebe sowie von Wachstum steigernden Faktoren abhängig. Im Kapitel *»Zucker – der unbekannte Feind«* haben wir einen der stärksten Wachstumsfaktoren dargestellt: ein dauerhaft zu hoher Insulinspiegel, hervorgerufen durch einen beständig zu hohen Zuckerkonsum. Beides trägt wesentlich zur Aktivierung dieses Enzyms bei. Ist der Insulinspiegel hoch, ist auch das Enzym sehr aktiv und bewirkt, daß sich die Zellen praktisch unbegrenzt und rasant teilen. Da die normale Zellteilung nur einen begrenzten Lebenszyklus hat, verkürzt eine allzu häufige und beschleunigte Zellteilung die Lebenszeit der Zelle und damit im Grunde die des gesamten Körpers, indem sie diese »Wurmfortsätze« an den Chromosomen oft und somit schneller als normal verkürzt. Es ist, als würde jemand ständig etwas an unserem Lebensfaden wegschnipseln. Und dieser Jemand – Insulin – steht in enger Verbindung zu Zucker.

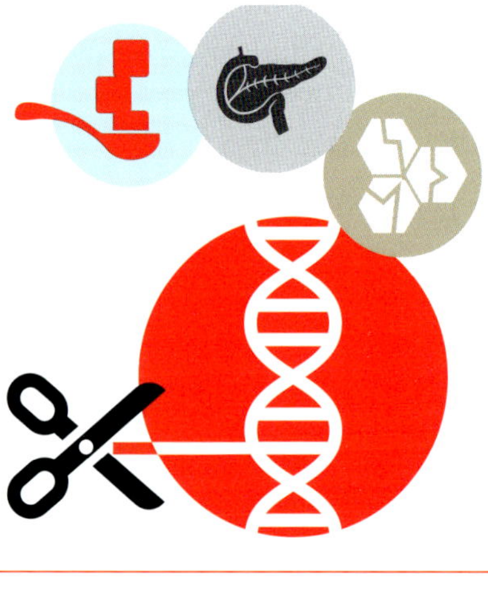

Dieser zellbiologische Ablauf ist einer der Gründe für die durchschnittliche Verringerung des Lebensalters bei Diabetikern um etwa fünfzehn Jahre. Dasselbe gilt bei extremen Stressbelastungen. Eine Untersuchung von Frauen, die seit Jahren unter starkem Stress standen, hat ergeben, daß ihre Chromosomenenden deutlich kürzer waren als bei Frauen mit weniger Stress. Bei den Frauen mit dem höchsten Stressniveau waren die *Telomere* so stark verkürzt, daß ihre Zellen biologisch gesehen um etwa zehn Jahre älter waren als die der Vergleichsgruppe.

Analoges gilt zur Häufung von Krankheiten. Die Gefährlichkeit von Zucker hat viele Gesichter. Denn ein dauerhaft zu hoher Insulinspiegel regt zugleich die Beschleunigung der Zellteilung in Krebszellen an. Eine dauerhaft hohe Insulinproduktion bedeutet permanenten Stress für die Zelle und trägt über ungezügeltes Wachstum zur Entstehung von kranken Zellen bei, während es die *Telomere* der gesunden Zellen und damit unsere Lebenszeit reduziert.

Chronischer Stress (zu hoher Zuckerkonsum, Gifte, Strahlen- und seelische Belastungen etc.) beschleunigt somit die rasante Verkürzung dieser »Wurmfortsätze«, vermittelt über das Enzym *Telomerase*. Beteiligt daran sind aber auch die Botenstoffe Dopamin (Antriebssteigerung) und Serotonin (Glückshormon). Diese aber – und wer hätte das gedacht – werden vor allem über die Darm-Hirn-Achse reguliert und Serotonin sogar wesentlich im Darm produziert.

Ein gesundes Mikrobiom, wesentlich beeinflusst durch eine gesunde Ernährung (wenig Zucker und viel Gamma-Buttersäure), ist daher entscheidend an der Steuerung des Wechselspiels von Stresshormonen, pH-Milieu und Zellteilung beteiligt. Sie sehen jetzt, wie sich der von mir aufgezeigte Kreis von Fehlernährung, Gift-, Strahlen- und Stressbelastung schließt. Über die Veränderungen unseres Lebensstils können wir deshalb entscheidend zu einer Verlängerung oder zu einer langsameren Verkürzung der *Telomere* beitragen: weniger Zucker, weniger Gifte, weniger Stress und mehr Entspannung, mehr Lachen und Freude, vor allem aber mehr Liebe.

KAPITEL 9

Bewegung – mehr als Action

Bewegung – mehr als Action

Sind Sie schon einmal nach einem langen und ausgiebigen, vielleicht etwas forscheren Spaziergang durch Wald und Wiesen nach Hause gekommen und hatten das Gefühl: Wow! ...war das schön, tut das gut? – Ja? – Der Grund dafür ist die Senkung des Blutzuckerspiegels, die Aktivierung des Fettstoffwechsels, die Verbesserung des Lymphflusses wie er nur über die Muskeltätigkeit in Gang gesetzt werden kann sowie die erhöhte Durchblutung und damit die verbesserte Sauerstoffversorgung Ihres Gehirns. Da kommt Freude auf. Und vergessen Sie nicht, die dazu erforderliche verstärkte Atmung aktiviert über das Zwerchfell die Darmperistaltik, weil es muskulär mit den Muskelfasern der Darmwände verknüpft ist. Träger Darm, Adé! Das hebt die Stimmung ungemein.

Aber Bewegung kann noch mehr! »*Bewegung ist das Tor zum Lernen*« heißt der Titel des Buches der Neurobiologin Carla Hannaford. Dort beschreibt sie die enorme Bedeutung von Bewegung für Kinder, die es erst ermöglicht, das Erlernte neuronal zu vernetzen und zu verankern. Man kann mit Hilfe von Bewegung und ausreichend Schlaf bei Kindern fast von einer Materialisierung der Lernprozesse im Gehirn sprechen. Brain-Gym, Gehirn-Gymnastik für Alt und Jung ist daraus entstanden. Ich kann das Buch Eltern mit kleinen Kindern nur empfehlen. Umso tragischer ist die Forderung mancher Politiker, den Sport- und Musikunterricht in unseren Schulen zugunsten des Ausbaus der naturwissenschaftlichen Fächer zu kürzen. Wir können das dann alles lernen, um es sogleich wieder zu vergessen. Man könnte eine solche Forderung auch als Frühförderung von Alzheimer bezeichnen.

Wenn ich von Bewegung spreche, dann spreche ich von artgerechter Bewegung, nicht von Hochleistungssport, der zwar spannend anzuschauen, aber alles andere als gesund ist. Bewegung erkennt der Körper evolutionsbiologisch nicht als Sport, sondern als eine Form der

Sicherstellung von Entwicklung, Erhalt und Reproduktion des Lebens. Bewegung aktiviert den Stoffwechsel, mit all den oben beschriebenen, gesundheitsfördernden Aspekten. Dazu gehört auch die **Bewegung als Notprogramm für die Nahrungssuche in Hungerszeiten**. Und nur deshalb gibt unser Organismus bei Bewegung im Hungerzustand seine Reserven frei und öffnet die Schleusen zur Fettverbrennung. Bewegung regt darüber hinaus aber auch die Muskelneubildung an, was wiederum für die Entwicklung der Stütz- und Koordinationsmuskulatur förderlich ist. Außerdem führt eine Muskelneubildung mit der Zeit zu einer Erhöhung des Grundumsatzes an Energie, was wiederum den Jo-Jo-Effekt vermeiden hilft usw.. Bewegung ist demnach eine Form der Stoffwechselaktivierung, die auch während einer »Hungersnot« oder kalorienreduzierten Diäten und Fasten funktioniert. Anders ausgedrückt: trotz Proteinmangel in Hungerperioden verzehrt sich unser Körper und investiert mit Blick auf bessere Zeiten.

Auszehrung auf Kosten der Magermasse (alle Gewebe, einschließlich unser Immunsystem, d.h. nicht nur die Muskelmasse) kann aber nicht Ziel eines gesunden Stoffwechselprogramms zur Gewichtsreduktion sein. Deshalb ist es besonders wichtig, dafür zu sorgen, dass ausreichend Proteine und andere Nährstoffe zur Verfügung stehen. Andernfalls kommt es zur Gewichtsabnahme in unerwünschten Bereichen und man verliert wertvolle Magermasse anstatt Fett. Die Resultate kennen wir: aufgrund des geringeren kalorischen Grundumsatzes bei einer schlechten Körperfettverteilung (geringe Magermasse) nimmt man schnell wieder zu (Jo-Jo-Effekt) und hat sich meist noch eine Fehl- und Mangelernährung eingehandelt. Außerdem, und das ist ein sehr wichtiger Aspekt bei Diäten, mobilisiert vermehrte Bewegung ebenso wie der Fettabbau durch die Ernährungsumstellung die in den Geweben üblicherweise eingelagerten Toxine. Werden sie nicht ausreichend gepuffert und zur Ausscheidung gebracht, weil z.B. der Körper nährstoffmangelversorgt ist, kommt es zur Wiedereinlagerung in anderen, bevorzugt in Fettgeweben. Wir nennen das dann einen Verschiebebahnhof.

Nachfolgend sehen Sie eine Tabelle mit den für unser Programm wichtigsten Bewegungsarten und der empfohlenen Mindestdauer. Regelmäßigkeit und Maß, nicht Übermaß, sind wichtige Parameter.

Bewegungsart	**Zeitminimum**
Walking	1 Stunde
Jogging	¾ Stunde
Fahrrad (Heimtrainer oder real)	1 Stunde
Seilspringen	½ Stunde
Skateboard fahren	1 Stunde
Fußball	1 Stunde
Schwimmen	1 Stunde
Treppensteigen	½ Stunde
Volleyball	½ Stunde
Tennis	½ Stunde
Aerobics	1 Stunde
Hinsetzen und Aufstehen	½ Stunde täglich*
Trampolinspringen	½ bis ¾ Stunde

Da es in unserem Programm darum geht, einen möglichst aktiven Fettstoffwechsel zu erreichen, ist es wichtig, »nüchtern« Sport zu betreiben. Am besten am Morgen. Es ist aber auch kein Problem am Mittag oder am Abend sportlich aktiv zu werden. Entscheidend ist, dass bereits beim Loslegen zum Lauf oder zum Fitnesstraining der Blutzuckerspiegel analog zum Nüchternzucker niedrig ist, d.h. eine mehrstündige Phase des Nahrungsverzichts hinter uns liegt. Gemeint sind damit zwischen vier und fünf Stunden ohne essen, oder man ist zumindest zuckerarm unterwegs. Vor der sportlichen Aktivität empfiehlt es sich ein Glas Wasser mit Mineralpulver (z.B. VitalBASE®) einzunehmen sowie natürlich 5–10 MyAMINO®, je nach Länge und Bedarf der sportlichen Leistung. Beide Nahrungsergänzungen haben keinerlei Blutzuckerspiegel steigernde Effekte.

Für ältere Menschen gibt es ein gesondertes Programm mit zwei einfachen Übungen, bestehend aus aufstehen und hinsetzen. Der gleichzeitige Verzehr von MyAMINO® zur Unterstützung des Muskelaufbaus führt, in Verbindung mit den Trainingsimpulsen, zu einer Verbesserung der Gehfähigkeit Fordern Sie die dazu vorhandene Broschüre für ältere Menschen bitte bei uns gesondert an (www.drreinwald.de).

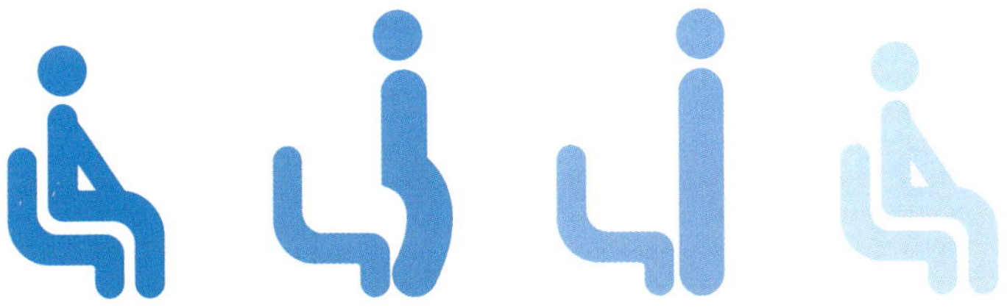

Weißes Fett – Braunes Fett – Beiges Fett

Wie Sie vielleicht schon bemerkt haben, geht es in meinem Stoffwechselregulationsprogramm in erster Linie um die Aktivierung des Stoffwechsels, insbesondere aber des Fettstoffwechsels durch eine ketogene Ernährungsweise in Verbindung mit den besonderen Eigenschaften von MyAMINO®. In der Ernährungslehre kannte man für die Aktivierung des Fettstoffwechsels bislang zwei Ansätze:

1. Die durch **Bewegung vermittelte Aktivierung** des Stoffwechsels
   - senkt den Blutzucker
   - erhöht die Fettverbrennung und intensiviert die körpereigene Entgiftung (Mobilisierung von Toxinen)
   - aktiviert die Thermoregulierung (Hitze/Kälte)

2. Die durch eine **Diät vermittelte Aktivierung** des Stoffwechsels (hier: ketogene Ernährung)
   - senkt den Blutzuckerspiegel
   - erhöht die Fettverbrennung und intensiviert die körpereigene Entgiftung (Mobilisierung von Toxinen)
   - aktiviert die Thermoregulierung, bspw. über den Einsatz scharfer Gewürze wie in der Ayurvedischen Medizin. Man denke etwa an Chili und seinen Wirkstoff Caspaicin

Nun ist eine dritte Form der Aktivierung hinzugekommen. Seit langem ist in der medizinischen Forschung der Unterschied zwischen braunem und weißen Fettgewebe bekannt. Lange Zeit dachte man jedoch, daß es braunes Fett nur bei Babies gäbe und sich bei Erwachsenen verliert. Doch in jüngster Zeit fanden Wissenschaftler auch bei Erwachsenen zumindest geringe Mengen braunes Fett. Obwohl die Forschung über die Funktionsweise und das Verhältnis der beiden Fettarten noch in den Anfängen steckt, sind erstaunliche Ergebnisse zu Tage getreten, die im Zusammenhang mit Diabetes und Fettleibigkeit inzwischen heiß diskutiert werden. Erwachsene, so ergab die Forschung, die schlanker sind, haben mehr Anteile an braunem Fettgewebe als dickere Menschen. Gerade im Zusammenhang mit unserer ketogenen Ernährungsweise und dem Fokus auf die Fettverbrennung lohnt sich hier ein genauerer Blick.

Weißes Fettgewebe, das bei Erwachsenen nahezu die gesamte Fettmasse ausmacht, dient der Speicherung von Energie. **Braunes Fett** dagegen schützt vor Kälte. Die Zellen des braunen Fettgewebes sind in der Lage, durch die Verbrennung von Fettsäuren Wärme zu erzeugen.

Vereinfacht gesagt: weißes Fett speichert Kalorien, braunes Fett verbrennt Kalorien.

Die Zahl der Mitochondrien, die kleinen Kraftwerke in unseren Zellen, die der Energie- und Wärmeerzeugung dienen, ist im braunen Fettgewebe außerordentlich hoch, daher auch die braune Farbe. Diese Zellen sind auch etwas anders als normale Zellen, da sie ein spezielles Protein zur Wärmeregulierung enthalten: Thermogenin. Braune Fettzellen sind in der Lage, 300 Mal mehr Hitze pro Gramm Fett zu erzeugen als jedes andere Gewebe in unserem Körper. Braunes Fett ist relativ zahlreich bei Säuglingen vorhanden, wo es vor allem im Nacken und auf der Brust verteilt ist, um den kleinen Körper vor Auskühlung zu schützen. **Die Fettverbrennung in diesem Gewebe wird durch Kälte angeregt.** Stresshormone werden freigesetzt und kurbeln das Ganze an (Thermogenese). Auch Tiere, die in den Winterschlaf gehen, haben deshalb einen höheren Anteil an braunem Fettgewebe.

FETT

FETT

Beim erwachsenen Säuger ist es in erster Linie um den Nacken, die Schultern und entlang der Wirbelsäule um das Rückenmark verteilt. Doch es kam noch erstaunlicheres zu Tage. Nicht nur die braunen Fettzellen verbrennen weißes Fett. Man fand sogar noch eine **dritte Art Fettgewebe: die beigen Fettzellen**. Sie sind anderen Ursprungs als die braunen Kollegen, enthalten aber auch hohe Anteile des wärmeregulierenden Proteins (Thermogenin), haben mehr Mitochondrien als die weißen Fettzellen (Zellkraftwerke) und könnten entsprechend stark Hitze generieren.

Während das braune Fett in wenigen, taschenartigen Flecken zu finden ist, sind die beigen Fettzellen über die gesamte Masse des weißen Fettgewebes verteilt. Und das Schönste: **im Gegensatz zum braunen Fettgewebe, das wir nur anregen, nicht aber zum Wachsen bringen können, können wir bei den beigen Fettzellen zusätzlich noch deren Wachstum anregen.** Während Wissenschaft und Industrie natürlich nach Medikamenten suchen, die diese beigen Fettzellen zum Wachsen anregen, suchen wir nach gesünderen Wegen.

Und das können wir tun! Wir können sowohl über Bewegung als auch über den gezielten Einsatz von Kälte, besser mit Kälte-Wärme-Behandlungen wie beim Saunieren, den Stoffwechsel aktivieren und die Fettverbrennung über die braunen und beigen Fettzellen anregen.

Was für wunderbare Neuigkeiten. Unser guter alter Sebastian Kneipp hat das offenbar alles schon gewusst oder zumindest erfahrungsheilkundlich herausgefunden. Tägliches Schwimmen in der Donau haben seine Gesundung zur Folge gehabt. Stark von Asthma und immer wiederkehrender Lungenentzündung geplagt, haben ihn ins kalte Wasser getrieben. Der Rest der Geschichte ist bekannt.

Wir haben nun verschiedene Methoden, das braune und beige Fett anzuregen und letzteres sogar zum Wachsen zu bringen. Das Mittel Bewegung haben wir schon kennengelernt. Sehen wir uns die Kälte näher an. Aber damit wir das später auch im Alltag umsetzen können, brauchen wir noch ein paar Informationen.

Unsere **Lippen** sind diejenigen Stellen unseres Körpers, die die meisten Kälterezeptoren aufweisen. Sie taugen aber nicht für einen Stress vermittelnden Kälteschock. Dafür nehmen wir die Stelle, die mit Blick auf die Kälteempfindlichkeit an zweiter Stelle steht, was die **Sensoren** zu unserem **Gehirn** anbetrifft: **unsere Hände**. Fassen wir etwas Kaltes oder sehr Kaltes an, dann »klingelt« es im Oberstübchen und es werden Signale zu allen braunen Fettzellen gesendet, aktiv zu werden und den Körper zu wärmen. Wir haben damit neben Bewegung und Ernährung unseren dritten Ansatz zur Aktivierung unseres Stoffwechsels.

3. Die durch **Kälte vermittelte Aktivierung** des Stoffwechsels
   · senkt den Blutzucker
   · erhöht die Fettverbrennung und intensiviert die körpereigene Entgiftung (Mobilisierung von Toxinen)
   · aktiviert die Thermoregulierung (Hitze/Kälte)

Zur Kälte vermittelten Aktivierung des Stoffwechsels stehen uns vielfältige Möglichkeiten zur Verfügung, wie uns das Pfarrer Kneipp ja schon aufgezeigt hat. Baden im Eiswasser oder Poolschwimmen im Winter (Kneipp hat das in der eiskalten Donau gemacht) ist nur etwas für besonders Hartgesottene und absolut Herz-Kreislauf-Gesunde.

Methode 1: das bereits erwähnte Wechselbad in der Sauna oder die kalte Dusche. In unserem Fall aber täglich. Menschen mit Bluthochdruck, Herzproblemen oder Ältere sollten das nur sehr moderat tun und am besten nur an Händen und Füssen. Verfallen Sie bitte nicht in Extreme. Beginnen Sie langsam und steigern Sie allmählich die Kältebehandlung über den gesamten Bereich der Extremitäten.

Methode 2: Nehmen Sie mit beiden Händen einen Eisbeutel oder eine eiskalte Edelstahl-Thermoskanne aus dem Eisfach und halten Sie diese bis zum Ende der Übung mit beiden Händen fest. Wir wissen ja, dass unsere Hände nach den Lippen die zweitwichtigsten Sensoren für Kälteempfindung sind. Die Übung dauert nicht lange. Wichtig ist, sie regelmäßig anzuwenden. Bewegen Sie dann Ihren Kopf vor und zurück (nicht zu schnell bitte, um Nackenverletzungen zu vermeiden). Es geht dabei darum, das um den Nacken und die Schultern liegende braune Fettgewebe anzuregen und gleichzeitig **dem Gehirn über die Hände zu signalisieren, dass es kalt ist, so dass es den braunen Fettzellen das Signal zur erhöhten Verbrennung gibt**.

Wir gehen das braune Fettgewebe in Methode 2 also von zwei Seiten an: durch leichte aber **gezielte Bewegungen in der Region** und über ein **Kältesignal an den Händen zum Gehirn.** Auf Dauer regen Sie damit auch das beige Fettgewebe an, wenn Sie regelmäßig Bewegung haben sowieso.

Also: auf und los geht's… und wenn die Verdauungskraft des Magens und Darmgesundheit wieder hergestellt sind, funktionieren auch die positiven Gedanken wieder besser, glauben Sie mir!

KAPITEL 10

Zusammenfassung

Zusammenfassung

Zu jedem der einzelnen Kapitel könnte man ganze Bücher schreiben. Bis hierher ging es uns darum, Ihnen einen kleinen Einblick in in die doch etwas komplexe Materie zu geben.

Wir fassen zusammen:

Ernährung

Unsere Ernährung sollte so wenig wie möglich Zucker und Kohlenhydrate beinhalten. Gemeint ist neben Einfachzuckern vor allem die Vorsicht gegenüber versteckten Zuckern in Softgetränken und sonstigen Zutaten etc.. Dies beinhaltet aber auch die Zurückhaltung gegenüber den am weitesten verbreiteten Grundnahrungsmitteln wie Reis, Getreide, Nudeln, Brot oder Kartoffeln. Sie werden leider zu oft vergessen, weil viele nicht wissen, dass Kohlenhydrate durch den Verdauungsprozess zu Zuckern aufgespalten werden. Das Gleiche gilt für billige haben wie z.B. Sonnenblumenöl, Distel- und Maiskeimöl sowie auch schlechte, hydrierte Fette wie Margarine. Sie sollten unbedingt vermieden

Im Vordergrund unseres Speiseplans stehen die beiden Makronährstoffgruppen Proteine und Fette. Darüber hinaus wichtig sind Fermentprodukte, reichlich Gemüse und moderat Obst.

werden. Am Ende des Büchleins finden Sie Tabellen für die verschiedenen Fette und Öle an denen Sie sich orientieren können. Es sollten natürliche und möglichst unbehandelte Lebensmittel wie Fleisch aus Freilandhaltung und biologischer Fütterung, Fangfisch (kein Farmfisch) sein. Dazu Bio-Gemüse, Bio-Obst aus naturnahem Anbau, Nüsse und Samen sowie vor allem auch tierische Fette. Bei den pflanzlichen Ölen muss mit Bedacht ausgewählt werden. Achten Sie besonders auf einen hohen Omega-3-Fettsäuren-Gehalt, bevorzugt aus tierischen Quellen.

Der Niedrig-Fett-Wahnsinn muss ein Ende haben. Es muß uns klar sein, dass die Kombination von Fett und Kohlenhydraten eine völlig andere Reaktion im Körper hervorruft als die Kombination von Fett und Proteinen. Während bei der ersteren der hohe Zuckeranteil den Fettstoffwechsel zerstörerisch in den Abgrund zieht, insbesondere, wenn man nach dem Essen ruht und sich nicht bewegt, hat die zweite Kombination eine positive Konsequenz: sie führt zu einer gesunden Stoffwechselreaktion, da in erster Linie die Fettverbrennung aktiviert wird, Fett mit Rösti, Butter mit Brot... das geht gar nicht bzw. nur dann, wenn anschließend die Bewegungsleistung hoch ist und der gefährliche Zucker sofort verbrannt wird, wie das bei den Bauern oder Menschen zu Großmutters Zeiten noch der Fall war, die auf den Feldern hart arbeiten mussten oder kein Auto hatten. Andernfalls wandelt unser Körper diesen Zuckerüberschuss kurzfristig sofort in Speicherfett um. Und langfristig laufen wir Gefahr, eine Insulinresistenz zu entwickeln. Die Folgen dieser fehlgeleiteten Entwicklung für unsere Gesundheit habe ich versucht ein wenig aufzuzeigen. Stichwort: Syndrom X.

Die nachfolgende korrigierte Ernährungspyramide veranschaulicht diese neue (uralte) Hierarchie weg von Zuckern und Kohlenhydraten. Dabei sollten Sie keinesfalls sklavisch und in Angst nur noch nach Lebensmittellisten leben, sondern durchaus auch ab und an der Lust frönen. Immer aber in dem Bewußtsein der Worte, die uns wieder einmal der berühmteste Schweizer Arzt, Paracelsus, mit auf den Weg gegeben hat: »*Die Dosis macht das Gift*«.

positive Gedanken
+ Bewegung
Nüsse · Obst
Milch und Milchprodukte
Gemüse · Pilze · Beeren
Bevorzugte Fette · Fisch · Fleisch · Geflügel · Eier · Fermentprodukte
Energiereiches gereinigtes Wasser

Ernährungspyramide
plus Bewegung und positive Gedanken als Basis

Entgiftung

Zusätzlich zur Umstellung der Ernährung sollten wir ein bis zweimal im Jahr eine Kur machen, die auch die »Innenraumreinigung« unseres Körpers mit berücksichtigt. Eine Kur, die ein wenig an die Prinzipien des Fastens erinnert, ohne uns jedoch der Gefahr einer körperlichen Schädigung auszusetzen, die vor allem ein längeres Fasten nach sich ziehen kann. Ziel ist es, die körpereigene Grundregulation zu stärken, d.h. Fähigkeit des Körpers, sich durch seine inneren Reinigungsvorgänge von Belastungen selbst zu befreien. Dazu unterstützen wir unseren Organismus, indem wir belastende Nahrung weitestgehend meiden, schädliche Genussgifte eliminieren und unerwünschte Schadstoffe gezielt lösen, binden und zur Ausscheidung bringen.

»Wir haben dafür eigens ein Stoffwechsel- und Kurprogramm mit Nahrungsergänzungen entwickelt, die uns bei diesem Reinigungsprozess unterstützen können und dessen wichtigste Programmschritte ich in Kapitel 11 aufzeige. Mit dem Aminosäurenbaustein MyAMINO® als Proteinersatz haben wir eine Revolution in der Eiweißernährung zur Verfügung, weil wir uns damit hochwertig mit Protein ernähren können und dennoch nahezu keinen Stickstoffabfall und Glukose produzieren. Bei gleichzeitig optimaler Proteinernährung entlasten wir unsere Leber und Nieren ebenso wie den Verdauungstrakt und unser Herz-Kreislaufsystem.«

Ein weiterer wichtiger Aspekt, welcher nicht oft genug wiederholt werden kann: Wasser, Wasser und nochmals Wasser. Es ist das alles entscheidende Trägermedium und nicht nur einfach Flüssigkeit. Ohne Wasser werden keine Nährstoffe zu den Zellen und kein Stoffwechselmüll aus den Zellen hinaustransportiert. Und je reiner und energiereicher das Wasser ist desto besser kann es uns bei diesen Aufgaben unterstützen.

»Damit es auch sitzt und selbst der letzte Hinterbänkler es begreift: Sie waschen doch Ihre Wäsche auch nicht mit Coca Cola – oder?«

»Ich bezeichne diese Kombination immer als die „Erde“ (Nährstoffe) und den „Samen“ (Bakterienstämme) unseres Darms. Und ich fühle mich dabei ein wenig wie ein Gärtner – als ein „Darmgärtner“, wenn Sie so wollen.«

Magen und Darm

Besondere Aufmerksamkeit sollten wir auf unsere Verdauungskraft und unsere Darmgesundheit richten. Für unseren Magen ist es wichtig, dass wir ausreichend zur Ruhe kommen. Denn die Verdauungskraft wird wesentlich durch den Parasympathikus (Ruhenerv) eingeleitet. So verbessert bspw. ein Tischgebet die Säureregulation im Magen.

»Liebe Deinen Darm, pflegte ein geschätzter Kollege von mir immer zu sagen. Recht hat er. Dazu brauchen wir auf der einen Seite die richtigen Nährstoffe für unsere Darmbakterien, d.h. Ballast-, Schleim- und Quellstoffe, die die Darmbewegungsfähigkeit fördern, die Darmwände benetzen und die „guten" Bakterien füttern, damit die sich in unserem Innern „wohl" fühlen.«

Zum anderen benötigen wir dazu die richtigen Bakterienstämme. Dies erreichen wir vor allem mithilfe von fermentierten Lebensmitteln wie Joghurt, Buttermilch oder Sauerkraut, d.h. »lebendiger« Nahrung für den beständigen Nachschub. Bakterien lieben die Gemeinschaft – also sorgen wir dafür!

Wir haben dafür eigens zwei Produkte entwickelt: ColoSTABIL®, eine Hildegard-von-Bingen-Mischung aus ebensolchen Ballast- und Schleimstoffen sowie ein sehr hochwertiges Fermentprodukt, unser Active B®AVO Probiotic Joghurt. Es enthält auf natürliche Weise neben der nährstoffreichen Erstlingsmilch Colostrum mehr als 40 der wichtigsten Bakterienstämme unseres Darms.

KAPITEL 11

dr.reinwald metabolic regulation® – das Programm

dr.reinwald metabolic regulation®
– das Programm

Das von mir entwickelte Stoffwechselprogramm ist im Grunde sehr einfach. Es unterscheidet sich von anderen Diäten jedoch wesentlich durch die Kombination einiger besonderer Ernährungsbausteine wie bspw. MyAMINO® sowie die Ausrichtung auf eine ketogene Ernährung und die gezielte Unterstützung unseres körpereigenen Entgiftungssystems. Vereinfacht ausgedrückt ist es eine proteinoptimierte, fettreiche – jawohl, Sie haben richtig gelesen: fettreich! – und kohlenhydratarme Ernährungsweise mit dem Zusatznutzen der inneren Reinigung.

Worum geht es, was sind unsere Ziele?

- Gesund ab- oder sogar gesund zunehmen
- Gesund entschlacken und entsäuern
- Verbesserung der Regulationsfähigkeit unseres Körpers durch die Aktivierung unseres Stoffwechsels sowie regelmäßige innere Reinigung
- Verbesserung der Blutwerte für Glukose und Fettsäuren-Profile durch Low-Carb
- Stärkung unseres Immunsystems
- Aufbau von Muskelsubstanz, Straffung der Gewebe
- Kurz und gut: Anti-Aging für Körper, Geist und Seele

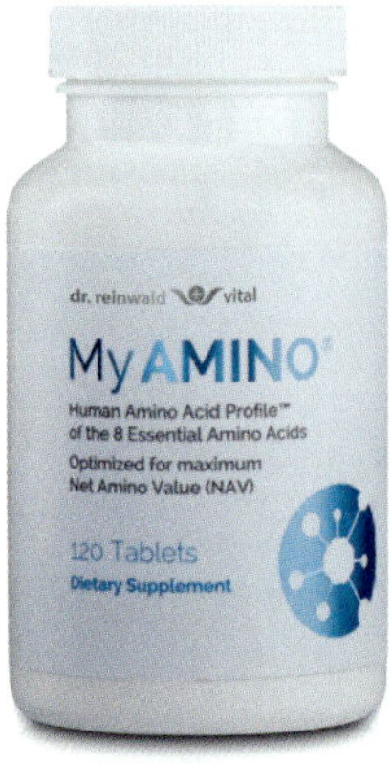

Das Ziel einer ketogenen Ernährung ist zunächst, die enorme Glukoselast zu senken, wie sie aus unserer üblichen kohlenhydratreichen Ernährung entsteht. Die Enzyme für den Abbau der Ketonkörper werden nur bei einem erhöhten Fettstoffwechsel gebildet und sind bei den meisten Menschen im Lauf der Zeit aufgrund der zuckerhaltigen Ernährungsweise zurückgebaut worden. Diese Fehlprägung gilt es umzukehren. Der Mangel an enzymatischer Abbaufähigkeit von Ketonköpern (Ketolysefähigkeit), der insbesondere die Energieversorgung unseres Gehirns und unseres Herzens tangiert, muss durch Glukose senkende Maßnahmen und die Erhöhung der Bewegungsleistung wieder beseitigt werden. Den dazu erforderlichen Anpassungsprozess bezeichnen wir als **Ketoadaption**. Ich gehe auf die Einzelheiten dieses Vorgangs später noch näher ein. Durch eine ketogene Ernährung wird die Fettverbrennung, die durch zu viele Zucker und Kohlenhydrate auf Sparflamme fährt und in der untersten Stufe nur Fettsäuren aber keine Ketonkörper produziert, hochgefahren. Das kurbelt auch die Enzymproduktion zur Verwertung der Ketonkörper wieder an.

Mit meinem Regulierungsprogramm erreichen wir zum einen eine Stoffwechselaktivierung (unterstützt durch Bewegung) und zum anderen einen physiologischen Blutzucker-, Fettsäure- und Insulinspiegel. Solche Werte stellen sich auch beim moderaten oder längeren Fasten ein, hat aber den Nachteil, dass beim Fasten auf wichtige Nährstoffe verzichtet wird, was unserem Körper Schaden zufügen kann. Dies ist bei unserer Vorgehensweise nicht der Fall.

Sie erinnern sich an meinen Spruch: »*Dicksein ist der Schrei des Körpers nach Nahrung – aber nach richtiger Nahrung.*« Ihr Körper kann zwar mit sehr wenig Kalorien auskommen, insbesondere dann, wenn Sie übergewichtig sind, er kann sich aber nicht optimal entwickeln und regenerieren, ohne eine gewisse Menge an Vitaminen, Mineralien und Spurenelementen, vor allem aber nicht ohne den wichtigsten Ernährungsbaustein Protein.

Das Ergebnis unserer Vorgehensweise ist eine ernährungsbedingte Ketose in den Pausen zwischen den Hauptmahlzeiten aufgrund einer reibungslos funktionierenden Fettverbrennung und Ketolyse, ähnlich wie beim intermittierenden Fasten aber eben ohne Nährstoffdefizite.

Das gilt nicht für Zucker oder Kohlenhydrate, auf die wir, ernährungsphysiologisch gesehen, sehr leicht verzichten können, da der Körper über reichlich Nicht-Kohlenhydratvorstufen zur Glukoseherstellung verfügt, um seine allein von Zucker abhängigen Gewebe zu versorgen. Das ist der Grund, weshalb selbst bei längerem Fasten oder Hungern die unteren Bereiche des Normzuckerspiegels (± 60 mg/dl) im Blut selten unterschritten werden. Halten wir also fest: eine Diät zur Gewichtsreduktion funktioniert nur dann mit wenig Kalorien, d.h. vor allem ohne JoJo-Effekt, wenn die grundlegenden Ernährungsbausteine, insbesondere ausreichend Proteine zur Verfügung stehen, nach dem Motto: *»wer abnehmen will muss essen, aber das Richtige.«*

Vom Grundansatz ist unser Stoffwechselprogramm an die Philosophie der Paläo-Ernährung angelehnt. Diese allgemeine Ernährungsphilosophie (BIO, frisch, wenig Kohlenhydrate und Zucker, gute Tierprodukte) dient als Grundlage unseres Konzepts, erweist sich jedoch, eingebettet in unseren modernen Lebensstil als nicht ausreichend für die Anwendung als erweitertes Reinigungs- und Diätprogramm. Auch für Vegetarier und Veganer dürfte es schon aus weltanschaulichen Gründen schwer sein, dieser Ernährungsweise zu folgen. Der für eine optimale Proteinernährung gewünschte relativ hohe Anteil an tierischen Eiweißen bei einer Steinzeit-Diät ist zwar für gesunde Personen in der Erhaltungs- oder Nachhaltigkeitsphase unseres Stoffwechselprogramms und abhängig von ihrem Bedarf angebracht, für Personen mit Leber- und Nierenschwäche oder sogar Leber- und Nierenerkrankungen aber nicht empfehlenswert. Das gilt auch für Menschen, die Verdauungsprobleme oder sogar entzündliche Darmerkrankungen bis hin zu Allergien oder Gicht haben. So wichtig die Eiweiße sind, gerade mit Blick auf die antigene Oberfläche und damit auf die Gefahr einer allergischen Reaktion respektive ihrer Abbauprodukte (Harnsäure) ist es die kritischste Nährstoffklasse. Das gilt im Übrigen auch für die pflanzlichen Eiweiße. Und natürlich ist das ein Teufelskreis, denn ohne Proteine fehlen uns die Bausteine für die lebenswichtigen Reparaturprozesse.

Aus den genannten Gründen ist der wichtigste Ernährungsbaustein für die Proteinernährung in unserem Programm MyAMINO® (optimales menschliches Aminosäurenprofil). Es ist die gemäß dem spezifischen menschlichen Aminosäuremuster zusammengesetzte Aminosäureformel mit dem weltweit höchsten Proteinnährwert. Da sich der Aufbauwert von Proteinen umgekehrt proportional zum anfallenden Stickstoffabfall verhält, liefert MyAMINO® wegen seines hohen Proteinnährwerts auch die geringste Menge an Stoffwechselabfall und Glukose, verglichen mit anderen Proteinquellen. Die Belastung für die Verdauungs- und Abbauorgane ist aufgrund des hohen Aufbauwertes von ≥99% entsprechend gering. Durch diese besonderen Eigenschaften können Diätprogramme mit MyAMINO® weniger belastend ablaufen und selbst bei leber- und niereninsuffizienten oder anderweitig chronisch kranken Menschen eingesetzt werden. In solchen Fällen ist es jedoch ratsam, einen Arzt oder Heilpraktiker hinzu zu ziehen. Am besten wählen Sie einen, der an unserem Ausbildungsprogramm für Therapeuten teilgenommen hat oder mit unserem Programm vertraut ist.

Da in unserem Stoffwechselprogramm auch bei Gesunden der Verdauungstrakt sowie die Leber und Nieren maximal entlastet werden soll habe ich für das Erreichen unserer Ziele einige Verbesserungen und zusätzliche Bausteine mit eingebaut.

Dazu gehören:

- Verwendung von MyAMINO® mit dem wir in der Lage sind, diese maximale Entlastung bei gleichzeitig hoher Aufbauleistung für die Proteinsynthese unseres Körpers zu gewährleisten. Stärkung der Verdauungskraft (unsere Mitte)
- Reinigung des Dünn- und Dickdarms
- gezielter Aufbau der Darmflora mit Fermentkomponenten und lebendigen Bakterienkulturen sowie darmspezifischen Nährstoffen
- Unterstützung der körpereigenen Entgiftung und Entgiftungssysteme

Erst die Kombination dieser Elemente, wie in der Zusammenfassung beschrieben, sorgt über die sich daraus ergebenden Synergieeffekte für den maximalen Erfolg meines Programms. Als roten Faden hält man sich dabei am besten den Inhalt der in der Zusammenfassung gelisteten fünf Punkte vor Augen: Ernährung, Entgiftung, Magen- und Darmgesundheit, positives Denken, Bewegung.

Stärkung der Verdauungskraft

Es gelten die folgenden Grundregeln:

1. **Trinken Sie mindestens 2–3 Liter gefiltertes und energiereiches Wasser** z.B. Molekularfiltersysteme mit Verwirbelungstechnik wie von Quantisana oder den PI®-Wasser-Systemen von Knovo.

2. **Reinigen Sie Ihren Darm zu Beginn der Kur**. Nehmen Sie 2–3 Esslöffel ColoSTABIL®, einen Esslöffel VitalBASE® und 3–5 New-H® night (enthält reichlich Magnesium; das räumt zusätzlich durch, wenn es höher dosiert ist). Alternativ können Sie ein herkömmliches Bittersalz verwenden, das allerdings mit Bauchkrämpfen verbunden sein kann. Gegenüber einer herkömmlichen Colon Hydro Therapie hat diese Vorgehensweise den Vorteil, dass auch der Dünndarm in den Reinigungsablauf mit einbezogen wird.

3. **Unterstützen Sie Ihre körpereigene Entgiftung und die Ausschleusung unerwünschter Stoffe** mit Nahrungsergänzungen, z.B. aus unserem Programm mit PektiCLEAN® und ChitoCLEAN®. Verbessern Sie Ihre Versorgung an Mineralstoff- und Spurenelementen z.B. mit SulfoCLEAN® und VitalBASE®.

4. **Füttern Sie Ihre Darmbakterien**:

a) Wählen Sie Lebensmittel, die reich an **Probiotika**, d.h. an für den Darm wichtigen **Bakterienkulturen** sind. Dazu gehören z. B. alle Arten von fermentierten Produkten. Besonders gut geeignet ist unsere Active B®AVO Probiotik-Mischung zur Joghurt-Zubereitung mit mehr als 40 Bakterienstämmen. Man stellt dabei auf der Basis fetter Milch und mithilfe der Fermentierung einen eigenen, sehr hochwertigen Joghurt her.

b) Wählen Sie Lebensmittel, die reich an **Präbiotika** sind. Prebiotika, wie wir sie etwa in ColoSTABIL® zur Verfügung stellen, beinhalten reichlich **Faser-, Ballast- und Schleimstoffe**. Mit diesen »füttern« wir unsere »guten« Bakterienkulturen und regen sie zum Wachstum an. Wir sorgen für optimale Lebensbedingungen unserer »guten« Darmbakterien. Merken Sie sich einfach: die gute »Erde« (pre) und die richtigen »Samen« (pro) ergeben zusammen einen gesunden und blühenden Garten.

5. **Entlasten Sie Ihre entgiftenden Organe:** Leber, Nieren und Darm. Verzichten Sie während des Stoffwechselprogramms auf die nachfolgenden Lebensmittel und beachten Sie für die Zeit danach meine Hinweise zur **Erhaltungsphase** (Phase SUSTAIN):

- keine Einfachzucker
- keine auf Zucker basierenden Süßspeisen (für Ausnahmen siehe die entsprechenden Kochbücher zur Ketogenen Ernährung mit Süßspeisen ohne Weizenmehl und Zucker; meiden Sie auch Süßstoffe)
- keine Softgetränke wie Cola oder ähnliches
- keine Fertigsäfte
- kein Brot
- keine Nudeln
- kein Reis
- keine Kartoffeln
- keine Chips, Cracker oder Biscuits
- keine Cerealien wie Corn Flakes etc.
- keine Fertigsossen
- keine Pizzen und Kuchen etc.
- keine Fertiggerichte
- maximal 30–100 g Kohlenhydrate am Tag in Form von Gemüse und moderat Obst sowie in Abhängigkeit der verwendeten Phasen meines Programms. In der Intensivphase INTENSE können Sie flexibler mit den Kohlenhydraten umgehen, weil Sie in beiden Mahlzeiten MyAMINO® anstelle von Nahrungsproteinen verwenden. Nahrungsproteine liefern nicht unerhebliche Anteile an Glukose über die Glukoneogenese, das ist bei MyAMINO® nicht der Fall.

Am Ende dieses Buches finden Sie weitere Hinweise zur Fermentierung sowie eine Liste von Fermentprodukten, die Sie nachhaltig in Ihre Ernährung einbauen können. Es gibt sehr gute Literatur darüber, wie sie Ihr eigenes fermentiertes Gemüse mit lebendigen Bakterien herstellen.

TIPP: Pasteurisiertes »Dosensauerkraut z.B. enthält leider keine Bakterienstämme mehr. Das gleiche gilt auch für unseren »modernen« Essig, dem das Bakterium Aceto Bacter fehlt – dabei ist der Aceto Bacter eigentlich ein Segen für den Magen und die Energiegewinnung in unseren Zellen.

Lebensmittel sollten »lebendig« sein. Pasteurisierte Nahrungsmittel sind aus meiner Sicht KEINE »Lebensmittel«. Fügen Sie jedoch einer pasteurisierten Milch Bakterienkulturen zu, wie sie in unserer Joghurt-Mischung enthalten sind, um diese zur Gärung zu bringen, dann wird aus der Milch mithilfe der Fermentierungskraft der Bakterien ein Joghurt und somit wieder »lebendig«. Das ist äußerst gesund für unseren Darm, der lebendige Nahrung liebt.«

TIPP: »Erlaubt sind ab und zu sehr zuckerarme selbstgepresste Fruchtsäfte wie in bestimmten Beerensorten.

Willkomen in Ihrem gesunden, schlanken und fitten Leben!

So geht's...

Die vier Phasen des Programms

Unser Programm besteht entweder aus drei oder vier Phasen, abhängig von der individuellen Stoffwechselsituation und dem jeweiligen Ernährungsstatus des Einzelnen. Diese Phasen sind:

Um Ihre individuelle Stoffwechselsituation zu bestimmen gibt es einen kleinen Stoffwechseltest im Anhang dieses Büchleins. Bitte beantworten Sie die dort gestellten sechs Fragen und zählen Sie die Punkte zusammen. Wenn Sie eine **Summe zwischen 0 und +5** erreichen, dann ist Ihre **Stoffwechselaktivität normal** und Sie können sofort mit Phase 1 oder 2 des Stoffwechselprogramms beginnen. Starten Sie bei normaler Stoffwechselaktivität und je nachdem, wie schnell Sie Ihr Ziel erreichen wollen, entweder mit der **(1) Intensivphase (INTENSE)** oder aber der **(2) Regulierungsphase (REGULATE)**.

Erreichen Sie im Test eine negative Summation von **–6 bis –1**, dann ist Ihre **Stoffwechselaktivität zu niedrig**. Sehr wahrscheinlich liegt dann auch ein mehr oder weniger ausgeprägter Nährstoffmangel vor, insbesondere ein niedriger Proteinstatus, der ein negatives Stickstoffbilanz-Gleichgewicht zur Folge hat. Sie können das gegebenenfalls über eine Blutanalyse im Detail bestimmen lassen. Für unsere Zwecke aber genügt zunächst einmal dieser kleine Test im Anhang des Buchs. Die Gründe für eine niedrige Stoffwechselaktivität können vielfältig sein. Häufig ist sie durch falsche Diäten (Reduktionsdiäten), Fehl- und Mangelernährung oder chronische Erkrankungen begründet. In solchen Fällen ist es ratsam, mit **INTENSE PLUS** bzw. der **Vorbereitungs- oder Aufbauphase** zu beginnen. Ich bezeichne sie manchmal auch als Phase 0, weil sie nicht zur Gewichtsreduktion dient, sondern zunächst ausschließlich zur **Wiedererlangung einer normalen Stoffwechselaktivität**, dem **Substrataufbau bei Nährstoffdefiziten** sowie der **Anpassung des Körpers an die Verwertung von Ketonkörpern (Ketoadaption).** Letzteres geschieht durch ein langsames Ausschleichen von Kohlenhydraten. Man erzielt bessere Ergebnisse in Phase 1 und 2, wenn man sich vor den Hauptprogrammen eine Woche lang vorbereitet. Man kann damit u. U. auch die Symptome dieses Anpassungsprozesses verkürzen oder sogar vermeiden. Mehr dazu später in diesem Kapitel unter der Überschrift *»Ketoadaption und Reinigung«*.

INTENSE PLUS: Die Vorbereitungs- oder Aufbauphase

Die Vorbereitungs- oder Aufbauphase kann auf dreierlei Weise erfolgen und ist abhängig von Ihren **individuellen Präferenzen** (Vegetarier/Veganer) oder Ihrer **individuellen Lebenssituation** (Nieren- und Leberschwäche oder andere Erkrankungen, bei denen Nahrungsproteine vermieden werden sollten, wie z.B. Allergien und bestimmte Magen- und Darmerkrankungen). In dieser Phase können Sie bereits eine sanfte Darmreinigung durchführen, sollten aber noch keine weiteren Maßnahmen ergreifen, die die körpereigene Entgiftung zu stark anregt bzw. auch noch keine Nahrungsergänzungsmittel einnehmen, die eine Mobilisierung unterstützen, lediglich solche, die die Ausscheidung von Toxinen unterstützen und vorwiegend puffern und binden. Selbst schlackenlösende Tees oder dergleichen sollten Sie in dieser Phase meiden. Erst muss Ihre Entgiftungsfähigkeit wieder hergestellt werden (Organgesunhdiet, Streßreduktion, Prüfung von Biotransformation I+ II etc.)

Die drei Möglichkeiten zur Normalisierung einer negativen Stickstoffbilanz (Proteinmangel) bestehen aus:

(1) Eine Woche mit zwei Mahlzeiten aus tierischen Eiweißen oder:

(2) Eine Woche mit einer Mahlzeit aus tierischen Eiweißen und **einer Mahlzeit**, bei der die Nahrungsproteine durch 8–10 MyAMINO® ersetzt werden oder:

(3) Eine Woche mit **zwei Mahlzeiten**, in denen der Proteinersatz aus jeweils 8–10 MyAMINO® besteht, d.h. wir essen keinerlei Nahrungsproteinc für maximale Entlastung und optimale Proteinernährung, ins besondere, wenn Sie Vegetarier/Veganer oder krank sind und tierische Nahrungsproteine ganz vermeiden wollen oder müssen.

Für alle drei Varianten gilt gleichermaßen, dass die Kohlenhydratzufuhr nicht sofort so drastisch gesenkt wird wie bei INTENSE oder REGULATE (30–50g/Tag). Wir schleichen uns durch Substrataufbau (Proteine, Mikronährstoffe) und das langsame Herunterfahren von Kohlenhydraten quasi an eine normale Stoffwechselaktivität heran. In der therapeutischen Praxis nennt man das »aus-« oder »einschleichen« von Mitteln. Man macht das häufig bei Medikamenten, die man nicht sofort absetzen soll oder kann oder bei Nährstoffen, die den Stoffwechsel zu stark anregen. In unserem Fall hilft dieses Vorgehen, allzu starke Symptome bei der Ketoadaption zu vermeiden. Gemeint ist damit der Übergang von der Glukoseversorgung unseres Gehirns auf die Energiegewinnung durch Ketonkörper. Bei stark vom Zucker abhängigen Personen kann die Ketoadaption durchaus bis zu drei Wochen und länger dauern.

INTENSE PLUS heißt Vorbereitungs- oder Aufbauphase mit Substrataufbau, langsames Ausschleichen von KHs und Zucker, Verbesserung der Proteinversorgung (zur Behebung der negativen Stickstoffbilanz) und Verbesserung der Versorgung mit Mikronährstoffen (Mineralien, Vitamine, Spurenelemente). Maßnahmen, die die körpereigene Entgiftung anregen, sollten in dieser Phase unterbleiben, da Nährstoffdefizite kontraproduktiv sind.

INTENSE: Intensivphase

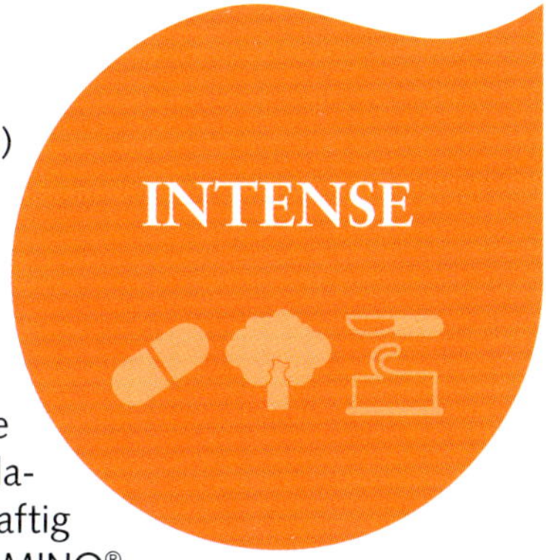

Bei aktivem Stoffwechsel (0 bis +5) und einem hinreichenden Ernährungsstatus beginnen wir mit der Phase INTENSE, die mindestens 7, besser 10 Tage eingehalten werden sollte, im Bedarfsfall auch länger. Ich selbst habe einmal drei Monate danach gelebt und mich pudelwohl dabei gefühlt. Natürlich schmeckt ein saftig zubereitetes Steak besser als MyAMINO®, keine Frage – zumindest für Fleischesser – aber man spürt schon einen gewaltigen Unterschied in der Verdauungsbelastung und Aufbauwirkung. Der Unterschied zwischen den beiden Hauptphasen INTENSE und REGULATE liegt wie in den drei unterschiedlichen Möglichkeiten während der Aufbauphase in der Häufigkeit, in der MyAMINO® eingesetzt wird. Im Gegensatz zu INTENSE PLUS reduzieren wir hier aber sofort die Kohlenhydrate auf die gewünschte Tagesmenge und können auch sofort mit Nährstoffen und Maßnahmen beginnen, die die körpereigene Entgiftung unterstützen.

Aminosäuren sind, wie wir ja inzwischen wissen, die Grundbausteine, aus denen Proteine zusammengesetzt sind. Wegen seiner bereits erwähnten besonderen Eigenschaften, nahezu keinen Stickstoffabfall und Glukose zu bilden, kann mit MyAMINO® als Ersatz für Nahrungsproteine grundsätzlich jede Diät weniger belastend und schneller ablaufen. Bei der Intensivphase verwenden wir deshalb ausschließlich MyAMINO® als Ersatz für Nahrungseiweiße. Das ist ein wenig wie fasten, ohne dass wir hungern bzw., ohne dass wir auf diesen wichtigen Ernährungsbaustein verzichten. So vermeiden wir Proteinmangel umschiffen aber zugleich die aus Nahrungsproteinen resultierenden Belastungen für das Verdauungssystem sowie die entgiftenden Organe Leber und Nieren. Wir essen also keinerlei Nahrungsprotein und ersparen uns so die normalerweise aus Nahrungsproteinen entstehenden Abbaugifte, einschließlich der Zucker, die mithilfe der Glukoneogenese produziert werden. Mit MyAMINO® haben wir einen sehr gesunden und nahezu abfallfreien Ersatz für die fehlenden Nahrungseiweiße.

Zwischenmahlzeiten:
Falls Hungergefühle aufkommen, am besten 3–5 MyAMINO® plus 1 Esslöffel Kokosöl essen und viel Wasser trinken. Bitte kein Obst oder andere zuckerhaltigen Speisen außerhalb von Frühstück und Mittagessen. Längere Pausen zwischen den Mahlzeiten sind wichtig, um der Bauchspeicheldrüse die nötige Erholung zu verschaffen, die Insulinausschüttung niedrig zu halten und so den Fettstoffwechsel anzukurbeln, der wiederum zu einer Erhöhung der Ketonspiegel im Blut führt. Und wenn Sie Obst essen, dann bitte VOR den Mahlzeiten, damit die darin enthaltenen Enzyme die Verdauung anregen und unterstützen. Obst nach einer festen Mahlzeit kann zur Fuselalkoholbildung führen, weil es länger im Verdauungstrakt liegen bleibt.
REGULATE: Regulierungsphase

INTENSE oder Intensivphase heißt: wir essen bei allen Mahlzeiten nur MyAMINO® anstelle von Nahrungseiweißen. Das dient der maximalen Entlastung der Verdauungs- und Entgiftungsorgane und wir können sofort mit der Unterstützung der Ausschleusung von unerwünschten Stoffen beginnen.

In der Phase REGULATE gibt es nur eine kleine Änderung. Im Gegensatz zur Phase INTENSE servieren wir zu einer der Hauptmahlzeiten entweder Fisch, Fleisch oder Geflügel.

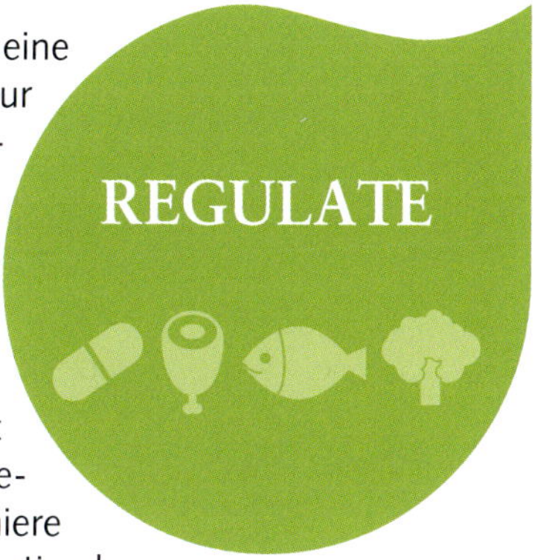

Im Grunde kann man die Regulierungsphase auch ein Leben lang einsetzen. Das geht sogar mit der Intensivphase, wie eine Patientin mit geschädigten Nieren über 11 Jahre gezeigt hat, in denen sie auf eine Ersatzniere warten musste. Wir sorgen für eine optimale Proteinversorgung, ohne uns mit zu vielen Abbauprodukten aus dem Nahrungsproteinstoffwechsel zu belasten. Es hat ähnliche Effekte wie intermittierendes oder periodisches Fasten, aber eben ohne die Gefahr des Eiweißmangels.

Die Mahlzeiten ohne MyAMINO® sollten mit durchwachsenem, durchaus fettem Fleisch, fettem Fisch oder fettem Geflügel gegessen werden – je nach Geschmack und Vorliebe. Tierische Fette sind kein Problem, wenn wir nicht gleichzeitig größere Mengen an Kohlenhydraten zu uns nehmen. Die Kohlenhydrate ziehen die Fette in den Abgrund, weil sie permanent den Zuckerstoffwechsel anheizen. Auf diese Weise behindern sie den für unsere Ziele förderlichen und gesünderen Fettstoffwechsel. Deshalb: so wenig wie möglich Zucker und Kohlenhydrate. Gar nicht so gesund ist übrigens mageres Fleisch – ja, Sie haben richtig gelesen: zu viel mageres Fleisch ist der Gesundheit nicht dienlich, deshalb haben die Inuit es auch den Hunden zum Fraß gegeben und selbst das fette Fleisch bevorzugt. Sie sollten also darauf achten, besonders mageres Fleisch nur in Maßen zu essen. Ein gut durchwachsenes Steak – wunderbar! Eine fette Makrele oder Lachs – phantastisch!

Am besten sollte die Fleisch- oder Fischmahlzeit während der Regulationsphase zum Mittagessen und der MyAMINO®-Ersatz zum

Abendessen serviert werden. So entlasten Sie Leber und Nieren während der Nacht – der Hauptentgiftungsphase unseres Körpers. Außerdem entstehen so am Abend keine zusätzlich anfallenden Zucker aus Nahrungsproteinen. Dies wiederum verlängert den sogenannten *Overnight Fast* bis zum Fastenbrechen am Morgen – zum *breakfast*, wie Frühstück auf englisch heißt. Vereinfacht ausgedrückt: wir essen am Mittag einen fetten Lachs oder eine Makrele mit Gemüse oder eine Berner Platte mit Sauerkraut – keinesfalls aber mir Rösti oder Kartoffeln. Und am Abend essen wir Gemüse und/oder Salate plus 8–10 MyAMINO®.

REGULATE oder Regulierungsphase heißt: wir ersetzen eine Hauptmahlzeit mit MyAMINO® als Ersatz für Nahrungsprotein (vorzugsweise am Abend), essen aber bei der anderen eine gehörige Portion Nahrungseiweiß (≥ 200 bis 250g) zu unserem Gemüse oder unserem Salat. Auch hier können wir sofort mit den die körpereigene Entgiftung unterstützenden Maßnahmen beginnen.

Ändern Sie nichts – ändert sich nichts!

SUSTAIN: Die Erhaltungs- oder Nachhaltigkeitsphase

Diese Phase betrifft die Zeit nach dem Kurprogramm. Es geht dabei um die langfristige Umstellung von Lebensgewohnheiten. Wenn Sie das Buch von Anfang an gelesen haben, wissen Sie, worauf es im Wesentlichen ankommt: zucker- und kohlenhydratarme, fett- und proteinoptimierte Ernährung, regelmäßige innere Reinigung, Magen- und Darmgesundheit, gutes Wasser, Bewegung, positives Denken. Sie kennen jetzt die Mechanismen, die hinter der Zuckerfalle stecken und können gegensteuern. Und zwar nur Sie können gegensteuern! D.h. Sie müssen sich selbst an die Nase fassen und vielleicht die eine oder andere liebgewonnene (aber ungesunde) Gewohnheit ändern. **Ändern Sie nichts – ändert sich nichts!** So einfach ist das.

Ich kann Ihnen jedoch versichern, dass sich im Laufe der Zeit Ihr Geschmackssinn verändert und anpasst. Das kann soweit kommen wie bei mir. Ich empfinde schon Ekel, wenn ich eine gezuckerte Tasse Kaffee auch nur rieche. Das war in meiner Jugend anders, als ich noch 3 Teelöffel in eine kleine Tasse Kaffee schaufelte (kein Haferl!). Das ging solange, bis ich im Krankenhaus Zivildienst leistete und auf der Inneren Medizin meinen ersten Diabetikerfuß live erlebte. Der Schock saß so tief, dass ich sofort anfing, den Zucker »auszuschleichen« und meinen Geschmack neu zu trainieren. Damit Ihnen die Umstellung etwas leichter fällt, und Sie auch langfristig an Ihrer neuen Form der Gesundherhaltung Freude haben, habe ich acht einfache Merksätze als Goldene Regeln zusammengestellt.

Acht Goldene Regeln

1

Achten Sie immer auf eine ausreichende und hochwertige Protein- und Fettversorgung, vor allem auf Proteine und Fette aus tierischen Quellen wie Fisch, Fleisch und Geflügel in (lokaler/regionaler) Bioqualität. Bei reichlich Fisch bekommen Sie zusätzlich noch die so wichtigen Omega-3-Fettsäuren für Ihr Gehirn mitgeliefert. Aber auch gute pflanzliche Fette sind sehr wichtig: Kokos- und Olivenöl stehen an vorderster Front.

2

Essen Sie immer reichlich frisches Gemüse und moderat Obst zur ausreichenden Versorgung mit Vitalstoffen: Vitamine, Mineralien, Spurenelemente.

3

Verringern Sie langfristig den Anteil an energiedichter Nahrung und verzichten Sie so weit als möglich auf Softgetränke, sowohl auf diejenigen mit Null Kalorien als auch auf die mit High Fructose Corn Sirup oder Zucker, insbesondere auch kein Aspartam.

4

Trinken Sie demgegenüber reichlich gutes und energiereiches Wasser – und sicher auch mal ein oder zwei gute Gläser Wein und ein Verdauungsschnäpschen. Vor allem Rotwein, dessen Inhaltsstoffe an Mineralien und Polyphenolen der Gesundheit dienlich sind. Aber auch hier gilt wie in so vielen Dingen: die Dosis macht das Gift.

5

Essen Sie täglich ausreichend Ballaststoffe wie sie z.B. in ColoSTABIL® vorkommen und sorgen Sie mit Fermentprodukten für eine gesunde Darmflora

6

Achten Sie zur Unterstützung der täglichen Entgiftungsleistung Ihres Körpers auf ausreichend Vitalstoffe und machen Sie regelmäßig eine Frühjahrs- und Herbstreinigungskur – oder beides.

7

Vermeiden Sie Lifts, Rolltreppen und das Auto bei Kurzstrecken. Gehen Sie mehr zu Fuß und bewegen Sie sich mehrmals die Woche stärker stoffwechselaktiv – am besten im nüchternen Zustand, um schneller und intensiver in den Fettstoffwechsel zu kommen.

8

Und zu guter Letzt: Essen Sie einmal pro Woche nach den Vorgaben der Regulierungs- oder Intensivphase und ersetzen Sie dabei bei einer oder zwei Mahlzeiten die Nahrungseiweiße durch MyAMINO®.

Viel Erfolg bei der Umsetzung!

Meine Empfehlung – allerdings kein zwingendes Muss!

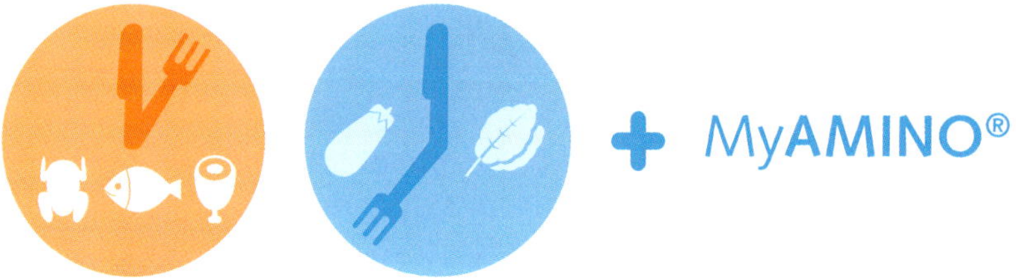

An die Mittags- oder Abendempfehlung müssen Sie sich nicht sklavisch halten – MyAMINO® am Abend hilft lediglich den Erfolg durch die zusätzliche Entlastung der Leber während der Nacht zu steigern. Zur einfacheren Orientierung hab ich Ihnen für die beiden Hauptphasen ein 7-Tages-Ernährungsprogramm mit jeweils drei Mahlzeiten am Tag als Anleitung und mit leckeren Rezepten zusammengestellt.

Die meisten meiner Patienten kombinieren beide Phasen. Sie beginnen 2–8 Wochen lang oder mehr mit dem **Intensivprogramm (INTENSE)** und gehen dann in die **Regulierungsphase (REGULATE)** über. Die Dauer der Anwendung hängt davon ab, welche persönlichen Ziele man erreichen will. Wendet man das Kurprogramm zur »Innenraumreinigung« an, dann macht man das am besten im Frühjahr und im Herbst jeweils 1–4 Wochen. Will man jedoch gesund ab- oder, auch hier hilft mein Programm, zunehmen, dann richtet man sich am Wunschgewicht aus. Sehr niedrig gewichtige Menschen sollten bedenken, dass auch ihre inneren Organe »untergewichtig« sein können oder ein schlechtes Körperfettverteilungsmuster aufweisen. Dies gilt auch für Menschen die lange vegetarisch oder vegan gelebt haben. Sie erinnern sich an die Magnetresonanzbild des 74-jährigen Couch-Potatoes (weiter vorne im Kapitel über Proteine).

Daniel vorher

Daniel nachher

Nehmen Sie sich Zeit – es wird sicherlich einige Monate dauern, bis hier der Umbau von Fettgewebe in Magermasse erste Erfolge zeigt und dann auch in der Muskulatur ein Aufbau sichtbar wird. In einer Sammlung von Erfahrungsberichten mit MyAMINO® wird das Beispiel von Daniel gezeigt: Er hat 15 Monate gebraucht hat, um 78 Kilogramm abzunehmen. Im ersten Monat hat er das Intensivprogramm ohne Nahrungsprotein (INTENSE) und nur mit MyAMINO® als Ersatz angewendet. Die weiteren 14 Monate nutzte er das Regulationsprogramm (REGULATE) mit einer Eiweißmahlzeit Fisch, Fleisch oder Geflügel am Tag.

Bei schweren Erkrankungen wie Krebs verwende ich über längere Zeit hinweg ausschließlich das Intensivprogramm und einer an den Ernährungsbedarf des Patienten angepaßte Menge von MyAMINO®. Zahlreiche Studien haben gezeigt, dass erhöhte Blutzuckerwerte mit einem erhöhten Krebsrisiko verbunden sind. Tumorzellen können bei einer Stoffwechsellage mit erhöhten Blutzuckerwerten, wie sie für pre-diabetische Personen oder Diabetiker typisch sind, schneller wachsen. Eine längerfristige und strikte Kontrolle von Zucker und Insulin ist daher sehr empfehlenswert. Aushungern kann man Tumore nicht, aber man kann ihnen das Leben schwer machen, indem man ihnen ihren wichtigsten Nährstoff zum Wachsen so gut es geht entzieht: Zucker!

Ein wichtiges Ziel des Programms: eine ernährungsbedingte Ketose

Haben Sie keine Angst vor diesem Wort. Wie ich vorne schon gezeigt habe, sind Ketonkörper lediglich die Bezeichnung für bestimmte Energiemoleküle, die bei einem erhöhtem Fettstoffwechsel freigesetzt werden. Sie ersetzen dann weitestgehend die Energiemoleküle aus dem Zuckerstoffwechsel – Glukose. Eine der wichtigsten Einflussgrößen in unserem Programm ist daher unser »Zucker-Wegräum-Hormon« Insulin.

Hauptziel ist es, eine Ketose durch unsere Ernährung zu erreichen, d.h. ein Zustand, bei dem der Ketonspiegel im Blut hoch und der Zuckerspiegel niedrig gehalten wird. Das wiederum hält den Insulinspiegel in Schach. Der Körper befindet sich mit dieser Ernährungsweise überwiegend im Fettverbrennungsmodus – und nicht im Zuckermodus. Die entsprechenden Werte, die für die Beurteilung einer Ketose erforderlich sind, finden Sie im Anhang unter dem Abschnitt *»Wichtige Hinweise«*. Die Ketose hat gesundheitlich viele Vorzüge. Der wichtigste Ketonkörper ist die Hydroxybuttersäure, die nicht nur eine wichtige Funktion bei der Energieversorgung hat, sondern im Darm eine ähnlich positive Wirkung entfaltet wie die einfache Buttersäure, die zu einer funktionsfähigen Darmschleimhaut beiträgt, da sie den »guten« Bakterien auch als Futter dient.

Es ist also nicht entscheidend, ob wir Gewicht verlieren, an Magermasse zunehmen oder entschlacken wollen. Über die ernährungsbedingte Ketose (Nutritional Ketosis) durch mein Programm können wir in Bezug auf den Insulin- und Zuckerspiegel ein ähnlich segensreiches Blutbild erreichen wie durch Fasten, aber ohne an Hunger zu leiden und dem Körper Schaden zuzufügen. Der Dirigent, der den Zucker- und Fettstoffwechsel reguliert, ist die Bauchspeicheldrüse. Sie überwacht das Geschehen über die Ausschüttung der Hormone Insulin und seinen Gegenspieler Glukagon. In unserem Stoffwechselprogramm wird auch die Bauchspeicheldrüse stark (Regulierungsphase) bis sehr stark (Intensivphase) entlastet. Sie muss weniger Insulin hoch- und herunterregulieren und sogar weniger Enzyme für die Eiweißverdauung im Dünndarm bereitstellen, da MyAMINO® keine Spaltenzyme wie Peptidasen für die Dünndarmverdauung benötigt.

Für unser Ziel der Ketose stehen vier Haupthebel zur Verfügung:

Mehr Bewegung

Absenkung des Anteils an Kohlenhydraten und Einfachzuckern

Erhöung des Anteils an guten tierischen und pflanzlichen Fetten

Optimierung des Proteinanteils, insbesondere durch die Verwendung von MyAMINO® als Ersatz für Nahrungsproteine (weitere Zuckerentlastung)

Damit wir die Menge des Verzehrs von Kohlenhydratein besser einschätzen können, orientieren wir uns am besten an Lebensmitteln, die entweder bereits einen niedrigen Kohlenhydrat- oder Zuckeranteil haben und/oder zusätzlich eine niedrige glykämische Last aufweisen. Die glykämische Last kennzeichnet den Anstieg des Blutzuckerspiegels durch ein Lebensmittel nach der Nahrungsaufnahme und Spaltung in seine Ernährungsbestandteile. Ist sie niedrig, erfolgt lediglich eine geringe Insulinantwort – und das ist für unser Ernährungsprogramm sehr wichtig.

Die Ernährung von Naturvölkern, die einen höheren Kohlenhydratanteil aufweist, und die gibt es durchaus, weist zwei Eigenschaften auf: (1) Sie haben durchweg faserreiche Kohlenhydrate mit einer sehr niedrigen glykämischen Last, d.h. einer geringen Auswirkung auf den Blutzuckerspiegel. Und (2): Sie haben erheblich mehr Bewegung als wir und verbrennen daher auch mehr Energie. Auch das hält den Blutzuckerspiegel auf Dauer niedrig bzw. im Normbereich.

Da MyAMINO® als Proteinersatz nahezu keine Glukose liefert – im Gegensatz zu Nahrungsproteinen, die über die Zuckerersatzgewinnung immer auch bis zu 78 % (bei tierischen Proteinen) bzw. bis zu 90 % (bei pflanzliche Proteinen) Glukose liefern – können wir auch den Verzehr von Protein ohne Zuckerbelastung oder Stickstoffabfall optimieren. Das ist in verschiedenerlei Hinsicht sehr hilfreich.

Der ganz entscheidende Punkt ist, und ich möchte das hier ausdrücklich wiederholen, dass wir keinen Hunger oder Mangel an lebenswichtigen Nährstoffen wie Fetten, Eiweißen und Mikronährstoffen haben dürfen. Wer abnehmen will muß essen. Ist ein Ernährungsprogramm als Hungerprogramm (Fasten oder stark kalorienreduziert) konzipiert, dann sperrt sich unser Körper gegen Gewichtsverlust und senkt seine Stoffwechselrate, um Energie zu sparen – ganz abgesehen von den Schäden, die durch das Fehlen lebenswichtiger Nährstoffe vor allem bei den Eiweißen bei längerem Fasten entstehen können. Es gibt Gewebe, die innerhalb von wenigen Stunden erneuert werden müssen, wie z.B. Schleimhäute oder unsere Immunabwehr. Wenn hier die Eiweißbausteine fehlen, bleibt diese Erneuerung aus. Diese Fehler vermeiden wir, vor allem durch die Verwendung von MyAMINO®.

Die für unser Stoffwechselprogramm **besonders geeigneten (stärkearmen) Gemüse und Früchte mit niedriger glykämischer Last** habe ich herausgefiltert. Sie sind in den Tabellen im Anhang aufgelistet. Ebenso die **bevorzugten Fette und Öle**. Früchte außerhalb der aufgeführten Sorten sind nur gemäß der glykämischen Last und im Rahmen der Gesamt-Kohlenhydratmenge erlaubt. Je niedriger die glykämische Last desto besser. Details dazu können im Anhang dieses Buches nachgeschlagen werden. Dort gibt es ein Ampelsystem mit einer Tabelle der Lebensmittel und ihrer glykämischen Last und ihrer Auswirkung auf den Blutzuckerspiegel. Die Kohlenhydrataufnahme sollte je nach Stoffwechseltyp und Anliegen zwischen 30 und 100 g KH/Trockensubstanz täglich liegen. Es gilt: je niedriger desto besser die Ergebnisse.

Die **Energiegewinnung** bei einer ketogenen Ernährung erfolgt überwiegend über die Fettverbrennung, die auch die Produktion von Ketonkörpern ankurbelt. Da wir ganz bewußt kaum Kohlenhydrate für die Energiegewinnung zur Verfügung stellen, ist auf die Zufuhr von Ölen oder Fetten mit einem hohen Anteil an **mittelkettigen Fettsäuren** zu achten. Dies habe ich ebenfalls in den Lebensmitteltabellen im Anhang aufgelistet. Sie machen den Löwenanteil der Kalorien aus, die wir benötigen, wenn keine oder nur wenig Zucker zur Verfügung stehen.

Abhängig vom Ziel des Anwenders – Gewichtsreduktion/Entschlackung, Gewichtszunahme bei sehr schlanken Menschen, Blutzuckerregulierung bei Diabetikern usw. – kann die Einnahme der Fette zusätzlich variieren. Kalorien werden dabei vor allem unter qualitativen Gesichtspunkten gesehen. Ist die Nährstoffversorgung optimiert – vor

Besonders geeignete Gemüse, Früchte, Fette und Öle finden Sie im Anhang!

allem die Versorgung mit guten Proteinen, dann können wir auch die Kalorienmenge verringern und so schneller abnehmen, ohne Mangelerscheinungen zu haben. Übergewichtige können das Stoffwechselprogramm mit entsprechend weniger Kokos-, Palmöl oder Butter durchführen, um mehr Körperfett zu verbrennen, indem sie verstärkt auf die körpereigenen Fettreserven zurückzugreifen.

Will man dagegen zunehmen, sollte der tägliche Energiebedarf mit diesem Minimum an Kalorien über Fett gedeckt werden. Auch extrem gestreßte Menschen – sei es beruflich oder privat bedingter Stress – sollten auf genügend kalorische Zufuhr achten und evtl. noch zusätzlich Zucker zuführen, die keine Insulinreaktion hervorrufen wie z.B. Galaktose. Solche insulinunabhängigen Zucker halten die Fettverbrennung stabil und befriedigen zugleich den erhöhten Zuckerbedarf bei Streß. So macht das auch die Natur bei der Muttermilch, die ja eine Ketose beim Baby erzeugt, um das Gehirnwachstum zu fördern. Muttermilch hat zwar auch reichlich Zucker, aber der Anteil an Zuckern, die eine Insulinantwort hervorrufen, ist relativ gering. Stärker vertreten sind Zucker wie Galaktose, die über andere Transportsysteme als Insulin in die Zelle gelangen. Dadurch bleibt die für die Gehirnentwicklung wertvolle Ketose erhalten und es werden zugleich Zucker zur Verfügung gestellt. Genau so intelligent wie die Natur wollen wir das auch machen. Und bedenken Sie dabei nicht nur die Energieversorgung, sondern auch den ernährungsphysiologischen Nutzen von Fetten für die Gehirnernährung – hier sind tierische Omega-3-Fettsäuren besonders wichtig.

Ketoadaption und körpereigene Entgiftungssysteme

Als Ketoadaption bezeichnet man mögliche Anpassungsschwierigkeiten unseres Gehirns und anderer Gewebe an die Verwertung der Energiemoleküle aus dem Fettstoffwechsel – den Ketonkörpern. Das ist bei den meisten Menschen der Fall, die lange zuckerabhängig gelebt haben. Man könnte diesen Prozess auch als den »Muskelkater« des Gehirns bezeichnen. So wie unsere Muskeln abbauen, wenn wir uns nicht bewegen, ist auch unser Gehirn über die vielen Jahre der Zuckerüberfrachtung unflexibel geworden. Unser Körper hat die Enzyme zum Abbau der Ketonkörper zurückgebildet. Unser Gehirn ist im Grunde stoffwechselkrank, denn in der Natur muss dieser Übergang immer sofort und reibungslos erfolgen. Der Fachbegriff dazu heißt Ketolysefähigkeit.

Die gute Nachricht: so wie man Muskeln durch Bewegung und Krafttraining wieder aufbauen kann, so können wir auch die für die Bildung der erforderlichen Enzyme für die Verwertung von Ketonkörpern wieder anregen, indem wir unseren Organismus verstärkt auf Fettstoffwechsel trimmen. Bis sich der Hybrid-Motor unseres Körpers wieder auf diese besondere Energiequelle aus der Fettverbrennung umstellt, kann es allerdings zu Reibungsverlusten kommen. Der Motor kann anfänglich etwas »stottern«, weil er den Supertreibstoff, der lange Zeit nicht mehr zur Verfügung stand, nicht mehr richtig verarbeiten kann. Und das, obwohl Ketonkörper eigentlich die bessere Energiequelle für unser Gehirn darstellen– und im Übrigen auch für unser Herz.

Die Symptome dieses Übergangs zur neuerlichen Verwertung von Ketonkörpern können vielfältig sein. Sie reichen von schlechter Laune und Kopfschmerzen über trockenen Mund bis hin zur Verwirrung und Benommenheit oder Augenflimmern. Auch Übelkeit, verstärktes Schwitzen oder sogar frösteln können auftreten. Das sind dann allerdings auch schon deutliche Zeichen einer verstärkten Entgiftungsreaktion. aufgrund einer erhöhten Fettverbrennung. **Merke: In Fettzellen lagert unser Organismus die lipophilen, d.h. vor allem die organischen Gifte ab. Toxine können also bei einer Diät verstärkt mobilisiert werden.** Sie können einerseits durch die erhöhte Fettverbrennung und verstärktes Schwitzen durch Bewegung oder Sauna, andererseits aber schon allein durch eine energiereiche Qualität von Wasser mobilisiert werden. Wir erleben das immer wieder, wenn Patienten energetisch aufbereitetes, verwirbeltes Osmose-Wasser zu trinken beginnen und allein dadurch die Zellentgiftung und die Nierentätigkeit angeregt werden. **Deshalb gilt: Niemals abnehmen, ohne gleichzeitig die körpereigenen Entgiftungsmechanismen zu unterstützen und mit puffernden und bindenden Substanzen zu ergänzen.**

Ganz allgemein kann man Toxine als Substanzen bezeichnen, die belastende Effekte wie Stoffwechselblockaden im Körper auslösen (z.B. Störung des katalytischen Zentrums von Enzymen, Störungen der Proteinbiosynthese). Toxine können zu Intoleranzen führen und allergische Reaktionen auslösen oder ein allgemeines Gefühl des Unwohlseins oder der Müdigkeit hervorrufen. Wir nehmen sie durch das Wasser auf, das wir trinken, durch die Lebensmittel, die wir essen, über die Luft, die wir atmen, die Kleider die wir tragen (z.B. Azorfarbstoffe wie sie auch in Tattoofarben zu finden sind). Gifte wie Pestizide oder Herbizide nehmen wir ebenfalls durch unsere Kleidung auf, andere Schadstoffe wiederum durch Reinigungs- und Pflegemittel. Den meisten Giften sind wir aufgrund der industriellen Produktionsweise mit ihrer Luft- und Bodenverschmutzung ausgesetzt. Denken Sie nur an die unzähligen Pestizide und Herbizide. Oder an die zahlreichen Weichmacher in Plastikverpackungen und -spielzeug. Auch Quecksilberverbindungen wie Amalgam (Methylierung durch Bakterien kann zu organischen, hochtoxischen Verbindungen führen) und sogar Goldlegierungen in unserem Mund können sehr belastend wirken. Nicht zu vergessen die unzähligen anderen im Zahnbereich verarbeiteten Materialien, mit denen unser Körper fertig werden muss. Hinzu kommen über 500 E-Nummer-Nahrungsmittelzusätze (Farb-, Aroma- und Lockstoffe, Konservierung etc.), die in der Summe durchaus gefährlich

TIPP:

»Nicht Fett allein macht fett, sondern vor allem Kohlenhydrate (Zucker). Am schlimmsten jedoch sind Kohlenhydrate und Fette in der Kombination (z.B.Torten, Donuts, fette Croissants oder Chips aus Mais und Billigölen).

Falls keine Histaminintoleranz besteht, sind auch Nüsse erlaubt. Über den Tag verteilt oder zu den Mahlzeiten <30 g.«

sein können. Viele der toxisch wirkenden Substanzen sind nicht wahrnehmbar, und wir bemerken die Gefahr zunächst nicht, die von ihnen ausgeht. Neuerdings hat man sogar Plastikteilchen in der Haut von Fischen entdeckt, Reste aus den Millionen Tonnen Plastikmüll, die jedes Jahr im Meer landen (FOCUS, 16/2015)

Die zweite gute Nachricht: unser Körper hat die Fähigkeit, solche Gifte auch wieder auszuscheiden. Allerdings trägt unser moderner Lebensstil nicht nur zu einer erhöhten Belastung bei. Auch Stress behindert die Entgiftungsleistung des Körpers und reduziert so seine Fähigkeit, Toxine auszuschleusen, was zu einer vermehrten Einlagerung mit Blockadewirkungen führt. Denken Sie nur mal an den Bewegungsmangel oder das Fehlen von Ballaststoffen sowie die anderen wichtigen, die körpereigene Entgiftung unterstützenden Substanzen (z.B. Thiole, B-Vitamine, Zink), die eben in unserer modernen Fast-Food-Ernährung kaum mehr enthalten sind. Das alles trägt nicht gerade zu einer Aktivierung unseres Stoffwechsels bei, der die Entgiftungssysteme unterstützen könnte, solche Stoffe besser zur Ausschleusung zu bringen. Es ist daher sinnvoll, sich Kenntnisse und Methoden anzueignen, mit deren Hilfe man die körpereigene Ausscheidung für solche Stoffe intensivieren bzw. verbessern kann. In jedem Fall ist hier Achtsamkeit geboten, sonst kann es zu einer Verschiebung der gelösten Substanzen in andere Gewebe kommen. Die Nieren sollten gut durchspült und der Darm freigemacht werden. Eine solche, in der therapeutischen Praxis als »Öffnung der Ausscheidungswege« bekannte Methode folgt dem alten chinesischen Sprichwort:

»Wenn du den Tiger aus dem Haus jagen möchtest, öffne Fenster und Türen, bevor du ihm auf den Schwanz trittst.»

Nicht allein durch das verstärkte Trinken von energiereichem Wasser und einer verbesserten Darmtätigkeit können Giftstoffe gelöst werden. **Jede Gewichtsreduktion bedeutet im Grunde eine Verstärkung bei der Mobilisierung von Toxinen, die im Fettgewebe eingelagert sind.** Die dort über Jahre hinweg angesammelten Gifte können durchaus ein paar Kilos ausmachen. **Abnehmen ohne gleichzeitige Unterstützung der körpereigenen Entgiftung birgt die Gefahr von Mobilisationskrisen und des Verschiebebahnhofs. Aus therapeutischer Sicht ist das ein Kunstfehler.** Dabei ist die Verteilung interessant. Aus Analysen in der Klinik von Prof. Dr. Ionescu wissen wir, dass allein die Toxinbelastung im Bauchfett, Messungen zufolge, bis zu zehnmal höher sein kann als in anderen Fettgeweben. Solche Schadstoffe werden durch das »Abspecken« gelöst und in der Regel abgebaut. Die biologische Umwandlung toxischer Substanzen in unserem Körper erfolgt durch einen Vorgang, den die Experten als Biotransformation bezeichnen. Die Schadstoffe werden gelöst und in weniger toxische oder ungiftige, wasserlösliche Substanzen umgewandelt (konjugiert), damit sie ausgeschieden werden können.

Einer der bekanntesten Vorgänge ist die Entsorgung von Ammoniak aus dem Abbau von Aminosäuren im Proteinstoffwechsel. Er wird in der Harnstoffbiosynthese der Leber in Harnstoff umgewandelt und über die Nieren ausgeschieden. Ich habe darüber weiter vorne schon berichtet. Der Körper nutzt bei dieser Umwandlung z.B. sehr häufig schwefelhaltige Substanzen wie Thiole aus Lauchgemüse oder Vitamine der B-Gruppe sowie Mineralien und Spurenelemente. Damit die Ausschleusung solcher gelösten Stoffe reibungsloser ablaufen kann, ist nicht nur eine gute Darm-, Nieren- und Leberfunktion vorausgesetzt. Es macht auch Sinn, eine Darmreinigung und Floralenkung durchzuführen sowie allgemeine Mittel zur Stärkung von Nieren-, Leber- und Lymphe einzunehmen. Darüber hinaus empfehle ich aber auch noch spezielle Substanzen, die den beschriebenen Prozess der biologischen Umwandlung gezielt unterstützen.

Ketodadaption ebenso wie mögliche Mobilisationskrisen sind von vorübergehender Natur, können aber durchaus einige Tage bis Wochen andauern. Frieren oder Schüttlefrost kann deshalb auch auf eine erhöhte Schadstoffbelastung im Blutstrom hindeuten. Neben Toxine bindenden Substanzen hilft gegen das Frieren auch noch eine mit reichlich Chili gewürzte und gut gesalzene Fleisch, Fisch- oder Gemüsebrühe – das heizt ein und verbessert die Natriumbilanz, zumal auch der Wasser- und Salzverlust bei einer Steinzeiternährung höher ist als bei einer kohlenhydratreichen Kost. Bei einer zuckerreichen Ernährung halten die Nieren aufgrund des erhöhten Insulinspiegels vermehrt Natrium und damit auch Wasser in den Zwischengeweben zurück. Das ist bei einer ketogenen Ernährung anders. Hier fließt der Natriumstoffwechsel reibungsloser, weil Zucker- und Insulinspiegel niedriger sind. Es ist also wieder einmal der Zuckerstoffwechsel, der dieses Mal den Natriumstoffwechsel behindert, was zu einem erhöhten Blutdruck führen kann.

Ich empfehle meinen Patienten, von denen ich weiß, dass sie richtige Zucker-Junkies sind, meist eine Art »einschleichen« in die Ketose bzw. das Ausschleichen aus der Zuckerlast. In solchen Fällen beginne ich mit der Vorbereitungs- oder Aufbauphase INTENSE PLUS bei 120 g Kohlenhydrate/Trockensubstanz und gehe langsam runter auf 100,80 etc. bis auf 30 g.

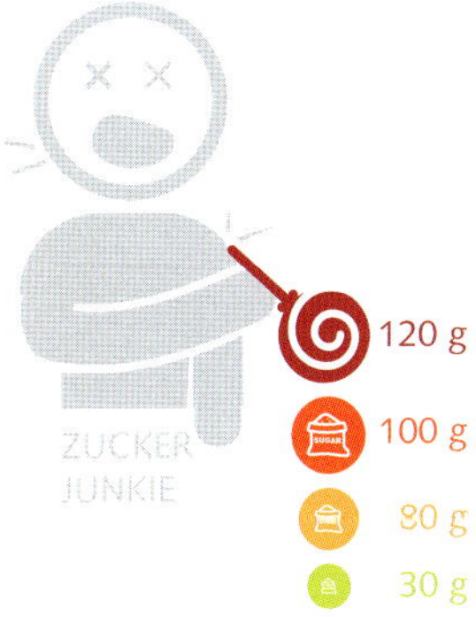

KAPITEL 12

Ernährungsplan und Rezepte

Grundsätzliches

Zum Kochen am besten Olivenöl oder Kokosöl verwenden.

Kräuter und Gewürze können nach Belieben verwendet werden. Ja sie sind sogar sehr erwünscht. In der Traditionellen Chinesischen Medizin und in der Ayurveda Heilkunde sind sie gar nicht wegzudenken. Denken Sie allein an Kurkuma (Gelbwurz) und seinen Inhaltsstoff *Curcumin*, der hilft, Entzündungen zu reduzieren. Oder an Chili und den darin enthaltenen Wirkstoff *Capsaicin*, der das braune Fettgewebe zu stimulieren scheint. Stoffwechsel aktivierend ist Chili allemal das erkennen Sie leicht an den Schweißperlen auf Ihrer Stirn, wenn es zu »heiß« wird. Lassen Sie also Ihrer Phantasie freien Lauf und würzen Sie wie es Ihnen schmeckt. Auf eines allerdings sollten Sie achten! Wenn es schon Chilischärfe sein muss, dann fragen Sie Ihren Partner, ob er das aushält, was Sie da reingeben. Nicht, dass am Ende nur noch weinende und triefende Nasen am Tisch sitzen – vom »heißen« Stuhlgang am anderen Morgen einmal abgesehen.

Auch das Thema Salz kann in unserem Stoffwechselprogramm befreiter angegangen werden, als das in den offiziellen Vorgaben der Schulmedizin angegeben wird. Durch den niedrigen Blutzuckerspiegel und die entsprechend niedrige Insulinreaktion ist die vermeintlich physiologische Natriumretention (Zurückhaltung von Natrium) in den Nieren erheblich geringer. M.a.W.: der Natriumstoffwechsel ist während einer ketogenen Ernährung nicht durch den Zuckerstoffwechsel gestört, so dass der Salzaustausch in den Geweben sehr viel besser funktioniert, was die Gefahr des Bluthochdrucks verringert und Wassereinlagerungen (Ödemen) vorbeugt. Dieses Phänomen ist unter Fasten-Medizinern als *»Hyponatremia of Fasting«* lange bekannt und hat häufig dazu geführt, dass man in diesem Lager Angst vor dem Gegenteil hatte, nämlich der Unterversorgung mit Natrium (Salz) im Blutstrom. Dies war besonders bei Herz-Kreislauferkrankungen eine Kontraindikation für Fasten. Beide Seiten, die Fastenärzte ebenso wie die Schulmediziner, liegen aber falsch. Wie bei vielen Stoffwechselstörungen ist es nämlich auch hier der entgleiste Zuckerstoffwechsel und die entsprechende Insulinantwort, die nicht nur den Fettstoffwechsel, sondern auch den Natriumstoffwechsel stören. Sind Blutzucker und Insulinspiegel niedrig, wird natürlicherweise mehr Natrium ausgeschieden, weil ein normaler Insulinspiegel die Nieren nicht daran hindert, ergo kann man auch gerne etwas mehr salzen, z.B. in einer Gemüse- oder Hühnerbrühe – dennoch gibt es auch hier ein klares Zuviel. Also alles bitte mit Maß!

Zutatenmengen:
Die Rezepte sind für 2 Personen ausgelegt, wenn nicht ausdrücklich anders vermerkt.

Zur Orientierung bei den Rezepten

Alle Rezepte, die in der **Intensivphase (INTENSE)** angegeben sind, können natürlich auch als Grundlage für die **Regulierungsphase (REGULATE)** herangezogen werden – entweder, indem man Fleisch, Fisch oder Geflügel dazu ißt – oder eben nur mit MyAMINO® als Proteinersatz. D.h., **alle Rezepte für INTENSE sind auch für REGULATE geeignet.** In der Intensivphase dagegen sind die Fleisch oder Fischmahlzeiten nicht erlaubt. Beispiel: Wenn Sie Rotes Thai-Curry haben und in der Regulierungsphase sind, können Sie das gleiche Gericht als Grundlage für Rotes-Thai-Curry mit Rind-, Hühnerfleisch oder Fisch verwenden.

INTENSE
Intensiv-phase

Beispiel eines 7-Tage Ernährungsplans für die Intensivphase

Vorbereitung:
2 Tage vor Beginn des Programms bitte das Active B®AVO Probiotic Easy Kit anrühren und den Fermentierungsprozess für die Bakterienkulturen des Joghurts einleiten. Es ist eine Zweikomponenten-Mischung: **Komponente 1** ist das Kolostrum Mix und **Komponente 2** ist die Starterkultur. Bevorzugt sollte Kuh-Vollmilch mit 3,5-3,8 % Fettgehalt verwendet werden, am besten in Bioqualität. Auch Rohmilch darf verwendet werden, da sie ohnehin bis zum Siedepunkt erhitzt wird. Jegliche von Säugetieren stammende Milch (Kuh, Ziege, Schaf) ist geeignet, führt aber zu einer jeweils unterschiedlichen Konsistenz des fertigen Joghurts. Die ernährungsphysiologisch gewünschte Wirkung bleibt erhalten. Details findet man in der ausführlichen Anleitung. **Wichtig: keine Sojamilch oder andere pflanzliche »Milch« verwenden, aber auch kein Milchpulver!**

Am Abend vor Beginn des Kurprogramms bitte 8–10 MyAMINO® essen. Außerdem 2–3 Esslöffel ColoSTABIL® plus ½–1 Esslöffel VitalBASE® in gutes, wenn möglich mittels Osmose-Filter gereinigtes und verwirbeltes Wasser (300 ml) einrühren und trinken. Dazu 3–5 New-H® night mit Magnesium einnehmen. Der Gesamtcocktail sorgt für ein gutes Durchräumen des Darms, ohne die Krämpfe einer Bittersalzkur zu erzeugen. Am anderen Morgen sollten Sie den Cocktail ohne New-H® night wiederholen. Wenn Sie mögen, können Sie dazu einen doppelten Espresso trinken. Das regt die Darmperistaltik zusätzlich an und weitet die Gallengänge. Nach dem nächsten Stuhlgang sind Sie fit für den Beginn des eigentlichen Programms.

Intensivphase plus Nahrungsergänzungen

Darmernährung und Antioxidantien:
ColoSTABIL® und die Basenmischung VitalBASE®, je ½ Esslöffel morgens und mittags entweder in Wasser einrühren und trinken oder, falls Ihnen das lieber ist, mit in den Joghurt rühren bzw. das Basenpulver kann auch in eine heiße Suppe mit eingerührt werden. Wer möchte, bzw. bei Erfordernis, kann noch Antioxdiantien wie New-**H**® day/night (2x2 täglich) einnehmen.

Ausschleusung unerwünschter Stoffe:
ChitoCLEAN® fungus für Vegetarier und Veganer bitte 2 Stunden zwischen den Mahlzeiten vormittags und nachmittags je 6–12 Kapseln für die Bindung unerwünschter Stoffe im Darm. Alternativ ChitoCLEAN® colon aus tierischen Quellen: hier 2x3 Kapseln. Die Einnahme sollte 6–8 Wochen lang erfolgen (bei stärkerer Belastung auch länger)

PektiCLEAN® vor dem Schlafengehen oder mindestens 2 Stunden nach der letzten Mahlzeit. Bitte 1 g in heißem Wasser auflösen und trinken (siehe Gebrauchsanleitung). **Alternativ**: Morgens 20 Minuten vor dem Frühstück. Dauer 10 Tage. Raucher oder Menschen, die wissen, dass sie einer stärkeren Giftbelastung ausgesetzt sind (z.B. Friseusen, Zahnärzte, Zahnarzthelferinnen etc.) trinken PektiCLEAN® bitte am Abend für die Dauer von 20 Tagen ein. Bei akuten Belastungen oder Mobilisationskrisen kann man PektiCLEAN® auch öfter am Tag drinken.

INTENSE
Intensivphase

Hier zunächst die Übersichtstabelle unseres Ernährungsplans für die ersten sieben Tage

Tag	Frühstück	Mittagessen	Abendessen
1	· 2. Teil der Darmreinigung mit ColoSTABIL® und VitalBASE® · Doppelter Espresso · 3–5 MyAMINO®	· Gazpacho (kalte Gemüsesuppe) mit Avocadocreme · Griechischer Salat mit etwas Schafskäse und frischem Olivenöl · 8–10 MyAMINO®	· Gemüsebrühe · Großer Salatteller nach Saison · 8–10 MyAMINO®
2	· 125 g Active B®AVO Probiotic Joghurt · mit Beeren oder Grapefruit · plus 1–2 EL Kokosöl einrühren	· Rinderbrühe mit Chili · Salat aus Avocado, roten Zwiebeln und frischem Spinat · 8–10 MyAMINO®	· Hühnerbrühe · Gemüsegulasch mit Crème fraiche · 8–10 MyAMINO®
3	· 125 g Active B®AVO Probiotic Joghurt · Misosuppe mit Wakame Algen und Frühlingszwiebeln	· Minestrone · Rucolasalat mit Parmesan und Cocktailtomaten · 8–10 MyAMINO®	· Grünes Thai-Curry Gemüse · 8–10 MyAMINO®

Kein Nahrungsprotein – dafür Ersatz durch MyAMINO®
Allergiker verzichten bitte auf Parmesan, Schafskäse und Tofu. Eine evtl. erforderliche Eliminations- oder Rotationsdiät bitte mit einem Therapeuten abklären.

4	• 125 g Active B®AVO Probiotic Joghurt • mit Beeren, oder Grapefruit • plus 1–2 EL Kokosöl einrühren	• Hühnerbrühe • Roasted Pepper Salat mit Rucola • 8–10 MyAMINO®	• Warmer Salat mit Sataysauce • 8–10 MyAMINO®
5	• 125 g Active B®AVO Probiotic Joghurt • Koreanische Kimchi-Suppe	• Minestrone • Gefüllte Aubergine Mediterrane Art • 8–10 MyAMINO®	• Rinderbrühe • Asiatisches Frühlingsgemüse • 8–10 MyAMINO®
6	• 125 g Active B®AVO Probiotic Joghurt • mit Beeren, oder Grapefruit • plus 1–2 EL Kokosöl einrühren	• Hühnerbrühe • Gemüsespieß mit Butterflocken überbacken • 8–10 MyAMINO®	• Rotes oder Grünes Thai-Curry Gemüse mit Kokosmilch • 8–10 MyAMINO®
7	• 125 g Active B®AVO Probiotic Joghurt • Misosuppe mit Wakame Algen und Frühlingszwiebeln	• Rucolasalat mit Parmesan und Cocktailtomaten • Geröstetes Gemüse mit Pesto-Dressing • 8–10 MyAMINO®	• Brokkoli-Creme mit Blumenkohl und Butterflocken überbacken • 8–10 MyAMINO®

7 Tage Intensivphase

REGULATE
Regulierungsphase

Beispiel eines 7-Tage Ernährungsplans für die Regulierungsphase

Vorbereitung:
Wenn Sie Ihr Stoffwechselprogramm nicht mit der Intensivphase einleiten aber dennoch die Darmreinigung an den Anfang stellen wollen, dann folgen Sie bitte den Anleitungen für den Beginn der Intensivphase.

Regulierungsphase plus Nahrungsergänzungen

Darmernährung und Antioxidantien:
Die Einnahmeempfehlungen für unsere Nahrungsergänzungen entnehmen Sie bitte der Einleitung zur Intensivphase.
Falls Sie etwas Süße benötigen, verwenden Sie bitte Xylit als Zuckerersatz. **Versuchen Sie sich jedoch grundsätzlich vom Süßgeschmack zu entwöhnen.** Sie werden sehen, dass Sie nach einer gewissen Zeit die Süße der meisten Speisen übertrieben finden. Und das ist auch erforderlich. Zucker im Salat und im Sauerkraut – was für ein Unsinn!

Fleisch, Fisch und Geflügel während der Regulierungsphase

Bitte verwenden Sie ausschließlich hochwertige Tierprodukte und kaufen Sie keinesfalls Billigware. Fleisch oder Geflügel aus lokaler oder regionaler Bio- und Freilandproduktion ist das Beste. Fisch sollte kein Farmfisch, sondern frischer Fangfisch sein. Auch wenn der Mensch wie nie zuvor seine Umwelt belastet, ist frische Bio-Ware immer noch der Aufzucht in Massentierhaltung mit ihrer Antibiotika-Überflutung vorzuziehen. Sie tun damit gleichzeitig aktiv etwas für den Tierschutz und die artgerechte Haltung von Tieren. Seien Sie bereit, den Landwirten das für eine solche Produktion erforderliche Geld zu gönnen. Es dient nämlich am Ende Ihrer eigenen Gesundheit.

MyAMINO® während der Regulierungsphase

Wir ersetzen eine Proteinmahlzeit durch MyAMINO®. Bei der anderen Hauptmahlzeit essen wir mindestens 200–250 g Fisch, Fleisch oder Geflügel. Die erforderliche Proteinzufuhr ist abhängig von verschiedenen Faktoren: Geschlecht, Alter, Größe, Krankheit sowie Leistung im Sport oder im Beruf. Werden weniger als 200 g gegessen, müssen wir mit MyAMINO® ergänzen, um eine für unsere Zwecke ausreichende Proteinversorgung zu gewährleisten. Die offiziellen Vorgaben für den Proteinbedarf sind aus meiner Sicht nicht für eine optimale Proteinversorgung ausreichend. Das zeigen nicht nur Studien in den letzten Jahren, sondern vor allem auch meine Erfahrungen in der Praxis. Ich empfehle daher 2–5 MyAMINO® zusätzlich zur Hauptmahlzeit einzunehmen, falls weniger als 200 g Fleisch oder Fisch pro Hauptmahlzeit gegessen wird. Für Vegetarier ist eine ausreichende Proteinernährung ohnehin erschwert. Sie sollten daher grundsätzlich mit MyAMINO® ergänzen. Ich rate sogar, in den ersten drei bis vier Wochen höher zu dosieren, um den in aller Regel vorhandenen Proteinmangel bei Vegetariern und noch mehr bei Veganern auszugleichen.

REGULATE
Regulierungs-
phase

Hier zunächst die Übersichtstabelle unseres Ernährungsplans für die weiteren sieben Tage

Tag	Frühstück	Mittagessen	Abendessen
1	· 2. Teil der Darmreini gung mit ColoSTABIL® und VitalBASE® · Doppelter Espresso · 3–5 MyAMINO®	· Rosmarinhuhn mit Ratatouille-Gemüse	· Gemüsebrühe · Großer Salatteller nach Saison · 8–10 MyAMINO®
2	· 125 g Active B®AVO Probiotic Joghurt · mit Beeren oder Grapefruit · plus 1–2 EL Kokosöl einrühren	· Gegrillter Heilbutt mit Avocadocreme	· Hühnerbrühe · Gemüsegulasch mit Crème fraiche · 8–10 MyAMINO®
3	· 125 g Active B®AVO Probiotic Joghurt · Misosuppe mit Tofu-stückchen, Wakame-Algen und Frühlings-zwiebeln	· Lammkotletts mit Marinade · Gemischter Salatteller · 8–10 MyAMINO®	· Grünes Thai-Curry Gemüse · 8–10 MyAMINO®

Eine Mahlzeit am Tag mit Nahrungsprotein, eine ohne, dafür Ersatz durch MyAMINO®
Allergiker verzichten bitte auf Parmesan, Schafskäse und Tofu. Eine evtl. erforderliche Eliminations- oder Rotationsdiät bitte mit einem Therapeuten abklären.

4	• 125 g Active B®AVO Probiotic Joghurt • mit Beeren, oder Grapefruit • plus 1–2 EL Kokosöl einrühren	• Rindersteak mit Espresso-Chili-Paste	• Warmer Salat mit Sataysauce • 8–10 MyAMINO®
5	• 125 g Active B®AVO Probiotic Joghurt • Koreanische Kimchi-Suppe	• Gegrillte Makrele mit Mayonnaise	• Rinderbrühe • Asiatisches Frühlingsgemüse • 8–10 MyAMINO®
6	• 125 g Active B®AVO Probiotic Joghurt • mit Beeren, oder Grapefruit • plus 1–2 EL Kokosöl einrühren	• Rotes oder Grünes Thai-Curry Gemüse mit Huhn oder Rind und Kokosmilch	• Hühnerbrühe • Gemüsegulasch mit Crème fraiche • 8–10 MyAMINO®
7	• 125 g Active B®AVO Probiotic Joghurt • Misosuppe mit Tofu-stückchen, Wakame-Algen und Frühlings-zwiebeln	• Lachssteak in Teriyaki-Marinade	• Minestrone • Gefüllte Aubergine Mediterrane Art • 8–10 MyAMINO®

7 Tage Regulations-phase

Gazpacho mit Avocadocreme

Zutaten Gazpacho:

450 g Schältomaten
1 kleine Gurke, geschält, entkernt und kleingeschnitten
1 kleine rote Paprika, entkernt und kleingeschnitten
1 Chili, grün, entkernt und kleingeschnitten
1 Knoblauchzehe ausgepresst
2 EL Olivenöl, extra-virgine, kaltgepresst
1 x Saft einer Limette
Ein paar Tropfen Tabasco, je nach Schärfelust
Salz und Pfeffer
Frische (gekühlte) Petersilie

Zutaten Avocadocreme:

1 reife Avocado, entsteint, geschält und zu Brei zerstampft
1 TL Zitronensaft
2,5 cm Gurkenstückchen kleingehackt
½ Chili, rot, sehr fein gehackt
3 EL grob gehackte Frühlingszwiebeln
½ TL roter Paprika
¼ TL feines Meer- oder Kristallsalz
¼ TL Pfeffer, frisch gemahlen

Zubereitung:

Mischen Sie Paprikagemüse, Tomaten, Gurken, grünen Chili, gepressten Knoblauch, Limettensaft und Tabasco in einem Mixer. Geben Sie 250 ml Wasser dazu und mixen Sie es, bis es püriert aber noch breiig ist. Würzen Sie es mit Salz und Pfeffer, gegebenenfalls noch mit mehr Tabasco, und stellen Sie es für mindestens 2–3 Stunden in den Kühlschrank, damit es abkühlt und ziehen kann.

Bereiten Sie die Avocadocreme vor dem Servieren zu. Vermischen Sie die zerstampfte Avocadomasse sofort mit dem Zitronensaft. Damit verhindern Sie das Braunwerden (Oxidation). Fügen Sie die rote Chilischote und die Gurkenstücken dazu.

Nehmen Sie nun das Gazpacho aus dem Kühlschrank und fügen Sie einen Esslöffel Avocadocreme auf die Suppe. Garnieren Sie das Ganze mit frischer Petersilie.

Griechischer Salat mit Schafskäse

Zutaten:
Reife Tomaten
Gurken
Zwiebeln
Oliven
(Kräuter-)Salz und Pfeffer
Schafskäse

Zubereitung:
Tomaten und Gurken waschen und in Stücke schneiden. Die Zwiebel in dünne Ringe schneiden und mit dem geschnittenen Gemüse vermengen. Nach Geschmack salzen, pfeffern und mit Zitronensaft oder Essig und reichlich Olivenöl anmachen. Mit Oliven und Schafskäse garnieren.

Knochensuppe

Zutaten:

4 kg Knochen (von Wiesen-Rindern oder Wildgeflügel)
3 Zwiebeln
2 Knoblauchzehen
5 Möhren
5 Selleriestangen
1 EL Tomatenmark
300 ml trockener Rotwein
2 EL Apfelessig

Für das Kräutersträußchen:

je 2 Rosmarin- und Thymianzweige
2 getrocknete Lorbeerblätter
6 Zweige glatte Petersilie
1 EL ganze schwarze Pfefferkörner
Kräuter mit einem Faden zusammenbinden oder in ein Baumwollsäckchen stecken und zubinden.

Zubereitung:

Backofen auf 250° vorheizen. Die Knochen auf einem Backblech ca. 20–30 Minuten braun rösten. In der Zwischenzeit Zwiebeln ungeschält halbieren, Knoblauch ungeschält horizontal halbieren. Karotten und Sellerie putzen, waschen und in grobe Stücke schneiden. Einen großen Topf stark erhitzen, Zwiebeln und Knoblauch dunkel anbraten. Tomatenmark und Rotwein zufügen. Knochen, Karotten und Sellerie in den Rotwein geben. Alles mit Wasser bedecken und Essig hinzugeben. Kurz aufkochen, dann auf mittlerer Temperatur zwischen 3 Stunden und 2 Tagen (!) köcheln lassen. Flüssigkeitsstand kontrollieren, evtl. Wasser nachgießen. Abkühlen lassen und abseihen. Kräutersträußchen und schwarzen Pfeffer hinzugeben und noch einmal ca. 30 Minuten köcheln lassen.

Für die Knochenbrühe verwendet man am besten gelatinereiche Teile wie Knöchel, Gelenke, Flügel. Sie werten die Qualität der Brühe auf.

Beachten Sie bitte auch meine weiterführenden Hinweise zur Knochensuppe im Anhang.

Avocado-Salat mit roten Zwiebeln

Zutaten:

1 rote Zwiebel in Scheiben geschnitten
3 EL Olivenöl, kalt gepresst, extra-virgine
100 g Babyspinatblätter
1 Avocado, geschält entsteint und in Scheiben geschnitten
1 EL frischen Zitronensaft

Dressing:

2 EL Olivenöl, kalt gepresst, extra-virgine
2 TL Balsamico-Essig
Salz und frisch gemahlener Pfeffer

Zubereitung:

Den Ofen auf 200° C vorheizen. Olivenöl in eine kleine Backform geben und die Zwiebelscheiben reinlegen. Für ca. 25 Minuten backen, gelegentlich wenden bis die Zwiebeln weich sind. Rausnehmen und kaltstellen.

Das Dressing anrühren: Öl und Essig vermischen und nach Geschmack würzen.

Die Babyspinatblätter in eine Salatschüssel geben und die Zwiebel hinzufügen. Die Avocadoscheiben im Zitronensaft wenden und vorsichtig in die Salatschüssel mit den Zwiebeln und den Spinatblättern geben, sanft wenden und servieren. Evtl. noch mit frisch gemahlenem Pfeffer nachwürzen.

Gemüsegulasch mit Crème fraiche

Zutaten:

1 EL Olivenöl
1 große Zwiebel in dickere Scheiben geschnitten
1 Knoblauchzehe feingehackt
1 kleine Paprikaschote, entkernt und in Scheiben geschnitten
1 kleine Zucchini in Scheiben geschnitten
150 g Brokkoli
1 Mohrrübe in feine Scheiben geschnitten
1 EL Paprika gemahlen
1 Teelöffel Kümmel
200 g Dosentomaten geschält, geeignet für Spieße
100 ml Gemüsebrühe
50 ml Weißwein
Salz oder Kräutersalz und frisch gemahlener Pfeffer
2 EL Sauercreme oder Crème fraiche

Zubereitung:

Heizen Sie den Backofen auf 180° C vor. Erhitzen Sie das Olivenöl in einer großen Kasserolle. Geben Sie Zwiebeln rein und rösten Sie leicht bedeckt für ca. 8 Minuten bis die Zwiebeln weich sind. Geben Sie den gehackten Knoblauch, das Paprikagemüse, die Zucchini, den Brokkoli, die Mohrrübe und den Kümmel dazu und garen Sie, halb bedeckt für weitere 10 Minuten. Rühren Sie das Gemüse gelegentlich sanft um.

Geben Sie den gemahlenen Paprika dazu und kochen Sie das Ganze für eine weitere Minute. Dann die Tomaten und die Gemüsebrühe und den Weißwein hinzufügen. Zum Kochen bringen, dann die Hitze reduzieren und halb bedeckt für 15–20 Minuten simmern lassen bis die Soße verringert und eingedickt ist. Das Gemüse sollte gar sein. Abschmecken: würzen Sie mit Kräutersalz nach Belieben.

Geben Sie zum Schluss die Sauercreme ins Gemüsegulasch und erhitzen Sie es noch einmal kurz.

Misosuppe mit Tofustückchen, Wakame-Algen & Frühlingszwiebeln

Zutaten:

Die vier wichtigsten Zutaten einer Misosuppe sind:
Dashi (Fischsud)
Miso (fermentierte Sojabohnenpaste)
Wakame-Algen
*weicher (Seiden-) Tofu**

Was braucht es noch?
Frühlingszwiebeln
Worauf müssen Sie achten?
Misopaste durch ein Sieb passieren, sonst klumpt es

Zubereitung:

Wasser aufkochen lassen, das Dashi-Pulver (Fischsud) einrühren.

Miso in eine kleine Schüssel durch ein Sieb passieren und mit ein wenig Fischsud glatt rühren, um Klümpchen zu vermeiden.

Dann die Brühe mit dem Miso aufkochen.

Je nach Gusto kann man den japanischen Seidentofu und die Wakame-Algen mit Karotten, Rettich oder Sojasprossen ergänzen und mitkochen. Vor dem Servieren mit den Frühlingszwiebeln garnieren.

Evtl. mit ein wenig Shitake-Pilzen garnieren – sie enthalten etwas Eiweiß, aber diese geringe Menge ist kein Problem.

* Phase INTENSE kein Tofu!

Koreanische Kimchi-Suppe

Zutaten:

1 EL Olivenöl
1 kleine Zwiebel
2 TL koreanische Chilipaste
1 Glas Kimchi (milchsauer eingelegtes, koreanisches Gemüse – am besten selbst eingelegt)
500 ml Rinder-, Hühner- oder Gemüsebrühe
1 TL Sojasoße
*500 g cremigen Seidentofu**
2 Frühlingszwiebeln

Zubereitung:

Die Zubereitung des Kimchi als Grundlage für die Suppe finden Sie im Abschnitt über Fermentierung. Zwiebeln in Olivenöl in einer großen Pfanne erhitzen, Salz hinzufügen, regelmäßig umrühren und etwa 5 Minuten kochen lassen.

Die Chilipaste einrühren und zusammen eine weitere 1 Minute kochen lassen.

Das Kimchi hinzufügen, würzen (auch scharf) und abschmecken, und nochmals ca. 2 Minuten kochen lassen. Die Brühe und Sojasauce hinzugeben und abschmecken.

Suppe in Teller geben und mit kleingehackten Frühlingszwiebeln garnieren

* Phase INTENSE kein Tofu!

Überbackene Auberginen Mediterrane Art

Zutaten:

1 Aubergine mittelgroß, in Hälften geschnitten
2 EL Olivenöl plus Olivenöl zum Einpinseln
1 Zwiebel, feingehackt
½ Rote Paprika, entkernt und in Würfel geschnitten
2 TL getrockneten Oregano
2 Knoblauchzehen, gewürfelt
125 ml trockenen Weißwein
2 EL gehackte Tomatenwürfel
Salz, frisch gemahlener Pfeffer sowie Gewürze nach Gusto
80 g Mozzarella in Scheiben

Zubereitung:

Den Backofen auf 200° C vorheizen. Die Auberginenhälften in einer Pfanne in Salzwasser 10 Minuten dünsten, dann die Auberginen aus der Pfanne nehmen und gut abtrocknen. Das Fruchtfleisch der beiden Hälften entfernen und die Ränder mit den Schalen als Form stehen lassen. Das Fruchtfleisch feinhacken.

Das Öl in einer Bratpfanne erhitzen, Fruchtfleisch, Zwiebeln, Pfeffer, Oregano und Knoblauch hinzugeben und bedeckt für ca. 10 Minuten garen, bis die Gemüse zart aber nicht zu weich sind.

Den Deckel entfernen, 50 ml Wasser und den Weißwein sowie die gehackten Tomaten dazu geben. Das Ganze zum Kochen bringen, Hitze auf simmern reduzieren und kochen lassen, bis die Soße eingedickt ist.

Die Auberginenschalen mit Öl einpinseln, die Gemüsefüllung reingeben und das Ganze in eine backofenfeste Kasserolle geben. In die Backform 2 Esslöffel Wasser für Feuchtigkeit geben und mit einer Backfolie überdecken. Die Form im Backofen bei 200 ° C ca. 20 Minuten backen, dann die Form rausnehmen, die Folie entfernen und die gefüllten Auberginen mit den Mozzarella-Scheiben garnieren. Noch einmal in den Backofen schieben und weitere 10–15 Minuten backen bis der Käse geschmolzen ist und eine goldbraune Form angenommen hat.

Asiatisches Frühlingsgemüse

Zutaten:

1 EL Erdnussbutter
1 EL Kokosöl
200 g Brokkoli-Röschen
2 Frühlingszwiebeln
85 g feine grüne Bohnen
2 Köpfe Pak Choi
(Senf- oder Blätterkohl)
2 Knoblauchzehen
1 cm frische Ingwerwurzel,
geschält und feingehackt
3 EL Gemüsebrühe
1 EL Sojasoße
70 g ungesalzene Cashewkerne
Basilikumblätter leicht angedünstet
zum Garnieren

Zubereitung:

Pfanne oder Wok erhitzen und Erdnussbutter mit Kokosöl reingeben. Das Brokkoli-Gemüse, die Frühlingszwiebeln und die grünen Bohnen reingeben und unter Rühren anbraten. Für 5 Minuten unter ständigem Rühren braten.

Den Senfkohl, Knoblauch und Ingwer ebenfalls unter Rühren eine weitere Minute anbraten. Die Gemüsebrühe und die Sojasoße hinzugeben und für weitere 1–2 Minuten kochen. Sollte das Gericht zu trocken werden, noch etwas Brühe hinzufügen

Vor dem Servieren mit den Cashewkernen und dem Basilikum garnieren.

Nach Gusto mit Chili schärfen oder sanft belassen.

Gerösteter Paprikasalat mit Rucola

Zutaten:

2 rote Paprika
1 gelbe Paprika
1 Zwiebel, rot
200 g gemischter Salat (Rucola, Kopfsalat etc.)
60 g Oliven

Zutaten Dressing:

2 TL Olivenöl, kaltgepresst, extra-virgine
1 TL Balsamico
Salz, frisch gemahlener Pfeffer

Zubereitung:

Entkernen und schneiden Sie die Paprika in Streifen. Geben Sie Öl drauf und vorerhitzen Sie eine Grillpfanne. Geben Sie die geölten Paprika in die Pfanne und braten Sie diese für ca. 10 Minuten unter gelegentlichem Wenden an bis sie weich und an den Rändern leicht angebraten sind. Stellen Sie die Paprika zum Abkühlen beiseite. Enthäuten Sie die Paprika.

Geben Sie Salat, geschnittene Zwiebel und Oliven zusammen mit den gebratenen Paprika in eine Schüssel.

Rühren Sie das Dressing an und gießen Sie es über den Salat.

Rotes bzw. Grünes Thai-Curry Gemüse

Zutaten:
2 TL Kokosöl
200 ml fette, ungesüßte Kokosmilch
150 ml Gemüsebrühe
200 g Brokkoli
200 g Blumenkohl
1 kleine rote Paprika
1 kleine Zwiebel
55 g Spinatblätter
2–3 Korianderblätter

Zutaten der scharfen Paste:
3 EL rote oder grüne Currypaste
3 grüne Chili, entkernt, kleingehackt
1 Stängel Zitronengrass,
1 Schallote geschält und feingehackt
Saft von 1 Limette
2 Knoblauchzehen, feingehackt
1 TL zermahlener Kreuzkümmel
1 cm frische, zerriebene Ingwerwurzel
2 TL gehackten Koriander

Zubereitung:

Geben Sie die Zutaten der Paste in einen Mixer und mischen Sie diese zu einer groben Masse.

Erhitzen Sie das Öl in einem Wok oder einer Pfanne und frittieren Sie die scharfe Paste für ca. 1 Minute unter rühren. Geben Sie die Kokosmilch und die Gemüsebrühe dazu und bringen Sie das Ganze zum Kochen. Verringern Sie dann die Hitze und lassen Sie es für 10 Minuten simmern und eindicken.

Gemüse putzen, schälen und waschen. Brokkoli und Blumenkohl in kleine Röschen schneiden. Paprika entkernen und schneiden, Zwiebel schälen, schneiden und in kleine Würfel hacken.

Geben Sie Brokkoli, Blumenkohl, rote Paprika dazu und kochen Sie es für 3 Minuten. Dann geben Sie die Spinatblätter dazu und kochen es für weitere 2 Minuten bis das Gemüse zart aber nicht weichgekocht ist.

Würzen Sie es nach Geschmack ab und geben Sie noch ein paar Korianderblätter über das Curry. Wenn Sie es besonders scharf mögen: geben Sie noch ein paar rote Chili drüber – aber Vorsicht!

In der Regulationsphase sehr lecker mit Rind, Huhn, Ente oder Fisch.

Warmer Salat mit Sataysauce

Zutaten:

100 g Brokkoliröschen

100 g Gemüsebohnen

1 kleine Karotte, in kleine Scheiben geschnitten

1 Rote Paprika in Streifen geschnitten

40 g Grünblattsprossen

2 Frühlingszwiebeln

Zutaten Dressing:

3 EL nicht gezuckerte Erdnussbutter

1 TL Olivenöl, kaltgepresst, extra-virgine

1 TL Sojasauce

2 TL heißes Wasser

2 EL fette Kokosmilch, ungesüßt

¼ TL getrocknete Chili

1 TL zerriebener frischer Ingwer

Zubereitung:

Geben Sie die Zutaten der Sataysauce in eine Schüssel und durchmischen Sie diese bis sie verbunden und cremig sind.

Dampfgaren Sie Brokkoli und Bohnen bis sie al dente sind. Geben Sie die Karotten 2 Minuten vor dem Ende der Kochzeit hinzu.

Kombinieren Sie die gegarten Gemüse mit dem Paprika auf einer Servierplatte, geben Sie die Sprossen und die Frühlingszwiebeln dazu und servieren Sie das Ganze mit der Sataysauce.

Gegrillte Gemüsespieße mit Butterflocken garniert

Zutaten:

1 rote Paprika, entkernt und in Scheiben geschnitten
1 gelbe Paprika, dito
1 Zucchini, in ca. 1cm dicke Scheiben geschnitten
10 Cocktailtomaten
1 rote Zwiebel, geviertelt und für Spieß geeignet
1 weiße Zwiebel, dito
Olivenöl
Salz, frisch gemahlener Pfeffer
Kräuter nach Gusto
Rosmarinzweige

Zubereitung:

Spieße abwechselnd mit den unterschiedlichen Gemüsen bestücken.

Mit Olivenöl einpinseln und mit Salz, Pfeffer und Kräutern würzen.

Die Spieße auf den heißen Grill oder in die Grillpfanne legen und die Rosmarinzweige dazwischen legen.

Vor dem Servieren mit Butterflocken garnieren.

Lecker & perfekt dazu:
Rucolasalat mit
Parmesanflöckchen
und Cocktailtomaten

Gebackenes Gemüse mit Pesto Dressing

Zutaten:

2 EL Olivenöl
1 EL Balsamico
2 Zweige frischen Rosmarin
1 rote Paprika, entkernt & geviertelt
1 Zucchini, der Länge nach in 2 Teile aufgeschnitten
2 rote Zwiebeln geviertelt
1 Fenchelknolle, in dünne Keile geschnitten
8 Kirschtomaten mit Stängel
1 Knoblauchzehe, ungeschält & eingekerbt
10 Oliven
Parmesanflöckchen zum Garnieren

Zutaten Pesto:

1 EL Pesto (gute Qualität)
1 EL Olivenöl, kaltgepresst, extra-virgine
1 EL heißes Wasser

Zubereitung:

Olivenöl, Essig und Rosmarin in einer großen Schale mischen und Paprika, Zucchini, Zwiebeln, Tomaten und Knoblauch hinzugeben und in die Marinade einrühren. Das Ganze ca. 1 Stunde ziehen lassen und zwischenzeitlich den Backofen auf 200 ° C vorheizen.

Das Gemüse samt Knoblauch und Marinade, mit Ausnahme der Tomaten, in einen Bräter geben und für 25 Minuten anbraten. Gelegentlich wenden. Dann die Rosmarinzweige entfernen. Die Tomaten und Oliven hinzufügen und in den Backofen geben. 10–15 Minuten garen bis das Gemüse weich und an den Rändern leicht gebräunt ist.

Während der Garzeit kann das Pesto mit den Zutaten angerührt werden. Geben Sie das gebackene Gemüse auf die Teller und beträufeln Sie es mit dem Pesto. Garnieren Sie noch mit ein paar Parmesanflöckchen.

Rosmarinhuhn mit Ratatouille-Gemüse

Zutaten Rosmarinhuhn:

1 großes Bio-Freilandhuhn, nicht mit Mais gefüttert
5 Knoblauchzehen zum Auspressen
Reichlich frischen Rosmarin
2 Knoblauchzehen zum Kleinhacken

Zubereitung:

Huhn waschen, trockenreiben und leicht salzen. Den Knoblauch pressen und das Huhn damit einreiben. Dann den Rosmarin abzupfen und mit den verbliebenen beiden Knoblauchzehen zerhacken, so dass sich die Säfte des Rosmarins mit dem Saft des Knoblauchs vermischen.

Das Ganze dann in das Huhn stopfen bzw. einreiben. Das Huhn in eine vorgeölte Kasserolle geben und in den auf 140° C vorgeheizten Backofen schieben und bei Niedertemperatur 40-45 Minuten braten.

Nach ca. 45 Minuten die Temperatur auf 220° C hochheizen und die Grillfunktion dazuschalten. Das Huhn muss eine goldgelbe Färbung haben und sollte nicht überhitzt werden. Evtl. wenden und auf der anderen Seite das gleiche. Dauer der verbleibenden Backzeit ca. 45 Minuten, kann je nach Größe des Huhns variieren.

* Zur Befeuchtung in der Backröhre Porzellanschüssel mit Wasser in die Röhre stellen

Das Rezept für das Ratatouille finden Sie auf der nächsten Seite.

Ratatouille-Gemüse

Zutaten Ratatouille:

1 große rote Paprika in Streifen geschnitten
1 kleine Aubergine, längs halbiert
1 kleine Zucchini, in dicke Scheiben geschnitten
1 große rote Zwiebel
2 Eiertomaten
1 Knoblauchzehe zerhackt
4 EL Olivenöl
Grobes Meer- oder Kristallsalz
Pfeffer, frisch gemahlen

Zubereitung:

Tomaten kurz in kochendes Wasser geben, rausnehmen, schälen und vierteln. Zusammen mit der Zwiebel und der Paprika in Olivenöl leicht anbraten. Den gehackten Knoblauch dazugeben, salzen und pfeffern und ca. 45 Minuten simmern lassen.

Parallel dazu die geschnittene Auberginen und Zucchini in einer zweiten Pfanne in Olivenöl anbraten bis das Gemüse gar, d.h. nicht mehr fest ist aber auch nicht zu weich. Den Inhalt in die Pfanne mit den Tomaten und Paprika geben und gemeinsam weitere 10 Minuten köcheln lassen.

Mit Salz und Pfeffer abschmecken, dekorativ garnieren und mit dem Huhn servieren – einfach köstlich.

Gegrillter Heilbutt mit Avocadocreme

Zutaten Heilbutt:

2 x 250 g Heilbutt-Filets
Meersalz
Pfeffer, frisch gemahlen
Kokosöl zum Einreiben der Fischfilets
2 TL frisch gehackter Koriander zum Garnieren
1 Zitrone in 2 Hälften geschnitten

Zutaten Mayonnaise:

2 Eigelb
Meer- oder Kristallsalz
Pfeffer, frisch gemahlen, weiß
1 TL Senf, scharf z.B. Dijon
2 TL Zitronensaft
250 ml Olivenöl

Zutaten Avocadocreme:

1 Avocado, geschält und entkernt
1 ½ EL frischen Zitronensaft
¼ Tasse Fischfond
¼ Tasse Mayonnaise
3 EL grob gehackte Frühlingszwiebeln
½ TL roter Paprika
¼ TL feines Meer- oder Kristallsalz
¼ TL Pfeffer, frisch gemahlen

Zubereitung:

Heizen Sie die Grillpfanne oder den Grill bei mittlerer Hitze vor.

Während sich der Grill bzw. die Pfanne aufheizt, können Sie die Avocadocreme anrühren. Geben Sie die zerquetschte Avocado, den Zitronensaft, den Fischfond, die Frühlingszwiebeln, Paprika, Salz und Pfeffer in einen Mixer oder rühren Sie das Ganze mit einem Schneebesen solange bis es püriert und weich sämig ist. Wenn die Creme zu dick ist, fügen Sie mehr Fischfond hinzu.

Würzen Sie die Heilbutt-Filets gut mit Salz und Pfeffer. Pinseln Sie beide Seiten mit Kokosöl reichlich ein. Grillen Sie dann die Filets auf beiden Seiten für 4–5 Minuten

Servieren Sie die Filets auf reichlich Avocadocreme und garnieren Sie den Heilbutt mit dem gehackten Koriander und je einer Zitronenhälfte.

Zubereitung Mayonnaise:

Eigelb mit Salz, Pfeffer, Zitronensaft sowie Senf in eine Schüssel geben und mit einem Schneebesen gut verrühren. Öl langsam in nach und nach einrühren und dabei kräftig rühren, bis sich die Masse homogen bindet.

Lammkoteletts mit Marinade und gemischtem Salatteller

Zutaten Lammkotelett:
500 g Lammkoteletts
Olivenöl
Alternativ: Rib-Eye-Steaks

Zutaten Marinade:
1 kleine Zwiebel grob gehackt
4 Eiertomaten aus der Dose
120 ml Olivenöl, kaltgepresst, extra-virgine
4 Knoblauchzehen
2 EL Rotweinessig
1 EL Paprika, süß
1 EL Thymian, getrocknet
1 EL Koriandersamen, gemahlen
2 TL Kreuzkümmel, gemahlen
2 TL grobes Meersalz
½ TL Cayennepfeffer
½ TL schwarzer Pfeffer, frisch gemahlen

Zubereitung:

Die Zutaten für die Marinade in einen Mixer geben und fein pürieren. Die Lammkoteletts in eine flache Kasserolle legen und mit der Marinade übergießen. Das Fleisch sorgfältig in der Marinade wenden. Mit einem Tuch überdecken und 3–5 Stunden zum Einwirken kalt stellen.

Die Koteletts nach dem Einwirken aus dem Kühlschrank nehmen und von der Marinade mit einem Fließtuch reinigen. Mit einem Pinsel das Olivenöl auftragen und 20–30 Minuten einziehen lassen.

Die Grillpfanne oder den Grill vorbereiten und stark aufheizen.

Die Lammkoteletts gelegentlich wenden und gut anrösten – je nach Gusto durchbraten oder leicht rosa. In Zypern ißt man sie übrigens krustig gebraten bis sie ganz rösch sind.

Zusammen mit dem frischen Salatteller servieren.

Rindersteak mit Espresso-Chili-Paste

Zutaten:

2 x 250 g Rib-Eye-Steak, 2,5-3 cm dick
Olivenöl

Zutaten Espresso-Chili-Paste:

2 TL Kreuzkümmel, geröstet
2 EL Espressobohnen, geröstet
1 EL Chili-Poblano Pulver (mexikanischer Chili)
1 TL Paprikapulver, süß
1 TL grobes Meer- oder Kristallsalz
1 TL Pfeffer, schwarz, frisch gemahlen
1 EL Paprika, süß

Zubereitung:

Den Kreuzkümmel und die Espressobohnen in einer Gewürzmühle fein mahlen und in eine kleine Schüssel geben. Die restlichen Zutaten dazugeben und gut vermischen.

Die Steaks mit dem Olivenöl einstreichen und die Espresso-Chili-Mischung gut in die Steaks einmassieren. Das Fleisch abdecken und 20–30 Minuten bei Zimmertemperatur ziehen lassen.

Die Grillpfanne oder den Grill auf starke Hitze vorheizen und die Steaks 7–10 Minuten braten bzw. bei geschlossenem Deckel grillen, je nachdem, ob Sie es gerne rare oder medium rare haben wollen.

Gegrillte Makrelen mit Mayonnaisen-Dressing

Zutaten Makrele:

2 ganze Makrelen (fett, mindestens 250 g jede)
1 knapper TL Meer-/Kristallsalz
1 EL Olivenöl (falls in der Grillpfanne gebraten)
½ TL Pfeffer, frisch gemahlen
2 Zitronenhälften
1 TL grobes Meer- oder Kristallsalz
1 TL Pfeffer, schwarz, frisch gem.
1 EL Paprika, süß

Zutaten Mayonnaisen-Dressing:

Mayonnaise (Zubereitung Seite 212)
2–3 EL fein gehackte Pickles
1 EL trockener Weißwein
Meer- oder Kristallsalz
Pfeffer, frisch gemahlen

Zubereitung Makrele:

Erhitzen Sie eine Grillpfanne oder einen Grill auf mittlere Hitze.

Ritzen Sie je drei tiefe Schnitte in den Bauch der Makrelen.

Grillen sie den Fisch für ca. 15 auf jeder Seite bzw. 15 Minuten plus 3 Minuten in der Pfanne.

Nehmen Sie die Makrelen aus der Pfanne oder vom Grill, träufeln Sie die Zitrone drüber und servieren Sie es mit dem Mayonnaisen-Dressing.

Mayonnaisen-Dressing: Alle Zutaten in eine Schüssel geben und gut durchmischen bis sie homogen sind.

Lachssteak in Teriyaki-Marinade auf Gemüse

Zutaten:

2 x 250 g Lachsfilets
2 EL Kokosöl
1 ½ EL Sojasoße
4 EL frisch gepresster Orangensaft
2 EL Sherry-Essig (alternativ Balsamico)
2 EL Weißwein
Meer- oder Kristallsalz
Pfeffer, frisch gemahlen
1 EL Sesamsamen zum Garnieren

Gemüsezubereitung siehe bpsw. Ratatouille

Die Teriyaki-Marinade eignet sich auch hervorragend für Geflügel.

Zubereitung:

Die Teriyaki-Marinade ist eine Soßenmischung, die für den Glanz, die Zartheit des Fleisches und den besonderen Geschmack vieler japanischer Gerichte verantwortlich ist. Sie bildet die Grundlage für den Lachsaufstrich. Oft wird noch ein wenig Honig, alternativ Xylit als Zuckerersatz zum Versüßen hinzugeben. In unserem Fall bringt der Orangensaft die Süße. Wenn es nicht reicht: Xylit.

Heizen Sie die Grillpfanne stark auf und geben Sie das Kokosöl in die Pfanne. Geben Sie die Sojasoße, den Orangensaft, den Sherry-Essig und den Weißwein hinzu und bringen Sie das Ganze zum kochen. Lassen Sie es 2–3 Minuten köcheln bis es eingedickt ist.

Legen Sie den Lachs zum Grillen in die Pfanne und löffeln Sie die Soße über die Filetstücke. Wiederholen Sie das gelegentlich, damit die Filets saftig bleiben. Braten Sie für 7–10 Minuten in Abhängigkeit von der der Stärke der Filets. Die Soße auf der Oberfläche des Lachs sollte leicht karamellisieren.

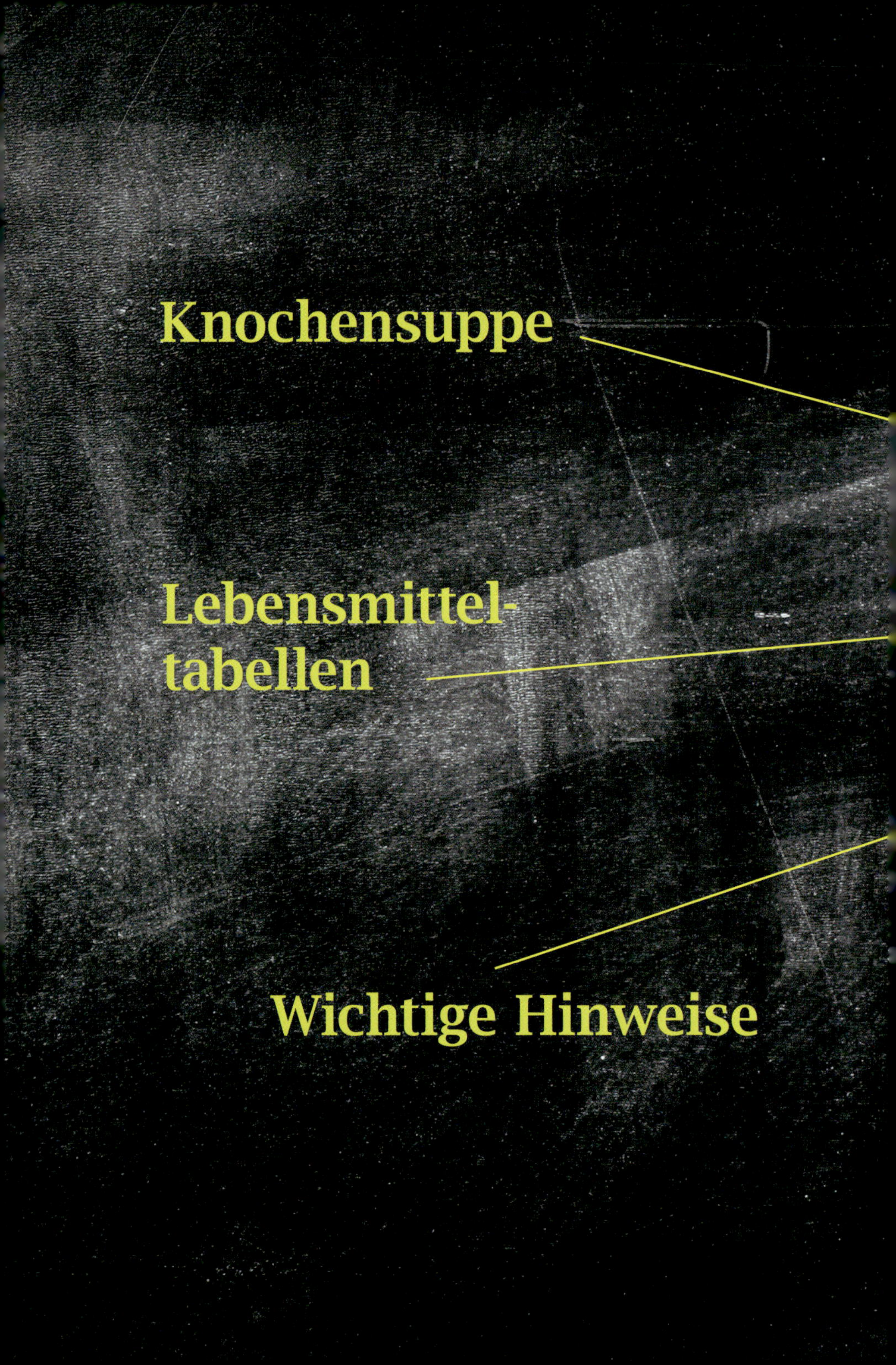
Knochensuppe
Lebensmittel-tabellen
Wichtige Hinweise

Fermentierung

Anhang

Tests

Die Fermentierung

Die Fermentierung

Die Fermentierung von Lebensmitteln reicht zurück bis in die Anfänge des Ackerbaus. Zumindest seit dem ersten Wein vor 8.000 Jahren oder dem Gären des ersten Biers wissen wir, dass Fermentierung eine wohltuende (nicht nur Alkohol erzeugende) Wirkung für unsere Gesundheit hat. Während bei der einen Art der Fermentierung Alkohol aus Zucker (Wein) oder Getreide (Bier) und Hefe entsteht, entstehen aus der nicht-alkoholischen Gärung probiotische Getränke oder Gemüse wie z.B. Kefir, Joghurt, Kombucha, fermentierte Säfte oder Kimchi. Das »Wie« der Gärung wird Louis Pasteur zugeschrieben, der es aber nachweislich von seinem weniger bekannten Kollegen Antoine Béchamp abgeschrieben hat. Die Fermentierung ist in nahezu jedem Winkel der Erde bekannt, von den Tropen bis zur Arktis, wo die Inuit ihr Fleisch und ihren Fisch absichtlich »verrotten« ließen, um es als sogenanntes *High Meat/Fish* zu essen. Der Polarforscher Stefánsson hat dies in seinen Büchern über die Inuit immer wieder beschrieben. Auch unter Steak-Kennern gilt ein bis zur Gärung gereiftes und mit Bakterien »befallenes« quasi vorverdautes Fleisch als Delikatesse. Unsere Großmütter sorgten mit fermentiertem Gemüse in der gemüse- und salatarmen Winterzeit für eine ausreichende Versorgung mit Vitaminen, Mineralstoffen und Spurenelementen. Rohes Fermentgemüse ist »lebendige« Nahrung und enthält viele aktive Enzyme und Milchsäurebakterien, die für ein ausgewogenes Milieu in unserem Darm sorgen. Und – auch das wissen wir inzwischen – Milchsäurebakterien sorgen für ein gesundes und abwehrstarkes Immunsystem mit einer sogar das Gehirn schützenden Funktion. Unglücklicherweise sind fermentierte Lebensmittel in den westlichen Industrieländern nahezu völlig von der Speisekarte verschwunden. Sauerkraut war wegen seines hohen Anteils an Vitamin C und seiner lebendigen Bakterienkulturen über viele Jahrhunderte die Grundlage zur Verhütung von Skorbut auf langen Seefahrten. Heute ist es nur noch ein Abklatsch seiner selbst, pasteurisiert, sehr häufig sogar gezuckert und in Dosen abgefüllt, d.h. ohne Leben.

Glücklicherweise ist in den letzten Jahren dank neuerer wissenschaftlicher Erkenntnisse zur Bedeutung einer gesunden Darmernährung auch die Fermentierung wieder »neu« entdeckt worden. Die Bücher mit Anleitungen dazu sprießen inzwischen nur so aus dem Boden. Am besten Sie gehen auf Entdeckungsreise und besorgen sich das eine oder andere Exemplar. Fermentiertes Gemüse herzustellen ist nicht schwer – es erfordert lediglich eine gewisse Zeit, die zu nehmen sich aber lohnt.

Fermentierte Lebensmittel

- Joghurt mit Lebendkulturen, z.B. Active B®AVO Probiotic (Joghurt mit über 40 Bakterienstämmen)
- Kefir mit Lebendkulturen
- Fermentierte Fruchtsäfte mit Lebendkulturen analog zu B®AVO
- Sauerkraut, nicht pasteurisiert, nicht gezuckert
- Kimchi
- Tempeh
  (fermentierte Sojabohnen – ohne Fermentierung ist Soja nicht essbar)
- Miso
- Sojasoße
- Kombucha Tee
- Traditionelle Buttermilch
- Mixed Pickles
  (Gemischtes Eingelegtes wie Gurken, Karotten etc. – NICHT aus dem Supermarkt mit reichlich Süßstoff)
- Fermentierte Eier und eingelegtes Fleisch oder Fisch

Fermentierung am Beispiel des koreanischen Kimchi

Der wichtigste Unterschied zwischen Gemüse, das auf dem Komposthaufen verrottet und jenem, das wir für eine köstliche Fermentierung verwenden ist das Salz, schreibt Sandor Ellix Katz, der US-amerikanische Fermentations-Guru, dessen Hauptwerk inzwischen beim Kopp Verlag auch in deutscher Sprache erhältlich ist. Es dient entweder dazu, den Saft aus dem Gemüse zu ziehen und einen intensiven Gemüsesaft oder etwa bei eingelegten Gurken eine Salzlösung herzustellen. Der Fachbegriff für diesen Saft heißt Lake. Die Lake begünstigt das Wachstum der erwünschten Bakterienstämme – den Milchsäure- oder Lactobakterien – und schützt das Gemüse zugleich vor den Fäulnisbakterien. In unserem Darm funktioniert das nicht viel anders. Bestimmte Nahrung begünstigt die Fäulnis, andere die Gärung. Wir sollten darauf achten, dass kein Ungleichgewicht, keine Dysbiose entsteht.

Koreanisches Kimchi

Zutaten für 1 Liter:

Meer- oder Kristallsalz
(kein billiges, mit Aluminium streufähig gemachtes Natriumchlorid)

Pfeffer, frisch gemahlen

3–4 Chilischoten, scharf, klein gehackt und entkernt

500 g Pak Choi (Senf- oder Blattkohl)

1 Riesenrettich oder Radieschen, in Scheiben geschnitten

1–2 Zwiebeln

1–2 Frühlingszwiebeln, in Ringe geschnitten

5–6 Knoblauchzehen, fein gehackt

3 EL frische Ingwerwurzel, fein gerieben

Nach Gusto können auch weitere Gemüse mit eingelegt werden: z.B. Seetang, Topinambur etc.

Zubereitung:
Mischen Sie als erstes eine Lake aus 1 Liter Wasser und 4 Esslöffel Meer- oder Kristallsalz in einem dafür geeigneten Gefäß aus Glas oder Keramik. Rühren Sie es solange, bis das Salz vollständig gelöst ist. Reiben, raspeln, hobeln oder schneiden Sie dann den Kohl und den Rettich (oder anderes Gemüse für andere Gerichte). Schichten Sie dann das Gemüse in die Lake so, dass es von dem Saft vollständig bedeckt ist. Lassen Sie es am besten über Nacht stehen.

Hacken Sie Zwiebeln, Chili (entkernt) und Knoblauch klein und reiben Sie die Ingwerwurzel. Mischen Sie das Ganze und zerdrücken es zu einer Paste. Würzen Sie die Paste nach eigenem Geschmack scharf, schärfer am schärfsten... aber denken Sie dabei an Ihre Mitbewohner/ Mitesser.

Gießen Sie am nächsten Tag das Gemüse ab und fangen Sie die Lake in einem separaten Gefäß auf. Das Gemüse abschmecken und auf Salzgehalt prüfen, evtl. waschen oder nachsalzen – je nach Gusto.

Vermischen Sie dann das Gemüse mit der Ingwer-Chili-Zwiebel-Knoblauch-Paste und geben Sie das Ganze in ein sauberes Glas. Drücken Sie das Gemüse nach unten, so dass die Lake aufsteigt. Gießen Sie gegebenenfalls Lake nach bis alles Gemüse bedeckt ist.

Stellen Sie die fertige Rezeptur in einen warmen Ort, um die Gärung wirken zu lassen. Bakterien benötigen eine gewisse Raumtemperatur, ähnlich wie bei unserem Active B®AVO Probiotic Joghurt. Ist es zu kühl, wird die Fermentierung unterbrochen. Das Kimchi ist nach ca. 1 Woche fertig. Stellen Sie es dann in den Kühlschrank, um die Gärung zu beenden.

Achtung: manche Rezepte mischen Zucker unter die Lake, damit die Bakterien evtl. noch mehr davon in Milchsäure umwandeln können – das aber ist nicht erforderlich, da genügend Zucker in den Gemüsen vorhanden ist!

Knochensuppe

Knochensuppe

Mit der Fermentierung und der Knochenbrühe ist es ähnlich wie mit der ketogenen Ernährung. Die Wiederentdeckung dieser Jahrtausende alten Zubereitungsmethoden zur Herstellung für besonders darmgesunde oder nahrhafte Speisen – wie sie nachweislich auch bei Krankheiten in den mittelalterlichen Klöstern eingesetzt wurden – erlebt in den Vereinigten Staaten gerade einen ungeheuren Hype. Zumal man das implizite Wissen der »Alten«, d.h. ein erfahrungsheilkundlich entstandenes Wissen ohne objektiv messbare Daten, inzwischen auch mit Bezug auf seine ernährungsphysiologische Wirkung molekularbiologisch nachweisen kann. Und das moderne medizinische Wissen um den Protein- und Fettstoffwechsel hilft uns natürlich ebenso dabei, die Geheimnisse der Nährkraft dieser Speisen zu entschlüsseln.

Zunächst unterscheidet man grundsätzlich zwischen Fleisch- und Knochenbrühe. Im Englischen nennt man erstere *broth* während die Knochenbrühe als *stock* bezeichnet wird. Technisch gesehen ist eine Fleischbrühe *(broth)* jede Flüssigkeit, die über das Kochen von Fleisch als Hauptzutat hergestellt wird. Inzwischen ist *broth* im Englischen allerdings auf alles ausgedehnt worden, was als gekochte Brühe daherkommt. Das Fleisch gibt der Brühe einen feinen, nahrhaften Geschmack. Ganz anders die Knochenbrühe *(stock)*: Knochen, Knorpel und Knochenhaut enthalten Kollagen, das durch die Hitze in Gelatine umgewandelt wird und der Suppe ihren Geschmackskörper, ihre Textur verleiht. Der entscheidende Unterschied zwischen beiden Brühen ist die Verwendung von Markknochen und die aus dem langen Simmern gewonnenen Nährstoffe, die zugleich ein ganz eigenes Aroma aufbauen. Die Japaner nennen es Kokumi und die Europäer Mundfülle.

In seinem Buch *Die Molekülküche – Physik und Chemie des feinen Geschmacks* beschreibt Prof. Thomas Vilgis, Molekularphysiker am Max-Planck-Institut für Polymerforschung die »wissenschaftlich« nachweisbaren Hintergründe der sog. Mundfülle oder des »tiefen« Geschmacks, den solche Speisen bei richtiger Zubereitung entwickeln. Polymere sind übrigens Ketten von Aminosäuren. Der japanische Wissenschaftler Ikeda Kikunae hat die für das Erkennen dieses Geschmacks erforderlichen Sensoren beim Menschen als erster beschrieben und als Umami bezeichnet. Er gilt seither neben süß, sauer, salzig und bitter als die fünfte Qualität unseres Geschmackssinns. Zurückzuführen ist diese einzigartige Geschmacksfülle vor allem auf die in solchen Speisen entstehende Verbindung aus Glutaminsäure, Fettsäuren, Mineralien und Spurenelementen sowie den ebenfalls durch das lange Kochen gelösten Aminosäuren, den kleinsten Bausteinen der Proteine. Und damit haben wir zugleich die Entschlüsselung des nächsten Geheimnisses. Proteine gehören nämlich zu den Nährstoffen mit dem größten allergenen Potential. Vor allem bei Magen-Darmproblemen und einem sog. Leaky Gut (perforierter Darm) können so schlecht verdaute Proteine die Darmwand durchdringen und allergische Reaktionen hervorrufen, wenn sie vom lymphatischen Abwehrsystem unseres Körpers als fremd erkannt werden. Das ist bei den Einzelbausteinen – den Aminosäuren – oder beim Albumin nicht der Fall. Insofern ist eine solche Brühe, in denen die Nahrungsbestandteile durch langes Kochen (mindestens drei Stunden) in kleinste Moleküle umgewandelt werden nicht nur sehr aromatisch, sie tut uns einfach in mehrfacher Weise gut: sie schmeckt, wärmt und trägt dazu bei, unserer Gesundheit schneller wieder zu erlangen. Der Volksmund kennt Omas Brühe daher auch als ausgesprochen kräftigend.

Um eine möglichst klare und nahrhafte Brühe zu gewinnen, sind frische Zutaten wie Gemüse, Kräuter, Fleisch und Knochen unabdingbar. Die sich bildende Fettschicht, welcher sich nach dem Simmern und Erkalten der Suppe auf der Oberfläche absetzt, kann abgeschöpft werden. Um das grobe Fett bei der warmen Suppe am Ende des Kochvorgangs abzuschöpfen ist ein feines Sieb mit zusätzlichem Tuch erforderlich. Bitte machen Sie nicht wie ich Jahre lang den gleichen Fehler und sieben die Brühe durch ein Wisch-und-Weg-Küchentuch. Dadurch lösen sie die in diesen Tüchern vorhandenen Gifte: Krebs erregende Chlorbleichgifte und Glyphosat. Auf diese Weise gelangen diese Toxine in ihre dann nicht mehr so gesunde Knochenbrühe. Verwenden Sie daher zum Feinsieben mit Speisen unbedingt ein Leinentuch, das sie dann eben wieder waschen. Ich koche immer größere Mengen Brühe und friere den Rest ein. Man kann sie auch gut als Soßenfonds verwenden.

Knochenbrühe
(Rinder-, Schweine- oder Hühnerknochen)

1,5 kg Rinder-, Schweine- oder Hühnerknochen

2 Stück Stangensellerie, gehackt

1 mittelgroße gelbe Zwiebel, gehackt

8 Knoblauchzehen, ausgepresst oder gehackt

2 Lorbeerblätter

2–3 TL Meer- oder Kristallsalz, fein gemahlen

2 EL Kokosessig

Kaltes, am besten Osmose gefiltertes Wasser

½ Tasse frische Kräuter, insbesondere noch Rosmarin (nach Gusto auch Thymian, Oregano oder Salbei und Kerbel)

Eine aus Knochen zubereitete Brühe hat gegenüber einer einfachen Rinder-, Hühner oder Gemüsebrühe eindeutige kulinarische und wie beschrieben auch gesundheitliche Vorzüge. Sie ist geschmacklich intensiver und hat über das freigesetzte Kollagen aus den Knochen, Knorpeln und dem Mark nicht nur zusätzliche ernährungsphysiologische Vorteile, denn das Kollagen ist zudem die Basis für eine natürliche Verdickung, so dass man keine Mehlschwitze benötigt, die unnötig ungesunde Kohlenhydrate durch prozessierte Auszugsmehle in ein Rezept mischt.

Tipp 1:
Geben Sie immer einen Schuss guten Essig mit in die Fleischbrühe. Er hilft, die wertvollen Mineralien aus den Knochen zu extrahieren, so dass sie Bestandteile unserer Brühe werden und zugleich die Säure des Essigs neutralisieren.

Tipp 2:
Rösten Sie die Knochen vorher bei 375° C für 50–60 Minuten bei größeren und für 30–40 Minuten bei kleineren Knochen und verwenden Sie bei Hühnern die Beine, da sie mehr Kollagen enthalten und die Brühe stärker eindicken helfen. Das Rösten gibt der Suppe zusätzliches Aroma und eine bräunliche Farbe. Alternativ können Sie die Brühe auch ohne Röstknochen zubereiten und die Rösche durch das Rösten von Zwiebeln erreichen. Ich persönlich bevorzuge Fisch, Rind und Huhn vor Schwein.

Tipp 3:
Bedecken Sie die gerösteten Knochen mit kalten, gefilterten Wasser (am besten Osmose gefiltertes). Je reiner das Wasser desto klarer wird die Brühe. Außerdem löst das kalte Wasser zusätzlich bestimmte Proteine wie Albumin aus den Knochen, was die Brühe noch klarer werden läßt.

Tipp 4:
Geben Sie Kräuter und Gemüse nach Gusto hinzu. Rosmarin ist besonders geeignet, Calcium aus den Knochen zu lösen.

Geben Sie die Knochen, Gemüse, den Knoblauch, die Lorbeerblätter sowie den Kokosessig in einen Topf und geben Sie ausreichend gefiltertes Wasser rein, um alle Zutaten zu bedecken.
Geben Sie die Kräuter Ihrer Wahl hinzu.

Kochen Sie das Ganze auf großer Hitze auf und lassen Sie es ca. 30 Minuten lang kochen. Dann reduzieren Sie die Hitze und lassen das ganze leicht simmern.

Kochen Sie das ganze auf sehr kleiner Flamme mit einer Dauer von mindestens drei Stunden bis zu 1–2 Tage. Je länger Sie kochen desto mehr Gelatine und Mineralien werden aus den Knochen gezogen. Wenn die Brühe fertig ist, geben Sie sie durch ein Sieb und werfen Sie die festen Reste in den Müll.

Sie können die fertige Brühe in Portionen verpackt tiefgefrieren, so dass Sie immer eine gute Grundlage für Suppen oder ähnliches zur Verfügung haben.

Fischfond

2 Stängel frische Petersilie

2 frische Thymianzweige

2 Stangensellerie, gehackt

1 große Zwiebel, gehackt

2 Karotte, in Scheiben geschnitten

5 EL Weißwein, trocken

2 EL Kokosessig

2 kg Gräten und Köpfe ohne Kiemen

2 EL Pfeffer, gemischt, frisch gemahlen

2-3 TL Meer- oder Kristallsalz, fein gemahlen

Für den Fischfond gilt in Bezug auf die Knochen das gleiche wie für die Rinder- oder Hühnerknochenbrühe. Lediglich das Rösten kann hier unterbleiben und die Kochzeit ist nicht so lange, da Fischknochen fragiler sind als als Rinder- oder Schweineknochen.

Lebensmittel-
tabellen
zur Bewertung von
Kohlenhydraten
und Fetten

Besonders geeignete Gemüse und Früchte
Kohlenhydratarmes Gemüse · weniger als 6 g/KH Tasse

Algen (Nori, Kombu, Wakame)	Oliven
Artischocken	Paprika
Aubergine	Radieschen
Avocado	Rettich
Bambussprossen	Rhabarber
Blumenkohl	Rosenkohl
Bohnensprossen	Rotkohl
Brokkoli	Rucola
Brunnenkresse	Salat – alle Arten
Chinakohl	Sauerkraut
Chicorée	Schalotten
Daikon-Rettich/asiatischer Riesenrrettich	Schnittlauch
Endivie	Sellerie
Feldsalat	Selleriewurzel
Fenchel	Sommerkürbis
Gewürze	Spargel
Grünkohl	Spinat
Gurken/Essiggurken*	Sprossen (Alfalfa; Klee)
Kaiserschoten	Taro-Blätter/Wasserbrotwurzel
Krautkohl	Tomaten*
Kohlrabi	Wasserkastanie
Kohlrüben	Wirsing
Kräuter	Zucchini
Mangold	
Okra	

* *nicht bei Histaminintoleranz*

*Gemüse mit mittlerem Gehalt an Kohlenhydraten von 7 bis max. 14 g/KH Tasse**

Gemüsekürbis Karotten Lauch Pastinake	Rote Beete Steckrüben Zwiebeln

* *Weitere Gemüse nach Kohlenhydratlast und glykämischer Last*

Sehr kohlenhydratarme Früchte

Brombeeren Erdbeeren Heidelbeeren Himbeeren Limonen	Grapefruit Johannisbeeren Preiselbeeren Stachelbeeren Zwetschgen

* *Weitere Früchte bitte entsprechend der glykämischen Last essen*

*Nüsse (kohlenhydratarme Sorten)**

Haselnüsse Kokosnüsse Macadamianüsse Mandeln	Paranüsse Pecannüsse Walnüsse

* *Bei Histaminintoleranz keine Nüsse essen.*

Bevorzugte Fette und Öle

Avocadoöl Butter+ Butterschmalz (Ghee)+ Kokosöl+ MCT-Öl+ Macadamianussöl Leinöl (eingeschränkt siehe unten)	Olivenöl Extra Virgine (kaltgepreßt) Palmkernöl+ Palmöl/Palmfruchtöl+ Rotes Palmöl+ **Tierische Fette** (Schmalz, Talg, ausgelassenes Fett etc.)

Die mit + gelisteten Öle und Fette sind besonders geeignet, da sie einen hohen Anteil an mittelkettigen Triglyceriden (MCT) aufweisen. MCT-Öl ist ein Auszugsöl, es hat daher die stärkste Auswirkung auf die Ketonproduktion, weil es nur der Energiegewinnung dient, ist aber ansonsten ernährungsphysiologisch nicht so wertvoll wie der Anteil an MCT in natürlichen Fetten. Kokosöl hat ca. 63 % MCT's, und Butter ca. 17 %. Die Muttermilch aller Säugetierarten enthält solche MCT's und gleichzeitig Zucker mit geringer Insulinreaktion (Galaktose), um den Ketonspiegel bei Säuglingen hoch zu halten, da Ketonkörper für die Gehirnentwicklung und den Energiebedarf von Kleinkindern große Bedeutung haben. Palmkernöl ca. 53 % gilt jedoch ökologisch als bedenklich (Anbaubedingungen).

Pflanzliche Öle mit gutem Omega-3-Fettsäuren-Profil

Erdnussöl Kürbiskernöl	Rapsöl Walnussöl

Weniger empfehlenswerte Fette und Öle

Baumwollsamenöl⁻ Distelöl Sojaöl	Sonnenblumenöl⁻ Maiskeimöl⁻

Die mit ⁻ gekennzeichneten Öle empfehlen wir zu meiden, da sie ein schlechtes Verhältnis von Omega-3 zu Omega-6 aufweisen. Sojaöl kommt zudem meist aus genveränderten Pflanzen.

Die im oberen Kasten gelisteten pflanzlichen Öle weisen zwar ein gutes Verhältnis von Omega-3 zu Omega-6-Fettsäuren auf wie z.B. Rapsöl. Diese Öle haben jedoch den Nachteil wie alle langkettigen Öle a) leicht zu oxidieren und b) können ihre Omega-3-Fettsäuren in der pflanzlichen Form als Alpha Linolensäure (ALA) vom Menschen nur zu rund 5 % in die essentiellen Fettsäureverbindung EPA und DHA umgewandelt werden.

Sehr schlechte, gesundheitlich bedenkliche Fette

Backfette Gehärtete Pflanzenfette	Margarine

Lebensmitteltabellen

zur Bewertung des Glykämischen Index und der Glykämischen Last

Glykämischer Index und Glykämische Last

Für unser Stoffwechselprogramm mit MyAMINO®, das einem niedrigen bis sehr niedrigen Kohlenhydrat-Regime folgt, je nachdem welche Ziele wir dabei verfolgen, ist die Berücksichtigung der **glykämischen Last** *(glycemic load)* eine gute Orientierungshilfe. Das Konzept der glykämischen Last (GL) ist eine Erweiterung der in den 1980er Jahren von Wissenschaftlern der Harvard University Boston (USA) entwickelten Maßeinheit des **Glykämischen Index** (Glyx oder GI). Glyx ist eine Maßeinheit auf der Grundlage von Traubenzucker zur Bestimmung der Auswirkung von Kohlenhydraten auf den Blutzuckerspiegel. Überschüssige Gluckse, die nicht verbrannt oder als Glykogen gespeichert werden kann, wird als Speicherfett eingelagert. Ein Nahrungsmittel mit einem glykämischen Index von 50 führt dem Index zufolge zu einem halb so hohen Anstieg des Blutzuckerspiegels wie bei der Bezugsgröße Traubenzucker, dessen Glyx bei 100 liegt. Der Glyx ist also indirekt auch ein Maß für die Insulinreaktion, die bei Nichtdiabetikern mit dem Blutzuckerspiegel korreliert. Bei Diabetikern hängt sie davon ab, welche Art des Diabetes vorliegt, ob absoluter oder relativer Insulinmangel etc..

Bei der ursprünglichen Maßeinheit des Glyx gibt es allerdings ein Problem: er beschreibt die Blutzuckerreaktion auf die Zufuhr von 100 g Kohlenhydrate und nicht die Reaktion auf 100 g Lebensmittel. Durch diesen Ansatz sind Lebensmittel schlecht vergleichbar. Generell ging man seinerzeit davon aus, daß ein Glyx-Wert größer 70 schlecht, Werte zwischen 40–70 mittelmäßig und ein Glyx-Wert von kleiner 40 als günstig für die Blutzuckerreaktion angesehen werden können. Beim Vergleich von ausgewählten Lebensmitteln über den glykämischen Index erkennt man jedoch sofort an den Werten, daß das an der Realität vorbeiläuft. So werden bspw. Mohrrüben, die wenig Kohlenhydrate, aber einen relativ hohen glykämischen Index haben, negativ für eine diabetische Stoffwechsellage oder für Diäten bewertet. Man müßte sage und schreibe 1.000 g Mohrrüben essen, um etwa den Glyx von 90 g französischem Weißbrot zu erreichen. Und wer isst schon 1 kg Mohrrüben auf einmal. Dieser gewaltige Unterschied bedeutet im Grunde, daß es trotz des hohen GI kein großes Problem ist, wenn ein Diabetiker mal 100 g Mohrrüben ißt, was in unserem Falle etwa 9 g Baguette entspräche. Neben Möhren haben bspw. auch Melonen einen sehr hohen Glyx und dürften nach diesem Konzept von Diabetikern ebenfalls nicht gegessen werden. Eine zu hohe Insulinreaktion tritt aber nicht ein, wenn wie beschrieben nur 100 g Möhren oder Melone gegessen werden. Um diese Unzulänglichkeiten zu vermeiden hat man die glykämische Last (GL) eingeführt, die im Gegensatz zum Glyx nun auch den Kohlenhydratgehalt der einzelnen Lebensmittel pro 100 g beinhaltet. Die Tabelle der glykämischen Last ist eine gute Orientierungshilfe für eine Ernährung, die nachhaltig auf einen niedrigen Blutzuckerspiegel ausgerichtet ist.

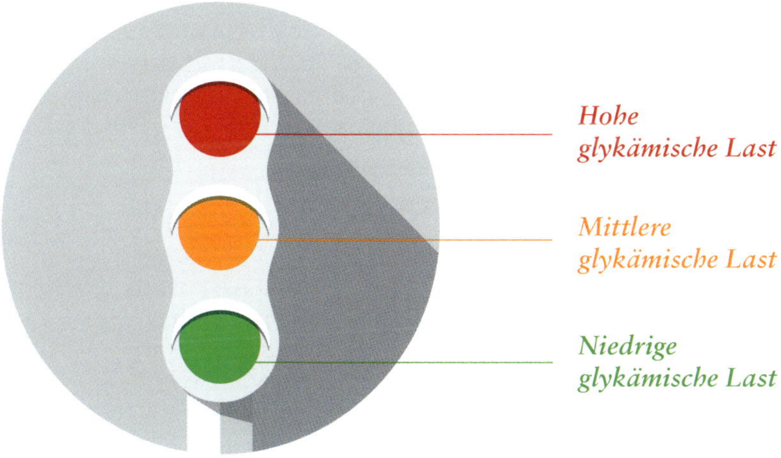

Tabelle
Glykämische Last (GL) · Glykämische Index (Glyx)

Getreideprodukte / Zuckerprodukte / Sirup

	Lebensmittel	GL	Glyx
	Amarant	23,2	35
	Cornflakes, Maisflocken	72,3	85
	Couscous	45,5	65
	Couscous, Vollkorn	31,5	45
	Croissant	31,5	70
	Cerealien, gezuckert (Weißmehl)	56	70
	Dinkel Vollkorn	25,6	40
	Gerste Vollkorn	28,5	45
	Brot (Dinkelbrot)	19	50
	Brot (Vollkorn, 100%, Hefe/Sauerteig)	18	40
	Brot (Roggenvollkornbrot)	20,3	45
	Brot (Baguette, Weißbrot)	38,8	70
	Brot (Baguette, Weißbrot glutenfrei)	45	90
	Brot (Roggenmischbrot, 30% Roggen)	29,3	65
	Brot (Pumpernickel/Roggenvollkornschrot)	15	40
	Buchweizen Vollkorn	28	40
	Doughnut (Donut), Krapfen	30	75
	Grieß (Hartweizen)	44,1	60
	Hirse	48,3	70

	Lebensmittel	GL	Glyx
	Haferflocken	23,5	40
	Kleie (Gerste, Dinkel, Weizen, Hafer,...)	6,1	15
	Lasagne (Hartweizen)	6,6	60
	Mais	14,3	65
	Maisbrei (Polenta)	19,8	65
	Maismehl	51,8	70
	Mehrkornbrot	32,5	65
	Müsli	25	50
	Müsli gesüßt (Zucker)	43,6	65
	Ravioli (Hartweizen)	36	60
	Ravioli (Weichweizen)	42	70
	Nudeln* (Spaghetti al dente, Hartw., 5 Min)	18	38
	Nudeln (Spaghetti weichgekocht, Hartweizen)	41	55
	Nudeln, Teigwaren (Weichweizen)	52,5	70
	Nudeln (Vollkorn, al dente, 5 Min)	18	38
	Nudeln (Vollkorn, weichgekocht)	32	50
	Pizza	63	60
	Popcorn, ungezuckert	59,5	85
	Quinoa	20,5	35
	Toastbrot (Weißmehl)	42,5	85
	Toastbrot (Vollkorn)	18,5	42
	Zucker, weiß (Saccharose)	70	70
	Zucker, (Fructose)	20	20
	Zucker/Traubenzucker (Glucose)	100	100
	Zwieback	53,2	70

Kartoffel-/Reisprodukte

Lebensmittel	GL	Glyx
Gnocchi	23,5	70
Kartoffeln* (Bratkartoffel, Kartoffelgratin)	10,3	95
Kartoffeln (Pommes frites)	33,3	95
Kartoffeln (Pfanne fritiert mit Schale)	10,8	60
Kartoffeln: Salzkartoffel	10,4	70
Kartoffeln: Süßkartoffel	12,1	50
Kartoffelpüree: Instant	11,7	90
Kartoffeln: Chips	28,4	70
Kartoffelstärke	78,9	95
Reis* im Kochbeutel	67,2	85
Reis Basmati	32	45
Reis: Puffreis	72,3	85
Reis: Klebreis	67,5	90
Reis: Naturreis, brauner Reis	18	50
Reis: Wildreis	15	35
Reismehl	80,8	95
Risotto al dente	9,7	70
Weißmehl	60,4	85

* Nudeln, Kartoffeln oder Reis sind in der Literatur mit unterschiedlichen Werten gekennzeichnet, je nachdem ob sie in 100g oder Portionsgrößen berechnet werden. Darüber hinaus variiert die glykämische Last auch von der Zubereitungsart, d.h. al dente oder weichgekocht, mit fetten Soßen (was die Aufnahme des Zuckers ins Blut verlangsamt wie z.B. bei Lasagne) oder ohne. Es sind demnach Richtwerte an denen Sie sich orientieren können.Wichtig ist: der glykämische Index taugt nicht, da er nicht die eigentliche Belastung im Blut widerspiegelt - und die ist entscheidend, siehe bspw. Risotto al dente.

Leguminosen

Lebensmittel	GL	Glyx
Bohnen, dicke, gekocht (Saubohnen, Ackerbohnen)	8,8	80
Bohnen, grün (Gartenbohnen, Fisole)	1,5	30
Bohnen, rot (Kidneybohnen, frijoles rojos)	5,6	35
Bohnen, schwarz (frijoles negros)	15,2	35
Bohnen, weiß (Perlbohnen)	7	35
Erbsen	4,6	35
Linsen, braun, gelb, grün	10 – 12	25-30

Gemüse

Lebensmittel	GL	Glyx
Artischocke	2,2	20
Aubergine	0,5	20
Avocado	0,04	10
Blumenkohl	0,8	15
Chicoree	0,3	15
Chinakohl	0,1	12
Feldsalat	0,1	15
Fenchel	0,4	15
Gurke und Essiggurke	0,2–0,3	15
Karotten, roh	2,7	30

Gemüse

	Lebensmittel	GL	Glyx
	Karotten, gekocht	7,7	85
	Kohlrabi	0,6	15
	Kohlrübe, Steckrübe (gekocht)	4,9	70
	Krautkohl	0,5	15
	Lauch, Frühlingszwiebel	1,4	15
	Oliven	0,2	15
	Paprika	0,6	15
	Radieschen, Rettich	0,3	15
	Rosenkohl	1,4	15
	Rote Bete, gekocht	3,3	65
	Rotkohl	2,5	30
	Salat, grün	0,6	15
	Sauerkraut	0,6	15
	Sellerie	0,3	1,4
	Spargel	0,3	15
	Spinat	0,01	15
	Stangensellerie	1,4	15
	Tomaten	0,8	30
	Tomaten, getrocknet	4,2	35
	Wirsing	0,3	15
	Zucchini	0,3	15
	Zwiebeln	0,8	15

Obst

	Lebensmittel	GL	Glyx
	Acerolakirsche	1,5	20
	Ananas	6	59
	Ananas (Dose)	9,8	65
	Apfel	4	35
	Apfel (Trockenobst)	25,9	35
	Aprikose	2,6	30
	Aprikose (Dose, gezuckert)	42,6	60
	Aprikose (Trockenobst)	19,2	40
	Banane	11,8	55
	Banane, gekocht (Kochbanane)	20,3	70
	Birne	4,7	38
	Datteln	22,4	70
	Datteln, getrocknet	66,1	100
	Erdbeeren	1,3	25
	Feige	4,5	35
	Feigen, getrocknet	27,6	40
	Granatapfel	5,6	35
	Grapefruit	2,3	30
	Heidelbeeren	1,5	25
	Himbeeren	2	25
	Kaki	8,3	50
	Kirschen	2,5	25
	Kiwi	5	50

Obst

	Lebensmittel	GL	Glyx
	Kokosnuss	2,3	45
	Lychee, frisch	8	50
	Lychee, Konserve	17,9	79
	Mandarinen, Clementinen	3,3	30
	Mango	6,5	50
	Melone (Honigmelone)	6,5	60
	Melone (Wassermelone)	4,5	75
	Mirabellen	5,9	42
	Orange	3,5	35
	Papaya	4,4	55
	Passionsfrucht, Maracujá	5,4	30
	Pfirsich (Dose, gezuckert)	11	55
	Pflaumen	3,5	35
	Pflaumen, getrocknet	26,8	40
	Quitten	2,5	35
	Johannisbeeren, rot, schwarz	0,9–1,2	15–25
	Weintrauben, getrocknet (Rosinen)	51	65
	Weintrauben	7,2	46

Milchprodukte, Säfte, Sirup, Konfitüre etc.

	Lebensmittel	GL	Glyx
	Milch (fett)	1	27
	Milch (entrahmt)	2	32
	Ahornsirup, Melasse	43,6 bis 46,9	65–70
	Ananassaft, Apfelsaft ungezuckert	6,5	50
	Buttermilch	1,4	36
	Glucosesirup	100	100
	Grapefruitsaft, ungezuckert	4,5	45
	Honig	49,2	60
	Joghurt, natur (Vollmilch, 3,8% Fett)	1,8	36
	Joghurt, natur (0,3–1,5% Fett)	1,4	33
	Karottensaft, zuckerfrei	2,8	40
	Ketchup	12,8	55
	Konfitüre, ungezuckert	4,5	30
	Konfitüre, gezuckert	42,3	65
	Kokosmilch	2	40
	Mars®, Snickers®, Nuts®, o.ä.	45,5	65
	Orangensaft, ungezuckert	5	45
	Preiselbeer-/Heidelbeersaft, ungezuckert	6	50
	Schokolade	35,5	70
	Schokolade > 70 % Kakaogehalt	6,9	25
	Weizen- und Reissirup	98	100

Wichtige
Hinweise

Wichtige Hinweise und Tipps

Alle, die nicht nur einfach ab- oder zunehmen oder in einer Frühjahrs-/Herbstkur entgiften und entschlacken möchten, sondern vielleicht schon das eine oder andere Zipperlein aufweisen oder an einer ernsthaften chronischen Erkrankung leiden, sollten unbedingt einen Arzt oder Naturarzt/Heilpraktiker aufsuchen, der sie entsprechend untersuchen und das Programm professionell begleiten kann.

Messung des Blutzucker- und Ketonspiegels: Es ist hilfreich, den Blutzucker- und Ketonspiegel während des Stoffwechselprogramms regelmäßig zu überwachen. Urinsticks sind dazu nicht geeignet. Im Urin selbst sind die Ketonspiegel nur anfänglich erhöht, wenn die Gewebe noch keine Ketoadaption hinter sich haben und entsprechend noch nicht in der Lage sind, Ketonkörper zu verwerten, da die dazu erforderlichen Enzyme in der Regel erst aufgebaut werden muss. Können die Gewebe jedoch Ketonkörper verwerten, sind entsprechend auch keine, oder nur noch sehr geringe Anteile, im Urin zu finden. Gleichzeitig aber kann man bereits wunderbar in der Fettverbrennung und in der Ketose sein. Zur Messung der Blutzucker- und Ketonspiegel empfehlen wir u.a. das Gerät FreeStylePrecisionNeo von Abbott Diagnostics.

Für die Messung benötigt man Blutzucker- (blau) und Ketosticks (lila). Man kann sie in der Apotheke oder im Internet kaufen. Leider sind die Ketosticks im Vergleich zu den Blutzuckersticks relativ teuer, weshalb sich ein sparsamer Umgang bei der Messung empfiehlt. Ich empfehle am Anfang häufiger zu messen – zwei Mal am Tag vor dem Essen – und wenn man eine ordentliche Ketose erreicht hat, vielleicht nur noch alle paar Tage. Die Gegenkontrolle kann dann auch über die Überwachung des Blutzuckerspiegels laufen. Die erste Messung sollte einmal früh morgens nach dem Aufstehen nüchtern erfolgen. Bedenken Sie bitte, dass Sie für die Messung des Ketonspiegels etwas mehr Blut benötigen als beim Blutzuckerspiegel, bei dem ein kleiner Tropfen genügt.

Tipp: Pieksen Sie sich für den Blutzucker- und Keton-Test nicht in die Spitze des Fingers, wo man besonders empfindlich ist, sondern an den Seiten der Fingerkuppe.

Auch bei erfolgreichem Eintreten in die Ketose sind die Morgenwerte in der Regel niedriger als die Werte am Abend. Während des Schlafs in der Nacht schaltet sich die Zuckerersatzgewinnung (Glukoneogenese) zu und bildet vermehrt Glukose aus Nicht-Kohlenhydratvorstufen. Die relevanten Werte für Ketonkörper im Blut durch eine **ernährungsbedingte Ketose** beginnen bei ca. 0,3 mmol/L (sehr leichte Ketose) und reichen nach einer gewissen Dauer, vor allem aber mit reichlich Bewegung, bis zu 3 mmol/L und höher. Bei Leistungssportlern, die sich ketogen ernähren und nicht als Zucker-Junkies durch die Gegend hüpfen, kann eine **Post-Exercise-Ketosis,** d.h. der Ketonspiegel ca. 2–3 Stunden nach der sportlichen Aktivität, problemfrei bei 3–4 mmol/L liegen. Ab 3 mmol/L bis ca. 7 mmol/L sprechen wir von einer **therapeutischen Ketose,** wie sie auch durch längeres Fasten erreicht wird. Diese Werte sind streng **abzugrenzen von einer Ketoazidose, d.h. der pathologischen Entgleisung des Zucker- und Ketonstoffwechsels, wie sie bei Diabetes Typ 1 oder bei Alkoholikern vorkommen kann,** wo Werte von 10–25 mmol/L erreicht werden. Viele Ärzte sind aufgrund ihrer universitären Verprägung mit falschem Wissen leider immer noch nicht in der Lage, zwischen ernährungsbedingter Ketose und Ketoazidose zu unterscheiden. Mit fatalen Folgen für die Diagnose und Therapie.

Der ideale Wert für den Nüchternzucker am Morgen sollte nicht höher als 80 mg/dl sein. Ich möchte hier gleich mit dem Irrglauben aufräumen, dass die von der Schulmedizin angegebenen Nüchternwerte für Glukose bis 100 mg/dl oder sogar 110 mg/dl im physiologischen Bereich liegen, nur weil die Norm an Menschen festgemacht wird, die durch eine jahrzehntelange Kohlenhydrat- und Zuckermast glukotoxisch verprägt sind. Bereits in den späten 1980er Jahren hat der Endokrinologe Dr. Gerald Reavens auf diesen Tatbestand mit seinem Buch *»Syndrom X«* – heute fälschlicherweise als Metabolisches Syndrom bezeichnet – aufmerksam gemacht. Ich habe weiter vorne bereits darauf verwiesen. Einer der ersten, der dieses Wissen nach Deutschland gebracht hat, war Ende der 1990er Jahre der anerkannte Ernährungswissenschaftler Dr. Nicolai Worm in seinem Buch *»Syndrom X oder ein Mammut auf dem Teller. Mit der Steinzeitdiät aus der Wohlstandsfal-*

le«. Zur Erinnerung: Unter Syndrom X versteht man den Zustand der Insulinresistenz in Kombination mit einer diesen Zustand ausgleichenden Mehrproduktion an Insulin durch die Bauchspeicheldrüse (kompensierende Hyperinsulinämie). Insulinresistenz ist das verminderte Ansprechen der Körperzellen auf Insulin, bei der die Muskulatur, die Leber, zunächst aber vor allem das viel empfindlichere Fettgewebe betroffen sind. Syndrom X ist keine Erkrankung im engeren Sinne, aber sie ist eine Stoffwechsellage, die bestimmte Krankheiten fördert, allen voran Herz-Kreislauf-Erkrankungen, Adipositas und Diabetes.

Blutketonspiegel

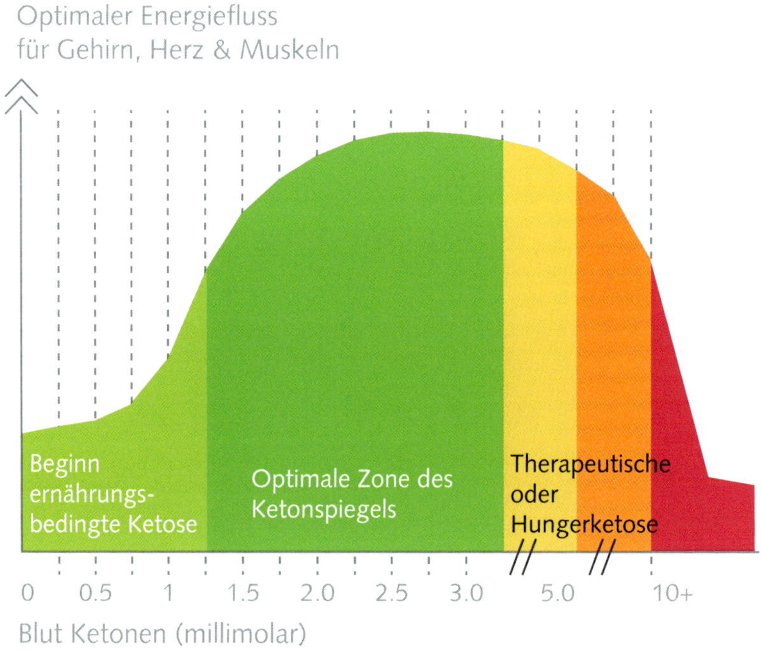

Die von mir leicht modifizierte Grafik stammt von dem US-amerikanischen Internisten und Ernährungswissenschaftler Dr. Stephen Phynney, der zusammen mit Dr. Jeff Volek die Phalanx der ketogenen Ernährung für Sportler in den Vereinigten Staaten anführt. Wenn Sie gut englisch sprechen, dann googeln Sie mal und gucken sich deren Vorträge auf YouTube an. Sehr empfehlenswert.

Für **Diabetiker Typ 2** ist es wichtig, dass sie ihren Blutzucker engmaschig messen, insbesondere, wenn schon Zucker senkende Medikamente wie etwa Metformin oder gar Insulin verabreicht werden. Der Blutzucker kann durch das Ernährungsprogramm in Verbindung mit den Medikamenten zu stark absinken, ohne dass bereits genügend Ketonkörper als Ersatz produziert werden. Die Ketoadaption (siehe den entsprechenden Abschnitt im Buch) kann dann etwas heftiger ausfallen und von neurologischen Ausfallerscheinungen begleitet sein. Dies gilt es zu vermeiden. Ein Blutzuckerspiegel unter 60 mg/dl, ja selbst weit unter 50 mg/dl ist bei ausreichender Ketose und entsprechender Ketoadaption kein Problem. Studien zeigen, dass selbst Werte von 25 mg/dl und weniger keine neurologischen Ausfallerscheinungen nach sich ziehen, solange sowohl der Ketonspiegel hoch genug als auch die Ketonverwertung (Ketolysefähigkeit) gegeben sind. Wichtig ist daher auch die Messung des Ketonspiegels, nicht nur des Zuckerspiegels. Und bei Diabetikern machen sogar (die kostengünstigeren) Urinsticks Sinn, weil man damit nämlich den Grad der Verwertung der Ketone aufzeigen kann.

Tipp: Achten Sie darauf, dass Insulin- und Zuckerspiegel niedrig sind, wie das bei einer ketogenen Ernährung eigentlich der Fall sein sollte, aber vermeiden Sie als Diabetiker den schnellen Einstieg. Verringerung Sie die Zufuhr der Kohlenhydrate langsam und messen Sie als Diabetiker engmaschig nach.

Merke: bei der **ernährungsbedingten** oder **therapeutischen Ketose** sind der **Ketonspiegel hoch und der Zucker- und Insulinspiegel niedrig.** Bei der **Ketoazidose** sind **Blutzucker- und Ketonsspiegel gleichermaßen extrem hoch, der Insulinspiegel dagegen sehr niedrig oder nicht vorhanden,** so dass der hohe Zuckerspiegel die Verwertung der Ketone verhindert.

Bei **Diabetikern Typ 1** und damit dem Vorliegen eines absoluten Insulinmangels, d.h. einem Zustand, bei dem die Bauchspeicheldrüse aufgrund einer Schädigung der Langerhanschen Inselzellen kein Insulin mehr produziert, muss in erster Linie auf einen niedrigen Blutzuckerspiegel geachtet werden. Eine Entgleisung in die Ketoazidose ist für diese Menschen nur möglich, wenn gleichzeitig zum hohen Ketonspiegel die Blutzuckerspiegel hoch sind. Nur in dieser **Sondersituation – hoher Keton- UND hoher Glukosespiegel, extrem niedriger oder nicht vorhandener Insulinspiegel** – kann es zum **Notfall der Ketoazidose** kommen. Diese lebensbedrohliche Übersäuerung der Gewebe entsteht, weil die hohe Glukoselast eine Aufnahme der Ketone in die Gewebe blockiert. Der Körper versucht zunächst den viel gefährlicheren Zucker wegzuräumen, bevor es zur Entgleisung des Ketoazidose kommt. Diese Stoffwechselentgleisung kommt i.d.R. nur bei Typ 1 Diabetikern oder schweren Alkoholikern vor.

Tipp: Achten Sie als Typ 1 Diabetiker auf ausreichend Fettzufuhr – insbesondere Kokosöl ist ein exzellenter Energielieferant, da der hohe Anteil an mittelkettigen Fettsäuren (MCT) keine Lipoproteinpartikel (Chylomikronen) für den Transport ins Blut benötigt und direkt über Dünndarm aufgenommen werden kann. Neuere Studien legen die Vermutung nahe, dass MCT´s sogar die Blut-Hirn-Schranke überwinden und im Gehirn direkt als Energiemoleküle verwertet werden können, was bei kurz- und langkettigen Fettsäureverbindungen aufgrund der Bindung an ein Lipoprotein und die dadurch entstehende Molekülgröße nicht möglich ist.

Ich habe mein Stoffwechselprogramm bei vielen Diabetes Typ 1 Patienten durchgeführt und durchweg sehr gute Erfahrungen gemacht. Nach bereits 10 Tagen konnten die meisten die Insulinmenge um bis zu 70 % reduzieren. Diabetes Typ 1 Patienten kommen auch leichter in die Ketose, weil kein Insulin vorhanden ist. Daher sind und bleiben diese Personen meistens auch schlank.

Für Menschen mit **Darmproblemen** ist es ratsam, den Rohkostanteil zur reduzieren oder ganz zu eliminieren, um den Darm nicht zu überlasten und mögliche darin siedelnde Parasiten zu vermeiden. Hier macht die Traditionelle Chinesische Medizin eine eindeutige Ansage: keinesfalls Rohkost! Gemüse im Wok dünsten! Damit bleiben die Nährstoffe weitestgehend erhalten, mögliche Reizstoffe und Parasiten werden abgetötet. So einfach ist das. Ansonsten wie gehabt vorgehen: Darmreinigung, Floralenkung durch Fermentprodukte, Entlastung von Nahrungseiweißen und Ersatz durch MyAMINO® etc..

Bei **Allergikern** (die übrigens im seltensten Fall ohne Darmprobleme sind) empfehlen wir eine Laboruntersuchung auf Lebensmittelallergien beim Arzt oder Heilpraktiker durchführen zu lassen (IgE, IgG, evtl. AL-CAT). Die positiv getesteten Lebensmittel müssen ausgeschlossen werden. Evtl. brauchen Sie neben einer **Eliminationsdiät** auch noch eine **Rotationsdiät**. Bei einer RD ißt man die noch verträglichen Lebensmittel im Wechsel, um eine Allergiebildung zu vermeiden. Proteine gehören dabei zur kritischsten Nährstoffklasse, da sie am meisten allergische Reaktionen auslösen können. Lässt man sie weg, was in den klassischen Diätplänen für Allergiker die Qual der Wahl ist, dann verlangsamen sich die Heilungsprozesse, weil die aus den Proteinen gewonnenen, zentralen Bausteine für die Regeneration fehlen: die Aminosäuren. Wir dagegen haben mit unserer speziellen Aminosäurenmischung eine hervorragende Lösung für dieses Problem. Die Proteinversorgung geschieht deshalb am effektivsten und am wenigsten belastend mit Aminosäuren wie sie in MyAMINO® vorliegen, da die essentiellen Aminosäuren keine Allergien hervorrufen. Die energiereichste Nährstoffklasse bilden die Fette und – das ist das Schöne daran – sie haben keine antigene Wirkung.

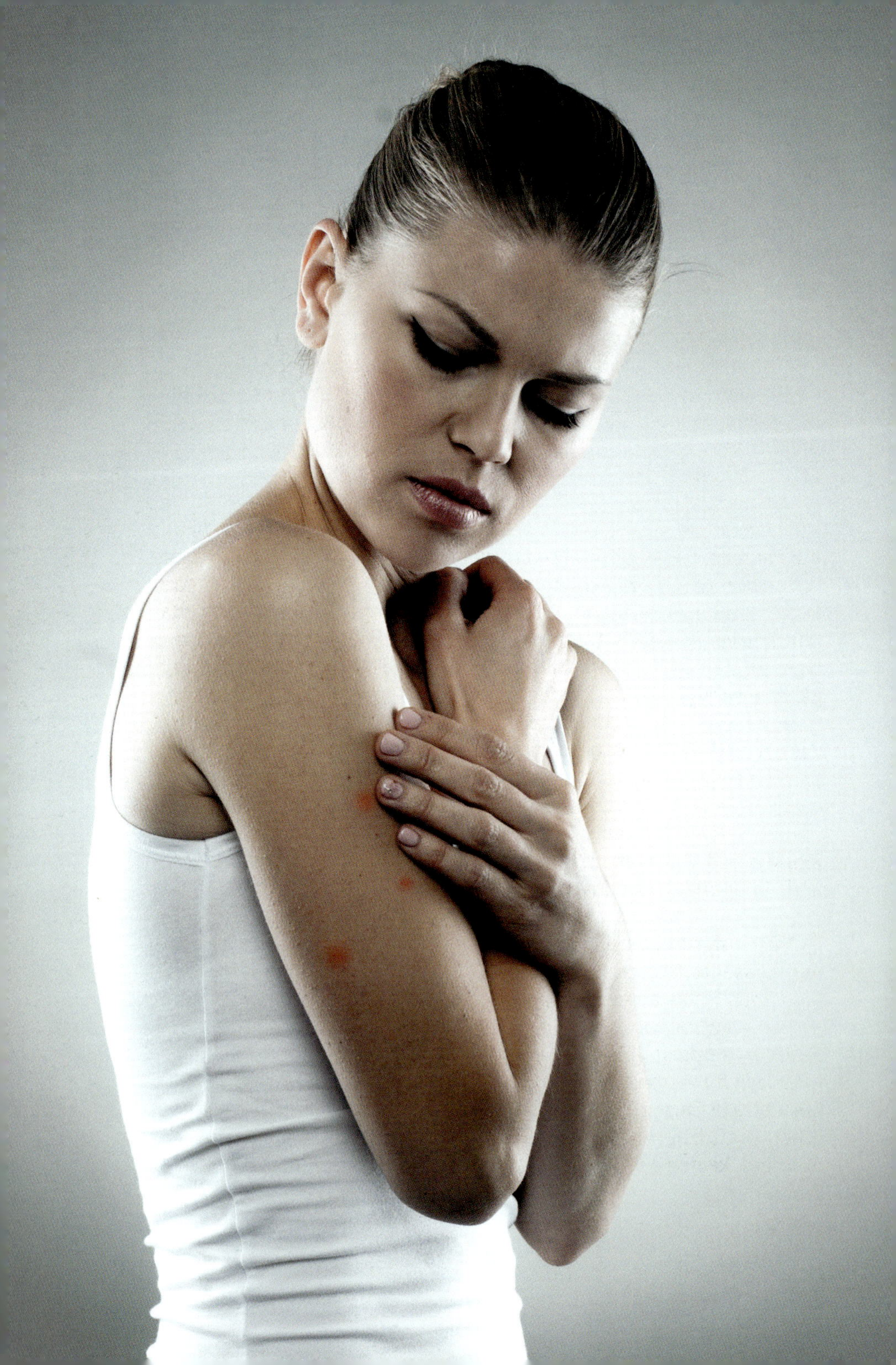

Das macht eine ketogene Diät mit MyAMINO® für Allergiker besonders attraktiv. Am besten geeignete Fette sind Kokosöl, Palmöl und Olivenöl – weitere geeignete Öle entnehmen Sie bitte den Lebensmitteltabellen. Und nicht vergessen! Fragen Sie bei Allergien bitte Ihren Therapeuten.

Bei **ausgezehrten Personen** muss der Anteil an Fetten und Ölen sowie der Proteinanteil erhöht werden. Bei ausgezehrten Personen ist häufig der Körperfettanteil ungünstig und die inneren Organe und Gewebe verfettet, obwohl diese Menschen äußerlich schlank sind – siehe Magnetresonanzbilder unseres »Couch-Potatoe« im Kapitel zu den Proteinen.

Bei Personen, die **Altersdemenz** feststellen, empfehlen wir, unabhängig von unserem Stoffwechselprogramm, den Anteil an mittelkettigen Fettsäuren (MCT) zu erhöhen und Zucker sowie Kohlenhydrate dauerhaft stark zu reduzieren. Siehe dazu die Tabelle mit den Fettqualitäten. Täglich sollten 5–8 Esslöffel Kokosöl oder Palmöl eingenommen werden. Beide Öle, zum Teil auch Butter und Butterschmalz, sind ernährungsphysiologisch für den Gehirnstoffwechsel sehr wertvoll, wie viele neuere wissenschaftlichen Untersuchungen ergeben haben. Im Palmöl sind zusätzlich noch wertvolle Tocotrienole (Vit. E) enthalten. Empfehlenswert ist hier das Buch von Dr. Mary Newport: *»Alzheimer – vorbeugen und behandeln: Die Keton-Kur: Wie ein natürliches Fett die Erkrankung aufhält«*. Dr. Newport gibt darin ein beeindruckendes Zeugnis von der Kraft der Ketogenen Ernährung am Beispiel ihres an Alzheimer erkrankten Ehemannes ab.

Obst: aufgrund der immer lauter werdenden und berechtigten Rufe von Wissenschaftlern mit Blick auf die Schädlichkeit von Fruktose für die Leber, ist es angebracht, einige klärende Worte dazu zu äußern. In nahezu allen Softdrinks dieser Welt ist man seit den 1970er Jahren schrittweise dazu übergegangen, Zucker durch das billigere Süßungsmittel *High Fructose Corn Syrup* (HFCS) von Monsanto zu ersetzen. Es besteht wie Obst zu einem großen Anteil aus Fruktose, wie der Name schon sagt, liefert aber auch Glukose. Das Problem dabei ist, das die Fruktose keinen Umweg braucht, sondern direkt über die Leber in

Speicherfett umgebaut wird. Zudem hemmt eine gewisse Fruktoselast im Darm (>50 g) die dort angesiedelte Serotoninproduktion, was zu Störungen der Darmbeweglichkeit, Fruktoseintoleranz und Depressionen führen kann. Der durchschnittliche Softdrink-Konsument nimmt inzwischen ungeheure Mengen Fruktose zu sich. Das Ergebnis: 14-jährige Kinder mit einer ausgeprägten Fettleber und Fruktoseintoleranz.

Nun ist natürlich eine heiße Debatte um die Rolle von Obst entbrannt und es wurde, wie schon im Fall der Milch, mal wieder das Kind mit dem Bade ausgeschüttet. So wie Milch an sich nicht schlecht ist, sondern lediglich die Art und Weise, wie wir Milch von gequälten Tieren gewinnen und dann pasteurisieren und verarbeiten, so ist auch Obst nicht per se schlecht. Die meisten Menschen lieben es eben, die Welt in Schwarz und Weiß einzutauchen, anstatt in der Grauzone des Lebens genauer zu unterscheiden. Machen Sie ganz einfach einen Test bei sich zuhause, wenn Sie Kinder haben. Lassen Sie ein Kind zehn Orangen auspressen und Sie werden sehen, flupp-di-wupp ist der gesamte Saft im Magen. Nun machen Sie das Experiment ein zweites Mal und geben Ihrem anderen Kind zehn Orangen zum Schälen und Essen. Spätestens nach der dritten Orange wird dem Kleinen schlecht und das Ganze wird zur Qual. Worin also liegt der Unterschied? Zum einen können wir natürlich auf einmal viel mehr trinken als essen. Zum anderen aber enthalten Fruchtsäfte, auch frisch gepresste, keine Faser- und Ballaststoffe mehr. Diese aber haben einen sättigenden Effekt und bilden im Darmgewebe eine gelartige Schutzschicht. Damit bremsen sie den Übergang von Glukose und Fruktose in den Blutstrom. Es sind also vor allem die ungeheuren Mengen an Fruchtsäften und Softdrinks, die die Probleme verursachen, nicht das Obst selbst, das seit Jahrtausenden auf dem Speiseplan des Menschen ist und wichtige Mikronährstoffe wie Mineralien, Spurenelemente und Vitamine liefert. Wichtig ist, dass man keine modernen, auf Zucker hochgezüchteten Obstsorten kauft, sondern versucht bspw. alte Apfelsorten mit weniger Zuckeranteil zu essen. Wichtig ist auch, dass man nicht zu viel ißt und auf die glykämische Last achtet. Die Lebensmitteltabellen am Ende des Buches helfen Ihnen bei der Orientierung.

Tipp: Obst maßvoll und wenn möglich immer als ganze Frucht essen. Säfte alleine sind weniger zu empfehlen, selbst wenn sie frisch gepresst, da sie keine Ballaststoffe enthalten. Die glykämische Belastung bspw. von Apfelsaft ist viel höher als die eines ganzen Apfels. Und nicht vergessen: Rohes immer vor gekochtem essen, einmal um die Enzymtätigkeit zu verbessern und zum anderen um die Bildung von Fuselalkohol aus Früchten zu vermeiden. Sie erinnern sich vielleicht noch an die sturzbetrunkenen Affen in Grzimeks Tierleben.

Nahrungsergänzungen: Die Verzehrempfehlungen der Nahrungsergänzungsmittel entnehmen Sie bitte der jeweiligen Packungsbeilage. Wir empfehlen bei Basenpulvern oder Präparaten mit Mineralien grundsätzlich die Zutaten auf organischer Basis: Zitrate, Glukonate oder Orotate. Zitrate stellen eine Art Universalwährung der Biochemie dar und sind in allen Zellen zu finden, in denen Energie produziert wird. Entscheidend dafür ist der Zitratzyklus. In ihm werden Fettsäuren, Zucker und Proteine zu Energie verarbeitet. In der medizinischen Therapie bilden Zitrate einen Eckstein in der Steinbehandlung, da sie sich auch auf die Säureausscheidung günstig auswirken. Zitrate verhindern die Kristallisation von Kalzium und können so helfen, der Steinbildung vorzubeugen. Anorganische Salze wie Carbonate werden bei oraler Einnahme durch die Magensäure schneller neutralisiert, so dass sich der Effekt für die anderen Gewebe teilweise verflüchtigt. Die orale Einnahme eines reinen Natriumbicarbonat-Pulvers ist, wenngleich erheblich kostengünstiger, nicht empfehlenswert, da es die Magensäure bindet und insbesondere bei älteren Menschen zur Verminderung der Verdauungskraft führen kann. Eine Beeinträchtigung der Regulationsfähigkeit des Magens kann wieder zu Störungen in der Eiweißverdauung führen. Die Folge: unverdaute oder halbverdaute Eiweiße landen im Darm und können dort zu einer Fäulnisflora mit erhöhtem pH-Wert beitragen. Der Teufelskreis beginnt.

Vermeiden Sie bitte auch Basenpräparate mit Milchzucker und Zuckerersatzstoffen wie Aspartam. Für Milchzucker gilt ähnliches wie das zur Fruktose Gesagte. Am Ende steht die Laktoseintoleranz. Zur Verwendung des anerkanntermaßen krebserregenden Wirkstoffs Aspartam fehlen mir ohnehin die Worte. Wenn Mineralstoffe über Gemüsebrühen, Kräutertinkturen oder pflanzliche Nahrungsergänzungen gegessen werden, ist eine hohe Bioverfügbarkeit und damit die optimale Aufnahme der enthaltenen Mineralien gewährleistet. Deshalb sind die Suppen in unserem Ernährungsprogramm so wichtig.

Selbsttest:
Bestimmung zur individuellen Stoffwechselaktivität

Damit Sie Ihre persönliche Stoffwechselaktivität testen können, beantworten Sie bitte die Fragen und addieren Sie nach der vollständigen Beantwortung Ihre jeweiligen Punkte zusammen.

Ich bin ein/e (-1 Punkt) (0 Punkte)

Mein Alter liegt bei

- **12–24 Jahre** (+1 Punkt)
- **25-54 Jahre** (0 Punkte)
- **> 54 Jahre** (-1 Punkt)

Meine Körpergröße ist

- **< 160 cm** (-1 Punkt)
- **160–175 cm** (0 Punkte)
- **> 175 cm** (+1 Punkt)

Mein Körperbau ist

- **feingliedrig** (-1 Punkt)
- **mittel** (0 Punkte)
- **kräftig** (+1 Punkt)

Meine Muskelbildung ist

- **schwach** (-1 Punkt)
- **mittel** (0 Punkte)
- **muskulös** (+1 Punkt)

Meine körperliche Belastung ist

- **gering** (-1 Punkt)
- **normal** (0 Punkte)
- **hoch** (+1 Punkt)

Gesamtsumme ______________________

Auswertung

-6 bis -1 Punkte: Niedriger Stoffwechsel

Ihre Stoffwechselaktivität ist zu niedrig. Das beste Ergebnis erzielt man, wenn man vor dem Hauptprogramm aus Intensiv- und Regulierungsphase für eine Woche lang die **Aufbauphase (INTENSE PLUS)** anwendet.

Sie dient nicht zur Gewichtsreduktion, sondern in erster Linie zur Steigerung bzw. Normalisierung des Stoffwechsels bzw. dem Substrataufbau bei Nährstoffmangel.

0 bis +5 Punkte: Normaler Stoffwechsel

Die Stoffwechselaktivität ist normal und man kann sofort mit **INTENSE (Phase 1) oder REGULATE (Phase 2)** des Programms beginnen.

Fragen zur Schadstoffbelastung

Neben dem Test für die Stoffwechselaktivität habe ich Ihnen hier noch einen weiteren Test ausgearbeitet, mit dem Sie Ihre individuelle Schadstoffbelastung bewerten können, der Sie im Alltag ausgesetzt sind. Sollten Sie bereits eine der ersten vier Fragen mit Ja beantworten und evtl. schon länger unspezifische Beschwerden haben, dann rate ich Ihnen, einen Umweltmediziner oder Heilpraktiker aufzusuchen, der sich in solchen Angelegenheiten auskennt.

1. Haben Sie Amalgamfüllungen im Mund?
2. Haben Sie Goldfüllungen im Mund?
3. Haben Sie Metalle im Körper (künstliche Gelenke, Titanimplantate etc.)?
4. Haben Sie früher Füllungen entfernen lassen, ohne Vorsichts maßnahmen (Kofferdamm) oder eine professionelle Ausleitung?
5. Leben Sie in einer Großstadt?
6. Arbeiten Sie in einem Büro?
7. Arbeiten Sie in einem Beruf, in dem man höheren als normalen Schadstoffbelastungen ausgesetzt ist wie z.B. als Zahnarzt, Zahnarzthelferin, Flugbegleiter, Frisör, Drucker oder an Fertigungsstätten mit Säure- oder Chemieproduktion (z.B. Halbleiterfertigung, Druckerei, Farben, Lacke, Tankstelle)?
8. Leben Sie in der Nähe einer Schadstoffe emittierenden Produktionsstätte (Chemiewerk, Betonwerk, Müllabfuhr etc.)
9. Fahren Sie regelmäßig U-Bahn?

10. Laufen oder gehen Sie häufiger entlang stark von KFZ frequentierten Straßen?
11. Nutzen Sie regelmäßig ein Mobiltelefon, DECT, WLAN, Funksteuerungen im Haus?
12. Nutzen Sie regelmäßig einen Computer?
13. Wohnen oder arbeiten Sie in der Nähe von Funk- oder Strom masten, einem Atommeiler oder Kraftwerk?
14. Rauchen Sie regelmäßig Zigaretten oder andere Substanzen?
15. Nehmen Sie häufiger oder regelmäßig Medikamente zu sich?
16. Führen Sie eher ein Leben mit sitzender Tätigkeit?
16. Haben Sie durchschnittlich mehr als drei Erkältungen, grippale und/oder virale Infekte im Jahr?

Unterstützende Produkte

Für weiterführende Informationen zu diesem Thema und detaillierter Beschreibungen unserer Produkte besuchen Sie bitte unsere Website Deutschland/Österreich: www.drreinwald.de.
Schweiz: www.quantisana.ch

dr. reinwald healthcare gmbh + co kg
Friedrich-Luber-Straße 29
DE 90592 Schwarzenbruck

Telefon: +49 (0)9128 73977-0
mail@drreinwald.de
www.drreinwald.de

... für eine Gesundheit in Balance